普通高等教育"十一五"国家级规划教材
科学出版社"十四五"普通高等教育本科规划教材

大 学 化 学

（第二版）

甘孟渝　李泽全　主编

科学出版社

北　京

内 容 简 介

本书在第一版的基础上进行了修订、更新。保留了第一版的主要框架体系和特点，增加课程思政要素，明确非化学化工专业化学素质教育的内涵，提高学生在实践中用科学的化学思维认识、处理问题的能力。

全书共 3 篇 12 章，包括化学热力学、化学反应速率、化学平衡、电化学原理及其应用、溶液与胶体、原子结构与周期表、化学键与分子结构、晶体结构、环境与化学、能源与化学、材料与化学、生命与化学，以及教学案例及拓展知识等线上资源。

本书可作为高等学校非化学化工专业本科及专科的基础化学教材，也可供自学者和工程技术人员参考。

图书在版编目（CIP）数据

大学化学/甘孟渝，李泽全主编. —2 版. —北京：科学出版社，2023.1
普通高等教育"十一五"国家级规划教材　科学出版社"十四五"普通高等教育本科规划教材
ISBN 978-7-03-074742-6

Ⅰ. ①大…　Ⅱ. ①甘…　②李…　Ⅲ. ①化学–高等学校–教材
Ⅳ. ①O6

中国版本图书馆 CIP 数据核字（2023）第 009019 号

责任编辑：赵晓霞　李丽娇 / 责任校对：杨　赛
责任印制：师艳茹 / 封面设计：迷底书装

科 学 出 版 社 出版
北京东黄城根北街 16 号
邮政编码：100717
http://www.sciencep.com
保定市中画美凯印刷有限公司印刷
科学出版社发行　各地新华书店经销
*
2017 年 9 月第　一　版　开本：787×1092　1/16
2023 年 1 月第　二　版　印张：19 1/4　插页：1
2025 年 7 月第十八次印刷　字数：480 000
定价：56.00 元
（如有印装质量问题，我社负责调换）

《大学化学》（第二版）
编写委员会

主　编　甘孟渝　李泽全

编　委　甘孟渝　李泽全　张云怀　曹　渊

　　　　余丹梅　法焕宝　胡宝山　李哲峰

第二版前言

本书第一版自 2017 年 9 月出版以来，受到各方好评，并一致认为：教材特色鲜明，准确、简明地阐述最基本、最通用的高等教育层次的化学基本原理和规律，注重理论联系实际，密切联系科技、工程实际、生活实践，符合认知规律，便于学生学习，有利于激发学生学习兴趣。同时将大学化学课程的数字化资源整合到教材中，实现了教材的立体化，满足信息化教学需求，为教师和学生带来全新的体验，受到了师生的广泛欢迎。

为了适应新形势的发展，将教学改革的成果体现在教材中，推动教材内容的不断更新，编者对本书第一版进行了修订。在修订中坚持以培养学生的创新精神和创新能力为主导，加强课程思政要素，明确非化学化工专业学生化学素质教育的内涵，提高学生在实践中用科学的化学思维认识、处理问题的能力；把科学与人文素质，理论教育与创新精神有机地结合起来，编写出更高质量的教材。

本书保留了第一版的主要框架体系、特点和数字资源，重点做了以下修订：①坚持立德与立智融合，加强课程知识蕴含的思政理念设计，新增绪论和相关领域爱国科学家介绍。绪论简要介绍化学发展简史、化学研究的主要内容、现代化学的前沿领域，让学生了解化学科学研究的方法和科学探索的过程。人物介绍突出科学家的爱国情怀和科学探索的精神。②对教材内容的表述方式及文字图表作进一步修订规范，结合最新研究成果，增加微观粒子的种类、过渡态理论的最新研究成果等内容。③根据最新资料对第 3 篇各章进行了全面更新和精简，紧密联系现代科学技术的发展，删除陈旧的内容，增加了双碳目标、3D 打印材料、信息材料、化学元素与人体健康、人体中的主要化学反应等内容。④全书采用 *CRC Handbook of Chemistry and Physics*(97th ed., 2016~2017)和 *Lange's Handbook of Chemistry*(17th ed., 2016)对化学热力学数据及解离平衡常数、溶度积常数、配合物稳定常数、电极电势等数据进行了修订，并对原子半径、电离能、电子亲和能、电负性等数据进行了逐一校正。⑤新建综合教学案例线上资源。综合教学案例来自工程实际或科研成果，从实例出发分析所涉及的化学问题及相关化学计算，供广大师生选用。

全书由甘孟渝负责统稿，参与本书修订工作的有：甘孟渝(主编，执笔第 3 章)、李泽全(主编，执笔第 9、10 章)、张云怀(执笔绪论、第 4 章)、曹渊(执笔第 2 章)、余丹梅(执笔第 5、8 章)、法焕宝(执笔第 7、12 章)、胡宝山(执笔第 1 章)、李哲峰(执笔第 6、11 章)。本书由教育部长江学者特聘教授、重庆大学化学化工学院刘作华审定。刘作华教授对本书的修订提出了宝贵的意见和建议，在此致以衷心的感谢。

本书内容涉及面广，由于编者水平所限，书中不妥之处在所难免，恳望读者批评、指正。

编　者

2023 年 6 月修改

第一版前言

大学化学课程作为高等教育中实施化学教育的基础课程，对完善学生的知识结构，实施素质教育具有重要作用。目前我国高等教育已进入以教育供给侧改革为主线的发展时期，教学体系、课程内容不断改革，教学研究和实践日益受到重视，现代化教学手段得到普遍使用。随着信息技术的飞速发展，现代教育研究者开始尝试在大数据时代，借助互联网与教育的融合，形成"互联网+教育"的理念和教学新形态。

教材是教学内容和课程体系改革的重要载体，本书编者长期从事教学改革和教学研究，并取得了丰硕成果，所负责的"大学化学"课程被评为国家级精品课程，并入选首批国家级精品资源共享课。为进一步实现课程教学的信息化、在线化、功能化，为学生个性化成长和自主学习提供平台并奠定基础，编者特将本书进行数学化升级，希望借助新技术实现教材的信息化、立体化。

本书利用增强现实技术，将大学化学课程的数字化资源整合到教材中，通过"互联网+"与课堂教学的深度融合，构建信息化学习环境，让学生随时随地通过计算机和移动终端进行网络学习，使学生的学习从课堂延伸到课外。《大学化学》数字化教材的出版，将改变传统"教"与"学"的形态，给教师和学生带来全新的体验，助力高等学校非化学化工类专业的化学教育迈上一个新的台阶。

为了进一步适应不同专业的教学要求，更好地与高中新一轮基础教育课程改革后的化学教学相衔接，本书重点做了以下工作：删去或弱化与中学化学重复的内容，强化高等教育层次的化学基本原理和规律；新增多相反应的平衡常数、多重平衡、分步沉淀、价层电子对互斥理论、电子自旋共振分析、氢键与化合物性质的关系、弱相互作用与超分子、晶体的微观结构、非化学计量化合物、土壤污染及其防治、废弃物的资源化应用、高分子化合物的合成等内容；将低碳生活、雾霾、新能源汽车等社会热点问题引入教学，使化学教学跟上现代科技发展的步伐。

本书由甘孟瑜负责统稿，参与本书具体编写工作的有：甘孟瑜（主编，执笔第 3、11 章）、张云怀(主编，执笔第 5、10 章)、曹渊(执笔第 2、12 章)、余丹梅(执笔第 4、8 章)、李泽全(执笔第 9 章)、法焕宝(执笔第 7 章)、胡宝山(执笔第 1 章)、李哲峰(执笔第 6 章)。本书审定专家教育部长江学者特聘教授、重庆大学化学化工学院魏子栋教授为编写工作提出了诸多宝贵意见和建议，在此致以衷心的感谢。

本书内容涉及面广，书中疏漏之处在所难免，恳望读者批评、指正。

编　者
2017 年 6 月

目　　录

第 1 篇　化学反应的基本规津

第 2 篇　物 质 结 构

第 3 篇 　化学与工程技术·人类·社会

绪　　论

0.1　化学发展史简介

世界是由物质组成的，化学则是人类用以认识和改造物质世界的主要方法和手段之一。化学是研究物质的组成、结构、性质以及变化规律的科学，它的发展大致可以分为三个时期。

1. 化学的萌芽

约 50 万年前，"北京人"已经知道利用天然火。人类对火的利用，标志着人类社会开始用化学方法来认识和改造天然物质。掌握了用火以后，人类开始吃熟食；逐步学会了制陶、冶炼；之后又懂得了酿造、染色等。在这些生产实践的基础上，萌发了古代化学知识。

古人曾根据物质的某些性质对物质进行分类，并试图追溯其本源及变化规律。公元前 4 世纪或更早，中国提出了阴阳五行学说，认为万物是由金、木、水、火、土 5 种基本物质组合而成的。约公元前 4 世纪，古希腊也提出了与五行学说类似的火、气、土、水四元素说和古代原子论。这些朴素的元素思想即为物质结构及其变化理论的萌芽。公元前 3 世纪，我国出现了炼丹术。炼丹术的指导思想是物质转化，为此设计了研究物质变化用的各类器具，也创造了各种实验方法，如研磨、混合、溶解、洗涤、灼烧、熔融、升华、密封等。

炼丹家在实验过程中发现了若干元素，制成了某些合金，还制备和提纯了许多化合物，这些成果至今仍在沿用。公元 7 世纪炼丹术传到阿拉伯国家，与古希腊哲学相融合而形成阿拉伯炼丹术，阿拉伯炼丹术于中世纪传入欧洲和非洲，形成炼铜术，后逐步演进为近代的化学。

2. 化学的中兴

16 世纪开始，欧洲工业生产蓬勃兴起，推动了医药化学和冶金化学的创立和发展。在元素的科学概念建立之后，通过对燃烧现象的精密实验研究，建立了科学的氧化理论和质量守恒定律，随后又建立了定比定律、倍比定律和化合量定律，为化学的进一步发展奠定了基础。

1661 年，英国化学家波义耳(Boyle，1627—1691)发表了《怀疑派化学家》，在书中他提出了关于化学元素的概念，第一次把化学确立为科学。这部专著对于化学成为一门真正独立的学科有着重要意义。他还主张化学要想成为一门真正独立的学科，就必须进行各种实验。1691 年 12 月 30 日，波义耳在伦敦逝世后，人们在他的墓碑上铭刻"化学之父"，以缅怀他的功绩。

此后，一大批科学家在实验的基础上，取得了一系列研究成果。1803 年英国的道尔顿(Dalton，1766—1844)建立了近代原子论，强调了各种元素的原子质量为其最基本的特征，其中量(原子是有质量的)的概念的引入成为与古代原子论的一个主要区别。近代原子论使当时的化学知识和理论得到了合理的解释，成为说明化学现象的统一理论。1811 年意大利科学家阿伏伽德罗(Avogadro，1776—1856)提出了分子假说，建立了科学的原子-分子学说，为物质结构的研究奠定了基础。门捷列夫(Mendeleev，1834—1907)发现元素周期律后，不仅初步形成了无机化学的体系，还与原子-分子学说一起形成了化学理论体系。

通过对矿物的分析，人们发现了许多新元素，加上对原子-分子学说的实验验证，经典的化学分析方法也有了自己的体系。草酸和尿素的合成，原子价概念的产生，苯的环状结构和碳价键四面体等学说的创立，酒石酸拆分成旋光异构体以及分子的不对称性等的发现，推动了有机化学结构理论的建立，使人们对分子本质的认识更加深入，并奠定了有机化学的基础。

19 世纪下半叶，德国物理化学家奥斯特瓦尔德(Ostwald，1853—1932)等把物理学思想和理论引入化学之后，不仅阐明了化学平衡和反应速率的概念，而且可以定量地判断化学反应中物质转化的方向和条件，相继建立了溶液理论、电离理论、电化学和化学动力学的理论基础。物理化学的诞生将化学从理论上提高到一个新的水平。

3. 20 世纪的化学

化学是一门建立在实验基础上的学科，实验与理论一直是化学研究中相互依赖、彼此促进的两个方面。进入 20 世纪以后，化学在认识物质的组成、结构、合成和测试等方面都有了长足的进展，而且在理论方面取得了许多重要成果。在无机化学、分析化学、有机化学和物理化学四大分支学科的基础上产生了新的化学分支学科。

(1) 近代物理的理论和技术、数学方法及计算机技术在化学中的应用，对现代化学的发展起了很大的推动作用。19 世纪末，电子、X 射线和放射性的发现为化学在 20 世纪的重大进展创造了条件。在结构化学方面，电子的发现和有核原子模型的确立，不仅丰富和深化了对元素周期表的认识，而且发展了分子理论。应用量子力学研究分子结构，产生了量子化学。

从氢分子结构的研究开始，逐步揭示了化学键的本质，先后创立了价键理论、分子轨道理论和配位场理论。化学反应理论也随之深入微观世界。应用 X 射线作为研究物质结构的新分析手段，可以洞察物质的晶体化学立体结构。研究物质结构的谱学方法也由可见光谱、紫外光谱、红外光谱扩展到核磁共振谱、电子自旋共振谱、光电子能谱等，与计算机联用后，积累了大量物质结构与性能相关的资料，逐步由经验向理论发展。随着电子显微镜放大倍数不断提高，人们可直接观察分子的结构。

(2) 经典的元素学说由于放射性的发现而产生深刻的变革。从放射性衰变理论的创立、同位素的发现到人工核反应和核裂变的实现、氘的发现、中子和正电子及其他基本粒子的发现，不仅使人类对物质的认识深入亚原子层次，而且创立了相应的实验方法和理论；不仅实现了元素思想的转变，而且改变了人类的宇宙观。

20 世纪，人类开始掌握和使用核能。放射化学和核化学等分支学科相继产生，并迅速发展；同位素地质学、同位素宇宙化学等交叉学科接连诞生。元素周期表不断扩充，并且正在探索超重元素以验证元素"稳定岛假说"。与现代宇宙学相依存的元素起源学说和与演化学说密切相关的核素年龄测定等工作，都在不断补充和更新元素的理论。

(3) 在化学反应理论方面，由于对分子结构和化学键认识的提高，经典的、统计的反应理论已进一步深化，在过渡态理论建立后，逐渐向微观的反应理论发展，用分子轨道理论研究微观的反应机理，并逐渐建立了分子轨道对称守恒定律和前线轨道理论。分子束、激光和等离子体技术的应用使得对不稳定化学物种的检测和研究成为现实，从而使化学动力学有可能从经典的、统计的宏观动力学深入单个分子或原子水平的微观反应动力学。计算机技术的发展，使得在分子、电子结构和化学反应的量子化学计算、化学统计、化学模式识别以及大规模技术处理和综合等方面，都得到较大的进展，有的已经逐步进入化学教育。

(4) 分析方法和技术是化学研究的基本手段。一方面，经典的成分和组成分析方法仍在不断改进，分析灵敏度从常量发展到微量、超微量、痕量；另一方面，新发展的许多分析方法，可深入进行结构分析、构象测定、同位素测定，各种活泼中间体如自由基、离子基、卡宾、氮宾、卡拜等的直接测定，以及对短寿命亚稳态分子的检测等。

(5) 合成各种物质是化学研究的目的之一。在无机合成方面，氨的合成不仅开创了无机合成工业，而且带动了催化化学，发展了化学热力学和反应动力学。后来相继合成了红宝石、人造水晶、硼氢化合物、金刚石、半导体、超导材料和配位化合物二茂铁等。在电子技术、核工业、航天技术等现代工业技术的推动下，各种超纯物质、新型化合物和特殊需要的材料的生产技术都得到了较大发展。无机化学在与有机化学、生物化学、物理化学等学科的相互渗透中产生了金属有机化学、生物无机化学、无机固体化学等新兴学科。

酚醛树脂的合成开辟了高分子科学领域，20世纪30年代聚酰胺纤维的合成，使高分子的概念得到广泛的确认。后来，高分子的合成、结构和性能研究、应用三方面互相配合和促进，使高分子化学得以迅速发展。各种高分子材料的合成和应用，为现代工农业、交通运输、医疗卫生、军事技术，以及人们衣食住行各方面，提供了多种性能优异而成本较低的重要材料，成为现代物质文明的重要标志。高分子工业已发展成为化学工业的重要支柱。

20世纪是有机合成的黄金时代。化学的分离手段和结构分析方法已经有了很大发展，发现了许多新的重要的有机反应和专一性有机试剂，在此基础上，精细有机合成，特别是在不对称合成方面取得了很大进展。一方面，合成了各种有特殊结构和特殊性能的有机化合物；另一方面，合成了从不稳定的自由基到有生物活性的蛋白质、核酸等生命基础物质。有机化学家还合成了有复杂结构的天然有机化合物和有特效的药物，这些成就对促进科学的发展起了巨大的作用，为合成有高度生物活性的物质并与其他学科协同解决有生命物质的合成问题及解决生命物质的化学问题等提供了有利的条件。

化学以其自身的研究成果为其他学科如环境科学、材料科学、生命科学等的发展提供了理论依据和测试手段，化学与20世纪物质文明的突飞猛进紧密相连。当前一些重大的工业生产过程基本上都基于化学过程。从钢铁冶金、水泥陶瓷、酸碱肥料、塑料橡胶、合成纤维，直到医药、农药、日用化妆品等，化学在人类社会中无处不在。

0.2　化学研究的主要内容

1. 化学的研究对象

世界是由物质组成的，而且物质处于永恒的运动之中。物质的运动形式有物理运动、化学运动和生命运动等。化学研究的内容主要是化学运动，即化学变化。在化学变化过程中，分子、原子或离子因核外电子运动状态的改变而发生分解或化合，同时伴有物理变化(如光、热、电、颜色、物态等)，因此在研究物质化学变化的同时还应注意有关的物理变化。由于物质的化学变化与物质的化学性质有关，而物质的化学性质又同物质的组成和结构密切相关，所以物质的组成、结构和性质必然成为化学研究的内容。由于化学变化与外界条件有关，所以研究化学变化的同时还要研究化学变化发生的外界条件。

综上所述，化学是在原子、分子或离子层次上研究物质的组成、结构、性质和相互联系与变化规律及其应用的自然科学。

2. 化学研究的基本方法

实验方法和理论方法是化学研究常用的方法。

1) 实验方法

化学是实验科学。例如，在研究某类药物时，要用实验方法制备它们，合成后需用实验方法确定它们的组成和结构、测定化学性质和物理性质、确定毒性和疗效，有时还要研究它们为什么会有这种疗效和毒性。

试验与实验不同。试验是实验工作的一部分，它的目的是确定某种物质、某种方法是否具有某种性质、某种作用。例如，用药理试验证实某种化合物能否用于治疗某种疾病等。化学工作者的实验工作包括制备与合成、组成与结构的测定、各种性质的测定、反应机理及反应条件的研究等。

2) 理论方法

化学研究以实验为基础，又用理论方法分析实验结果。实验结果只是表面现象，只有经过理论研究才能了解本质。理论研究有以下不同的方法：

(1) 对实验数据进行数据处理，得到经验规律。例如，波义耳定律、凝固点下降与浓度的关系、反应速率与温度的关系等这些化学基本规律都是早期化学家通过实验总结出来的。

(2) 对实验结果进行理论分析。这种处理方法比上述方法更深入，可以进一步探索事物的本质。例如，从物质光谱、磁性等实验结果通过理论处理得到原子、分子结构。

(3) 对客观体系进行理论模拟。例如，用计算机模拟一种药物进入人体之后药物的作用机理。

(4) 对真实体系进行理想化研究。例如，理想气体(假定分子间没有相互作用，分子不占有空间)是一种理想模型，因为实际气体都是相互作用的，分子有一定的体积。只有当实际气体无限稀薄(压力接近零)、温度很高时，实际气体状态才接近理想气体状态。

3. 化学的学科分类

化学在发展过程中，依据所研究的分子类别和研究手段、目的、任务的不同，派生出不同层次的分支。20 世纪 20 年代以前，化学传统地分为无机化学、有机化学、物理化学和分析化学四个分支。20 年代以后，化学的发展突飞猛进，化学研究在理论和实验技术上都获得了新的手段，出现了崭新的面貌，形成了许多学科分支。仅无机化学，就有稀土元素化学、碱土元素化学、配位化学、无机合成化学等，此外还有一些交叉学科，如生物无机化学、固体无机化学、金属有机化学等。

原有的分类框架已无法容纳那么多的学科分支，需要重新归类组合。

我国 1989 年出版的《中国大百科全书(化学卷)》中把化学分为七大部分：无机化学、有机化学、物理化学、分析化学、高分子化学、核化学、生物化学。每一部分又分成一些细的分支。

对化学进行分类，实际上也反映出化学发展的特点和一般趋势。它与科研规划、教育和人才的培养以及推动化学前沿的研究等都有密切的关系。

4. 化学研究的目的

任何自然科学的最终目标都是要为人类造福，使人类生活更美好，化学也不例外。从化学研究对象的特点出发，化学研究应该解决如下问题：

(1) 保证人类的生存，如在解决人类粮食、能源问题，合理使用自然资源以及保护环境方面做出贡献。

(2) 提高人类的生活质量，如合成新的材料以及物质的净化和纯化等，均使人类衣、食、住、行的条件大幅度改善和提高。

(3) 延长人类的寿命，如探明生命过程中的化学奥秘，合成新的药物等。

总之，化学是一门人类创造美好生活的实用科学。就人类的生活而言，衣、食、住、行无不密切地依赖化学。

0.3　现代化学的前沿领域

当前，随着社会的化学化和化学的社会化趋势广泛而深入的发展，现代化学正在成为"一门满足社会需要的中心科学"，创造着现代物质文明和精神文明，深刻地影响社会的全面发展。它与生命、材料等八大朝阳科学有着十分密切的联系，在相互渗透、相互促进中产生了许多重要的交叉学科和前沿领域。

1. 化学反应理论

化学反应理论研究的目的是建立精确有效而又普遍适用的化学反应的含时多体量子理论(time-dependent multibody quantum theory)和统计理论(statistical theory)。化学的重要任务之一就是研究化学变化，也就是化学反应。19 世纪，古尔德贝格和瓦格提出的质量作用定律是最重要的化学定律之一。艾林的绝对反应速率理论是建立在过渡态、活化能和统计力学基础上的半经验理论，这一理论十分有用，但仍然不能成为脱离半经验理论的有用工具。因此，迫切需要建立严格彻底的微观化学反应理论，既要从严格的、初始的第一原理出发，又要巧妙合理地利用近似方法，使新的理论能解决实际问题。例如，某几个分子之间能否进行化学反应，若能，会生成什么产物分子；如何控制反应条件定向生成预期的分子等。

2. 分子结构与其性能的关系

分子结构与其性能的关系研究的方向是分子的结构，包括构型、构象、手性、聚集的粒度、形状和形貌等与分子及其构成的聚集体的广义性能，如物理性能、化学性能、生物活性、生理活性等的定量关系。通过构效关系的研究，设计具有特定功能的分子，如能大量吸收转化太阳能的分子、室温超导物质、航天特种材料、特种药品等。

3. 生命现象的化学机理

生命活动的化学解释对生命科学、医学、药学研究的意义是不言而喻的。虽然生命过程不能简单地还原为化学过程和物理过程的加和，但在分子层面研究生命过程的化学机理，无疑可以为从细胞、组织、器官等来整体了解和认识生命提供基础，为人类的健康发展提供更为有用的信息。

4. 纳米尺度

纳米粒子体系的热力学性质，包括相变和集体行为(如铁磁性、铁电性、超导性、熔点等)

均与宏观聚集状态有很大区别，纳米粒子在某些特定化学反应中的行为也与非纳米状态时有很大区别。研究这些现象的基本原理，对进一步开发利用纳米物质，发展新材料有十分重要的意义。

5. 绿色化学

绿色化学作为前沿交叉学科，坚持精准治污、科学治污，要求利用化学原理从源头上消除污染，合理使用资源，开发与环境友好的技术和清洁工艺，设计安全、可生物降解的产品。可见，绿色化学是未来最重要的领域之一，是化学工业可持续发展的科学和技术基础，是提高效益、节约资源和能源、保护环境的有效途径。绿色化学的发展将带来化学及相关学科的发展和生产方式的变革。在健全现代环境治理体系，解决经济、资源、环境三者矛盾的过程中，绿色化学具有举足轻重的地位和作用。

21 世纪，绿色化学面临更为严峻的挑战。要求充分、合理、高效利用现有资源，不断开发新的可替代资源，保证人类对资源的永续利用，以满足当代与后代发展的需求，使人类生活的环境更加清洁美好。绿色化学的主要目标就是基于分子科学原理，设计高效、精准、原子经济性的反应与开发清洁的催化技术，从而简化制备步骤，使化学过程实现高效、绿色可控、环境友好、经济可行，以一种环境友好、可持续的方式向现代社会提供清洁能源和越来越多的食品、材料和药物。例如，以经济可行、环境友好方式，利用太阳能、水、二氧化碳和氮气生产化学物质及材料。以科学和经济可行的方式利用太阳能是人类从根本上解决能源和环境问题的途径之一。

0.4　诺贝尔化学奖史

1901～2022 年，诺贝尔化学奖共颁发了 114 次，其中仅授予一位获奖者的有 63 次；授予两位获奖者分享当年诺贝尔化学奖的有 25 次；授予三位获奖者分享当年诺贝尔化学奖的有 26 次。

1901～2022 年授予 191 位诺贝尔化学奖获得者，但是共有 189 人获得诺贝尔化学奖，这是因为弗雷德里克·桑格(Frederick Sanger)和卡尔·巴里·沙普利斯(Karl Barry Sharpless)分别获得了两次诺贝尔化学奖。桑格将胰岛素的氨基酸序列完整地定序出来，同时证明蛋白质具有明确构造，这项研究使他单独获得了 1958 年的诺贝尔化学奖。随后，桑格发展出一种称为链终止法(chain termination method)的技术来测定 DNA 序列，这项研究后来成为人类基因组计划等研究得以展开的关键之一，桑格因此于 1980 年再度获得诺贝尔化学奖。2001 年，因在"手性催化氧化反应"领域所取得的成就，沙普利斯与威廉·斯坦迪什·诺尔斯、野依良治共同获得当年的诺贝尔化学奖。此后，又因在"点击化学和生物正交化学"方面所做出的贡献，沙普利斯与卡罗琳·露丝·贝尔托西、摩顿·梅尔达尔共同获得 2022 年的诺贝尔化学奖。

189 位诺贝尔化学奖得主中，有 8 位是女性科学家，其中有 2 人独享了当年的诺贝尔化学奖，她们是玛丽·居里(Marie Curie)和多萝西·克劳福特·霍奇金(Dorothy Crowfoot Hodgkin)。其中，居里夫人发现了镭和钋元素，提纯镭并研究了这种元素的性质，获得 1911 年诺贝尔化学奖。她开创了放射性理论，发明了分离放射性同位素的技术，奠定了现代放射化学的基础，为人类做出了伟大的贡献。

迄今为止，最年轻的诺贝尔化学奖得主是让·弗雷德里克·约里奥-居里(Jean Frédéric Joliot-Curie)，1935 年他和妻子伊雷娜·约里奥-居里(Irène Joliot-Curie)一起获得诺贝尔化学奖时只有 35 岁。他们因合成新的放射性核素而共同获得了诺贝尔化学奖。最年长的诺贝尔化学奖得主是约翰·古迪纳夫(John B. Goodenough)，他因开发出锂离子电池在 2019 年获得诺贝尔化学奖，获奖时他已经 97 岁，也是所有诺贝尔奖项中年龄最大的得主。

0.5　如何学好大学化学

1. 大学化学课程的内容与任务

大学化学课程是高等学校相关专业本科生必修的第一门化学基础课程，是培养各类专业技术人才的整体知识结构及能力结构的重要组成部分。大学化学课程内容涵盖了无机化学、物理化学及分析化学等课程的一些必要的基本理论、基本知识，这些内容也是后续化学课程的基础。大学化学课程的基本内容如下：

第一篇　化学反应的基本规律，包括化学热力学、化学反应速率、化学平衡、电化学原理及其应用、溶液与胶体。

第二篇　物质结构，包括原子结构与周期表、化学键与分子结构、晶体结构。

第三篇　化学与工程技术、人类、生活，包括环境与化学、能源与化学、材料与化学、生命与化学。

学习大学化学课程就是要理解并掌握化学反应的基本原理及其具体应用，培养运用大学化学的基础理论去解决一般的化学实际问题的能力。非化学化工类专业的学生通过本课程的学习，在中学化学的基础上对物质的组成、结构、性质及变化规律有一个比较系统、全面和深入的认识，为学习有关专业课程奠定基础。帮助学生掌握必需的化学基本理论和基本技能，能运用化学的理论、观点、方法审视公众关注的材料、能源、环境保护、生命科学、资源利用等热点问题，有助于提高学生的综合素质。

2. 大学化学课程的学习方法

学习大学化学课程必须采用科学的方法和思维。科学的方法即在仔细观察实验现象、收集资料、获得感性知识的基础上，经过分析、比较、判断，加以由此及彼、由表及里的推理、归纳而得到概念、定律、原理和学说等不同层次的理论知识，再将这些理性知识应用到实际生产，在实践的基础上又进一步丰富理论知识。因此，学习大学化学课程与学习其他自然科学一样，必须经历实践到理论再到实践的过程。

在大学化学的学习中必须注意掌握重点，突破难点。重点知识一定要融会贯通，对难点知识要做具体分析。由于大学化学课程内容多，一定要认真做好预习，包括课前预习需要学习的相关内容以及观看相关辅助材料中对一些重点、难点知识点的讲解。在预习的基础上，听好每一节课，把每节课的重点、难点做好笔记。根据各章的教学要求，抓住重点和主线进行复习，在此基础上学会运用这些理论，做好课后练习。

着重培养自学能力，充分利用图书馆、资料室、网络等，通过参阅各类参考资料，更深刻地理解与掌握大学化学课程的基本理论和基本知识。

　　重视大学化学实验，结合实验巩固、深入、扩充理论知识，掌握实验基本操作技能，培养重事实、贵精确、求真相、尚创新的科学精神，培养实事求是的科学态度以及分析问题、解决问题的能力。

　　学习化学史，在化学的形成、发展过程中有无数前辈付出了辛勤的劳动，做出了巨大的贡献，他们的成功经验值得我们借鉴，而他们那种不怕困难、百折不挠、脚踏实地、勤奋工作、严谨治学、实事求是的精神更值得我们学习。

第 1 篇

化学反应的基本规律

第1章 化学热力学

热力学(thermodynamics)是研究自然界各种形式的能量之间相互转化的规律，以及能量转化对物质的影响的科学。将热力学的基本原理用于研究化学现象及与化学有关的物理现象的科学称为化学热力学。

NO 和 CO 是汽车尾气的两个重要污染物。可否实现反应 $2NO(g) + 2CO(g) \longrightarrow 2CO_2(g) + N_2(g)$，将有毒的 NO 和 CO 转化成无毒的 N_2 和 CO_2？化学热力学的计算表明，在相当高的温度下，正反应具有热力学的可能性，有可能用这个反应来治理汽车尾气污染。在使用适当的催化剂后，现已使 CO 的浓度下降96%、NO 的浓度下降76%左右。

曾有媒体报道，有人在常温、常压下，使用某种催化剂使氮气和水发生化学反应 $2N_2(g) + 6H_2O(l) \longrightarrow 4NH_3(g) + 3O_2(g)$ 制取了 NH_3。学了化学热力学后，读者自己可以用科学的武器，判断它的真实性，揭穿伪科学的骗局。

又如，在燃料用煤里加入适量的 CaO，它可与煤中硫分燃烧产生的 SO_3 反应，生成固态的 $CaSO_4$，从而把有害气体 SO_3 固定在炉渣中，减少空气污染。通过化学热力学的计算可以断定，在煤燃烧的温度下自动发生的反应是固定硫分生成 $CaSO_4$，而不必担心是否会发生类似 $CaCO_3$ 的分解反应。

这些实例充分说明了化学热力学理论的科学预见性，在实践中有重大的指导意义。

化学热力学研究的内容主要包括以下两个方面：

(1) 化学及与化学相关的物理变化中的能量转换问题。以热力学第一定律为基础，计算此类变化中的热效应，常称热化学。

(2) 化学和物理变化进行的方向和限度。以热力学第二定律为基础，结合必要的热化学数据判断化学、物理过程的方向；引用热力学数据计算反应的平衡常数，确定过程进行的限度。

在由实践中总结出来的 3 个热力学基本定律的基础上，经逻辑推理，结合数学运算得出不同条件下的内在规律。利用实验测得的数据，应用热力学的规律可进行许多计算，解决实际问题。

首先，由于化学热力学研究的对象是宏观的由大量质点组成的体系，因此其结论具有统计意义，不适用于个别原子、分子。其次，它只需知道被研究对象的始态和终态以及变化时的条件就可进行相应的计算，不需考虑物质的微观结构和反应机理。最后，热力学的研究不涉及速率问题，所以化学热力学解决了一定条件下反应的可能性问题，至于如何把可能变成现实，还需要其他研究的配合。在化学学科领域里，化学热力学、化学动力学和物质结构理论组成了近代化学的三大基本理论。

1.1 基 本 概 念

1.1.1 体系与环境

为了明确讨论的对象，人为地将所研究的这部分物质或空间与其周围的物质或空间分开。

被划分出来作为研究对象的这部分物质或空间，称为体系(system)。体系以外与其密切相关的其他部分，称为环境(surrounding)。根据体系与环境间的关系，可将体系分为 3 种类型：

(1) 敞开体系(open system)，体系与环境间既有物质交换，又有能量交换。

(2) 封闭体系(closed system)，体系与环境间没有物质交换，只有能量交换。

(3) 孤立体系(isolated system)，体系与环境间既无物质交换，也无能量交换。

封闭体系是化学热力学研究中最常见的体系。除非特别说明，下面讨论的体系一般指的是封闭体系。至于孤立体系，它只是科学上的抽象，绝对的孤立体系是不存在的。因为绝对地阻止能量交换是不可能的，而敞开体系的存在是绝对的。人体就是一个典型的敞开体系，可以和环境进行能量和物质交换。

1.1.2 体系的性质

质量、体积、温度、压力、密度、组成等体系的一切宏观性质统称为体系的热力学性质，简称体系的性质，它不涉及对分子、原子、电子等结构的观察，按性质的特性可分为两类：

(1) 广度性质(extensive property)，又称容量性质，这类性质的量值与体系中物质的量成正比，如体积、质量、热容等。例如，体系的总质量等于组成该体系各部分质量之和；在等温、等压下将体积 V_1 的气体与体积 V_2 的气体混合起来，其总体积等于 $V_1 + V_2$。所以，整个体系的某种广度性质在一定条件下，其量值等于体系中各部分该种性质量值的总和，即具有加和性。

(2) 强度性质(intensive property)，这类性质的量值取决于体系的自身特性，与体系物质的量无关，如温度、压力、密度、黏度等是体系的强度性质。它与广度性质不同，一般不具有加和性。

1.1.3 体系的状态与状态函数

要描述一个体系，就必须确定它的温度、体积、压力、组成等一系列物理、化学性质。这些性质的总和确定了体系的状态。所以，通常说的体系的状态就是体系的物理性质和化学性质的综合表现。

体系的状态一定，体系的各个物理、化学性质都具有相应于该状态的确定的量值，与体系到达该状态前的途径无关。当体系的任何一个性质发生变化时，体系由一种状态转变为另一种状态。体系的性质和状态之间存在着一一对应的关系，即存在着一定的函数关系。体系的每一个物理、化学性质都是状态的函数，简称状态函数(state function)。常见的温度、压力、体积、浓度以及以后要讨论的热力学能、焓等都是状态函数。状态函数有两个重要的特性：

(1) 各状态函数之间是互相联系的。例如，理想气体的状态方程式为 $pV = nRT$，当 n、T、p 确定后，V 也就随之确定。

(2) 当一种状态转变到另一种状态时，状态函数的变化量只取决于体系发生变化前的状态——始态和变化后的状态——终态，而与变化的途径无关。

例如，讨论一定量的理想气体的状态变化，它由始态 $T_1 = 273$ K，$p_1 = 1 \times 10^5$ Pa，$V_1 = 2$ m^3 变成终态 $T_2 = 273$ K，$p_2 = 2 \times 10^5$ Pa，$V_2 = 1$ m^3，可以有如图 1.1 所示两种不同的途径。

不论是由始态经过一次加压达到终态，还是先加压再经过减压分两步达到终态，只要始态和终态确定，状态函数(p, V, T)的变化量就是一定的，即等于终态的函数数值减去始态的函数数值。

$$\Delta p = p_2 - p_1 = 2 \times 10^5 \ \text{Pa} - 1 \times 10^5 \ \text{Pa} = 1 \times 10^5 \ \text{Pa}$$

$$\Delta V = V_2 - V_1 = 1 \ \text{m}^3 - 2 \ \text{m}^3 = -1 \ \text{m}^3$$

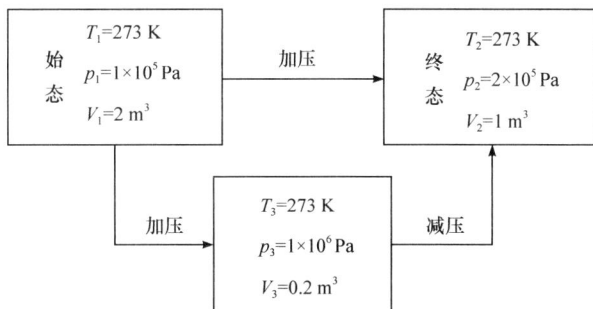

图 1.1　状态函数的变化关系示意图

又如，高处的石头落到平地上，可以采取不同的下落方式：自由下落或者通过另一端系有重物的滑轮下落。只要石头下落的始态和终态的高度确定，它的势能变化就是相同的，所以势能也是一个状态函数。但是由于下落的方式不同，石头下落时做的功和放的热是不同的。自由下落时没有做功，放出较多的热量；而通过另一端系有重物的滑轮下落，它就可以举起重物做功，放出的热量就较少。可见，虽然石头的始态、终态都相同，但由于下落的方式、途径不同，体系所做的功和放出的热可以是不同的，因此功和热都不是状态函数。

1.2　热化学和焓

1.2.1　热力学第一定律

把能量守恒与转化定律用于热力学中即称热力学第一定律(the first law of thermodynamics)。在化学热力学中，研究的对象是宏观静止体系，不考虑体系整体运动的动能和体系在外力场中的势能，只着眼于体系的热力学能(thermodynamics energy)，以符号 U 表示。

封闭体系中由始态(U_1)变到终态(U_2)的过程中，若体系从环境吸热为 Q，环境对体系做功为 W，则根据能量守恒定律，体系热力学能的变化量 ΔU 等于状态变化过程中体系从环境所吸收的热加上环境对体系所做的功。

$$\Delta U = U_2 - U_1 = Q + W \tag{1.1}$$

1. 热力学能 U

体系的热力学能即体系内部所有粒子除整体势能及动能外全部能量的总和，包括体系内各物质分子的动能、分子间相互作用的势能及分子内部的能量(分子内部所有微粒运动的能量及粒子间相互作用的能量之和)。由于粒子运动方式及相互作用极其复杂，人们对此尚无完整的认识，所以体系热力学能的绝对值是无法确定的。但热力学能既然是体系内部能量的总和，它就是体系自身的性质，取决于其状态，是体系的状态函数。体系处于一定的状态，其热力学能应有一定的数值。

作为状态函数的热力学能，其变化量也只取决于体系的始态和终态，与变化的途径无关。例如，体系从状态 A 变化到状态 B，可以经过多种途径，但因热力学能是状态函数，热力学

能的变化量都是

$$\Delta U = U_B - U_A$$

虽然至今尚无法准确测定热力学能的绝对值，但任何过程热力学能的变化值 ΔU 则可根据式(1.1)，通过测定热 Q 和功 W 计算出来。

2. 热 Q

体系与环境间由于存在温度差别而交换的能量称为热。

热不是体系的性质，也就不是状态函数。热总是与过程相对应，不能说体系含有多少热，而只能说在某一过程中吸收或放出多少热。热用符号 Q 表示，单位为 J。热力学上规定：$T_{环境} > T_{体系}$，体系吸热(能量由环境传到体系)，定为正值，$Q > 0$；$T_{环境} < T_{体系}$，体系放热(能量由体系传到环境)，定为负值，$Q < 0$。

3. 功 W

体系与环境间除热以外，以其他形式交换的能量都称为功，以 W 表示。

热力学规定：环境对体系做功时，功为正值，$W > 0$；体系对环境做功时，功为负值，$W < 0$。

功的种类很多，如将橡皮拉长，就做了拉伸功；使气体发生膨胀或压缩，就做了体积功(又称膨胀功)；电池放电时，就做了电功……化学反应也往往伴随着做功。一般条件下发生的化学反应，常伴随体积功。习惯上，将体积功以外的其他形式的功称为非体积功或有用功，用 $W_{有用}$ 表示。

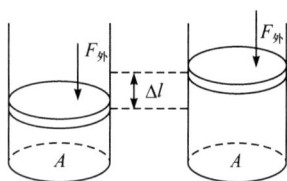
图 1.2　体积功计算示意图

体积功的计算：如图 1.2 所示，设有一内盛气体的圆筒，圆筒上方有一无摩擦、无质量的活塞，其截面积为 A。气体反抗恒定外力 $F_{外}$，使活塞移动了 Δl 的距离。这是一个反抗恒定外压力的膨胀过程，外压 $p_{外} = F_{外}/A$，则体积功为

$$W = -F_{外} \cdot \Delta l = -p_{外} \cdot A \cdot \Delta l$$

$$W = -p_{外}\Delta V \tag{1.2}$$

式(1.2)是计算体积功的基本公式。式中，气体体积的变化 $\Delta V = A \cdot \Delta l = V_{终} - V_{始}$。气体膨胀，$\Delta V > 0$，$W < 0$，体系对环境做功；气体压缩，$\Delta V < 0$，$W > 0$，环境对体系做功。体积功的多少与膨胀的途径有关。

功和热都不是状态函数，而是在状态变化过程中体系与环境间交换的能量。换言之，功和热只有在过程中才出现，做功或放热的多少只有联系到某一具体的变化过程才能计算出来。过程进行完后，功和热就转变成体系或环境的热力学能。如果没有发生任何变化过程，就没有功和热。

1.2.2　焓与化学反应的热效应

1. 焓

在封闭体系中，若发生的是一个始态的压力等于终态的压力并等于环境的压力的等压过程，而且只做体积功，将引出热力学上很重要的状态函数——焓(enthalpy)。通常，在敞口容器中的液体反应或恒定压力下的气体反应就是在这种条件下进行的。

由热力学第一定律 $\Delta U = Q + W$，有

$$Q = \Delta U - W$$

在图 1.3 中

$$\begin{aligned}
Q_p &= U_2 - U_1 + p_{外}\Delta V \\
&= U_2 - U_1 + p_{外}(V_2 - V_1) \\
&= (U_2 + p_2 V_2) - (U_1 + p_1 V_1)
\end{aligned}$$

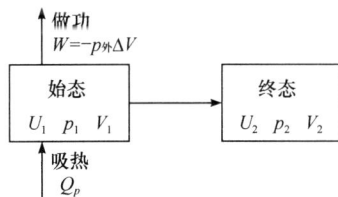

图 1.3 只做体积功的等压过程

U、p、V 都是状态函数，它们组合而成的 $U + pV$ 也应是状态函数，这个新的状态函数称为焓，用符号 H 表示

$$H = U + pV \tag{1.3}$$

那么，式(1.3)可写成

$$Q_p = H_2 - H_1 = \Delta H \tag{1.4}$$

式(1.4)表示，在封闭体系中当发生只做体积功的等压过程时，体系与环境交换的热 Q_p 等于体系的焓变 ΔH。

焓 H 在化学热力学中是一个很重要的函数，可以从以下几个方面理解它的意义和性质：

(1) 焓是状态函数。焓的定义式为 $H = U + pV$，其中 U、p、V 都是状态函数，状态一定，它们都有确定的量值，H 就随之而定。焓是复合的状态函数，具有能量的量纲。它和热力学能一样，其绝对值至今无法确定。

(2) 在封闭体系中发生只做体积功的等压过程，这一特定条件下 $\Delta H = Q_p$。吸热过程：$Q_p > 0$，$H_{终} > H_{始}$，$\Delta H > 0$，焓增；放热过程：$Q_p < 0$，$H_{终} < H_{始}$，$\Delta H < 0$，焓减。

(3) 焓 H 是体系的广度(容量)性质，它的量值和物质的量有关，具有加和性。

(4) 对一定量的某物质而言，由液态变为气态必须吸热，所以其气态的焓值要大于液态的焓值，同理，液态的焓值又大于固态的焓值，即

$$H(g) > H(l) > H(s)$$

一定量的某物质，由低温上升到高温状态要吸收热量，焓值增大。

$$H(高温) > H(低温)$$

(5) 对于化学反应，等压过程的热 Q_p 等于体系的焓变。

$$Q_p = \Delta H = H_2 - H_1$$

$H_{生成物} > H_{反应物}$，$\Delta H > 0$，即体系吸收热量使焓值增加，为吸热反应。

$H_{生成物} < H_{反应物}$，$\Delta H < 0$，即体系放出热量使焓值降低，为放热反应。

(6) 当过程反向进行时，ΔH 改变符号。例如

$$\Delta H(正) = H_2 - H_1$$

$$\Delta H(逆) = H_1 - H_2 = -\Delta H(正)$$

正过程与逆过程的焓变数值相等，符号相反。所以在化学反应中，正反应与逆反应的焓变也是数值相等，符号相反。

2. 热效应

体系在物理的或化学的等温等压或等温等容过程中，不做非体积功时所吸收或放出的热

称为此过程的热效应。

这里，应当注意：

(1) 要求此过程是 $T_{始}$ 等于 $T_{终}$ 的等温过程。等温就是使生成物的温度回到反应物的起始温度，这时在整个过程中体系与环境所交换的热量才称为热效应。在此条件下，对某一指定的化学反应所测定的热效应，在一定温度下才有确定值。否则，即使是同一个化学反应，它的热效应测定值也会随体系最终温度的不同而不定。也只有这样，不同化学反应的热效应才具有可比性。

(2) 热不是状态函数，和变化的途径有关，虽然始、终态相同，但若途径不同，吸收或放出的热是不相等的。例如

$$Cu^{2+} + Zn \Longrightarrow Cu + Zn^{2+}$$

此反应直接在试管里进行和把它组装成原电池，所放出的热量是不同的。对比两种物质在试管中的化学反应，原电池在工作时做电功，属于非体积功，途径不同，此过程的热不能称为热效应。

可见，在热力学第一定律中讨论的热是广泛的，没有限制条件的。而经上述条件限制后的热才称为热效应。热效应的符号仍与热力学第一定律中热的符号一致，吸热为正，放热为负。

通常在大气压下发生的化学反应或物质聚集态的变化都是在等压下进行的，属于等压过程，这时过程的热效应就称为等压热效应，用 Q_p 表示。由于等压热效应用得多，今后若未特别指明，所涉及的热效应都是指等压热效应。

热效应是热力学的重要数据，可以通过实验直接测定。实验室中可在保温杯式热量计中测定等压热效应。由于 $\Delta H = Q_p$，测定等压热效应也就测定了体系的焓变。

正因为大多数过程是在等压下发生的，且 $\Delta H = Q_p$，所以目前普遍用焓变(ΔH)代替 Q_p 表示等压过程的热效应。

一般的化学反应的热效应记为 $\Delta_r H$。物质的熔化热(fusion heat)记为 $\Delta_{fus} H$，凝固热(solidification heat)记为 $\Delta_{sol} H$，同一物质相同温度下 $\Delta_{fus} H = -\Delta_{sol} H$。物质的气化热(vaporization heat)记为 $\Delta_{vap} H$，凝结热(coagulation heat)记为 $\Delta_{coa} H$，同一物质相同温度下 $\Delta_{vap} H = -\Delta_{coa} H$。物质的升华热(sublimation heat)记为 $\Delta_{sub} H$。

在密闭容器中发生的反应体积不变，是等容过程。根据热效应的定义，过程中不做非体积功，只做体积功。而在等容过程 $\Delta V = 0$，$W_{体}$ 也等于0，所以 $W = 0$。

由热力学第一定律

$$\Delta U = Q + W$$

所以

$$\Delta U = Q_V \tag{1.5}$$

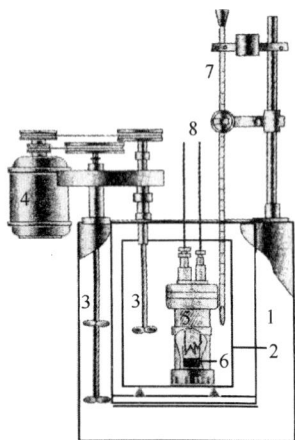

图 1.4　氧弹式热量计示意图

1. 外壳；2. 量热容器；3. 搅拌器；4. 搅拌马达；5. 氧弹；6. 样品；7. 贝克曼温度计；8. 燃烧丝引线

式(1.5)中，热 Q 用 Q_V 表示，右下角字母 V 表示等容过程，以与其他过程的热(量)相区别，Q_V 称为等容热效应。式(1.5)的意义是，在等容条件时，过程的热效应等于体系热力学能的变化。实验室中，可在密闭的氧弹式热量计(图1.4)中测定过程的等容热效应，也就测定了体系热力学能的变化量 ΔU。

3. 化学反应的标准摩尔焓变

(1) 热力学标准状态与 $\Delta_r H^{\ominus}$。在热力学中，为了设定一个基准，指定 1×10^5 Pa 为标准压力，记为 $p^{\ominus}$。把体系中各固体、液体物质都处于 $p^{\ominus}$ 下的纯物质，气体在 $p^{\ominus}$ 下表现出理想气体性质的纯气体状态，称为热力学标准状态(thermodynamic standard state)。

标准状态下化学反应的焓变称为化学反应的标准焓变(standard enthalpy change of reaction)，用 $\Delta_r H^{\ominus}$ 表示。下标"r"表示一般的化学反应，上标"⊖"表示标准状态。应当说明，温度不是标准状态的规定条件，但由于许多重要数据都是在 298.15 K 时测定的，故常用 298.15 K 下的标准焓变，记为 $\Delta_r H^{\ominus}$ (298.15 K)。

因为在大气压下发生的化学反应通常是只做体积功的等压过程，此时热效应 $Q_p = \Delta H$，故常用焓变 $\Delta_r H^{\ominus}$ (298.15 K)来表示化学反应的热效应，进而书写热化学方程式。

标示出化学反应过程中热效应的化学反应方程式称为热化学方程式(thermochemical equation)。例如

$$2H_2(g) + O_2(g) == 2H_2O(l) \qquad \Delta_r H_m^{\ominus} (298.15\ K) = -571.7\ kJ \cdot mol^{-1}$$

它表示在标准状态下、298.15 K 时，当 2 mol 的 $H_2(g)$ 与 1 mol 的 $O_2(g)$ 完全反应生成 2 mol 的 $H_2O(l)$，焓变为 -571.7 kJ，或放热 571.7 kJ。

(2) 反应进度(extent of reaction)。反应进度是描述反应进行程度的物理量，用符号 ξ 表示。

某一给定反应，其平衡系数后的反应方程式称为化学反应的计量方程。对一般的化学反应，有

$$aA + bB == gG + dD$$

反应进行过程中，反应物减少、产物增加的物质的量是按 a、b、g、d 的比例发生的。定义 $v_A = -a$、$v_B = -b$、$v_G = g$、$v_D = d$ 分别为物质 A、B、G、D 的化学计量系数。正因为它是计量方程，任意物质的变化量与其计量是成正比的，其比值以 ξ 表示，称为给定反应进行到此状态时的反应进度，表示为

$$\xi = \frac{\Delta n_A}{v_A} = \frac{\Delta n_B}{v_B} = \frac{\Delta n_G}{v_G} = \frac{\Delta n_D}{v_D}$$

式中，Δn_A、Δn_B、Δn_G、Δn_D 分别表示 A、B、G、D 物质的量的变化。无论选取反应物还是产物中的任何一种物质来计算反应进度，反应进度都具有相同的数值，与计量方程式中物质种类的选择无关。谈到 ξ 的具体量值时，必须同时指出计量方程。

一般地，以 B 表示反应中的任一物质，反应进度为

$$\xi = \frac{\Delta n_B}{v_B} = \frac{n_B(\xi) - n_B(0)}{v_B} \tag{1.6}$$

式中，$n_B(\xi)$ 和 $n_B(0)$ 分别表示反应进度为 ξ 和反应进度为零(反应未开始)时，反应中任一物质 B 的物质的量。

当反应刚开始时，$n_B(\xi) = n_B(0)$，$\Delta n_B = 0$，$\xi = 0$，反应进度为零。

当反应进行到 $\Delta n_B = v_B$ mol 时，$\xi = v_B\ mol/v_B = 1\ mol$，称为发生了一个单元的反应，或 1 mol 反应。

任意两个状态之间发生有限量的变化时，反应的进度变化为

$$\Delta\xi = \xi_2 - \xi_1 = \frac{n_B(\xi_2) - n_B(0)}{v_B} - \frac{n_B(\xi_1) - n_B(0)}{v_B} = \frac{n_B(\xi_2) - n_B(\xi_1)}{v_B} \tag{1.7}$$

$$\Delta\xi = \frac{\Delta n_B}{v_B}$$

对微小变化，则有

$$d\xi = dn_B/v_B \tag{1.8}$$

(3) 化学反应的标准摩尔焓变($\Delta_r H_m^\ominus$)。在标准状态下，发生了 1 mol 化学反应的焓变称为化学反应的标准摩尔焓变(standard molar enthalpy change of chemical reaction)。$\Delta_r H_m^\ominus$ 符号中的 m 即表示发生了 1 mol 的反应，反应进度为 1 mol。$\Delta_r H_m^\ominus$ 的单位为 kJ · mol^{-1}。

常用 298.15 K 时的数据，298.15 K 时化学反应的标准摩尔焓变记为 $\Delta_r H_m^\ominus$ (298.15 K)。

由于化学反应的进度与计量方程密切相关，所以 $\Delta_r H_m^\ominus$ 的量值与热化学方程式的书写方式是联系在一起的。例如

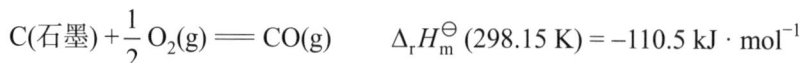

$$C(石墨) + \frac{1}{2} O_2(g) =\!\!=\!\!= CO(g) \qquad \Delta_r H_m^\ominus (298.15\ K) = -110.5\ kJ \cdot mol^{-1}$$

$$2C(石墨) + O_2(g) =\!\!=\!\!= 2CO(g) \qquad \Delta_r H_m^\ominus (298.15\ K) = -221\ kJ \cdot mol^{-1}$$

由于计量方程不同，虽然它们都发生了 1 mol 的反应，但按第二个计量方程，参加反应的物质的量为第一个计量方程的 2 倍，焓变也为它的 2 倍。

而且，在用 $\Delta_r H_m^\ominus$ 准确计入量值的热化学方程式中，应当标明物质的聚集态甚至晶体类型。根据焓的状态函数的性质，反应逆向进行，ΔH 要变号，所以

$$\Delta_r H_m^\ominus (正反应) = -\Delta_r H_m^\ominus (逆反应)$$

(4) 化学反应摩尔焓变($\Delta_r H_m$)的测定。在实验室里，先由量热法测定 Q_p，即 $\Delta_r H$ (因为 $\Delta H = Q_p$)；由所加入反应的物质的量算出 Δn_B，根据给定的计量方程确定 v_B，即可由式(1.9)计算出 $\Delta_r H_m$。

$$\Delta_r H_m = \frac{\Delta_r H}{\Delta\xi} = \frac{v_B \Delta_r H}{\Delta n_B} \tag{1.9}$$

【例 1.1】 浓度为 $c(C_2O_4^{2-}) = 0.16\ mol \cdot dm^{-3}$ 的酸性草酸盐溶液 25 cm^3 与过量的 KMnO$_4$ 溶液反应时，由量热实验测得 $\Delta_r H = -1.2\ kJ$。化学反应的计量方程为

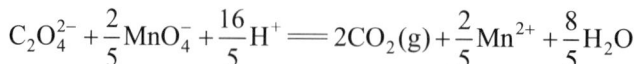

$$C_2O_4^{2-} + \frac{2}{5} MnO_4^- + \frac{16}{5} H^+ =\!\!=\!\!= 2CO_2(g) + \frac{2}{5} Mn^{2+} + \frac{8}{5} H_2O$$

求此反应的 $\Delta_r H_m$。

解 反应的

$$\Delta n(C_2O_4^{2-}) = -25 \times 10^{-6}\ m^3 \times 0.16 \times 10^3\ mol \cdot m^{-3} = -4.0 \times 10^{-3}\ mol$$

$$v(C_2O_4^{2-}) = -1$$

$$\Delta\xi = \Delta n(C_2O_4^{2-}) / v(C_2O_4^{2-}) = -4.0\times10^{-3}\ mol/(-1) = 4.0\times10^{-3}\ mol$$

由式(1.9)可算出

$$\Delta_r H_m = \frac{\Delta_r H}{\Delta\xi} = \frac{-1.2\ kJ}{4.0\times10^{-3}\ mol} = -3.0\times10^2\ kJ\cdot mol^{-1}$$

由此可以看出，$\Delta_r H_m$ 与 $\Delta_r H$ 的概念和单位都是不同的，前者为 $kJ\cdot mol^{-1}$，后者为 kJ。$\Delta_r H_m$ 单位 $kJ\cdot mol^{-1}$ 中的"mol^{-1}"是指反应进度为 1 mol 的意思。$\Delta_r H_m$ 的含义就是该化学反应的反应进度为 1 mol(或发生了 1 mol 的反应)时的焓变。加上标准态的限制条件后，$\Delta_r H_m^{\ominus}$ 就是在标准状态下，反应进度为 1 mol(或发生了 1 mol 反应)时的焓变。

4. 标准摩尔生成焓

在标准状态下，由参考态单质生成 1 mol 某物质的化学反应标准摩尔焓变，称为该物质的标准摩尔生成焓(standard molar enthalpy of formation)，温度常选取 298.15 K，用 $\Delta_f H_m^{\ominus}$(298.15 K)表示。例如

$$\frac{1}{2}H_2(g) + \frac{1}{2}Cl_2(g) =\!=\!= HCl(g) \qquad \Delta_r H_m^{\ominus}(298.15\ K) = -92.3\ kJ\cdot mol^{-1}$$

那么，HCl(g)的标准摩尔生成焓 $\Delta_f H_m^{\ominus}$(298.15 K) $= -92.3\ kJ\cdot mol^{-1}$。

可见，一个化合物的标准摩尔生成焓并不是这个化合物焓的绝对值，而是相对于生成它的参考态单质焓的相对值。

根据上述定义可知，参考态单质的标准摩尔生成焓都等于零。但非参考态单质的 $\Delta_f H_m^{\ominus}$(298.15 K)不为零，如金刚石，$\Delta_f H_m^{\ominus}$(298.15 K) $= 1.9\ kJ\cdot mol^{-1}$，它表示下列反应的焓变，由于石墨被选定为参考态，所以

$$C(石墨) =\!=\!= C(金刚石) \qquad \Delta_r H_m^{\ominus}(298.15\ K) = 1.9\ kJ\cdot mol^{-1}$$

同一物质的不同聚集态，它们的标准摩尔生成焓也是不同的，应予以注意。例如，$H_2O(g)$ 的 $\Delta_f H_m^{\ominus}$(298.15 K) $= -241.8\ kJ\cdot mol^{-1}$，而 $H_2O(l)$ 的 $\Delta_f H_m^{\ominus}$(298.15 K) $= -285.8\ kJ\cdot mol^{-1}$。

附表 7 中记载有若干常见单质、化合物的标准摩尔生成焓，通过它们可以计算出这些物质参加的许多化学反应(或物态变化)的焓变。

5. 由 $\Delta_f H_m^{\ominus}$ 计算 $\Delta_r H_m^{\ominus}$ 的一般式

如图 1.5 所示，设定标准状态、298.15 K 下参考态单质为始态，标准状态、298.15 K 下生成物为终态。由始态到终态可经两条不同的途径：其一，由参考态单质先生成反应物，再由反应物转变为生成物；其二，由参考态单质直接结合为生成物。由于焓是状态函数，其变化量——焓变只与始、终态有关而与途径无关。相同的始态及终态，两条途径的焓变应当是相等的，即

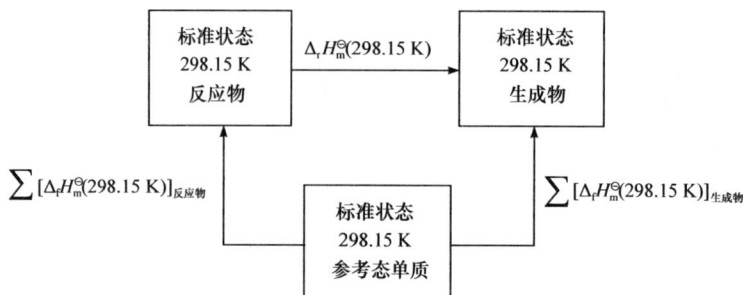

图 1.5　设定的反应过程

$$\sum[\Delta_f H_m^{\ominus}(298.15\,\mathrm{K})]_{反应物} + \Delta_r H_m^{\ominus}(298.15\,\mathrm{K}) = \sum[\Delta_f H_m^{\ominus}(298.15\,\mathrm{K})]_{生成物}$$

$$\Delta_r H_m^{\ominus}(298.15\,\mathrm{K}) = \sum[\Delta_f H_m^{\ominus}(298.15\,\mathrm{K})]_{生成物} - \sum[\Delta_f H_m^{\ominus}(298.15\,\mathrm{K})]_{反应物}$$

给定反应

$$a\mathrm{A} + b\mathrm{B} \Longrightarrow g\mathrm{G} + d\mathrm{D}$$

式中，A、B、G、D 为物质的化学式；a、b、g、d 为化学式前的系数。略去 298.15 K，反应的标准摩尔焓变为

$$\Delta_r H_m^{\ominus} = [g\Delta_f H_m^{\ominus}(\mathrm{G}) + d\Delta_f H_m^{\ominus}(\mathrm{D})] - [a\Delta_f H_m^{\ominus}(\mathrm{A}) + b\Delta_f H_m^{\ominus}(\mathrm{B})] \tag{1.10}$$

采用计量方程中物质的化学计量系数表示，则更为简明。

$$\Delta_r H_m^{\ominus}(298.15\,\mathrm{K}) = \sum \nu_B \Delta_f H_m^{\ominus}(\mathrm{B}, 298.15\,\mathrm{K}) \tag{1.11}$$

【例 1.2】　查出物质标准摩尔生成焓的数据，计算乙炔完全燃烧的反应标准摩尔焓变。

解　先写出 1 mol 乙炔完全燃烧的化学计量方程，再从附表 7 中查出有关各物质的 $\Delta_f H_m^{\ominus}$ (298.15 K)，将它们分别整齐地列在各物质的化学式下面：

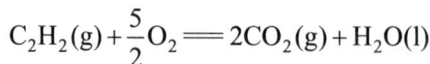

$$\mathrm{C_2H_2(g)} + \frac{5}{2}\mathrm{O_2} \Longrightarrow 2\mathrm{CO_2(g)} + \mathrm{H_2O(l)}$$

$\Delta_f H_m^{\ominus}(298.15\,\mathrm{K})/(\mathrm{kJ \cdot mol^{-1}})$ 　　　227.4　　　　0　　　　−393.5　　−285.8

根据式(1.11)得

$$\Delta_r H_m^{\ominus}(298.15\,\mathrm{K}) = -1 \times 227.4\,\mathrm{kJ \cdot mol^{-1}} + 2 \times (-393.5\,\mathrm{kJ \cdot mol^{-1}}) + 1 \times (-285.8\,\mathrm{kJ \cdot mol^{-1}})$$

$$= -1300.2\,\mathrm{kJ \cdot mol^{-1}}$$

俄国化学家赫斯(Hess)在热力学定律建立之前，从分析大量热效应实验出发，提出了一条规律：总反应的热效应只与反应的始态及终态(包括温度、反应物和生成物的量及聚集态等)有关，而与变化的途径无关。也可说成，一个反应无论是一步完成还是分几步完成，它们的热效应是相等的。总反应的热效应等于各分步反应热效应之和，此经验规律称为赫斯定律。

此定律适用于等压热效应或等容热效应。在等压、只做膨胀功的条件下，$\Delta H = Q_p$；在等容条件下，$\Delta U = Q_V$。而 H 与 U 都是状态函数，ΔH 与 ΔU 只与始态及终态有关而与变化的途径无关。可见，赫斯定律是热力学第一定律的特殊形式和必然结果。

根据赫斯定律可以由已经测得的一些化学反应的热效应(焓变)间接计算另一些难以用实验直接测定的反应的热效应。还可以把热化学方程式像代数式一样进行运算，所得新反应的焓变(热效应)就是各分步反应焓变进行相应代数运算的结果。

1.3　化学反应的方向

在 1.2 节里，把热力学第一定律用于化学领域，讨论了化学反应中的能量转换问题，能够通过焓变计算确已发生了的化学反应的热效应，如

$$CaSO_4(s) = SO_3(g) + CaO(s) \qquad \Delta_r H_m^{\ominus}(298.15\ \text{K}) = 402\ \text{kJ} \cdot \text{mol}^{-1}$$

它表明在 298.15 K 状态下，1 mol $CaSO_4(s)$分解为 1 mol $SO_3(g)$和 1 mol CaO(s)时需吸收 402 kJ 的热量；同一条件下，1 mol $SO_3(g)$与 1 mol CaO(s)化合则会放出同样数量的热。在某一给定条件下，究竟是自动发生 $CaSO_4(s)$的分解反应，还是 CaO(s)吸收 $SO_3(g)$的反应呢？热力学第一定律没有提供这方面的信息，而这个问题却很重要。下面将以热力学第二定律为核心讨论化学反应自发进行的方向和限度，引出两个十分重要的状态函数：熵和吉布斯自由能。

1.3.1　自发过程

留心观察，可以发现自然界中发生的过程都有一定的方向性。

热自发地从高温物体传递给低温物体；气体总是自发地从高压区流向低压区；水总是自发地从高水位的地方流向低水位的地方。而它们的逆过程却不会自动发生。

以上这些过程，无需外界干涉即可自动发生，所以称为自发过程(spontaneous process)。这些自发过程虽然各自的表现形式不同，但都有某些共同的本质特征，即它们都有明确的方向性，都是从非平衡态向平衡态的方向变化，过程进行的限度就是一定条件下的平衡态。而自发过程的逆过程一定是非自发过程。当然非自发过程也是可以发生的，不过这时外界(环境)要对体系做功。例如，利用水泵抽水做功，可以把水从低水位处送到高水位处；利用冷冻机做功，可使热由低温体系流向高温环境。对于一个自发过程，只要合理设计就可以用来做功。例如，水从高水位处向下流，可以推动水轮机做功。不过，一旦达到平衡态，水位差为零，就不再继续做功。

上述自发过程的例子中，用温度差可以判断传热过程的方向和限度；用水位差可以判断水流过程的方向和限度。对于大量的化学反应，若也能找到一个普遍适用的判据来预测化学反应的方向和限度，将使人们对化学变化规律的认识上升一个台阶，有利于掌握规律、利用自然和改造自然。

在研究各种物质体系的变化中，最容易想到的是放热反应能够自发进行。因为物质体系总倾向于取得最低的势能状态。放热反应进行后，体系的能量就降低了。19 世纪中叶，在热化学发展的基础上，贝特洛(Berthelot)等提出了一个经验规则：在没有外界能量参与的条件下，化学反应总是朝着放热更多的方向进行。这个规则把化学反应的热效应与化学反应的方向联系起来，而且认为放热越多，化学反应进行得越彻底。这一规则对许多熟知的化学反应是适用的。例如

$$H_2(g) + \frac{1}{2}O_2(g) \Longrightarrow H_2O(g) \qquad \Delta_r H_m^{\ominus}(298.15 \text{ K}) = -241.8 \text{ kJ} \cdot \text{mol}^{-1}$$

$$\frac{1}{2}Cl_2(g) + \frac{1}{2}H_2(g) \Longrightarrow HCl(g) \qquad \Delta_r H_m^{\ominus}(298.15 \text{ K}) = -92.3 \text{ kJ} \cdot \text{mol}^{-1}$$

$$CaO(s) + CO_2(g) \Longrightarrow CaCO_3(s) \qquad \Delta_r H_m^{\ominus}(298.15 \text{ K}) = -178.3 \text{ kJ} \cdot \text{mol}^{-1}$$

但是，进一步的研究发现许多吸热反应也是能够自发进行的。例如，在 $p^{\ominus}$，$T > 273.15$ K 时冰融化为水；$KNO_3(s)$ 溶解于水；$(NH_4)_2CO_3(s)$ 分解成 $NH_3(g)$ 和 $NH_4HCO_3(s)$，它们都是吸热过程(反应)，常温下都可以自发进行。

工业上煅烧石灰石生产生石灰的主要反应在 $p^{\ominus}$、298.15 K 下不是自发的。但在 $p^{\ominus}$、$T = 1173$ K 时，$CaCO_3(s)$ 剧烈地发生热分解反应生成 $CaO(s)$ 和 $CO_2(g)$。

$$CaCO_3(s) \Longrightarrow CaO(s) + CO_2(g) \qquad \Delta H > 0$$

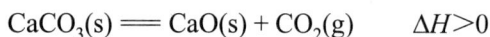

自发进行的吸热反应的存在,说明贝特洛规则简单地只以 ΔH 作为化学反应自发进行方向的判据是不全面的,并非完全可靠。

1.3.2　熵

1. 熵的概念

物质还有一个重要的状态函数——熵(entropy),用符号 S 表示。熵是体系混乱度的量度。体系较有序,混乱程度较小,熵较小;体系越无序,混乱程度越大,熵就越大。体系的状态确定后,其内部混乱程度就是一定的,即有一确定的熵值。和焓一样,熵也是一个具有容量性质的状态函数。它的量值和物质的量有关,具有加和性。

当物质处于固态时,分子、离子或原子按一定规则基本固定地排列在晶格内,只能在平衡位置附近振动,转动和移动都很困难。当转变为液态时,分子间距离稍有增加,分子的运动加大,具有流动性,混乱度比固态大。当转变为气态时,分子间距大大增加,分子可在较大的空间运动,处于高度的无序状态。所以,同一物质从固态到液态再到气态,随着分子运动混乱度的增加,熵逐渐增大。

$$S(s) < S(l) < S(g)$$

同一物质的同一聚集态,温度升高,热运动增强,体系混乱度增加,熵值也增大。

$$S(低温) < S(高温)$$

不同物质熵的大小与分子的种类和结构有关。一般来说,分子越大,结构越复杂,其运动形态也越复杂,混乱度越大,体系的熵也就越大。

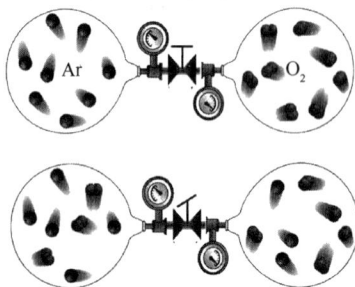

人们在大量的实践中发现,如果没有外界的影响,体系总是处于质点分布概率大、混乱程度大的状态。如图 1.6 所示,以活塞相连的同温、同压下装有两种不同气体的圆球。若打开旋塞,将自动发生两种气体相互扩散而均匀混合的过程,体系的混乱度增加。

又如,$NH_4NO_3(s)$ 的溶解过程。$NH_4NO_3(s)$ 放入水中,NH_4^+ 和 NO_3^- 脱离有序的晶体状态,逐渐扩散到水中,直至

图 1.6　气体扩散示意图

形成均匀的溶液。溶质、溶剂的粒子混乱度都增加了。这也是一个自发的过程。

在孤立体系中，过程的方向及限度的熵判据如下：

(1) $(\Delta S)_{孤立} > 0$，此过程是自发过程。

(2) $(\Delta S)_{孤立} = 0$，体系处于平衡态。

(3) $(\Delta S)_{孤立} < 0$，此过程不可能发生。

总而言之，在孤立体系中自发过程总是朝着体系混乱度增加，即熵增的方向进行，又称为熵增原理，它是热力学第二定律的一种表述形式。

2. 熵的计算

前已述及，体系的熵随着温度的降低、混乱度的减小而减小；体系的熵也会随着聚集态由气态到液态再到固态的变化、混乱度的减小而减小。可以设想，在热力学温度为 0 K 时，纯物质的完整晶体只有一种可能的微观状态，其中的粒子完全整齐、规则、有序地排列，是完全的、理想的混乱度最小的状态，其熵规定为零。这也称为热力学第三定律，即在热力学温度为 0 K 时，任何纯净的完整晶体物质的熵等于零，记为

$$S_0 = 0$$

如果将某纯物质完整晶体从 0 K 加热至某一温度 T，过程的熵变为

$$\Delta S = S(T) - S_0$$

因为 $S_0 = 0$，所以 $\Delta S = S(T)$。

用热力学的方法加上适当的数学处理可以求出把 1 mol 纯物质的完整晶体从 0 K 加热至 T 过程中的熵变 ΔS，即求出了 1 mol 此物质在 T 时的熵 $S(T)$，称它为此物质在 T 时的摩尔规定熵(molar conventional entropy)，记为 $S_m(T)$。这与前面讨论的状态函数 H、U 不同，H、U 的绝对值无法求得，而摩尔规定熵 $S_m(T)$ 是有具体量值的。

在热力学标准状态下，某物质的摩尔规定熵称为此物质的标准摩尔熵(standard molar entropy)，记为 $S_m^{\ominus}(T)$，简称标准熵。附表 7 中记载有若干常见单质、化合物在 298.15 K 的标准熵，记为 $S_m^{\ominus}(298.15\ \text{K})$，它的单位是 $\text{J} \cdot \text{mol}^{-1} \cdot \text{K}^{-1}$。应当强调，任何单质的标准摩尔熵不等于零。这与参考态单质的标准摩尔生成焓 $\Delta_f H_m^{\ominus}(298.15\ \text{K}) = 0$ 是不同的。

对于给定反应 $a\text{A} + b\text{B} \Longrightarrow g\text{G} + d\text{D}$，由于熵是状态函数，在标准状态、298.15 K 时，化学反应的标准摩尔熵变(standard molar entropy change of reaction) $\Delta_r S_m^{\ominus}(298.15\ \text{K})$ 可由下式计算。

$$
\begin{aligned}
\Delta_r S_m^{\ominus}(298.15\ \text{K}) &= \sum [S_m^{\ominus}(298.15\ \text{K})]_{生成物} - \sum [S_m^{\ominus}(298.15\ \text{K})]_{反应物} \\
&= [g S_m^{\ominus}(\text{G}) + d S_m^{\ominus}(\text{D})] - [a S_m^{\ominus}(\text{A}) + b S_m^{\ominus}(\text{B})] \\
&= \sum v_B S_m^{\ominus}(\text{B}, 298.15\ \text{K})
\end{aligned}
\tag{1.12}
$$

【例 1.3】　计算反应 $\text{CaCO}_3(\text{s}) \Longrightarrow \text{CaO}(\text{s}) + \text{CO}_2(\text{g})$ 在 298.15 K 的标准摩尔熵变 $\Delta_r S_m^{\ominus}(298.15\ \text{K})$。

解　查附表 7 得三种物质的标准熵

	$\text{CaCO}_3(\text{s})$	$\text{CaO}(\text{s})$	$\text{CO}_2(\text{g})$
$S_m^{\ominus}(298.15\ \text{K})/(\text{J} \cdot \text{mol}^{-1} \cdot \text{K}^{-1})$	91.7	38.1	213.8

$$
\begin{aligned}
\Delta_r S_m^{\ominus}(298.15\ \text{K}) &= 38.1\ \text{J} \cdot \text{mol}^{-1} \cdot \text{K}^{-1} + 213.8\ \text{J} \cdot \text{mol}^{-1} \cdot \text{K}^{-1} - 91.7\ \text{J} \cdot \text{mol}^{-1} \cdot \text{K}^{-1} \\
&= 160.2\ \text{J} \cdot \text{mol}^{-1} \cdot \text{K}^{-1}
\end{aligned}
$$

根据熵的概念，可以估计许多化学反应 ΔS 的符号。一般来说，若反应后气体物质的量增加了，则由于混乱度增加较多，反应熵也要增加，$\Delta_r S > 0$；反之，$\Delta_r S < 0$。若反应前后气体物质的量不变，$\Delta_r S$ 的值通常是很小的。

严格地讲，化学反应的熵变是与温度有关的，因为物质的熵将随温度升高而增大。但许多情况下，反应物增加的熵与生成物增加的熵差不多，所以反应的熵变通常无明显变化。在本书中，当温度变化范围不太大时，可作近似处理，忽略反应熵变 $\Delta_r S$ 随温度的变化。

用熵变来判断过程自发进行的方向，原则上是可行的。不过应当强调，这个体系必须是孤立体系，即 $(\Delta S)_{孤立} > 0$ 的过程是自发过程。若非孤立体系，则应以 $(\Delta S)_{总}$ 作判据，其中 $(\Delta S)_{总} = (\Delta S)_{体系} + (\Delta S)_{环境}$，这时既要计算出体系的熵变，还要计算出环境的熵变，这就很不方便了。能否找到一个体系的状态函数，可以用它的变化作为体系自发进行方向的简明、可靠的判据，而不必考虑环境的熵变呢？

1.3.3　吉布斯自由能

美国科学家吉布斯(Gibbs)指出，过程自发性的标准是它产生有用功的能力。他证明：在等温、等压下，如果某一个反应可被利用来做有用功，则该反应就是自发的；如果某一个反应必须从环境吸收有用功才能进行，则此反应就是非自发的。

例如，将 Zn 片放入盐酸中，会自动发生置换反应放出氢气。若将此反应设计成伏打电池，就会产生电流做有用功。又如，氢气与氧气能自发地化合生成水，可以将此反应设计成燃料电池，可做有用功，现已将氢氧燃料电池用于载人宇宙飞船上。而其相反的逆过程则是非自发的，水绝不会自发地分解成氢气和氧气。当然，电解水可以制得氢气和氧气，但此时环境要对它做功，这就不是自发过程了。

1. 吉布斯自由能与自发过程

吉布斯经过多年研究，严密推导，提出了一个状态函数——吉布斯自由能(Gibbs free energy)，又称吉布斯函数(Gibbs function)，用符号 G 表示。

$$G = H - TS \tag{1.13}$$

从定义式就可看出，由于 H、S、T 都是状态函数，所以 G 应是一个复合的状态函数，是体系的一种性质。G 反映了体系做有用功的能力。从热力学可以导出，在等温、等压下，体系吉布斯自由能的减少 $(-\Delta G)$ 等于体系对外可能做的最大有用功 W_{max}。

$$-\Delta G = W_{max} \tag{1.14}$$

体系处于一定的状态，G 有一定的量值。若两个状态之间 G 不等，体系可自发地由吉布斯自由能高的状态 G_1 转变到吉布斯自由能低的状态 G_2，直至 $\Delta G = 0$，G 的差别消失，达到平衡为止。这与水位差存在时，水自发地由水位高的地方流向水位低的地方十分相似。可以把 G 看作是体系的位函数(也有人把 G 称为等温等压位)，把 ΔG 看作是过程自发进行的推动力。

在等温、等压、只做体积功的条件下，凡是体系吉布斯自由能减少的过程都能自发进行。这也是在该条件下热力学第二定律的一种表达形式。在等温、等压、只做体积功的条件下，体系由状态 1 转变到状态 2，吉布斯自由能变 $G_2 - G_1 = \Delta G$ 与自发过程的关系是

$$\left.\begin{array}{l}\Delta G<0 \quad 自发过程 \\ \Delta G = 0 \quad 体系处于平衡态 \\ \Delta G>0 \quad 非自发过程\end{array}\right\} \quad (1.15)$$

式(1.15)表明，在等温、等压、只做体积功的情况下，体系如发生一个自发过程，其吉布斯自由能变必小于零，即体系的吉布斯自由能要减小；当体系处于平衡时，体系的吉布斯自由能不再减小而保持某一最小值不变；体系吉布斯自由能增加的过程是非自发过程，只有在外界的帮助下，对体系做功才会发生体系吉布斯自由能增加的过程。式(1.15)又称吉布斯判据。

体系的吉布斯自由能越大，它自发地向吉布斯自由能小的状态变化的趋势就越大，此时体系的稳定性较差；反之，吉布斯自由能较小的状态稳定性较大。因此，吉布斯自由能也是体系稳定性的一种量度。

2. 化学反应的标准摩尔吉布斯自由能变

在化学反应中，一个化学反应的 ΔG 代数值越小，此反应越易自发进行。可通过计算反应的 ΔG 来判断反应的方向和比较不同反应自发进行趋势的大小。

在热力学标准状态下，发生 1 mol 反应时，反应的吉布斯自由能变化称为化学反应的标准摩尔吉布斯自由能变(standard molar Gibbs free energy change of reaction)，用 $\Delta_r G_m^\ominus$ 表示，单位是 $kJ \cdot mol^{-1}$。298.15 K 下化学反应的标准摩尔吉布斯自由能变记为 $\Delta_r G_m^\ominus(298.15\ K)$。

在等温、等压、只做体积功的情况下发生的化学反应，其 $\Delta_r G_m^\ominus$ 与反应自发性的关系是

$$\left.\begin{array}{l}\Delta_r G_m^\ominus<0 \quad 自发的反应 \\ \Delta_r G_m^\ominus = 0 \quad 反应处于平衡态 \\ \Delta_r G_m^\ominus>0 \quad 非自发的反应\end{array}\right\} \quad (1.16)$$

与 $\Delta_r H_m^\ominus$ 一样，化学反应的标准摩尔吉布斯自由能变 $\Delta_r G_m^\ominus$ 的量值也与化学反应方程式的书写方法有关。例如

$$H_2O(l) = H_2(g) + \frac{1}{2}O_2(g) \qquad \Delta_r G_m^\ominus(298.15\ K) = 237.1\ kJ \cdot mol^{-1}$$

$$2H_2O(l) = 2H_2(g) + O_2(g) \qquad \Delta_r G_m^\ominus(298.15\ K) = 474.2\ kJ \cdot mol^{-1}$$

由于 G 具有状态函数的性质，因此正反应的 $\Delta_r G_m^\ominus$ 与逆反应的 $\Delta_r G_m^\ominus$ 数值相等，符号相反。所以

$$H_2(g) + \frac{1}{2}O_2(g) = H_2O(l) \qquad \Delta_r G_m^\ominus(298.15\ K) = -237.1\ kJ \cdot mol^{-1}$$

同理，吉布斯自由能变 ΔG 只与始态及终态有关而与变化的途径无关。若把一个反应设计成几个分步反应的总和，则总反应的 $\Delta_r G_m^\ominus$ 等于各个分步反应 $\Delta_r G_m^\ominus$ 之和。例如

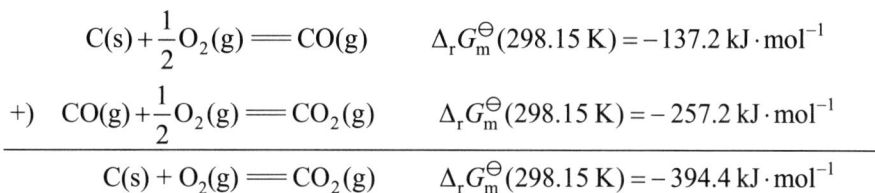

$$C(s) + \frac{1}{2}O_2(g) = CO(g) \qquad \Delta_r G_m^\ominus(298.15\ K) = -137.2\ kJ \cdot mol^{-1}$$

$$+) \quad CO(g) + \frac{1}{2}O_2(g) = CO_2(g) \qquad \Delta_r G_m^\ominus(298.15\ K) = -257.2\ kJ \cdot mol^{-1}$$

$$C(s) + O_2(g) = CO_2(g) \qquad \Delta_r G_m^\ominus(298.15\ K) = -394.4\ kJ \cdot mol^{-1}$$

吉布斯自由能和热力学能、焓一样，无法获得其绝对值。与利用物质的标准摩尔生成焓$(\Delta_f H_m^\ominus)$计算反应的标准摩尔焓变$(\Delta_r H_m^\ominus)$一样，也可以利用各物质的标准生成吉布斯自由能$(\Delta_f G_m^\ominus)$计算反应的标准摩尔吉布斯自由能变$(\Delta_r G_m^\ominus)$。

在标准状态下，由参考态单质生成 1 mol 该物质的反应的标准吉布斯自由能变称为该物质的标准摩尔生成吉布斯自由能(standard molar Gibbs free energy of formation)。常用 298.15 K 时的数据，故记为 $\Delta_f G_m^\ominus$ (298.15 K)，其单位是 $kJ \cdot mol^{-1}$。参考态单质的 $\Delta_f G_m^\ominus$ (298.15 K) = 0。

由 G 的状态函数特性，可以导出由反应物和生成物的 $\Delta_f G_m^\ominus$ (298.15 K) 计算 $\Delta_r G_m^\ominus$ (298.15 K) 的一般式。

任一给定反应 $aA + bB \Longrightarrow gG + dD$，其 $\Delta_f G_m^\ominus$ (298.15 K) 等于生成物的标准生成吉布斯自由能的总和减去反应物的标准生成吉布斯自由能的总和，即

$$\Delta_r G_m^\ominus(298.15K) = \sum[\Delta_f G_m^\ominus(298.15K)]_{生成物} - \sum[\Delta_f G_m^\ominus(298.15K)]_{反应物}$$
$$= [g\Delta_f G_m^\ominus(G) + d\Delta_f G_m^\ominus(D)] - [a\Delta_f G_m^\ominus(A) + b\Delta_f G_m^\ominus(B)] \qquad (1.17)$$
$$= \sum v_B \Delta_f G_m^\ominus(B, 298.15K)$$

【例 1.4】 试根据物质的标准摩尔生成吉布斯自由能 $\Delta_f G_m^\ominus$ (298.15 K) 的数据，判断下列反应在标准状态、298.15 K 时能否自发进行。

解 由附表 7 查出各物质的 $\Delta_f G_m^\ominus$ (298.15 K)，有

$$2HCl(g) + Br_2(l) \Longrightarrow 2HBr(g) + Cl_2(g)$$

$\Delta_f G_m^\ominus$ (298.15 K) / $(kJ \cdot mol^{-1})$ –95.3   0   –53.4   0

可计算反应的标准摩尔吉布斯自由能变：

$$\Delta_r G_m^\ominus(298.15K) = [2 \times(-53.4 kJ \cdot mol^{-1}) + 0] - [2 \times(-95.3 kJ \cdot mol^{-1}) + 0] = 83.8 kJ \cdot mol^{-1}$$

由于 $\Delta_r G_m^\ominus$ (298.15 K) > 0，可判定在 298.15 K、热力学标准状态下，此反应不能自发进行。

而其逆反应 $2HBr(g) + Cl_2(g) \Longrightarrow 2HCl(g) + Br_2(l)$，$\Delta_r G_m^\ominus$ (298.15 K) = –83.8 $kJ \cdot mol^{-1}$ < 0，则是可以自发进行的反应。可见，卤素置换规律是有热力学根据的。

1.3.4 吉布斯-亥姆霍兹公式及其应用

对于一个化学反应，其状态函数 H 的变化 ΔH 决定了反应的能量变化——等压热效应；其状态函数 S 的变化 ΔS 描述了此反应混乱度的变化；而状态函数 G 综合考虑了 S、H 和 T 三个因素，由吉布斯自由能 G 的变化值 ΔG 的正、负可判定此反应自发进行的方向。吉布斯和德国科学家亥姆霍兹各自独立地证明了在等温、等压、热力学温度为 T 时，吉布斯自由能变 $\Delta G(T)$ 与焓变 $\Delta H(T)$ 和熵变 $\Delta S(T)$ 之间的关系为

$$\Delta G(T) = \Delta H(T) - T\Delta S(T) \qquad (1.18)$$

该式称为吉布斯-亥姆霍兹(Gibbs-Helmholtz)公式，它是化学热力学中极为有用的公式之一。式中，T 为热力学温度；$\Delta G(T)$、$\Delta H(T)$、$\Delta S(T)$ 分别为 T 时的吉布斯自由能变、焓变和熵变。

在温度变化范围不太大时，可作近似处理，将 $\Delta H(T)$ 和 $\Delta S(T)$ 视为不随温度而变，直接使用 298.15 K 的数据。对于标准状态、T 时化学反应的标准摩尔吉布斯自由能变 $\Delta_r G_m^\ominus$ (T)，可用吉

布斯-亥姆霍兹公式的如下常用形式：

$$\Delta_r G_m^\ominus (T) = \Delta_r H_m^\ominus (298.15\ \text{K}) - T\Delta_r S_m^\ominus (298.15\ \text{K}) \tag{1.19}$$

【例 1.5】 计算反应 $CaCO_3(s) \rightleftharpoons CaO(s) + CO_2(g)$ 在 1173 K 时的 $\Delta_r G_m^\ominus (T)$ 和 $\Delta_r G_m^\ominus (298.15\ \text{K})$。

解　先由附表 7 查出各物质的 $\Delta_f H_m^\ominus (298.15\ \text{K})$ 和 $S_m^\ominus (298.15\ \text{K})$；再分别由公式 $\Delta_r H_m^\ominus (298.15\ \text{K}) = \sum v_B \Delta_f H_m^\ominus (B, 298.15\ \text{K})$ 和 $\Delta_r S_m^\ominus (298.15\ \text{K}) = \sum v_B S_m^\ominus (B, 298.15\ \text{K})$ 计算出该反应在 298.15 K 的标准摩尔焓变和标准摩尔熵变：

$$\Delta_r H_m^\ominus (298.15\ \text{K}) = 178.3\ \text{kJ} \cdot \text{mol}^{-1}$$

$$\Delta_r S_m^\ominus (298.15\ \text{K}) = 160.6\ \text{J} \cdot \text{mol}^{-1} \cdot \text{K}^{-1}$$

将其代入式(1.19)得

$$\Delta_r G_m^\ominus (1173\ \text{K}) = 178.3\ \text{kJ} \cdot \text{mol}^{-1} - 1173\ \text{K} \times 160.6 \times 10^{-3}\ \text{kJ} \cdot \text{mol}^{-1} \cdot \text{K}^{-1}$$

$$= -10.1\ \text{kJ} \cdot \text{mol}^{-1} < 0$$

对于 $\Delta_r G_m^\ominus (298.15\ \text{K})$，可由附表 7 查出 $\Delta_f G_m^\ominus (298.15\ \text{K})$ 数据，再经公式 $\Delta_r G_m^\ominus (298.15\ \text{K}) = \sum v_B \Delta_f G_m^\ominus$ 计算出来；也可引用吉布斯-亥姆霍兹公式[式(1.19)]计算：

$$\Delta_r G_m^\ominus (298.15\ \text{K}) = 178.3\ \text{kJ} \cdot \text{mol}^{-1} - 298.15\ \text{K} \times 160.6 \times 10^{-3}\ \text{kJ} \cdot \text{mol}^{-1} \cdot \text{K}^{-1}$$

$$= 130.4\ \text{kJ} \cdot \text{mol}^{-1} > 0$$

由上述计算结果可以判定，$CaCO_3$ 的分解反应在标准状态、298.15 K 时是不自发的，$CaCO_3$ 不能自发地分解为 CaO 和 CO_2；而在 1173 K(900℃)时 $CaCO_3$ 可以自发地分解为 CaO 和 CO_2。

从式(1.19)可见，$\Delta_r G_m^\ominus (T)$ 是温度的一次函数，斜率为 $-\Delta_r S_m^\ominus (298.15\ \text{K})$，截距为 $\Delta_r H_m^\ominus (298.15\ \text{K})$。对于不同的化学反应，$\Delta_r H_m^\ominus (298.15\ \text{K})$ 和 $\Delta_r S_m^\ominus (298.15\ \text{K})$ 随温度的变化情况有以下 4 种类型：

(1) 焓减、熵增过程：$\Delta_r H_m^\ominus (298.15\ \text{K}) < 0$，$\Delta_r S_m^\ominus (298.15\ \text{K}) > 0$。

焓变与熵变彼此协调，两者对反应的 $\Delta_r G_m^\ominus (T)$ 贡献均为负值。由于任何温度下 $\Delta_r G_m^\ominus (T)$ 都为负值，$\Delta_r G_m^\ominus (T) < 0$，故属于这种类型的反应在等温、等压下任何温度都能自发进行。例如

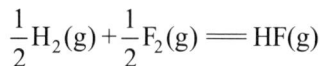

$$\frac{1}{2}H_2(g) + \frac{1}{2}F_2(g) \rightleftharpoons HF(g)$$

$$\Delta_r H_m^\ominus (298.15\ \text{K}) = -273.3\ \text{kJ} \cdot \text{mol}^{-1}$$

$$\Delta_r S_m^\ominus (298.15\ \text{K}) = 7.05 \times 10^{-3}\ \text{kJ} \cdot \text{mol}^{-1} \cdot \text{K}^{-1}$$

$$\Delta_r G_m^\ominus (T) = \Delta_r H_m^\ominus (298.15\ \text{K}) - T\Delta_r S_m^\ominus (298.15\ \text{K})$$

$$= -273.3\ \text{kJ} \cdot \text{mol}^{-1} - T \times 7.05 \times 10^{-3}\ \text{kJ} \cdot \text{mol}^{-1} \cdot \text{K}^{-1}$$

热力学温度 $T > 0$，由上式可知，任何温度下，总是 $\Delta_r G_m^\ominus (T) < 0$。可以判定，在等温、等压下，任何温度时氢、氟两种气体都能自发地化合生成氟化氢气体。

(2) 焓增、熵减过程：$\Delta_r H_m^\ominus (298.15\ \text{K}) > 0$，$\Delta_r S_m^\ominus (298.15\ \text{K}) < 0$。

焓变与熵变也彼此协调，但与第一种类型不同，两者对反应的 $\Delta_r G_m^\ominus (T)$ 贡献均为正值。由

于所有温度下 $\Delta_r G_m^{\ominus}(T)$ 都为正值，$\Delta_r G_m^{\ominus}(T) > 0$，故属于这种类型的反应在等温、等压下任何温度时都不能自发进行。例如

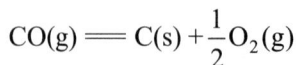

$$CO(g) \Longrightarrow C(s) + \frac{1}{2}O_2(g)$$

$$\Delta_r H_m^{\ominus}(298.15\,K) = 110.5\ kJ \cdot mol^{-1}$$

$$\Delta_r S_m^{\ominus}(298.15\,K) = -89.4 \times 10^{-3}\ kJ \cdot mol^{-1} \cdot K^{-1}$$

$$\Delta_r G_m^{\ominus}(T) = \Delta_r H_m^{\ominus}(298.15\,K) - T\Delta_r S_m^{\ominus}(298.15\,K)$$

$$= 110.5\ kJ \cdot mol^{-1} + T \times 89.4 \times 10^{-3}\ kJ \cdot mol^{-1} \cdot K^{-1}$$

$T > 0$，所以在任何温度下 $\Delta_r G_m^{\ominus}(T) > 0$，即在等温、等压的任何温度下，此反应都不能自发进行。

有人曾提出欲通过将 CO 热分解成单质 C 和 O_2 的途径来消除汽车废气中的 CO，显然从化学热力学角度分析可以断定这是徒劳的。

(3) 焓增、熵增过程：$\Delta_r H_m^{\ominus}(298.15\,K) > 0$，$\Delta_r S_m^{\ominus}(298.15\,K) > 0$。

焓变与熵变两项因素相互制约。$\Delta_r H_m^{\ominus}(298.15\,K)$ 对 $\Delta_r G_m^{\ominus}(T)$ 贡献正值，而 $\Delta_r S_m^{\ominus}(298.15\,K)$ 对 $\Delta_r G_m^{\ominus}(T)$ 贡献负值。如图 1.7(a)所示，温度 T 较低时，$\Delta_r G_m^{\ominus}(T) > 0$，等温、等压下反应不能自发进行。随着温度升高，$\Delta_r G_m^{\ominus}(T)$ 逐渐减小。只要温度足够高，可使 $\Delta_r G_m^{\ominus}(T) < 0$，反应就可转变成自发进行。

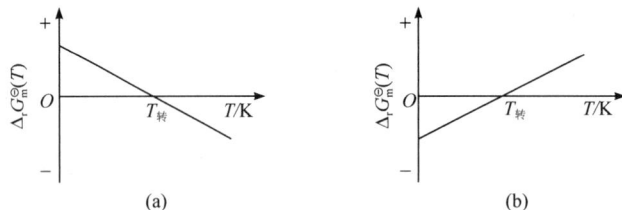

图 1.7 $\Delta_r G_m^{\ominus}(T)$-$T$ 关系图

我们还可以从式(1.19)求出反应由非自发转变为自发过程的温度条件。

等温、等压下，过程自发进行的条件

$$\Delta_r G_m^{\ominus}(T) \leqslant 0 \quad (自发过程平衡态)$$

由式(1.19)可得

$$\Delta_r H_m^{\ominus}(298.15\,K) - T\Delta_r S_m^{\ominus}(298.15\,K) \leqslant 0 \quad (自发过程平衡态)$$

$$\Delta_r H_m^{\ominus}(298.15\,K) \leqslant T\Delta_r S_m^{\ominus}(298.15\,K)$$

因为

$$\Delta_r S_m^{\ominus}(298.15\,K) > 0$$

所以

$$T \geqslant \frac{\Delta_r H_m^{\ominus}(298.15\,K)}{\Delta_r S_m^{\ominus}(298.15\,K)} \quad (自发过程平衡态)$$

通常把 $\Delta_r G_m^\ominus (T) = 0$ 的温度称为转变温度，即

$$T_{转} = \frac{\Delta_r H_m^\ominus(298.15\,\mathrm{K})}{\Delta_r S_m^\ominus(298.15\,\mathrm{K})} \tag{1.20}$$

当 $T > T_{转}$ 时，反应可自发进行。例如

$$\mathrm{CaCO_3(s)} = \mathrm{CaO(s)} + \mathrm{CO_2(g)}$$

$$\Delta_r H_m^\ominus(298.15\,\mathrm{K}) = 178.3\,\mathrm{kJ \cdot mol^{-1}}$$

$$\Delta_r S_m^\ominus(298.15\,\mathrm{K}) = 160.6 \times 10^{-3}\,\mathrm{kJ \cdot mol^{-1} \cdot K^{-1}}$$

$$T \geqslant \frac{\Delta_r H_m^\ominus(298.15\,\mathrm{K})}{\Delta_r S_m^\ominus(298.15\,\mathrm{K})} = \frac{178.3\,\mathrm{kJ \cdot mol^{-1}}}{160.6 \times 10^{-3}\,\mathrm{kJ \cdot mol^{-1} \cdot K^{-1}}} = 1110\,\mathrm{K} \qquad (自发过程平衡态)$$

其转变温度为 1110 K，当温度高于转变温度 1110 K 以后，在标准状态、等温等压下 $CaCO_3$ 便可自发分解，此温度称为 $CaCO_3$ 的分解温度。由于式(1.19)是将吉布斯-亥姆霍兹公式[式(1.18)]近似处理，把 $\Delta_r H_m^\ominus (T)$ 和 $\Delta_r S_m^\ominus (T)$ 代入 298.15 K 的数据而得来的，所以计算结果与实测的 $CaCO_3$ 分解温度 1173 K 不完全一致，但其相对误差仅为 5.4%，理论计算与实测数据相当接近，具有实用价值。

(4) 焓减、熵减过程：$\Delta_r H_m^\ominus (298.15\,\mathrm{K}) < 0$，$\Delta_r S_m^\ominus (298.15\,\mathrm{K}) < 0$。

焓变与熵变两项因素也是相互制约的。但与第三种类型相反，焓变 $\Delta_r H_m^\ominus (298.15\,\mathrm{K})$ 对 $\Delta_r G_m^\ominus (T)$ 的贡献为负值，熵变 $\Delta_r S_m^\ominus (298.15\,\mathrm{K})$ 对 $\Delta_r G_m^\ominus (T)$ 的贡献为正值。低温时，$\Delta_r G_m^\ominus (T) < 0$，等温、等压下反应可以自发进行。如图 1.7(b)所示，随着温度升高，$\Delta_r G_m^\ominus (T)$ 的代数值逐渐增大。当温度升到足够高时，可使 $\Delta_r G_m^\ominus (T) > 0$，反应变成非自发。

与第三种类型相似，可以导出

$$T \leqslant \frac{\Delta_r H_m^\ominus(298.15\,\mathrm{K})}{\Delta_r S_m^\ominus(298.15\,\mathrm{K})} \qquad (自发过程平衡态)$$

转变温度仍按式(1.20)计算，但与第三种类型不同，第四种类型反应当 $T < T_{转}$ 时反应可以自发进行，而当 $T > T_{转}$ 后反应就转变成非自发反应了。例如

$$\mathrm{SO_3(g)} + \mathrm{CaO(s)} = \mathrm{CaSO_4(s)}$$

$$\Delta_r H_m^\ominus(298.15\,\mathrm{K}) = -402\,\mathrm{kJ \cdot mol^{-1}}$$

$$\Delta_r S_m^\ominus(298.15\,\mathrm{K}) = -189 \times 10^{-3}\,\mathrm{kJ \cdot mol^{-1} \cdot K^{-1}}$$

当温度较低时，$\Delta_r G_m^\ominus (T) < 0$，反应自发进行。$SO_3(g)$ 可与 $CaO(s)$ 作用，生成 $CaSO_4(s)$。当温度足够高时，$\Delta_r G_m^\ominus (T) > 0$，$SO_3(g)$ 与 $CaO(s)$ 的反应是非自发的，而其逆过程 $CaSO_4(s)$ 的分解反应却是自发过程。

$$T_{转} = \frac{\Delta_r H_m^\ominus(298.15\,\mathrm{K})}{\Delta_r S_m^\ominus(298.15\,\mathrm{K})} = \frac{-402\,\mathrm{kJ \cdot mol^{-1}}}{-189 \times 10^{-3}\,\mathrm{kJ \cdot mol^{-1} \cdot K^{-1}}} = 2130\,\mathrm{K}$$

只要低于约 2130 K，$T < T_{转}$，$SO_3(g)$ 与 $CaO(s)$ 的反应就是自发过程。

上述 $\Delta_r G_m^{\ominus}(T)$-$T$ 变化的 4 种类型归纳于表 1.1。

表 1.1　$\Delta_r G_m^{\ominus}(T)$-$T$ 变化的 4 种类型

类型	$\Delta_r H_m^{\ominus}$	$\Delta_r S_m^{\ominus}$	$\Delta_r G_m^{\ominus}(T) = \Delta_r H_m^{\ominus} - T\Delta_r S_m^{\ominus}$	化学反应的自发性
1 负正型	−	+	所有温度，永远为负	任何温度，反应都是自发过程
2 正负型	+	−	所有温度，永远为正	任何温度，反应都是非自发过程
3 正正型	+	+	低温为正，高温为负	升高温度，可使反应转变为自发过程
4 负负型	−	−	低温为负，高温为正	适当的低温下，反应是自发过程

从表 1.1 还可看出，只要是 $\Delta_r S_m^{\ominus}(298.15\ K)>0$ 的熵增反应，那么无论 $\Delta_r H_m^{\ominus}(298.15\ K)$ 的值如何，在足够高的温度下总可以使 $\Delta_r G_m^{\ominus}(T)<0$，使反应自发进行。实际上，对于气体物质分子数增加的化学反应，由于混乱度增加，熵增加，在适当的高温下反应总是可以自发进行的。

当熵变 $\Delta_r S_m^{\ominus}(298.15\ K)$ 很小时，在式(1.19)中可忽略 $T\Delta_r S_m^{\ominus}(298.15\ K)$ 这一项，则 $\Delta_r G_m^{\ominus}(T)\approx \Delta_r H_m^{\ominus}(298.15\ K)$，$\Delta_r H_m^{\ominus}(298.15\ K)$ 的符号就决定了化学反应自发进行的方向。$\Delta_r H_m^{\ominus}(298.15\ K)<0$ 的反应是放热反应，此时 $\Delta_r G_m^{\ominus}(T)<0$，反应可自发进行，即在熵变可以忽略不计的情况下，放热反应可以自发进行。不过，绝不可将它作为判断过程自发性的普遍准则，它只有在焓变起主导作用，$|\Delta_r H_m^{\ominus}(298.15\ K)|>|T\Delta_r S_m^{\ominus}(298.15\ K)|$ 时才与客观事实相符。

最后，应当说明在本章的讨论中，都是用 $\Delta_r G_m^{\ominus}(T)$ 作判据来判断化学反应自发进行的方向。然而，我们遇到的化学反应通常不是在标准状态下进行的。严格地讲，这时就不能用 $\Delta_r G_m^{\ominus}(T)$ 作判据，而应当用指定态的 $\Delta_r G_m(T)$ 作为判据。不过对于常见的化学反应，只要 $\Delta_r G_m^{\ominus}(T)$ 的绝对值足够大，如 $\Delta_r G_m^{\ominus}(T)>46\ kJ\cdot mol^{-1}$，那么 $\Delta_r G_m^{\ominus}(T)$ 与 $\Delta_r G_m(T)$ 量值的符号一般都是一致的，直接用 $\Delta_r G_m^{\ominus}(T)$ 作为化学反应自发进行与否的判据仍是比较可靠的。

科学家吉布斯

美国物理学家、化学家吉布斯(Gibbs，1839—1903)1854 年就读于耶鲁大学，1863 年获哲学博士学位，留校任助教。1870 年任耶鲁大学数学、物理学教授。

吉布斯在 1873～1878 年间发表的 3 篇重要论文中，以严密的数学形式和严谨的逻辑推导出了数百个公式，为化学热力学的发展做出了卓越的贡献。1902 年他把玻尔兹曼和麦克斯韦所创立的统计理论推广和发展成为系统理论，创立了近代物理学的统计理论及其研究方法。他还是数学分支矢量分析的奠基人之一。此外，他在天文学、光的电磁理论、傅里叶级数等方面都有一些著述。

吉布斯治学态度极其严谨，在他的论文、著作里每一个字都有严格、准确的含义。吉布斯从不低估自己工作的重要性，但也从不炫耀自己的工作。他心灵宁静而恬淡，从不烦躁，他是笃志于科学事业的伟人。

在物理学、化学的发展中，吉布斯都做出了卓越的贡献，他完全有资格获得诺贝尔奖，但他在世时从未被提名。随着科学的进步，人们逐渐认识到吉布斯论著的深远意义。在他逝世 47 年后，才被选入纽约大学 (NYU) 的美国名人馆，塑立半身像，以纪念这位善于洞察和研究并取得卓越成就的杰出科学家。

扫一扫　化学热力学研究合成气制甲醇反应

习　题

1. 由附表 7 中 $\Delta_f H_m^{\ominus}$ (298.15 K) 的数据计算水蒸发成水蒸气 $H_2O(l) \Longrightarrow H_2O(g)$ 的标准摩尔焓变 $\Delta_r H_m^{\ominus}$ (298.15 K)。298.15 K 下，2.000 mol 的 $H_2O(l)$ 蒸发成同温、同压的水蒸气，焓变 $\Delta H^{\ominus}$ (298.15 K) 为多少？吸热为多少？做功 W 为多少？热力学能的增量 ΔU 为多少？(水的体积比水蒸气小得多，计算时可忽略不计)

2. 写出反应 $3A + B \longrightarrow 2C$ 中，A、B、C 各物质的化学计量系数，并计算反应刚生成 1 mol C 物质时的反应进度变化。

3. 在标准状态、298.15 K 下，由 $Cl_2(g)$ 与 $H_2(g)$ 合成了 4 mol HCl(g)，试分别按下列计量方程：

(1) $\frac{1}{2}H_2(g) + \frac{1}{2}Cl_2(g) \Longrightarrow HCl(g)$

(2) $H_2(g) + Cl_2(g) \Longrightarrow 2HCl(g)$

计算各自的 $\Delta\xi$、$\Delta_r H_m^{\ominus}$ (298.15 K) 和 $\Delta_r H^{\ominus}$ (298.15 K)。

4. 根据

$$Cu_2O(s) + \frac{1}{2}O_2(g) \Longrightarrow 2CuO(s) \qquad \Delta_r H_m^{\ominus}(298.15\ K) = -146\ kJ \cdot mol^{-1}$$

$$CuO(s) + Cu(s) \Longrightarrow Cu_2O(s) \qquad \Delta_r H_m^{\ominus}(298.15\ K) = -11.3\ kJ \cdot mol^{-1}$$

计算 CuO(s) 的 $\Delta_f H_m^{\ominus}$ (298.15 K)。

5. 有下列 3 个反应：

(1) $2C_2H_2(g) + 5O_2(g) \Longrightarrow 4CO_2(g) + 2H_2O(l)$

(2) $CH_4(g) + 2O_2(g) \Longrightarrow CO_2(g) + 2H_2O(l)$

(3) $2CO(g) + O_2(g) \Longrightarrow 2CO_2(g)$

计算各反应的 $\Delta_r H_m^{\ominus}$ (298.15 K)。

6. 选择正确答案，填在横线上。

(1) 已知 $CO_2(g)$ 的 $\Delta_f H_m^{\ominus}$ (298.15 K) = –394 kJ $\cdot$ mol^{-1}，反应 $CO_2(g) \Longrightarrow C(石墨) + O_2(g)$ 的 $\Delta_r H_m^{\ominus}$ (298.15 K) = _____ kJ $\cdot$ mol^{-1}。

A. –394　　　　　　B. –2 × 394　　　　　　C. 394　　　　　　D. 2 × 394

(2) $C(石墨) + O_2(g) \Longrightarrow CO_2(g)$ 　　　$\Delta_r H_m^{\ominus}$ (298.15 K) = –394 kJ $\cdot$ mol^{-1}

$C(金刚石) + O_2(g) \Longrightarrow CO_2(g)$ 　　　$\Delta_r H_m^{\ominus}$ (298.15 K) = –396 kJ $\cdot$ mol^{-1}

那么，金刚石的 $\Delta_f H_m^{\ominus}$ (298.15 K) = _____ kJ $\cdot$ mol^{-1}。

A. –790　　　　　　B. 2　　　　　　C. –2　　　　　　D. 790

7. 为测定燃料完全燃烧时所放出的热量，可使用氧弹式热量计。将 1.000 g 火箭燃料二甲基肼[(CH$_3$)$_2$N$_2$H$_2$]置于盛有 5.000 kg 水的氧弹式热量计的钢弹内完全燃尽，体系温度上升了 1.39℃。已知钢弹的热容为 1840 J · K^{-1}，试计算：

   (1) 此燃烧反应实验中共放热多少？

   (2) 此条件下，1 mol 二甲基肼完全燃料放热多少？

8. 下列说法是否正确？怎样改正？

   (1) 对于参考态单质，规定它的 $\Delta_f H_m^\ominus$ (298.15 K) = 0，$\Delta_f G_m^\ominus$ (298.15 K) = 0，$S_m^\ominus$ (298.15 K) = 0。

   (2) 某化学反应的 $\Delta_r G_m^\ominus$ > 0，此反应是不能发生的。

   (3) 放热反应都是自发反应。

9. 计算反应 N$_2$(g) + O$_2$(g) === 2NO(g)的 $\Delta_r G_m^\ominus$ (298.15 K)。在标准状态、298.15 K 下 NO 是否有自发分解为单质 N$_2$ 和 O$_2$ 的可能性？

10. 已知

$$2Fe(s) + \frac{3}{2}O_2(g) === Fe_2O_3(s) \qquad \Delta_r G_m^\ominus (298.15\ K) = -742.2\ kJ \cdot mol^{-1}$$

$$4Fe_2O_3(s) + Fe(s) === 3Fe_3O_4(s) \qquad \Delta_r G_m^\ominus (298.15\ K) = -76.2\ kJ \cdot mol^{-1}$$

   试求 Fe$_3$O$_4$(s)的 $\Delta_f G_m^\ominus$ (298.15 K)。

11. 反应 CaO(s) + H$_2$O(l) === Ca(OH)$_2$(s)在标准状态、298.15 K 下是自发的。其逆反应在高温下变为自发进行的反应，那么可以判定在标准状态、298.15 K 时正反应的状态函数变化是_____。

   A. $\Delta_r H_m^\ominus$ > 0, $\Delta_r S_m^\ominus$ > 0　　　　　　　　B. $\Delta_r H_m^\ominus$ < 0, $\Delta_r S_m^\ominus$ < 0

   C. $\Delta_r H_m^\ominus$ > 0, $\Delta_r S_m^\ominus$ < 0　　　　　　　　D. $\Delta_r H_m^\ominus$ < 0, $\Delta_r S_m^\ominus$ > 0

12. 糖在人体中的新陈代谢过程可表示为

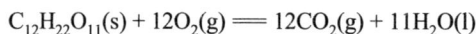

$$C_{12}H_{22}O_{11}(s) + 12O_2(g) === 12CO_2(g) + 11H_2O(l)$$

   若有 30%的吉布斯自由能可转化为有用功，试计算 50 g 蔗糖在人体正常体温 37℃时进行的新陈代谢可以得到多少有用功。

   已知：C$_{12}$H$_{22}$O$_{11}$(s)的相关热力学数据

   $$\Delta_f H_m^\ominus (298.15\ K) = -2225.5\ kJ \cdot mol^{-1}$$

   $$S_m^\ominus (298.15\ K) = 360.2\ J \cdot mol^{-1} \cdot K^{-1}$$

13. 电子工业中清洗硅片的 SiO$_2$(s)反应是

   $$SiO_2(s) + 4HF(g) === SiF_4(g) + 2H_2O(g)$$

   $$\Delta_r H_m^\ominus (298.15\ K) = -94.0\ kJ \cdot mol^{-1}$$

   $$\Delta_r S_m^\ominus (298.15\ K) = -75.8\ J \cdot mol^{-1} \cdot K^{-1}$$

   设 $\Delta_r H_m^\ominus$ 和 $\Delta_r S_m^\ominus$ 不随温度变化，试求此反应自发进行的温度条件；有人提出用 HCl(g)代替 HF(g)，试通过计算判定此建议是否可行。

14. 不需要查数据表，试估计下列物质熵的大小，按由小到大的顺序排列。

   (1) LiCl(s)　　　　　(2) Cl$_2$(g)　　　　　(3) Ne(g)　　　　　(4) Li(s)　　　　　(5) I$_2$(g)

15. 制取半导体材料硅可用下列反应：

   $$SiO_2(s, 石英) + 2C(s, 石墨) === Si(s) + 2CO(g)$$

   (1) 计算上述反应的 $\Delta_r H_m^\ominus$ (298.15 K)及 $\Delta_r S_m^\ominus$ (298.15 K)。

    (2) 计算上述反应的 $\Delta_r G_m^{\ominus}$ (298.15 K)，判断此反应在标准状态、298.15 K 下可否自发进行。

    (3) 计算上述反应的 $\Delta_r G_m^{\ominus}$ (1000 K)。在标准状态、1000 K 下，正反应可否自发进行？

    (4) 计算用上述反应制取硅时，反应自发进行的温度条件。

16. 将反应 $N_2(g) + 3H_2(g) = 2NH_3(g)$ 的 $\Delta_r H_m^{\ominus}$ 及 $\Delta_r S_m^{\ominus}$ 视为与温度无关的常数，且反应是在标准状态下进行的。试计算此反应自发进行的温度条件。

17. 有一家媒体曾经报道，有人在常温常压下，利用某种催化剂使氮气和水反应制取了氨，反应为 $2N_2(g) + 6H_2O(l) = 4NH_3(g) + 3O_2(g)$，请用化学热力学的理论探讨该报道的真实性(相关数据可由书末附表查得)。

18. 用 CO(g)和焦炭都可在一定的高温下还原赤铁矿 (Fe_2O_3) 制铁，从热力学数据表查出相应的热力学数据，分别计算出反应自发进行的温度，有何启示？

第2章 化学反应速率

化学热力学从宏观的角度研究化学反应进行的方向和限度，不涉及时间因素和物质的微观结构，我们也不能根据反应趋势的大小来预测反应进行的快慢。例如，汽车尾气污染物 CO 和 NO 之间的反应

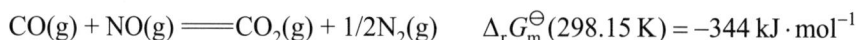

$$CO(g) + NO(g) \Longrightarrow CO_2(g) + 1/2N_2(g) \qquad \Delta_r G_m^{\ominus}(298.15\,K) = -344\,kJ \cdot mol^{-1}$$

从热力学的角度看，反应进行的趋势很大，有热力学的可能性，但其反应速率却很慢。要用这个反应来治理汽车尾气的污染，还需从动力学方面进行研究，提高其反应速率。

化学反应的速率与反应进行的具体途径(反应的机理)有很大的关系，这两者都属于化学动力学研究的范畴。化学动力学在理论和实践上，都具有十分重要的意义。通过化学动力学的研究，可以知道如何控制反应条件，以达到提高主反应的速率，抑制副反应的速率，减少原料消耗，增加产量，提高产品质量的目的。化学动力学的研究还可以告诉我们如何避免危险品爆炸，如何防止金属腐蚀、橡胶和塑料老化等。

在本章中，首先介绍化学反应速率的意义及表示方法，着重讨论浓度、温度、催化剂等因素对化学反应速率的影响。

2.1 化学反应速率及其表示方法

不同化学反应的速率千差万别，如炸药的爆炸、水溶液中的酸碱反应、感光反应等瞬间即可完成，反应釜中乙烯的聚合过程需要数小时，室温下塑料或橡胶的老化速率按年计，而地壳内煤或石油的形成要经过几十万年。如何定量地表示一个化学反应的快慢？经国际纯粹与应用化学联合会(IUPAC)推荐，我国采用反应进度来表示化学反应速率。

化学反应进行的程度及反应进度 (ξ) 是随时间而变化的。化学反应的速率可用反应进度随时间的变化率来表示，其数学表达式为

$$\dot{\xi} = d\xi / dt \tag{2.1}$$

式中，$\dot{\xi}$ 即为反应速率，单位为 $mol \cdot s^{-1}$。

对于一般化学反应

$$aA + bB \Longrightarrow gG + dD$$

因为

$$d\xi = dn_B / \nu_B$$

所以

$$\dot{\xi} = d\xi / dt = \nu_B^{-1} dn_B / dt$$

对有限量的变化

$$\dot{\xi} = v_B^{-1} \Delta n_B / \Delta t$$

若反应体系的体积为 V，且不随时间而变化，则可用下式表示化学反应速率：

$$v = \frac{\dot{\xi}}{V} = \frac{1}{v_B V} \cdot \frac{\mathrm{d}n_B}{\mathrm{d}t} = \frac{1}{v_B} \cdot \frac{\mathrm{d}(n_B/V)}{\mathrm{d}t} \tag{2.2}$$

因为

$$c_B = \frac{n_B}{V}$$

所以

$$v = \frac{1}{v_B} \cdot \frac{\mathrm{d}c_B}{\mathrm{d}t} \tag{2.3}$$

对于有限量的变化

$$v = \frac{1}{v_B} \cdot \frac{\Delta c_B}{\Delta t} \tag{2.4}$$

式(2.4)中反应速率 v 的单位为 $\mathrm{mol \cdot m^{-3} \cdot s^{-1}}$，$\mathrm{d}c_B/\mathrm{d}t$ 表示 B 的浓度随时间的变化率。这样定义的反应速率 v 与物质的选择无关。对同一个化学反应，不管选用哪一种反应物或产物来表示反应速率，都得到相同的数值。

例如，对于反应

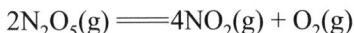

$$2N_2O_5(g) = 4NO_2(g) + O_2(g)$$

根据式(2.4)，有

$$v = \frac{1}{v(N_2O_5)} \cdot \frac{\Delta c(N_2O_5)}{\Delta t}$$
$$= \frac{1}{v(NO_2)} \cdot \frac{\Delta c(NO_2)}{\Delta t}$$
$$= \frac{1}{v(O_2)} \cdot \frac{\Delta c(O_2)}{\Delta t}$$

假设在反应刚开始时，$c(N_2O_5) = 8\,\mathrm{mol \cdot m^{-3}}$，经 2 s 后，$c(N_2O_5) = 4\,\mathrm{mol \cdot m^{-3}}$，则分别用 N_2O_5，NO_2 和 O_2 表示的反应速率为

$$v(N_2O_5) = \frac{1}{-2} \times \frac{4\,\mathrm{mol \cdot m^{-3}} - 8\,\mathrm{mol \cdot m^{-3}}}{2\,\mathrm{s}} = 1\,\mathrm{mol \cdot m^{-3} \cdot s^{-1}}$$

$$v(NO_2) = \frac{1}{4} \times \frac{2 \times 4\,\mathrm{mol \cdot m^{-3}}}{2\,\mathrm{s}} = 1\,\mathrm{mol \cdot m^{-3} \cdot s^{-1}}$$

$$v(O_2) = \frac{0.5 \times 4\,\mathrm{mol \cdot m^{-3}}}{1 \times 2\,\mathrm{s}} = 1\,\mathrm{mol \cdot m^{-3} \cdot s^{-1}}$$

在实际应用中，人们常采用浓度变化较易测定的那一种物质来表示化学反应的速率，如

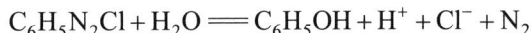

$$C_6H_5N_2Cl + H_2O = C_6H_5OH + H^+ + Cl^- + N_2$$

用 $N_2(g)$ 来表示该反应的反应速率就比较方便，因氮气的体积在此情况下易于测定。

此外，在直接测量物质浓度不方便时，也可以测定物质的压力、电导率、折射率、颜色等，各种物理化学性质随时间的变化，或用色谱分析求得有关反应物或生成物浓度随时间的变化关系。

2.2 反应速率理论

化学反应速率的理论主要有碰撞理论和过渡状态理论。

2.2.1 碰撞理论

1915 年，英国科学家路易斯(Lewis)运用气体分子运动论的成果，提出了气体双分子反应的硬球碰撞理论(collision theory)。该理论把气体分子视为没有内部结构的硬球，其主要论点如下。

反应物分子要发生反应必须碰撞，这是发生反应的先决条件。化学反应速率与单位时间内气体分子间的碰撞次数(碰撞频率)成正比。反应物分子碰撞的频率越高，反应速率越大。根据气体分子运动论的理论计算，通常条件下气体分子间的碰撞频率可达 10^{29} 次 $\cdot cm^{-3} \cdot s^{-3}$ 数量级。假如一经碰撞就能发生反应，那么一切气体间的反应不但能在瞬间即可完成，而且反应速率也应该相差不大。实际上，却是有的反应较快，有的反应很慢。以 $2HI \longrightarrow H_2 + I_2$ 为例，浓度为 1×10^{-3} mol $\cdot dm^{-3}$ 的 HI 气体，在 773 K 时，若相碰即起反应，计算反应速率应为 5.8×10^4 mol $\cdot cm^{-3} \cdot s^{-1}$，但实验测得该条件下实际的反应速率约为 1.2×10^{-8} mol $\cdot cm^{-3} \cdot s^{-1}$。由此可见，在为数众多的碰撞中，大多数碰撞并不引起反应，只有极少数碰撞能导致反应发生，这种碰撞称为有效碰撞(effective collision)。

化学反应是旧键破坏、新键生成的过程，碰撞中能发生反应的分子首先必须具备足够的能量，以克服分子无限接近时电子云之间的斥力，从而导致分子中的原子重排。分子发生有效碰撞所必须具有的最低能量称为临界能或阈能(threshold energy)。具有等于或大于临界能的分子称为活化分子(activated molecule)。活化分子的平均能量与反应物分子的平均能量之差称为反应的活化能(activation energy)，用 E_a 表示，单位为 kJ $\cdot$ mol^{-1}。在一定温度下，活化能越大，活化分子分数越小，于是单位时间内有效碰撞的次数就越少，反应速率就越慢。反之，活化能越小，活化分子分数越大，单位时间内有效碰撞的次数越多，反应就进行得越快。

除能量因素外，还有方位因素也会影响有效碰撞。分子通过碰撞发生化学反应时，不仅要求分子有足够的能量，而且要求这些分子要有适当的取向(或方位)。反应 $CO + NO_2 \longrightarrow CO_2 +$ NO 是氧的转移反应。如图 2.1 所示，只有 CO 与 NO_2 沿着 C 和 O 原子方向相撞才有可能发生反应，成为有效碰撞；如果 CO 中的 C 与 NO_2 中的 N 相碰，则不会发生反应。对于复杂分子，方位因素的影响会更大，表现出明显的位阻效应和立体选择性。

大量分子亿万次的碰撞中同时满足能量条件和方位条件的往往是少数，这就是气体反应的反应速率实验值远远低于理论计算的原因。

碰撞理论直观、形象，物理意义明确，并从分子水平上解释了一些重要的实验事实，在反应速率理论的建立和发展中起到了重要的作用。但它把反应分子看成没有内部结构的球体，模型过于简单。

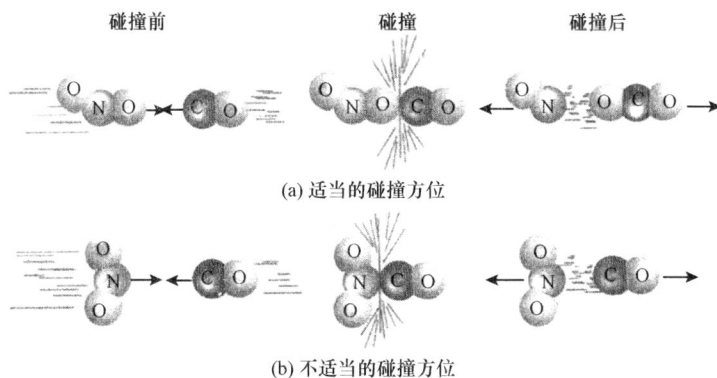

(a) 适当的碰撞方位

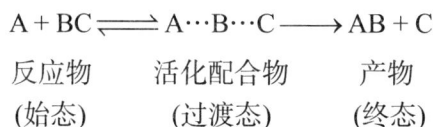

(b) 不适当的碰撞方位

图 2.1　分子碰撞的方位因素

2.2.2　过渡状态理论

随着人们对原子分子内部结构认识的深化，1935 年，由艾林(Eyring)等提出了化学反应速率的过渡状态理论(transition state theory)，又称活化配合物理论(activated coordination compound theory)。该理论考虑了反应物分子的内部结构及运动状况，从分子角度更为深刻地解释了化学反应速率。

过渡状态理论认为化学反应不是只通过分子之间的简单碰撞就能完成的，而是在碰撞后经过一个中间的过渡状态，即反应物分子先形成活化配合物，然后才分解为产物。活化配合物很不稳定，它可以分解为生成物，也可以分解成反应物。例如，$A + BC \longrightarrow AB + C$ 按下列过程进行：

$$A + BC \rightleftharpoons A\cdots B\cdots C \longrightarrow AB + C$$

反应物　　　　活化配合物　　　产物
(始态)　　　　(过渡态)　　　(终态)

如图 2.2 所示，过渡状态的能量必须比反应物的平均能量高出 E_{a1}，E_{a1} 就是反应的活化能，E_{a2} 为逆反应的活化能，E_{a1} 与 E_{a2} 之差表示化学反应的等容热效应 $\Delta_r U_m$。

过渡状态结构存在时间很短，很难通过实验方法获得，寻找过渡状态结构最有效的手段是计算化学方法。目前搜索过渡状态的算法主要为从头算和密度泛函理论等方法。当前过渡状态理论在材料、燃料、大气、酶和药物合成等领域受到广泛的关注。

碰撞理论着眼于相撞分子对的平动能，而过渡状态理论着眼于分子作用的势能。它们都能说明一些实验现

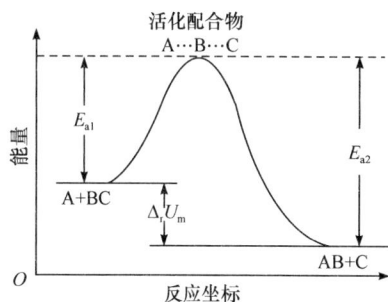

图 2.2　过渡状态位能示意图

象，但理论计算与实验结果相符的还只限于很少的几个简单反应。最近几十年，分子束以及激光等新技术的应用，使化学反应速率的实验工作和理论研究迅速发展，成为当今很活跃的研究领域。

2.2.3　化学反应的机理

从分子水平上揭示化学反应的机理是化学动力学研究的另一个主要内容。反应机理

(reaction mechanism)是指由反应物分子变为产物分子的具体步骤，也称反应历程。根据反应机理，化学反应可以分为基元反应和复合反应两大类。

反应物分子直接碰撞发生的化学反应称为基元反应(elementary reaction)，它是一步完成的反应，故又称简单反应。例如

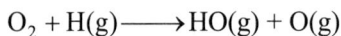

$$O_2 + H(g) \longrightarrow HO(g) + O(g)$$

但多数化学反应的历程较为复杂，反应物分子要经过几步，才能转化为生成物。这类由两个或两个以上的基元反应构成的化学反应，称为复合反应(complex reaction)。例如

$$2NO + O_2 \longrightarrow 2NO_2$$

有人认为它是由下列两个基元反应构成的，因此是复合反应。

$$2NO \longrightarrow N_2O_2(快)$$

$$N_2O_2 + O_2 \longrightarrow 2NO_2(慢)$$

复合反应的反应速率取决于组成该反应的各基元反应中速率最慢的一步，此步称为定速步骤(rate-determining step)。由于化学反应历程的复杂性和实验技术的限制，在已知的化学反应中，已完全弄清反应机理的并不多。

跟踪化学反应的全过程是化学动力学追求的目标，超短激光脉冲技术的发展为此创造了条件。20 世纪 80 年代以来，超短激光脉冲技术已从 10^{-9} s(纳秒)级发展到 10^{-15} s(飞秒)级，最短已达 6×10^{-15} s，远低于分子的振动周期。许多化学家利用飞秒激光研究超快化学的动力学，由此产生了一门新的学科——飞秒化学(femtochemistry)。现在，运用飞秒化学技术可以观察到反应过程生成的中间产物。可以预见，运用飞秒化学，化学反应将会更可控，新的分子将会更容易制造。

2.3　影响化学反应速率的因素

不同的化学反应，其反应速率不同，同一反应在不同的条件下进行，反应速率也不相同。影响反应速率的因素除反应物的本质、浓度、温度外，还有催化剂、反应物的聚集状态、反应介质和光照等。

2.3.1　浓度与化学反应速率的关系

对于基元反应，浓度与反应速率之间的关系可用质量作用定律(law of mass action)来描述：当温度不变时，基元反应的反应速率与反应物浓度的乘积成正比，乘积中各浓度的指数等于反应方程式中该物质的化学计量数(只取正值)。若反应 $a\mathrm{A} + b\mathrm{B} \longrightarrow c\mathrm{C}$ 是基元反应，则有

$$v = kc_\mathrm{A}^a c_\mathrm{B}^b \tag{2.5}$$

式(2.5)称为化学反应速率方程式(rate equation)，又称质量作用定律表达式。式中，比例常数 k 称为速率常数(rate constant)。k 值取决于反应物的本性、反应温度和催化剂等，但与浓度无关。这就是说，不同的反应在同一温度下同，k 值不同；同一反应在不同温度或有无催化剂的不同条件下，k 值也不同。同一反应仅改变反应物浓度，其 k 值不变。当 A 和 B 的浓度均

为 $1 \, mol \cdot m^{-3}$ 时，有

$$v / [v] = k / [k]$$

式中，$[v]$、$[k]$ 分别为物理量 v、k 所选定的各自的单位，即此时 v 和 k 在数值上相等。所以 k 是各反应浓度均为 $1 \, mol \cdot m^{-3}$ 时的反应速率，故又称为反应比速。在同一温度下，可用 k 的大小来比较不同反应(当反应物浓度均为 $1 \, mol \cdot m^{-3}$)的反应速率的大小，但 v 和 k 的单位是不同的。

非基元反应的速率方程式中，浓度的方次和反应物的系数不一定相符，不能由化学反应方程式直接写出，而要由实验确定。

对于任一化学反应

$$aA + bB + \cdots \longrightarrow gG + dD + \cdots$$

其反应速率方程式可写为

$$v = k c_A^{\alpha} c_B^{\beta} \cdots \tag{2.6}$$

式中，各浓度项上的指数 α、β、$\cdots$ 称为反应的分级数，它们分别表示反应物 A、B、$\cdots$ 的浓度对反应速率影响的程度，而各浓度项指数之和 $\alpha + \beta + \cdots = n$，则称为总反应级数(reaction order)。α、β、$\cdots$ 和 n 的数值完全是由实验测定的。它们的值可以是零、正整数、分数或负数。例如，在 V_2O_5 晶体表面上 CO 的燃烧反应

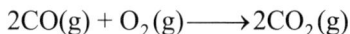

$$2CO(g) + O_2(g) \longrightarrow 2CO_2(g)$$

实验测得是一级反应，而不是三级反应。

$$v = k c(CO)$$

由此可见，要正确写出速率方程，找出浓度与速率的关系，必须由实验测定速率常数和反应级数，研究反应进行的过程。

【例 2.1】 为测定化学反应 $S_2O_8^{2-} + 3I^- \rightleftharpoons 2SO_4^{2-} + I_3^-$ 的反应速率 v 与反应物浓度 c 的关系，通过实验得到如下数据：

$c(S_2O_8^{2-}) / (mol \cdot dm^{-3})$	$c(I^-) / (mol \cdot dm^{-3})$	$v / (mol \cdot dm^{-3} \cdot s^{-1})$
0.038	0.060	1.4×10^{-5}
0.076	0.060	2.8×10^{-5}
0.076	0.030	1.4×10^{-5}

问：(1)对不同反应物反应级数各为多少？

(2)写出反应的速率方程。

(3)反应的速率常数为多少？

解 设

$$v = k c(S_2O_8^{2-})^{\alpha} c(I^-)^{\beta}$$

由已知条件得方程组：

$$1.4 \times 10^{-5} \text{ mol} \cdot \text{dm}^{-3} \cdot \text{s}^{-1} = k(0.038 \text{ mol} \cdot \text{dm}^{-3})^{\alpha}(0.060 \text{ mol} \cdot \text{dm}^{-3})^{\beta}$$

$$2.8 \times 10^{-5} \text{ mol} \cdot \text{dm}^{-3} \cdot \text{s}^{-1} = k(0.076 \text{ mol} \cdot \text{dm}^{-3})^{\alpha}(0.060 \text{ mol} \cdot \text{dm}^{-3})^{\beta}$$

$$1.4 \times 10^{-5} \text{ mol} \cdot \text{dm}^{-3} \cdot \text{s}^{-1} = k(0.076 \text{ mol} \cdot \text{dm}^{-3})^{\alpha}(0.030 \text{ mol} \cdot \text{dm}^{-3})^{\beta}$$

解此方程组得 $\alpha = 1$，$\beta = 1$，$k = 6.1 \times 10^{-3} \text{ mol} \cdot \text{dm}^{-3} \cdot \text{s}^{-1}$。

(1) $S_2O_8^{2-}$ 的反应级数为 1，I^- 的反应级数为 1。

(2) 反应的速率方程为 $v = 6.1 \times 10^{-3} c(S_2O_8^{2-}) c(I^-)$。

(3) 反应的速率常数为 $6.1 \times 10^{-3} \text{ mol} \cdot \text{dm}^{-3} \cdot \text{s}^{-1}$。

速率常数 k 的单位可以从式(2.6)得到，n 级反应的速率常数 k_n，其单位可写成容易记忆的形式：$(\text{浓度})^{1-n} \cdot (\text{时间})^{-1}$。例如，一级反应的 k_1 的单位 s^{-1}，二级反应的 k_2 的单位为 $\text{m}^3 \cdot \text{mol}^{-1} \cdot \text{s}^{-1}$。这表明速率常数 k 的单位视反应级数而定。

由于反应级数表明了浓度对反应速率的影响程度，因此研究不同级数的反应中反应物的浓度、反应的时间及速率常数三者之间的定量关系就有着重要的意义。在众多化学反应中一级反应较为常见，如放射性元素的蜕变和一些热分解及分子重排反应多属一级反应。其反应速率与反应物浓度的关系为

$$v = -\frac{dc}{dt} = kc \quad \text{或} \quad -\frac{dc}{c} = kdt$$

设起始时间为 0，浓度为 c_0，终态时间为 t，浓度为 c，对上式进行积分

$$\int_{c_0}^{c} \frac{dc}{c} = -\int_0^t kdt$$

得一级反应公式为

$$\ln(c/[c]) - \ln(c_0/[c]) = -kt$$

或
$$\ln(c/[c]) = -kt + \ln(c_0/[c]) \tag{2.7}$$

式中，$[c]$ 为浓度的单位。

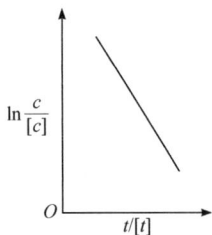

图 2.3 一级反应的直线关系

式(2.7)表明一级反应的反应物浓度的自然对数与时间 t 呈直线关系(图 2.3)。直线斜率为 $-k$，这是一级反应的特征之一。另一特征是半衰期 $t_{1/2}$ (反应物消耗一半所需的时间)与反应物的浓度无关，而与速率常数成反比，即

$$t_{1/2} = 0.693/k \tag{2.8}$$

放射性元素衰变掉一半数量(或放射性活度减少到一半)所需要的时间称为放射性元素的半衰期(half life time)，它是放射性元素的一种特征常数。例如，^{225}U 的半衰期为 8×10^8 a，^{223}Fr 的半衰期为 22 min，^{14}C 的半衰期为 5720 a。某些放射性同位素的衰变可用作估算考古学发现物、古代化石、矿物、陨石及地球年龄的基础。例如，^{40}K 和 ^{238}U 通常用于陨石和矿物年龄的估算，^{14}C 用于确定考古学发现物和化石的年龄。

【例 2.2】 过氧化氢是一种重要的氧化剂，在医药上($3\%H_2O_2$)用作消毒杀菌剂，在工业上用于漂白毛、丝、羽毛等。纯 H_2O_2 是一种火箭燃料的高能氧化剂，但它很不稳定，极易分解。

H_2O_2 分解反应是一级反应，反应速率常数为 $0.0410\ \text{min}^{-1}$。

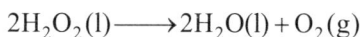

$$2H_2O_2(l) \longrightarrow 2H_2O(l) + O_2(g)$$

(1) 若从 $0.500\ \text{mol}\cdot\text{dm}^{-3}$ H_2O_2 溶液开始，$10.0\ \text{min}$ 后，浓度是多少？

(2) H_2O_2 的溶液中分解一半需要多长时间？

解　(1) 将有关数据代入式(2.7)得

$$\ln(c/[c]) = -0.0410\ \text{min}^{-1} \times 10.0\ \text{min} + \ln\left(\frac{0.500\ \text{mol}\cdot\text{dm}^{-3}}{\text{mol}\cdot\text{dm}^{-3}}\right)$$

解得

$$c = 0.332\ \text{mol}\cdot\text{dm}^{-3}$$

(2) 根据式(2.8)可得

$$t_{1/2} = 0.693/k = 0.693/0.0410\ \text{min}^{-1} = 16.9\ \text{min}$$

2.3.2　温度与化学反应速率的关系

升高温度往往能加快反应的进行，这一事实很早就为人们所熟知。例如，氢气和氧气化合生成水的反应常温下很慢，但升高到 $873\ \text{K}$ 时，反应迅猛剧烈，甚至发生爆炸。人们归纳了许多实验结果后发现，反应物浓度恒定时，对大多数反应而言，其温度每升高 $10\ \text{K}$，反应速率增加 $2\sim4$ 倍。阿伦尼乌斯(Arrhenius)总结了大量实验事实，指出反应速率与温度的定量关系为

$$k = Ae^{-E_a/RT} \quad \text{或} \quad k = A\exp(-E_a/RT) \tag{2.9}$$

对式(2.9)取自然对数得

$$\ln(k/[k]) = -\frac{E_a}{RT} + \ln(A/[A]) \tag{2.10}$$

换成常用对数得

$$\lg(k/[k]) = -\frac{E_a}{2.303RT} + \lg(A/[A]) \tag{2.11}$$

式(2.9)、式(2.10)、式(2.11)均称为阿伦尼乌斯公式。式中，k 为反应的速率常数；E_a 为反应的活化能，单位为 $\text{J}\cdot\text{mol}^{-1}$；$R$ 为摩尔气体常量($R = 8.315\ \text{J}\cdot\text{K}^{-1}\cdot\text{mol}^{-1}$)；$T$ 为热力学温度；A 为指前因子；e 为自然对数的底 ($e = 2.718$)。对给定的反应，在一般温度范围内，可视 E_a 和 A 各为一定值。

从式(2.9)、式(2.10)可以看出：①在相同温度下，活化能 E_a 越小，其速率常数 k 就越大，反应速率也就越快；反之，活化能 E_a 越大，其速率常数 k 就越小，反应速率也就越慢。②对同一反应来说，温度越高，k 就越大，反应速率也越快；反之，温度越低，k 就越小，反应速率也越慢。因此，阿伦尼乌斯公式不仅说明了反应速率与温度的关系，而且还说明了活化能对反应速率的影响，以及活化能和温度两者与反应速率的关系。

设 k_1 和 k_2 分别表示某一反应在 T_1 和 T_2 时的速率常数，根据式(2.11)可得

$$\lg(k_1/[k]) = -\frac{E_a}{2.303RT_1} + \lg(A/[A])$$

$$\lg(k_2/[k]) = -\frac{E_a}{2.303RT_2} + \lg(A/[A])$$

将上述两式相减，则得

$$\lg\frac{k_2}{k_1} = \frac{E_a}{2.303R}\left(\frac{T_2 - T_1}{T_1 T_2}\right) \tag{2.12}$$

应用式(2.12)从两个温度的速率常数或比值 k_2/k_1 可以计算活化能；反之，若已知活化能 E_a 和某温度下的 k，可以计算其他温度时的 k。

【**例 2.3**】 在 $H_2S_2O_3$ 的浓度相同的情况下，已测得反应 $H_2S_2O_3 \Longrightarrow H_2SO_3 + S(s)$ 有硫析出并达到同等程度浑浊时所需时间如下：293 K，110 s；303 K，45.0 s。求此反应的活化能 E_a 和 313 K 有硫析出并达到同等浑浊时该反应所需时间。

解 因反应浓度相同，故反应速率与速率常数成正比，而反应速率与完成此反应所需时间成反比，所以速率常数与完成反应所需时间成反比，即

$$\frac{k_2}{k_1} = \frac{110\ s}{45\ s}$$

式中，k_1、k_2 分别为 293 K 和 303 K 时的速率常数。根据式(2.12)有

$$E_a = 2.303R\left(\frac{T_1 T_2}{T_2 - T_1}\right)\lg\frac{k_2}{k_1}$$

$$= 2.303 \times 8.315\ J \cdot K^{-1} \cdot mol^{-1} \times \left(\frac{303\ K \times 293\ K}{303\ K - 293\ K}\right)\lg\frac{110\ s}{45\ s}$$

$$= 6.60 \times 10^4\ J \cdot mol^{-1}$$

同理，可计算在 313 K 时所生成的硫出现同等浑浊时该反应所需时间。

设在 313 K 时所生成的硫出现同等程度浑浊时，该反应所需时间为其 t，则

$$6.60 \times 10^4\ J \cdot mol^{-1} = 2.303 \times 8.315\ J \cdot K^{-1} \cdot mol^{-1} \times \left(\frac{313\ K \times 303\ K}{313\ K - 303\ K}\right)\lg\frac{45.0\ s}{t}$$

解得 $t = 19.5\ s$。

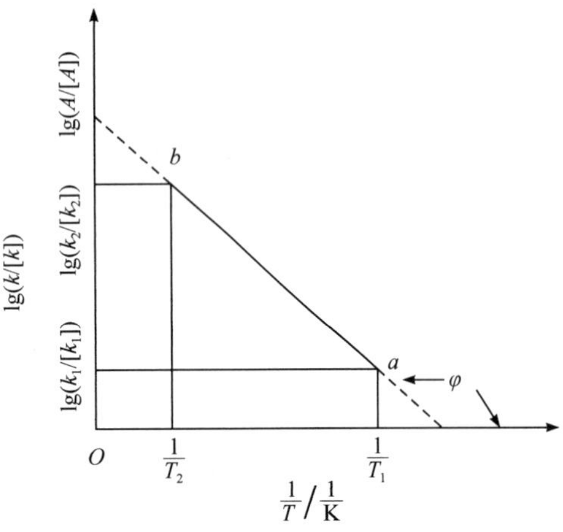

图 2.4 反应的 $\lg\dfrac{k}{[k]}$ 与 $\dfrac{1}{T}$ 的关系

从式(2.11)可看出如以 $\lg(k/[k])$ 对 $\dfrac{1}{T}$ 作图应得一直线，直线的斜率为 $-E_a/2.303R$，截距为 $\lg(A/[A])$ (图 2.4)。因此，可利用作图法求得反应的活化能：

$$\tan\varphi = -E_a/2.303R$$

$$E_a = -2.303R\tan\varphi$$

实验表明，只有当温度区间不大时，活化能 E_a 才近似为常数。在室温下进行的反应，其活化能通常为 $60 \sim 105$ kJ·mol^{-1}。若 $E_a < 60$ kJ·mol^{-1}，反应进行得特别快；若 $E_a > 105$ kJ·mol^{-1}，其反应速率慢到难以觉察。绝大多数反应的活化能大于零

(表 2.1)，也有个别反应的 $E_a \approx 0$。

表 2.1 某些反应的阿伦尼乌斯公式的常数

反应	$A^{①}/[A]$	$E_a/(J \cdot mol^{-1})$
一级反应		
$C_2H_5Br(g) \longrightarrow C_2H_4(g) + HBr$	7.2×10^{16}	2.18×10^5
$CH_3COOC_2H_5(g) \longrightarrow CH_3COOH(g) + C_2H_4(g)$	3.2×10^{18}	2.005×10^5
$N_2O_4(g) \longrightarrow 2NO_2(g)$	1×10^{22}	5.44×10^4
二级反应		
$H_2(g) + C_2H_4(g) \longrightarrow C_2H_6(g)$	4×10^{19}	1.805×10^5
$H(g) + HBr(g) \longrightarrow H_2(g) + Br(g)$	1.3×10^{19}	4.6×10^3
$CH_3(g) + CH_3(g) \longrightarrow C_2H_6(g)$	1.03×10^{10}	0
$CH_3COOC_2H_5(aq) + OH^-(aq) \longrightarrow CH_3COO^-(aq) + C_2H_5OH(aq)$	1.4×10^{16}	4.69×10^4

① 一级反应中，A 的单位为 s^{-1}；二级反应中，A 的单位为 $m^3 \cdot mol^{-1} \cdot s^{-1}$。

阿伦尼乌斯公式作为经验式，适用范围较广，但也只适用于简单反应和某些复杂反应。例如，图 2.5 所示的一些反应类型中，第 I 种最为常见，它是符合阿伦尼乌斯公式的，第 II 种到第 V 种均不能用阿伦尼乌斯公式。

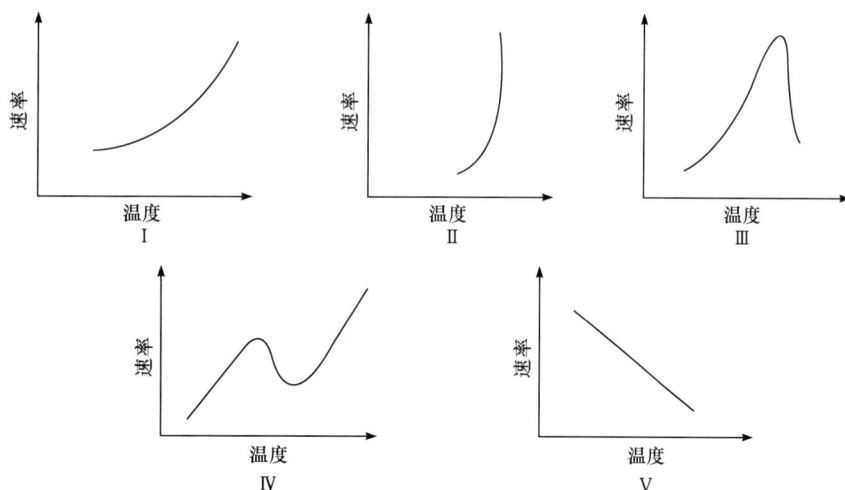

图 2.5 反应速率随温度变化的 5 种类型

I. 一般反应；II. 爆炸反应；III. 酶反应；IV. 某些碳氧化合物的氧化反应；V. $2NO + O_2 \longrightarrow 2NO_2$

2.3.3 催化作用

人们在研究氢气和氧气的反应时发现，常温下反应速率非常慢，但若在混合气体中加入微量的铂绒，则反应瞬间进行并发生爆炸，反应后铂绒的量没有改变。人们把那些能改变反应速率而本身在反应前后质量和化学组成均没有变化的物质称为催化剂(catalyst)。凡能加快反应速率的催化剂，称为正催化剂，即一般所说的催化剂。凡能降低反应速率的称为负催化剂。在实践中并非所有的反应速率都需要加快,如塑料、橡胶的老化,金属腐蚀以及过氧化氢的保存等,都需要添加适当的负催化剂以减缓反应速率。有催化剂参加的反应称为催化反应。催化剂改变反应速率的作用称为催化作用(catalysis)。催化作用是一个用得很多、了解得很少、正在迅速发展中的研究领域。

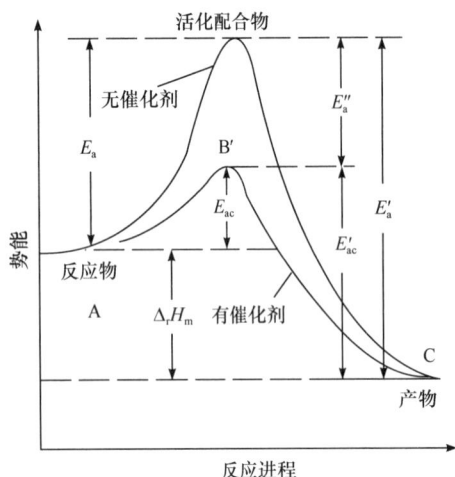

图 2.6　催化剂对活化能的影响

催化剂为什么能改变反应速率?根据现代反应速率理论,反应物的活化分子要转变为产物,需先形成活化配合物(图 2.6),其能量比反应物分子的平均能量要高,高出的这部分能量 E_a 就是活化能。当反应体系中引入催化剂时,催化反应物形成一种势能较低的活化配合物,改变了反应的历程,与未使用催化剂反应相比较,所需的活化能显著地降低,导致反应速率加快。由图 2.6 可见,无催化剂时正反应的活化能为 E_a,逆反应的活化能为 E_a';有催化剂时正反应的活化能为 E_{ac},逆反应的活化能为 E_{ac}'。因 $E_a > E_{ac}$,$E_a' > E_{ac}'$,且 $E_a - E_{ac} = E_a' - E_{ac}' = E_a''$,这表明有催化剂时,正、逆反应的活化能都同等降低了。因此,催化剂对正、逆反应速率增加的倍数是相同的。

催化反应的种类很多,催化剂与反应物同处一相的催化反应称为均相催化反应(homogeneous catalysis)。例如,酯类的水解以 H^+ 作催化剂:

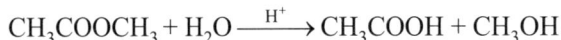

$$CH_3COOCH_3 + H_2O \xrightarrow{\text{H}^+} CH_3COOH + CH_3OH$$

催化剂自成一相的称为多相催化反应(heterogeneous catalysis)。多相催化作用在现代化学工业中极其重要,其中气固相催化反应的应用尤为广泛。例如,催化裂化、催化重整、催化加氢、脱氢、氨的合成、接触法制造 H_2SO_4 等,都是气固相催化反应。Au、Ag、Pt、Ni 等过渡元素具有优良的催化性能,但它们都相当稀有贵重,而催化反应却只在表面进行。因此,常将其固载到硅胶(SiO_2)、氧化铝等多孔物质上,可以大大提高催化效率。

催化剂性能的优劣常用活性、选择性、稳定性和再生性等来评价。活性是催化剂加快反应速率的量度,可用速率常数 k 表示,涉及反应级数和表现活化能等。选择性是催化剂的重要特征之一。在一定条件下,一种催化剂只能有选择地加速某一或某几个反应。对同样的反应物,使用不同的催化剂可能得到完全不同的产物。例如,以乙醇为原料,可以得到多种产物:

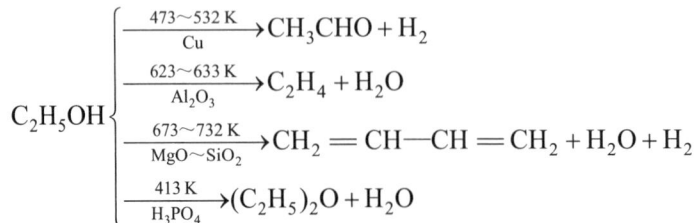

$$C_2H_5OH \begin{cases} \xrightarrow[\text{Cu}]{473\sim532\text{ K}} CH_3CHO + H_2 \\ \xrightarrow[\text{Al}_2\text{O}_3]{623\sim633\text{ K}} C_2H_4 + H_2O \\ \xrightarrow[\text{MgO}\sim\text{SiO}_2]{673\sim732\text{ K}} CH_2=CH-CH=CH_2 + H_2O + H_2 \\ \xrightarrow[\text{H}_3\text{PO}_4]{413\text{ K}} (C_2H_5)_2O + H_2O \end{cases}$$

稳定性是指催化剂的寿命,即催化反应条件下维持一定活性和选择性水平的时间。对于工业催化剂来说,稳定性至关重要。催化剂稳定性包括耐热稳定性、抗毒稳定性和机械稳定性三个方面。催化剂在使用中,由于某些物质的作用而使催化活性衰退或丧失的现象称为催化剂中毒。对失活或部分失活的催化剂进行处理,使之部分恢复催化剂活性和选择性的过程称为催化剂的再生。

现代化学工业的巨大成就与催化剂的使用是分不开的。80%以上的化学工业产品是借助于催化过程来生产的，可以说没有催化剂就没有现代化学工业。催化剂的使用使人类对自然资源的利用更合理，利用的途径更广阔。例如，从煤炭和石油资源出发合成了甲醇、乙醇、丙酮、丁醇等基本有机原料，改变了过去用粮食生产的途径；合成纤维的生产减轻了人类对棉花的依赖；塑料的应用减轻了人类对木材的依赖。合成橡胶、化肥、医药、合成食品、调味品的生产都与催化剂的使用分不开。催化技术使人们能更加充分地利用自然资源，生活更加丰富多彩。

2.3.4　影响多相反应速率的因素

体系中任何具有相同物理性质和化学性质的部分称为一个相(phase)。相与相之间有界面隔开，越过界面时，性质发生突变。对于气态，不论是单一气体还是气体混合物，总是一相(单相)体系，或称均匀体系。对于液态，视其组分能否互溶，可以是一相[如$c(H_2SO_4) = 0.5 \text{ mol} \cdot \text{m}^{-3}$的溶液]，也可以是两相(如水和油的混合物)，甚至三相(如水、油和汞的混合物)。对于固态，除固溶体(固体溶液)外，一种纯物质为一相，有多少种纯固态物质，便有多少相。

凡含有两个或多个以上的相的体系，称为多相体系或不均匀体系。在多相反应中，对纯固体或纯液体来说，在一定温度下它的密度是一定的，即浓度是一定的，因此在化学反应的速率方程式中，通常不包括固态或液态纯物质的浓度。例如，煤的燃烧反应：

$$C(s) + O_2(g) =\!=\!= CO_2(g)$$

其速率方程式为

$$v = k' \times 常数 \times c(O_2) = kc(O_2)$$

式中，$k = k' \times$常数，仍然是个常数。当温度一定时，气体的浓度与其分压成正比，可用气体的分压代替浓度。上述反应的速率方程可写成

$$v = k_p p(O_2)$$

k 和 k_p 均为速率常数，但两者的数值不相等。

与均相反应不同，多相反应的速率既依赖化学因素，又依赖物理因素。以煤的燃烧反应为例，为了反应能顺利进行，必须使该反应所生成的 CO_2 不断从煤的表面逸去，而新鲜氧气靠近煤的表面，这两个过程是通过对流(气体或液体的相向移动)和扩散实现的。整个燃烧反应至少可分为 3 个步骤：

(1) 反应物靠近表面。

(2) 在表面上发生化学反应。

(3) 反应产物从表面上离去。

其中，步骤(1)、(3)的速率取决于煤的比表面大小和氧气对流及扩散的快慢，属于物理因素。最终决定反应速率的是其中最慢的一步，称为控制步骤。由于煤的燃烧反应 $C(s) + O_2(g)$ $=\!=\!= CO_2(g)$ 所需活化能不大，因而增大煤的比表面和加强气体的对流，将有利于反应的进行。实践中，微细分散的可燃物质，如面粉厂、纺织厂、煤矿中的"粉尘"，超过安全系数时遇火星会快速氧化燃烧，甚至引起爆炸事故，粉尘的巨大比表面是根本原因。

但并非所有的多相反应的速率都取决于物质的迁移速率。活化能很大的反应其控制步骤为第二步——化学反应本身。例如，在潮湿空气中，氧对铁的氧化不会由于增加金属表面空气

的供给而加速，因为反应过程中，化学反应这一步活化能很大。

　　研究多相反应有很重要的意义。例如，固体燃料的燃烧、钢的渗碳或渗氮、金属和合金的腐蚀、金属在酸中的溶解、用酸浸提矿石、用硫酸加工石油制品、矿石的烧结和水泥制造等都属于多相反应。

飞秒化学先驱——泽维尔

　　1999年诺贝尔化学奖授予了埃及出生的科学家艾哈迈德·泽维尔(Ahmed H. Zewail，1946—2016)，以表彰他应用超快激光闪光成照技术观看到分子中的原子在化学反应中的运动，从而有助于人们理解和预期重要的化学反应，为整个化学及其相关科学带来了一场革命。

　　艾哈迈德·泽维尔1946年2月26日生于埃及，在美国宾西法尼亚大学获得博士学位。1976年起在加州理工学院任教，1990年成为加州理工学院化学系主任。他目前是美国科学院、美国哲学院、第三世界科学院、欧洲艺术科学和人类学院等多家科学机构的会员。

泽维尔

　　100多年来，清楚地了解化学反应的全过程的本质一直是化学家的梦想。早在20世纪30年代科学家就预言到化学反应的模式，但以当时的技术条件要进行实证几乎没有问题，20世纪80年代末泽维尔教授做了一系列实验，他用可能是世界上速度最快的激光闪光照相机拍摄到一百万亿分之一秒瞬间处于化学反应中的原子的化学键断裂和新形成的过程。这种照相机用激光以几十万亿分之一秒的速度闪光，可以拍摄反应中一次原子振荡的图像。他创立的这种物理化学称为飞秒化学，即用高速照相机拍摄化学反应过程中的分子，记录其在反应状态下的图像，以研究化学反应。人们是看不见原子和分子的化学反应过程的，现在则可以通过泽维尔教授开创的飞秒化学技术研究单个原子的运动过程。

　　泽维尔的实验使用了超短激光技术，即飞秒光技术。犹如电视节目通过慢动作来观看足球赛精彩镜头那样，他的研究成果可以让人们通过"慢动作"观察处于化学反应过程中的原子与分子的转变状态，从根本上改变了我们对化学反应过程的认识。泽维尔通过"对基础化学反应的先驱性研究"，使人类得以研究和预测重要的化学反应，泽维尔因而给化学以及相关科学领域带来了一场革命。

扫一扫　化学动力学在医药中的应用
　　　　中国高能化学激光奠基人张存浩

习　题

1. 设反应 A + 3B ——→ 3C 在某瞬间时 $c(C) = 3\ mol \cdot dm^{-3}$，经过 2 s 时 $c(C) = 6\ mol \cdot dm^{-3}$，则在 2 s 内，分别以 A、B 和 C 表示的反应速率 v_A、v_B、v_C 各为多少？

2. 下列反应为基元反应：

(1) $I + H \longrightarrow HI$

(2) $I_2 \longrightarrow 2I$

(3) $Cl + CH_4 \longrightarrow CH_3 + HCl$

写出上述各反应的质量作用定律表达式。它们的反应级数各为多少？

3. 设反应

$$aA + bB \longrightarrow C$$

在恒温下，当 c_A 恒定时，若将 c_B 增大为原来的 2 倍，测得其反应速率也增大为原来的 2 倍；当 c_B 恒定时，若将 c_A 增大为原来的 2 倍，测得其反应速率增大为原来的 4 倍。试写出此反应的速率方程式，它是几级反应？

4. 根据实验结果，在高温时，焦炭与二氧化碳的反应为

$$C(s) + CO_2(g) \Longrightarrow 2CO(g)$$

其活化能为 167360 $J \cdot mol^{-1}$，计算自 900 K 升高到 1000 K 时反应速率之比。

5. 在 301 K 时鲜牛奶大约 4.0 h 变酸，但在 278 K 的冰箱中可保持 48 h。假定反应速率与变酸时间成反比，求牛奶变酸反应的活化能。

6. 已知反应 $N_2O_4(g) \longrightarrow 2NO_2(g)$ 的指前因子 $A = 1 \times 10^{22}\ s^{-1}$，活化能 $E_a = 5.44 \times 10^4\ J \cdot mol^{-1}$，则此反应在 298 K 时的 k 是多少？

7. 反应 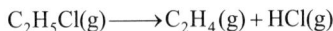 在 298 K 时 $k_1 = 3.4 \times 10^{-5}\ s^{-1}$，在 328 K 时 $k_2 = 1.5 \times 10^{-3}\ s^{-1}$，求此反应的活化能 E_a 和指前因子 A。

8. 对下列反应

$$C_2H_5Cl(g) \longrightarrow C_2H_4(g) + HCl(g)$$

已知其活化能 $E_a = 246.9\ kJ \cdot mol^{-1}$，700 K 时的速率常数 $k_1 = 5.9 \times 10^{-5}\ s^{-1}$，求 800 K 时的速率常数 k_2。

9. 人体中某种酶的催化反应的活化能为 50 $kJ \cdot mol^{-1}$，人正常的体温为 310 K($37^{\circ}C$)，患者发烧到 313 K($40^{\circ}C$) 该反应的速率增加了百分之几？

10. 已知在 967 K 时，$N_2O(g)$ 的分解反应

$$N_2O(g) \longrightarrow N_2(g) + \frac{1}{2}O_2(g)$$

在无催化剂时活化能为 244.8 $kJ \cdot mol^{-1}$，而在 Au 作催化剂时的活化能为 121.3 $kJ \cdot mol^{-1}$。在 Au 作催化剂时反应速率增加为原来的多少倍？

11. 求 N_2O_5 在 318 K 时的分解反应速率常数。已知此反应为一级反应，反应开始以后 1800 s 时 N_2O_5 的分压是 18665 Pa，3600 s 时是 7732 Pa。

12. 在 570 K，使重氮甲烷($CH_3 - N_2$) 的分解反应在 0.210 dm^3 的容器中进行，得到下列结果：

时间 t/min	0	15	30	48	75
$CH_3 - N_2$ 的分压 p/Pa	4826.3	3999.6	3319.7	2573.1	1476.5

已知 $CH_3 - N_2$ 的分解反应为一级反应。计算此分解反应速率常数 k_1 的平均值和反应半衰期。

13. 蔗糖的转化反应为

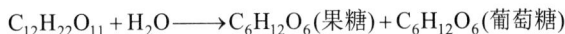

当催化剂 HCl 的浓度为 0.1 mol·dm^{-3}，温度为 321.15 K 时，由实验测得其速率方程式为 $v = 0.019c_{蔗糖}$(mol·dm^{-3}·min^{-1})。今有浓度为 0.200 mol·dm^{-3} 的蔗糖溶液，于上述条件下，在一有效容积为 2 dm^3 的容器中进行反应，试求：(1)初始速率是多少？(2)20 min 后可得多少的葡萄糖和果糖？(3)20 min 时蔗糖的转化率是多少？

14. 高层大气中微量臭氧(O_3)因吸收紫外线而分解，使地球上的动物免遭辐射之害，但低层的 O_3 却是造成光化学烟雾的主要成分之一，低层 O_3 可由以下过程形成

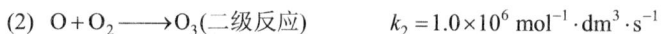

(1) $NO_2 \longrightarrow NO + O$(一级反应)　　　$k_1 = 6.0 \times 10^{-3}$ s^{-1}

(2) $O + O_2 \longrightarrow O_3$(二级反应)　　　$k_2 = 1.0 \times 10^6$ mol^{-1}·dm^3·s^{-1}

假设由反应(1)产生原子氧的速率等于反应(2)消耗原子氧的速率。当空气中 NO_2 浓度为 3.0×10^{-9} mol·dm^{-3} 时，污染空气中 O_3 生成的速率是多少？

15. 由埃及一法老的古墓发掘的木样中每克碳每分钟放射性 ^{14}C 的放射计数为 7.2 次，即 7.2 min^{-1}·g^{-1}，而活体动植物组织相应的计数则为 12.6 min^{-1}·g^{-1}。试计算古墓的年龄。[提示：由于与环境中含碳的物质交换平衡，放射性同位素 ^{14}C 与稳定同位素 ^{12}C 的比例在活体动植物活体组织中保持恒定。动植物死亡意味着交换终止，^{14}C 按式(2.7)以一级反应速率衰减。据历史记载，该法老当政于公元前(2625 ± 75)年，计算不难表明测定方法的精确性。美国科学家利比因发明放射性 ^{14}C 确定地质年代的方法获得 1960 年诺贝尔化学奖。]

第3章 化 学 平 衡

化学平衡是可逆反应中，当正、逆反应速率相等时体系所处的状态。处于化学平衡的体系，只要外界条件不变，反应物和产物的浓度或分压不再随时间而改变。平衡态是一定条件下化学反应所能进行的最大限度。因此，研究化学平衡的规律有着重要的意义。在本章中，我们将运用化学热力学的知识来研究化学反应的平衡常数，气相反应的平衡、液相反应的平衡、多相反应的平衡及其移动规律。

3.1 平 衡 常 数

3.1.1 分压定律

讨论化学平衡时，常会遇到多种气体混合物体系，为此，先讨论分压定律。

在实际中遇到的气体往往是多组分的气体混合物，如空气就是 N_2、O_2，Ar 等多种气体的混合物，合成氨工业中会遇到 N_2、H_2 及 NH_3 的气体混合物。通常把混合气体中的每一种气体称为组分气体。如果组分气体之间不发生化学反应及其他作用，则组分气体各自充满整个容器，并对器壁施加压力。

道尔顿(Dalton)指出：混合气体的总压力等于各组分气体的分压(partial pressure)之和，组分气体的分压是指在同一温度下，它单独占有与混合气体相同体积时所产生的压力。这就是道尔顿分压定律(law of partial pressure)。

设在体积为 V 的容器中，有 a、b、c 三种气体，如果它们都是理想气体，各组分气体物质的量分别为 n_a、n_b、n_c，根据道尔顿分压定律，各组分气体的分压分别为

$$\left. \begin{array}{l} p_a = \dfrac{n_a RT}{V} \\[2mm] p_b = \dfrac{n_b RT}{V} \\[2mm] p_c = \dfrac{n_c RT}{V} \end{array} \right\} \tag{3.1}$$

式中，压力 p 的单位为 Pa；体积 V 的单位为 m^3；物质的量 n 的单位为 mol；热力学温度 T 的单位为 K；摩尔气体常量 $R = 8.315\ Pa \cdot m^3 \cdot mol^{-1} \cdot K^{-1}$，因为 $1\ J = 1\ Pa \cdot m^3$，故 $R = 8.315\ J \cdot mol^{-1} \cdot K^{-1}$。

混合气体的总压为

$$\begin{aligned} p_总 &= p_a + p_b + p_c \\ &= \frac{n_a RT}{V} + \frac{n_b RT}{V} + \frac{n_c RT}{V} \\ &= (n_a + n_b + n_c)\frac{RT}{V} \end{aligned}$$

令 $$n_a + n_b + n_c = n_总$$

则有 $$p_总 V = n_总 RT \tag{3.2}$$

式(3.2)表明：混合的理想气体与单一的理想气体的状态方程式有相同的形式。

若将式(3.1)除以式(3.2)，整理后可得

$$p_a = p_总 \frac{n_a}{n_总} = p_总 x_a$$

$$p_b = p_总 \frac{n_b}{n_总} = p_总 x_b$$

$$p_c = p_总 \frac{n_c}{n_总} = p_总 x_c$$

式中，$x_a = \dfrac{n_a}{n_总}$、$x_b = \dfrac{n_b}{n_总}$、$x_c = \dfrac{n_c}{n_总}$ 分别称为组分气体 a、b、c 的物质的量分数，也称摩尔分数(mole fraction，量纲为一)，是组成的一种表示法。写成通式，则有

$$p_i = p_总 x_i \tag{3.3}$$

式(3.3)表示：组分气体 i 的分压等于混合气体的总压与组分气体 i 的摩尔分数之积。

相同温度下，若组分气体 i 具有和混合气体相同的压力，此时组分气体 i 单独占有的体积为 V_i，则

$$V_i = \frac{n_i RT}{p_总}$$

V_i 称为组分气体 i 的分体积(partial volume)。由于混合气体

$$V_总 = \frac{n_总 RT}{p_总}$$

V_i 除以 $V_总$，得

$$\frac{V_i}{V_总} = \frac{n_i}{n_总}$$

式中，$\dfrac{V_i}{V_总}$ 称为组分气体 i 的体积分数(volume fraction)，用 φ_i 表示。因此，可将式(3.3)写成

$$p_i = p_总 \frac{V_i}{V_总} = p_总 \varphi_i \tag{3.4}$$

式(3.4)表示：组分气体 i 的分压等于混合气体总压与组分气体 i 的体积分数之积。

在实际工作中，常采用气体分析法，在 101.325 kPa 下，测定混合气体的总体积和各组分气体的分体积，再根据式(3.4)计算各组分气体的分压。例如，100.0 cm³ 烟道气样品，通过 KOH 溶液吸收后，当剩余气体的压力等于烟道气样品原有总压力时，剩余气体体积为 86.00 cm³，则 CO_2 气体的体积分数为

$$\varphi(CO_2) = (100.0\ \text{cm}^3 - 86.00\ \text{cm}^3) / 100.0\ \text{cm}^3 = 0.1400$$

根据式(3.4)，CO_2 在烟道气中的分压为

$$p(CO_2)=101.325\,kPa\times0.1400=14.18\,kPa$$

3.1.2　几种平衡常数

大量实验结果表明，在一定温度下，当反应达到平衡时，反应体系中各生成物和反应物的浓度(或分压)之间呈现出一定的比例关系，描述这种关系的常数称为平衡常数。

1. 气相反应的平衡常数

总结许多实验得出：对于气态物质的可逆反应：

$$aA(g)+bB(g) \rightleftharpoons gG(g)+dD(g)$$

在一定温度下达到平衡时，在反应物与产物的平衡分压之间，有如下的关系：

$$K_p = \frac{p_G^g \cdot p_D^d}{p_A^a \cdot p_B^b} \tag{3.5}$$

式(3.5)称为平衡常数表达式。式中，K_p 称为压力平衡常数(partical pressure equilibrium constants)，其数值由实验得到，因此又称为实验平衡常数(experiment equilibrium constants)。对于理想气体，它只是温度的函数。K_p 的单位为 $(Pa)^{\sum V_B}$，$\sum v_B = (g+d)-(a+b)$，当 $\sum v_B = 0$ 时，K_p 的量纲为一。p_A、p_B、p_G 和 p_D 分别为气态物质 A、B、G 和 D 在平衡状态时的分压。

若式(3.5)中的气体均为理想气体，在一定的温度下达到平衡时，由热力学研究得出下列关系：

$$K_{(g,T)}^{\ominus} = \frac{(p_G/p^{\ominus})^g(p_D/p^{\ominus})^d}{(p_A/p^{\ominus})^a(p_B/p^{\ominus})^b} \tag{3.6}$$

式(3.6)中，$K_{(g,T)}^{\ominus}$(以下记为 $K^{\ominus}$)为气相反应的标准平衡常数(standard equilibrium constants)，其量值可由热力学数据计算而得，因此过去称为热力学平衡常数，它只是温度的函数，与压力和组成无关，量纲为一，式中的压力均为相应气态物质平衡状态时的分压，$p^{\ominus}$ 为标准压力，通常为 $100\,kPa$。

由于低压力下实际气体可近似看作理想气体，所以式(3.6)也适用于低压力下的实际气体的反应。对于理想气体或低压力下的实际气体的反应，从式(3.5)、式(3.6)可看出，在 $K^{\ominus}$ 与 K_p 之间有如下关系：

$$K^{\ominus} = K_p / (p^{\ominus})^{\sum v_B}$$

显然，只有在 $\sum v_B = 0$ 时，才有 $K^{\ominus} = K_p$。

2. 溶液反应的平衡常数

(1) 活度(相对活度)。活度(activity)是物质在溶液中实际行为的量度，过去称为"有效浓度"，量纲为一，其定义是：溶质 B 的活度 a_B，等于实际浓度 c_B 乘以活度因子 y_B 再除以标准浓度 $c^{\ominus}(c^{\ominus} = 1\,mol\cdot dm^{-3})$，即

$$a_B = y_B(c_B/c^{\ominus}) \tag{3.7}$$

式中，y_B 为溶质 B 的活度因子(activity factor)，量纲为一，它反映了溶液中微粒间相互作用、相互牵制的程度，可被看成是实际浓度的"校正因子"。活度因子 y_B 越小，反映溶液中微粒间相互牵制作用越大。通常 $y_B<1$，如在 298.15 K 时，0.1 mol·dm^{-3} AgNO$_3$ 溶液的活度因子为 0.734，1 mol·dm^{-3} AgNO$_3$ 溶液的活度因子为 0.429。当溶液无限稀释时，微粒间已无任何牵制作用，因而 $y_B=1$，此时，$a_B=c_B/c^\ominus$，即活度与浓度在数值上相等。

严格地讲，在对化学平衡、电极电势等进行计算时，应对浓度进行校正，即应该以活度代替浓度来进行计算，但是对计算的准确度要求不高，而且属于稀溶液或难溶电解质溶液或低压力下的气体混合物质体系时，由于在这些体系中单位体积内微粒数目较少，微粒间相互作用较小，可忽略不计，因此可直接用浓度来进行有关化学计算。本书中所讨论的体系就属于后一种情形。

(2) 溶液反应的平衡常数，对于稀溶液中的反应：

$$aA+bB \rightleftharpoons gG+dD$$

在一定温度下达到平衡时，由实验得到下列关系：

$$K_c = \frac{c_G^g \cdot c_D^d}{c_A^a \cdot c_B^b} \tag{3.8}$$

式中，c_A、c_B、c_G 和 c_D 分别为 A、B、G 和 D 的平衡浓度；K_c 称为浓度平衡常数(concentration equilibrium constants)，其值可由实验测得。令 $\sum v_B = (g+d)-(a+b)$，当 $\sum v_B \neq 0$ 时，K_c 是有量纲的量，其常用单位为 $(mol·dm^{-3})^{\sum v_B}$。

热力学研究证明，对于稀溶液中的反应，在一定温度下达到平衡时，在反应物与产物之间存在着下列关系：

$$K^\ominus = \frac{(c_G/c^\ominus)^g (c_D/c^\ominus)^d}{(c_A/c^\ominus)^a (c_B/c^\ominus)^b} \tag{3.9}$$

式中，$K^\ominus$ 为反应的标准平衡常数，其值可由热力学数据计算而得，量纲为一，式中的浓度均为相应物质在平衡时的浓度，$c^\ominus$ 为标准浓度，$c^\ominus=1 mol·dm^{-3}$。将式(3.8)与式(3.9)比较，可得

$$K^\ominus = K_c / (c^\ominus)^{\sum v_B}$$

因为 $c^\ominus=1 mol·dm^{-3}$，所以对稀溶液而言，K_c 与 $K^\ominus$ 在数值上是相等的，但量纲不一定相同。

3. 多相反应的平衡常数

如果反应方程式中同时包括气相、液相和固相，这种多相反应的平衡称为多相化学平衡(multiple phase chemical equilibrium)。多相反应的平衡常数表示如下：

$$ZnSO_4(aq)+H_2S(g) \rightleftharpoons ZnS(s)+H_2SO_4(aq)$$

则

$$K^\ominus = \frac{c(H_2SO_4)/c^\ominus}{[c(ZnSO_4)/c^\ominus] \cdot [p(H_2S)/p^\ominus]}$$

4. 平衡常数的意义

平衡常数的大小表明了在一定条件下反应进行的程度。如果一个反应的平衡常数很大,则表示该反应正向进行的趋势很大,达到平衡时体系将主要由产物组成;反之,如果反应的平衡常数很小,则表示反应正向进行的程度很小,平衡时体系主要由反应物组成。例如

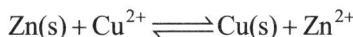

$$Zn(s) + Cu^{2+} \rightleftharpoons Cu(s) + Zn^{2+}$$

在 298.15 K 时,其 $K^{\ominus} = 2.0 \times 10^{37}$,即平衡时 Zn^{2+} 浓度为 Cu^{2+} 浓度的 2.0×10^{37} 倍,这表明反应进行得十分完全。而反应

$$N_2(g) + O_2(g) \rightleftharpoons 2NO(g)$$

在 298.15 K 时,其 $K^{\ominus} = 4.6 \times 10^{-31}$,这表明该反应进行的程度是如此之小,以至于实际上没有发生。

平衡常数是表明化学反应限度的重要特征值,在书写和应用平衡常数时,应注意以下几点:

(1) 平衡常数表达式与反应方程式的书写方式有关,因此在进行有关化学平衡的计算时,应注意使用与反应方程式相应的平衡常数。例如

$$3H_2(g) + N_2(g) \rightleftharpoons 2NH_3(g) \tag{1}$$

$$K_{p(1)} = \frac{p^2(NH_3)}{p^3(H_2) \cdot p(N_2)}$$

$$K_{(1)}^{\ominus} = \frac{[p(NH_3)/p^{\ominus}]^2}{[p(H_2)/p^{\ominus}]^3 \cdot [p(N_2)/p^{\ominus}]}$$

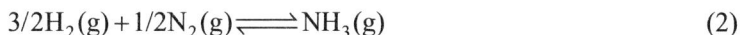

$$3/2H_2(g) + 1/2N_2(g) \rightleftharpoons NH_3(g) \tag{2}$$

$$K_{p(2)} = \frac{p(NH_3)}{p^{3/2}(H_2) \cdot p^{1/2}(N_2)}$$

$$K_{(2)}^{\ominus} = \frac{p(NH_3)/p^{\ominus}}{[p(H_2)/p^{\ominus}]^{3/2} \cdot [p(N_2)/p^{\ominus}]^{1/2}}$$

显然, $K_{p(1)} = \left[K_{p(2)}\right]^2, K_{(1)}^{\ominus} = \left[K_{(2)}^{\ominus}\right]^2$。

(2) 对于有纯固体或纯液体参加的反应,它们的浓度或分压不写入平衡常数表达式中。例如

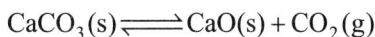

$$CaCO_3(s) \rightleftharpoons CaO(s) + CO_2(g)$$

$$K_p = p(CO_2)$$

$$K^{\ominus} = p(CO_2)/p^{\ominus}$$

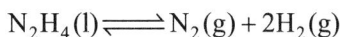

$$N_2H_4(l) \rightleftharpoons N_2(g) + 2H_2(g)$$

$$K_p = p(N_2) \cdot p^2(H_2)$$

$$K^{\ominus} = \left[p(H_2)/p^{\ominus}\right]^2 \cdot \left[p(N_2)/p^{\ominus}\right]$$

(3) 在稀溶液中进行的反应，平衡常数表达式中，不列入水的浓度，将其视为常数，合并到平衡常数中。例如

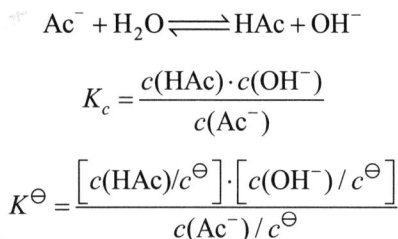

$$Ac^- + H_2O \rightleftharpoons HAc + OH^-$$

$$K_c = \frac{c(HAc) \cdot c(OH^-)}{c(Ac^-)}$$

$$K^\ominus = \frac{\left[c(HAc)/c^\ominus \right] \cdot \left[c(OH^-)/c^\ominus \right]}{c(Ac^-)/c^\ominus}$$

3.1.3　标准平衡常数 $K^\ominus$ 与 $\Delta_r G_m^\ominus$ 的关系

许多化学反应并非处于标准状态，而是处于任意给定态，这时应该用等温等压下反应的 $\Delta_r G_m$ 来判断反应的方向和限度。热力学研究指出，当体系处于任意给定态时，反应的 $\Delta_r G_m(T)$ 与 $\Delta_r G_m^\ominus(T)$ 及各物质的分压或浓度之间存在一定关系。

对于理想气体的反应：

$$aA(g) + bB(g) \rightleftharpoons gG(g) + dD(g)$$

$$\Delta_r G_m(T) = \Delta_r G_m^\ominus(T) + RT \ln \frac{(p_G'/p^\ominus)^g (p_D'/p^\ominus)^d}{(p_A'/p^\ominus)^a (p_B'/p^\ominus)^b} \tag{3.10}$$

令

$$J_p = \frac{(p_G'/p^\ominus)^g (p_D'/p^\ominus)^d}{(p_A'/p^\ominus)^a (p_B'/p^\ominus)^b}$$

则

$$\Delta_r G_m(T) = \Delta_r G_m^\ominus(T) + RT \ln J_p \tag{3.11}$$

式中，p_A'、p_B'、p_G' 和 p_D' 分别为气态物质 A、B、G 和 D 在任意给定态时的分压；J_p 称为压力商(pressure quotient)。

对于稀溶液中进行的反应：

$$aA + bB \rightleftharpoons gG + dD$$

同样有

$$\Delta_r G_m(T) = \Delta_r G_m^\ominus(T) + RT \ln \frac{(c_G'/c^\ominus)^g (c_D'/c^\ominus)^d}{(c_A'/c^\ominus)^a (c_B'/c^\ominus)^b} \tag{3.12}$$

令

$$J_c = \frac{(c_G'/c^\ominus)^g (c_D'/c^\ominus)^d}{(c_A'/c^\ominus)^a (c_B'/c^\ominus)^b}$$

则

$$\Delta_r G_m(T) = \Delta_r G_m^\ominus(T) + RT \ln J_c \tag{3.13}$$

式中，c_A'、c_B'、c_G' 和 c_D' 分别为 A、B、G 和 D 物质在任意给定态时的浓度；J_c 称为浓度商(concentration quotient)。

式(3.11)和式(3.13)都称为化学反应等温方程式。它把体系在任意给定态时各物质的分压或浓度与 $\Delta_r G_m(T)$ 和 $\Delta_r G_m^\ominus(T)$ 定量地联系起来，是判断化学反应方向的重要公式。若已知 J_p 和 J_c，用热力学数据算出 $\Delta_r G_m^\ominus(T)$，即可利用化学反应等温方程求出 $\Delta_r G_m(T)$，从而判断在任

意给定态时反应进行的方向。

对于理想气体的反应，在等温等压下达到平衡时，其 $\Delta_r G_m(T)=0$，此时理想气体 A、B、G、D 在任意给定态时的分压 p_A'、p_B'、p_G'、p_D' 分别变成平衡时的分压 p_A、p_B、p_G、p_D，式(3.10)变成

$$0 = \Delta_r G_m^{\ominus}(T) + RT \ln \frac{(p_G/p^{\ominus})^g (p_D/p^{\ominus})^d}{(p_A/p^{\ominus})^a (p_B/p^{\ominus})^b}$$

因

$$K^{\ominus}(T) = \frac{(p_G/p^{\ominus})^g (p_D/p^{\ominus})^d}{(p_A/p^{\ominus})^a (p_B/p^{\ominus})^b}$$

所以

$$\Delta_r G_m^{\ominus}(T) = -RT \ln K^{\ominus}(T)$$

或

$$\ln K^{\ominus}(T) = \frac{-\Delta_r G_m^{\ominus}(T)}{RT} \tag{3.14}$$

对于稀溶液中进行的反应，同理可得相似的公式。

式(3.14)是一个很重要的公式，它综合反映了热力学第二定律所讨论的化学反应的方向和限度问题。根据 $\Delta_r G_m^{\ominus}(T)$ 的数值，既可以判断标准状态下化学反应自发进行的方向，又可计算出反应的平衡常数，从而定量地表示出反应的限度。从式(3.14)可以看出，$\Delta_r G_m^{\ominus}(T)$ 负值越大，则 $K^{\ominus}$ 就越大，正反应进行的程度越大；若 $\Delta_r G_m^{\ominus}(T)$ 正值越大，则 $K^{\ominus}$ 就越小，正反应进行的程度越小。

【例 3.1】 CO 和 NO 是汽车尾气排放的两种污染物，试计算 298.15 K 时，反应 $CO(g)+NO(g) \Longleftrightarrow CO_2(g)+\frac{1}{2}N_2(g)$ 的标准摩尔吉布斯自由能变，并判断该反应能否自发向右进行，求出平衡常数 $K^{\ominus}$。

解 (1) 查表，得

	CO(g)	NO(g)	CO₂(g)	N₂(g)
$\Delta_f G_m^{\ominus}(298.15\,K)/(kJ \cdot mol^{-1})$	−137.16	87.60	−394.39	0

$$\Delta_r G_m^{\ominus}(298.15\,K) = (-394.39\,kJ \cdot mol^{-1}) - (-137.16\,kJ \cdot mol^{-1} + 87.60\,kJ \cdot mol^{-1})$$

$$= -344.83\,kJ \cdot mol^{-1} < 0$$

所以该反应在 298.15 K 时可以自发向右进行。

(2)

$$\ln K^{\ominus} = \frac{-\Delta_r G_m^{\ominus}(298.15\,K)}{RT}$$

$$= \frac{-(-344.83 \times 10^3\,J \cdot mol^{-1})}{8.315\,J \cdot mol^{-1} \cdot K^{-1} \times 298.15\,K}$$

$$= 139.09$$

$$K^{\ominus} = 2.56 \times 10^{60}$$

将式(3.14)分别代入式(3.11)和式(3.13)

则有

$$\Delta_r G_m(T) = -RT \ln K^{\ominus} + RT \ln J_p$$

$$\Delta_r G_m(T) = RT \ln \frac{J_p}{K^{\ominus}} \tag{3.15}$$

或
$$\Delta_r G_m(T) = -RT \ln K^\ominus + RT \ln J_c$$

$$\Delta_r G_m(T) = RT \ln \frac{J_c}{K^\ominus} \tag{3.16}$$

式(3.15)和式(3.16)是化学反应等温方程式的另外一种形式,也是判断化学反应方向和限度的重要公式。将任意给定态时物质的 J_p 或 J_c 与 $K^\ominus$ 进行比较,可以判断该状态下反应自发进行的方向:

若 $J_p (J_c) < K^\ominus$, $\Delta_r G_m(T) < 0$,反应正向自发进行;

若 $J_p (J_c) = K^\ominus$, $\Delta_r G_m(T) = 0$,反应处于平衡态;

若 $J_p (J_c) > K^\ominus$, $\Delta_r G_m(T) > 0$,反应逆向自发进行。

根据上述结论,我们很容易理解压力、浓度对化学平衡的影响。化学平衡移动的实际上是体系条件改变后,再一次考虑化学反应方向和限度的问题。根据 $J_p / K^\ominus$ 或 $J_c / K^\ominus$ 比值即可判断化学平衡移动方向。

3.1.4 化学平衡的移动

由式(3.15)和式(3.16)可知,当化学反应处于平衡状态时, $J_p (J_c) = K^\ominus$ 。若反应条件改变,使 $J_p (J_c) \neq K^\ominus$,则平衡被破坏,反应向正向(或逆向)进行,直到重新建立平衡。因此,化学平衡移动实际上是反应条件改变后,再一次考虑化学反应方向和限度的问题,根据 $J_p / K^\ominus$ 或 $J_c / K^\ominus$ 即可判断化学平衡移动的方向。改变温度时, $K^\ominus$ 发生变化,也会使 $J_p (J_c) \neq K^\ominus$,从而导致平衡移动。

1. 浓度对化学平衡的影响

浓度对化学平衡的影响是通过改变 J_c ,由 $J_c / K^\ominus$ 的比值决定 $\Delta_r G_m(T)$ 的符号,从而决定了化学平衡移动的方向。在一定温度下,若 $J_c = K^\ominus$,则 $\Delta_r G_m(T) = 0$,体系处于平衡状态。如果这时增加反应物的浓度,或者减少某一生成物的浓度,则必然使 $J_c < K^\ominus$,从而使 $\Delta_r G_m(T) < 0$,化学反应将向正反应方向自发地进行,即平衡向正反应方向移动。

【例3.2】 已知下列水煤气变换反应于密闭容器中进行, $CO(g) + H_2O(g) \rightleftharpoons CO_2(g) + H_2(g)$,在1073 K建立平衡时,各物质的浓度均为 $1.00 \, mol \cdot dm^{-3}$, $K^\ominus = 1.00$,若再加入 $3.00 \, mol \cdot dm^{-3}$ 的 $H_2O(g)$,试计算说明平衡将向什么方向移动。

解 在平衡体系中再加入 $3.00 \, mol \cdot dm^{-3} \, H_2O(g)$ 后,反应的浓度商为

$$J_c = \frac{\left[c'(CO_2)/c^\ominus \right]\left[c'(H_2)/c^\ominus \right]}{\left[c'(CO)/c^\ominus \right]/\left[c'(H_2O)/c^\ominus \right]}$$

$$= \frac{(1.00 \, mol \cdot dm^{-3}/c^\ominus)(1.00 \, mol \cdot dm^{-3}/c^\ominus)}{(1.00 \, mol \cdot dm^{-3}/c^\ominus)\left[(1.00 \, mol \cdot dm^{-3} + 3.00 \, mol \cdot dm^{-3})/c^\ominus \right]}$$

$$= 0.250$$

$J_c < K^\ominus$,反应正向自发进行,即平衡将向正反应方向移动,直到建立新的平衡。

2. 压力对化学平衡的影响

压力变化对化学平衡的影响视化学反应的具体情况而定，对只有液体或固体参加的反应，压力对平衡的影响很小；对有气体参加的反应，改变体系的总压力将引起各组分气体的分压同等程度的改变，此时平衡移动的方向将由反应体系本身的特点来决定。对那些反应前后计量系数不变的气相反应，如 $H_2 + I_2 \rightleftharpoons 2HI$ 或 $N_2 + O_2 \rightleftharpoons 2NO$，压力对其平衡没有影响，因为增大或减小压力对生成物和反应物的分压产生的影响是等效的，所以对平衡没有影响。对反应前后计量系数有变化的气相反应，压力的改变会影响其平衡状态，引起平衡的移动。例如，对于合成氨的反应：

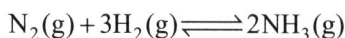

$$N_2(g) + 3H_2(g) \rightleftharpoons 2NH_3(g)$$

在某温度下达到平衡以后，设各气体的平衡分压为 $p(H_2)$、$p(N_2)$、$p(NH_3)$，平衡常数为

$$K^\ominus = \frac{\left[p(NH_3)/p^\ominus \right]^2}{\left[p(N_2)/p^\ominus \right] \cdot \left[p(H_2)/p^\ominus \right]^3}$$

若温度不变，将平衡体系的总压力增加至原来的 2 倍，则各组分气体的分压也将增加至原来的 2 倍，即 $p'(NH_3) = 2p(NH_3)$，$p'(H_2) = 2p(H_2)$，$p'(N_2) = 2p(N_2)$，此时压力商为

$$J_p = \frac{\left[2p(NH_3)/p^\ominus \right]^2}{\left[2p(N_2)/p^\ominus \right] \cdot \left[2p(H_2)/p^\ominus \right]^3} = \frac{K^\ominus}{4}$$

$J_p < K^\ominus$，$\Delta_r G_m(T) < 0$，反应将向正反应方向进行，直到建立起新的平衡，即平衡右移。可见，在一定温度下，增加平衡时的总压力，化学平衡将向气体物质化学计量数减少的方向移动。

3. 温度对化学平衡的影响

温度对化学平衡移动的影响，主要是影响平衡常数 $K^\ominus$ 的数值，因为平衡常数是温度的函数。为此需要知道平衡常数随温度的变化关系。

因 $$\Delta_r G_m^\ominus(T) = -RT \ln K^\ominus(T)$$

而 $$\Delta_r G_m^\ominus(T) = \Delta_r H_m^\ominus - T\Delta_r S_m^\ominus$$

所以 $$\ln K^\ominus(T) = -\frac{\Delta_r H_m^\ominus}{RT} + \frac{\Delta_r S_m^\ominus}{R} \tag{3.17}$$

若温度变化不太大时，可将 $\Delta_r H_m^\ominus$、$\Delta_r S_m^\ominus$ 视为常数，式(3.17)表示在标准状态下，$K^\ominus$ 与温度 T 的关系。

设某一可逆反应在温度为 T_1 和 T_2 时的标准平衡常数分别为 $K_1^\ominus$ 和 $K_2^\ominus$，根据式(3.17)有

$$\ln K_1^\ominus = -\frac{\Delta_r H_m^\ominus}{RT_1} + \frac{\Delta_r S_m^\ominus}{R} \tag{1}$$

$$\ln K_2^\ominus = -\frac{\Delta_r H_m^\ominus}{RT_2} + \frac{\Delta_r S_m^\ominus}{R} \tag{2}$$

(2)–(1)，整理后得

$$\ln \frac{K_2^{\ominus}}{K_1^{\ominus}} = \frac{\Delta_r H_m^{\ominus}}{R}\left(\frac{T_2 - T_1}{T_2 T_1}\right) \tag{3.18}$$

由式(3.18)可以看出，对于吸热反应($\Delta_r H_m^{\ominus} > 0$)，若升高温度，则$K^{\ominus}$变大，平衡向吸热反应方向移动；降低温度，则$K^{\ominus}$变小，平衡向放热反应方向移动。对于放热反应($\Delta_r H_m^{\ominus} < 0$)，若升高温度，则$K^{\ominus}$变小，平衡向吸热反应方向移动；降低温度，则$K^{\ominus}$变大，平衡向放热反应方向移动。

应用式(3.18)，若已知某反应在温度T_1时的$K_1^{\ominus}$和$\Delta_r H_m^{\ominus}$，就可以计算该反应在另一温度T_2时的$K_2^{\ominus}$。此外还可以近似计算已知T_1、T_2、$K_1^{\ominus}$、$K_2^{\ominus}$时反应的$\Delta_r H_m^{\ominus}$。

【例 3.3】　$C(s) + CO_2(g) \rightleftharpoons 2CO(g)$ 是高温加工处理钢铁零件时涉及脱碳氧化或渗碳的一个重要化学反应。已知该反应在 298.15 K 时 $K^{\ominus} = 9.1 \times 10^{-22}$，计算 1173 K 时反应的 $K^{\ominus}$。

解　反应中固体碳以石墨计，查表得

	$C(s)$	$CO_2(g)$	$CO(g)$
$\Delta_f H_m^{\ominus}(298.15\ \text{K})\,/\,(\text{kJ}\cdot\text{mol}^{-1})$	0	−393.51	−110.53

$$\Delta_r H_m^{\ominus}(298.15\ \text{K}) = \left[2 \times (-110.53\ \text{kJ}\cdot\text{mol}^{-1})\right] - (-393.51\ \text{kJ}\cdot\text{mol}^{-1}) = 172.45\ \text{kJ}\cdot\text{mol}^{-1}$$

因

$$\ln \frac{K_2^{\ominus}}{K_1^{\ominus}} = \frac{\Delta_r H_m^{\ominus}}{R}\left(\frac{T_2 - T_1}{T_2 T_1}\right)$$

$$\ln K_2^{\ominus} = \frac{\Delta_r H_m^{\ominus}}{R}\left(\frac{T_2 - T_1}{T_2 T_1}\right) + \ln K_1^{\ominus}$$

所以

$$\ln K^{\ominus}(1173\ \text{K}) = \frac{172.45 \times 10^3}{8.315}\left(\frac{1173 - 298.15}{1173 \times 298.15}\right) + \ln(9.1 \times 10^{-22})$$

$$K^{\ominus}(1173\ \text{K}) = 30.93$$

由计算可知，随着温度的升高，反应的$K^{\ominus}$显著增大，在高温时，若加工气氛中含有CO_2，则CO_2会与钢铁零件表面的碳(无论以石墨碳或Fe_3C形式存在)反应，引起脱碳、氧化现象。

最后，我们应该注意到，催化剂能同等程度地增大正、逆反应的速率，因而催化剂不能改变原有平衡状态，也不能改变平衡常数，只能缩短到达平衡的时间。

3.1.5　多重平衡

前面讨论的都是单一体系的化学平衡问题，但实际的化学反应往往有若干种平衡状态同时存在，一种物质同时参与几种平衡，这种现象就称为多重平衡(multiple equilibrium)。例如，298.15 K 时，当气态的 SO_2、SO_3、NO、NO_2 及 O_2 在一个反应体系里共存时，至少会有下面三个平衡：

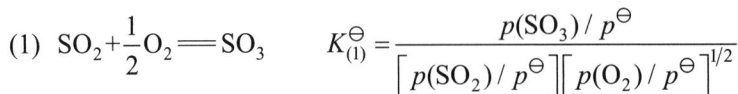

(1)　$SO_2 + \dfrac{1}{2}O_2 \rightleftharpoons SO_3$ 　　$K_{(1)}^{\ominus} = \dfrac{p(SO_3)\,/\,p^{\ominus}}{\left[p(SO_2)\,/\,p^{\ominus}\right]\left[p(O_2)\,/\,p^{\ominus}\right]^{1/2}}$

(2)　$NO_2 \rightleftharpoons NO + \dfrac{1}{2}O_2$　　　$K_{(2)}^{\ominus} = \dfrac{\left[p(NO)/p^{\ominus}\right]\left[p(O_2)/p^{\ominus}\right]^{1/2}}{p(NO_2)/p^{\ominus}}$

(3)　$SO_2 + NO_2 \rightleftharpoons SO_3 + NO$　　　$K_{(3)}^{\ominus} = \dfrac{\left[p(SO_3)/p^{\ominus}\right]\left[p(NO)/p^{\ominus}\right]}{\left[p(SO_2)/p^{\ominus}\right]\left[p(NO_2)/p^{\ominus}\right]}$

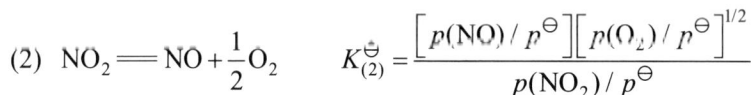

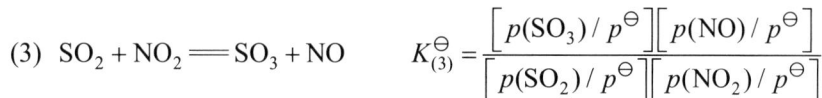

其中 SO_2 既参与平衡(1)又参与平衡(3)，因为处于同一个体系中，SO_2 的分压只可能有一个数值，即 $K_{(1)}^{\ominus}$ 中的 $p(SO_2)$ 和 $K_{(3)}^{\ominus}$ 中的 $p(SO_2)$ 必定是相等的；同理，$K_{(2)}^{\ominus}$ 中的 $p(NO)$ 也必定等于 $K_{(3)}^{\ominus}$ 中的 $p(NO)$。因此 $K_{(1)}^{\ominus}$、$K_{(2)}^{\ominus}$ 和 $K_{(3)}^{\ominus}$ 之间存在某种联系，推导如下：

因为反应(3) = 反应(1) + 反应(2)，则

$$\Delta_r G_{m,3}^{\ominus} = \Delta_r G_{m,1}^{\ominus} + \Delta_r G_{m,2}^{\ominus}$$

根据 $\Delta_r G_m^{\ominus} = -RT \ln K^{\ominus}$，有

$$-RT \ln K_{(3)}^{\ominus} = -RT \ln K_{(1)}^{\ominus} + \left[-RT \ln K_{(2)}^{\ominus}\right]$$

$$\ln K_{(3)}^{\ominus} = \ln K_{(1)}^{\ominus} + \ln K_{(2)}^{\ominus}$$

$$K_{(3)}^{\ominus} = K_{(1)}^{\ominus} \cdot K_{(2)}^{\ominus}$$

因此，如果一个反应由几个反应相加(或相减)得到，则该反应的平衡数等于各相加(或相减)反应的平衡常数的乘积(或商)。这种关系称为多重平衡规则(rule of multiple equilibrium)。$K_{(1)}^{\ominus}$、$K_{(2)}^{\ominus}$ 和 $K_{(3)}^{\ominus}$ 的关系，也可以从它们的平衡常数表达式直接推导。多重平衡规则在平衡体系的计算中经常用到。

【例 3.4】　已知 298.15 K 时

(1)　$H_2(g) + S(s) \rightleftharpoons H_2S(g)$　　　$K_{(1)}^{\ominus} = 1.0 \times 10^{-3}$

(2)　$S(s) + O_2(g) \rightleftharpoons SO_2(g)$　　　$K_{(2)}^{\ominus} = 5.0 \times 10^{6}$

求反应(3) $H_2(g) + SO_2(g) \rightleftharpoons H_2S(g) + O_2(g)$ 在该温度下的 $K_{(3)}^{\ominus}$。

解　因为反应(3) = 反应(1) − 反应(2)，所以

$$K_{(3)}^{\ominus} = \frac{K_{(1)}^{\ominus}}{K_{(2)}^{\ominus}} = \frac{1.0 \times 10^{-3}}{5.0 \times 10^{6}} = 2.0 \times 10^{-10}$$

3.2　弱电解质的解离平衡

3.2.1　弱酸、弱碱的解离平衡

以 HA 代表任一种一元弱酸，其初始浓度为 $c(HA)$，解离常数(ionization constants)为 K_a[①]，根据解离平衡(ionization equilibrium)关系式有

---

① 作为近似处理，本书中所用的 K_a、K_b、$K_稳$ 等均视为浓度平衡常数 K_c，并且按照习惯，其量纲省略不写。

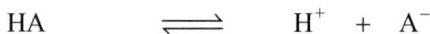

$$\text{HA} \rightleftharpoons \text{H}^+ + \text{A}^-$$

平衡浓度/(mol · dm^{-3}) $c(\text{HA}) - c(\text{H}^+)$ $c(\text{H}^+)$ $c(\text{A}^-)$

由解离方程式可知 $c(\text{H}^+) = c(\text{A}^-)$，所以有

$$K_a = \frac{c(\text{H}^+)^2}{c(\text{HA}) - c(\text{H}^+)}$$

当溶液中 $c(\text{H}^+) < c(\text{HA}) \times 5\%$ 时，即 $c(\text{HA}) / K_a \geqslant 400$ 时，$c(\text{H}^+)$ 和 $c(\text{HA})$ 相比，$c(\text{H}^+)$ 很小，$c(\text{HA}) - c(\text{H}^+)$ 中的 $c(\text{H}^+)$ 就可以忽略，因此平衡时 HA 的浓度就可以近似认为是弱酸的初始浓度，即

$$c(\text{HA})_{平衡} = c(\text{HA}) - c(\text{H}^+) \approx c(\text{HA})$$

将上式代入解离常数表达式，得到

$$K_a = \frac{c(\text{H}^+)^2}{c(\text{HA})}$$

$$c(\text{H}^+) \approx \sqrt{K_a c(\text{HA})} \tag{3.19}$$

式(3.19)是计算 HA 溶液中 H$^+$浓度的近似公式。只要满足 $c(\text{HA}) / K_a \geqslant 400$ 就可用此公式进行浓度的计算。

对于一元弱碱 B 的解离平衡：

$$\text{B} + \text{H}_2\text{O} \rightleftharpoons \text{BH}^+ + \text{OH}^-$$

用上述同样方法，可推导出计算一元弱碱 B 的溶液中 OH$^-$浓度的近似公式：

$$c(\text{OH}) \approx \sqrt{K_b c(\text{B})} \tag{3.20}$$

使用式(3.20)时，同样必须满足 $c(\text{B}) / K_b \geqslant 400$ 这个条件。

在水溶液中，一个分子能解离出一个以上 H$^+$ 的弱酸，称为多元弱酸。例如，H_2CO_3 和 H_2S 是二元酸，H_3PO_4、H_3AsO_4 等是三元酸。通常，把 K_a 为 $10^{-2} \sim 10^{-7}$ 的酸称为弱酸，把 $K_a < 10^{-7}$ 的酸称为极弱酸。

多元弱酸在水中是分级解离的，每一级解离都有一个解离常数。例如，在 298.15 K 时，氢硫酸的第一级解离为

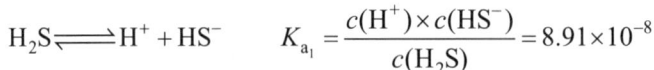

$$\text{H}_2\text{S} \rightleftharpoons \text{H}^+ + \text{HS}^- \qquad K_{a_1} = \frac{c(\text{H}^+) \times c(\text{HS}^-)}{c(\text{H}_2\text{S})} = 8.91 \times 10^{-8}$$

第二级解离为

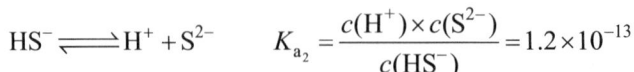

$$\text{HS}^- \rightleftharpoons \text{H}^+ + \text{S}^{2-} \qquad K_{a_2} = \frac{c(\text{H}^+) \times c(\text{S}^{2-})}{c(\text{HS}^-)} = 1.2 \times 10^{-13}$$

式中，K_{a_1} 和 K_{a_2} 分别为 H$_2$S 在水溶液中的第一级和第二级解离常数。

附表 8 列出了一些常见弱电解质在水溶液中的解离常数，如磷酸 H_3PO_4 分三级解离，在 298.15 K 时，其解离常数分别为 $K_{a_1} = 7.1 \times 10^{-3}$，$K_{a_2} = 6.2 \times 10^{-8}$，$K_{a_3} = 4.4 \times 10^{-13}$。

从上面的解离常数可以看出：$K_{a_1} \gg K_{a_2} \gg K_{a_3}$，即多级解离的解离常数是逐级显著地减

小的，这是多级解离的一个规律。因为从带负电荷的离子中解离出带正电荷的 H^+ 要比从中性分子中解离出 H^+ 更为困难。

在多元酸中，由于 $K_{a_1} \gg K_{a_2} \gg K_{a_3}$，即第一级解离是最主要的，其他级解离的 H^+ 极少，可忽略不计，所以多元弱酸的 H^+ 浓度可按第一级解离计算，其计算公式与一元弱酸溶液中 H^+ 浓度的计算公式相似，所不同的是用多元弱酸的第一级解离常数 K_{a_1} 代替一元弱酸的 K_a，即

当 $c(H_nA)/K_{a_1} \geqslant 400$ 时，有

$$c(H^+) \approx \sqrt{K_{a_1} \cdot c(H_nA)} \tag{3.21}$$

式中，$c(H_nA)$ 为多元弱酸 H_nA 的初始浓度。

对于二元弱酸 H_2A 的 A^{2-} 浓度，可由下面推导而得

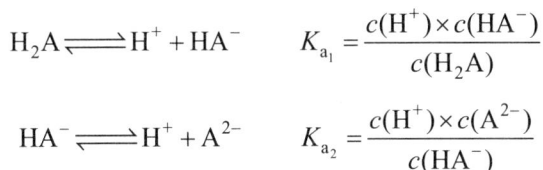

$$H_2A \rightleftharpoons H^+ + HA^- \qquad K_{a_1} = \frac{c(H^+) \times c(HA^-)}{c(H_2A)}$$

$$HA^- \rightleftharpoons H^+ + A^{2-} \qquad K_{a_2} = \frac{c(H^+) \times c(A^{2-})}{c(HA^-)}$$

若 $K_{a_2} \ll K_{a_1}$，则 HA^- 的解离程度很小，溶液中 $c(H^+)$ 和 $c(HA^-)$ 不会因 HA^- 的解离而有明显改变，因此 $c(H^+) \approx c(HA^-)$，则

$$K_{a_2} = \frac{c(H^+) \times c(A^{2-})}{c(HA^-)} \approx c(A^{2-})$$

由以上讨论可得出：多元弱酸的 H^+ 浓度，一般按第一级解离计算；若是二级弱酸 H_2A，则 $c(A^{2-}) \approx K_{a_2}$。比较同浓度的多元弱酸的强弱时，只要比较第一级解离常数的大小就可以了。

【例 3.5】 已知 25℃时 H_2S 饱和溶液的浓度为 $0.10\,mol \cdot dm^{-3}$，计算该溶液中 H^+ 和 S^{2-} 的浓度。

解 查表可知 H_2S 的 $K_{a_1} = 8.91 \times 10^{-8}$，$K_{a_2} = 1.2 \times 10^{-13}$。

因 $K_{a_1} \gg K_{a_2}$，而且 $c(H_2S)/K_{a_1} \gg 400$，根据式(3.21)，有

$$c(H^+) \approx \sqrt{K_{a_1} \cdot c(H_2S)}$$
$$= \sqrt{8.91 \times 10^{-8}\,mol \cdot dm^{-3} \times 0.1\,mol \cdot dm^{-3}}$$
$$= 9.44 \times 10^{-5}\,mol \cdot dm^{-3}$$
$$c(S^{2-}) \approx K_{a_2} = 1.2 \times 10^{-13}\,mol \cdot dm^{-3}$$

3.2.2 缓冲溶液

缓冲溶液(buffer solution)是一种能对溶液的酸度(溶液中 H^+ 浓度，常用 pH 表示)起稳定(缓冲)作用的溶液。如果向溶液中加入少量强酸或强碱，或者溶液中的化学反应产生少量酸或碱，或者将溶液稍加稀释，缓冲溶液都能使溶液的酸度基本上稳定不变。

缓冲溶液一般是由浓度较大的弱酸及其盐或弱碱及其盐所组成，如 HAc + NaAc，$NH_3 + NH_4Cl$，$NaHCO_3 + Na_2CO_3$ 等，并称之为缓冲对。

在 HAc 和 NaAc 的混合溶液中，HAc 是弱电解质，而 NaAc 是强电解质，后者可完全解离。因而溶液中 $c(HAc)$ 和 $c(Ac^-)$ 都较高，由于同离子效应(common ion effect)抑制了 HAc 的解离，而使 $c(H^+)$ 较小，其反应式如下：

$$NaAc \longrightarrow Na^+ + Ac^-$$

$$HAc \rightleftharpoons H^+ + Ac^-$$

当向该溶液中加入少量强酸时，H^+ 和 Ac^- 结合成 HAc 分子，平衡向左移动，使溶液中 $c(H^+)$ 不会显著的增大。如果加入少量强碱，H^+ 便与 OH^- 结合成 H_2O，使 $c(H^+)$ 降低，平衡向右移动，溶液中的 HAc 分子便解离出 H^+，以补偿 H^+ 的消耗，使 $c(H^+)$ 保持稳定，因此 pH 改变也不大，这就是缓冲溶液具有缓冲作用的原因。

现以 HAc + NaAc 为例说明其计算。在 HAc + NaAc 溶液中，设 HAc、NaAc 的初始浓度分别为 $c(HAc)$、$c(NaAc)$，根据 HAc 的解离平衡方程式，可以找到 K_a、$c(HAc)$ 和 $c(NaAc)$ 三者之间的定量关系式。

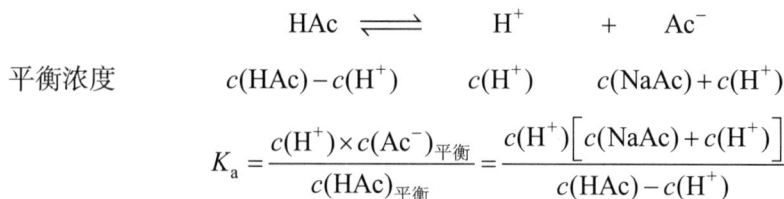

$$K_a = \frac{c(H^+) \times c(Ac^-)_{平衡}}{c(HAc)_{平衡}} = \frac{c(H^+)\left[c(NaAc) + c(H^+)\right]}{c(HAc) - c(H^+)}$$

因一般 $c(HAc) \gg K_a$，加之同离子效应，使 HAc 解离出的 $c(H^+)$ 更小，故 $c(HAc) - c(H^+) \approx c(HAc)$，$c(NaAc) + c(H^+) \approx c(NaAc)$，于是上式可写成：

$$K_a = \frac{c(H^+) \times c(NaAc)}{c(HAc)}$$

对酸性缓冲体系(如 HAc + NaAc)，可将上式写成：

$$c(H^+) = K_a \frac{c(弱酸)}{c(弱酸盐)} \tag{3.22}$$

将上式两边同除以 $c^{\ominus}$ 并取负对数，并令

$$pH = -\lg\left[c(H^+)/c^{\ominus}\right]$$

$$pK_a = -\lg(K_a/c^{\ominus})$$

得

$$pH = pK_a - \lg\frac{c(弱酸)}{c(弱酸盐)} \tag{3.23}$$

对碱性缓冲体系(如 $NH_3 + NH_4Cl$)，用类似方法也可以得到 $c(OH^-)$ 和 pH 的计算公式：

$$c(OH^-) = K_b \frac{c(弱碱)}{c(弱碱盐)} \tag{3.24}$$

$$\text{pH} \quad 14 = \text{p}K_b + \lg \frac{c(弱碱)}{c(弱碱盐)} \tag{3.25}$$

缓冲溶液缓冲能力的大小取决于缓冲组分的浓度及其比值 $c(弱酸)/c(弱酸盐)$ 或 $c(弱碱)/c(弱碱盐)$。理论上已证明，若缓冲组分的浓度较大，且缓冲组分的比值为 1∶1，缓冲能力最大。从式(3.23)和式(3.25)可见，此时 $\text{pH} = \text{p}K_a$，$\text{pOH} = \text{p}K_b$。对任何缓冲体系，都有一个有效的缓冲范围，此范围为

弱酸及弱酸盐体系：$\qquad\qquad\qquad \text{pH} \approx \text{p}K_a \pm 1$

弱碱及弱碱盐体系：$\qquad\qquad\qquad \text{pOH} \approx \text{p}K_b \pm 1$

选择缓冲溶液时，要遵循的如下原则：

(1) 缓冲溶液不能与欲控制 pH 的溶液发生化学反应。

(2) 所需控制的 pH 应在缓冲溶液的缓冲范围之内。如果缓冲溶液是由弱酸及弱酸盐组成，则 $\text{p}K_a$ 应尽量与所需控制的 pH 一致，即 $\text{p}K_a \approx \text{pH}$；如果是由弱碱及弱碱盐组成的，则 $\text{p}K_b \approx \text{pOH}$。

(3) 缓冲组分的浓度效应较大，且 $c(弱酸)/c(弱酸盐)$ 或 $c(弱碱)/c(弱碱盐)$ 的比值最好等于 1 或接近 1。

由式(3.23)和式(3.25)可见，当把缓冲溶液稍加稀释时，由于 $c(弱酸)/c(弱酸盐)$ 或 $c(弱碱)/c(弱碱盐)$ 的比值不变，所以溶液的 pH 也基本不变。但如果稀释太厉害，上述结论就不正确了，因为这时不能忽略水自身解离的影响。

【例 3.6】 计算 $0.10\,\text{mol}\cdot\text{dm}^{-3}$ HAc 与 $0.10\,\text{mol}\cdot\text{dm}^{-3}$ N_aAc 缓冲溶液的 pH。若向 $1.0\,\text{dm}^3$ 上述缓冲溶液中加入 0.010 mol 的 HCl 溶液，则溶液的 pH 变为多少？

解 (1) 根据式(3.23)，有

$$\text{pH} = \text{p}K_a - \lg \frac{c(\text{HAc})}{c(\text{NaAc})}$$

查表知 $K(\text{HAc}) = 1.8 \times 10^{-5}$，$\text{p}K_a = 4.74$，所以

$$\text{pH} = 4.74 - \lg \frac{0.10\,\text{mol}\cdot\text{dm}^{-3}}{0.10\,\text{mol}\cdot\text{dm}^{-3}} = 4.74$$

(2) 因 HCl 在溶液中完全解离，则

$$c(\text{H}^+) = \frac{0.010\,\text{mol}}{1.0\,\text{dm}^3} = 0.010\,\text{mol}\cdot\text{dm}^{-3}$$

由于加入的 H^+ 与溶液中的 Ac^- 结合生成 HAc，从而使溶液中 Ac^- 的浓度减小，而 HAc 浓度增大。

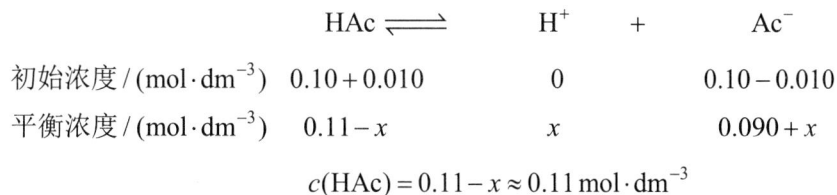

	HAc $\rightleftharpoons$	H^+	$+$	Ac^-
初始浓度 /(mol·dm⁻³)	0.10 + 0.010	0		0.10 − 0.010
平衡浓度 /(mol·dm⁻³)	0.11 − x	x		0.090 + x

$$c(\text{HAc}) = 0.11 - x \approx 0.11\,\text{mol}\cdot\text{dm}^{-3}$$

$$c(\text{NaAc}) = 0.090 + x \approx 0.090 \text{ mol} \cdot \text{dm}^{-3}$$

$$\text{pH} = 4.74 - \lg \frac{0.11 \text{ mol} \cdot \text{dm}^{-3}}{0.090 \text{ mol} \cdot \text{dm}^{-3}} = 4.65$$

缓冲溶液在工业、农业、科研等方面都有重要用途。例如，金属电镀中需要用缓冲溶液来控制电镀液的 pH，使其保持一定的酸度。在硅半导体器件的生产过程中，通常用 HF 和 NH_4F 的混合溶液清洗硅片表面没有用胶膜保护的那部分氧化膜(SiO_2)。在许多水处理中需控制一定的 pH。在若干金属离子的分离、鉴定中也需控制 pH。在动植物体内也都有复杂和特殊的缓冲体系在维持体液的 pH，以保证生命的正常活动。人体血液中除有机血红蛋白和血浆蛋白缓冲体系外，$\text{H}_2\text{CO}_3 + \text{HCO}_3^-$ 和 $\text{H}_2\text{PO}_4^- + \text{HPO}_4^{2-}$ 是最重要的无机盐缓冲体系，能对体内由新陈代谢过程中产生的有机酸或来源于食物中的碱性物质(如有机酸盐)起缓冲作用，使血液的 pH 始终保持在 7.40 ± 0.05 范围。

3.2.3 酸碱质子理论

前面在阿伦尼乌斯电离理论基础上讨论了弱酸弱碱的解离平衡。根据酸碱电离理论，在水溶液中解离产生的阳离子全部是 H^+ 的物质称为酸；解离产生的阴离子全部是 OH^- 的物质称为碱。酸碱中和反应的实质是 H^+ 和 OH^- 结合生成 H_2O。酸碱电离理论提高了人们对酸碱本质的认识，对化学的发展起到了重要的作用，至今仍普遍应用。但该理论有一定的局限性，它将酸、碱概念及其间的反应限制在水溶液中，并认为碱必须具有 OH^-。随着科学的进步和生产的发展，越来越多的反应在非水溶液中进行，其中不含 H^+ 和 OH^- 的物质也可表现出酸或碱的性质。因此，1923 年丹麦化学家布朗斯台德(Brønsted)和劳莱(Lowry)提出了酸碱质子理论。

1. 酸、碱的定义

质子理论认为：凡是能给出质子(H^+)的物质(分子或离子)都是酸，凡是能接受质子(H^+)的物质(分子或离子)都是碱。酸和碱之间的关系可表示如下：

$$\text{酸} \rightleftharpoons \text{碱} + \text{质子}(\text{H}^+)$$

$$\text{HCl} \rightleftharpoons \text{Cl}^- + \text{H}^+$$

$$\text{HAc} \rightleftharpoons \text{Ac}^- + \text{H}^+$$

$$[\text{Al}(\text{H}_2\text{O})_6]^{3+} \rightleftharpoons [\text{Al}(\text{H}_2\text{O})_5\text{OH}]^{2+} + \text{H}^+$$

$$\text{NH}_4^+ \rightleftharpoons \text{NH}_3 + \text{H}^+$$

$$\text{H}_2\text{PO}_4^- \rightleftharpoons \text{HPO}_4^{2-} + \text{H}^+$$

$$\text{HPO}_4^{2-} \rightleftharpoons \text{PO}_4^{3-} + \text{H}^+$$

从上面的例子可以看出，按照酸碱的质子理论，凡是位于反应符号左边的物质都是酸，其中，有分子酸，如 HCl 和 HAc；也有阳离子酸，如 $[\text{Al}(\text{H}_2\text{O})_6]^{3+}$ 和 NH_4^+；还有阴离子酸，如 H_2PO_4^- 和 HPO_4^{2-}。凡是位于反应符号头右边的物质都是碱，其中，有分子碱，如 NH_3；也有阳离子碱，如 $[\text{Al}(\text{H}_2\text{O})_5\text{OH}]^{2+}$；还有阴离子碱，如 Cl^-、Ac^-、HPO_4^{2-}、PO_4^{3-}。同时还可以看

出,酸和碱统一在对质子的关系上,酸给出质子后就变成了碱,而碱接受了质子后就变成了酸。酸碱之间的这种关系称为共轭关系。酸给出质子后形成的碱,称为该酸的共轭碱;碱接受质子后形成的酸,称为该碱的共轭酸。对应的酸碱,称为共轭酸碱对(conjugate acid-base pairs)。例如,HAc 是 Ac⁻ 的共轭酸,Ac⁻ 是 HAc 的共轭碱,HAc-Ac⁻ 称为共轭酸碱对。

根据酸碱质子理论,容易给出质子(H^+)的物质是强酸,而该物质给出质子后形成的碱就不容易同质子结合,因而是弱碱。换言之,酸越强,它共轭碱就越弱;反之,碱越强,它的共轭酸就越弱。例如,在水溶液中,HCl 是强酸,它的共轭碱 Cl⁻是弱碱;OH⁻是强碱,它的共轭酸 H_2O 是弱酸。

2. 酸碱反应

酸碱质子理论认为:酸碱反应的实质是两个共轭酸碱对之间的质子传递反应,是两个共轭酸碱对共同作用的结果。例如

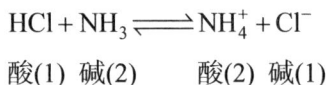

$$HCl + NH_3 \rightleftharpoons NH_4^+ + Cl^-$$

$$\text{酸(1)} \quad \text{碱(2)} \qquad \text{酸(2)} \quad \text{碱(1)}$$

上述反应无论是在水溶液中、苯溶液中还是气相中,其实质都是一样的。即 HCl 给出质子传递给 NH_3,然后转变为它的共轭碱 Cl⁻;NH_3 接受质子后转变为它的共轭酸 NH_4^+。因此,从质子传递的观点来说,电离理论中有酸、碱、盐的离子平衡均可视为酸碱反应。

例如,HAc 在水中的解离反应中,溶剂水分子同时起着碱的作用:

$$HAc + H_2O \rightleftharpoons H_3O^+ + Ac^-$$

酸碱质子理论扩大了酸碱的含义及酸碱反应的范围,摆脱了酸碱必须发生在水中的局限性,解决了非水溶液或气体间的酸碱反应,并把在水溶液中进行的解离、中和、水解等反应都概括成一类反应,即质子传递式酸碱反应。但是该理论也有一定的缺点,如对不含氢的一类化合物的酸碱性问题无能为力。

3.3 沉淀溶解平衡

3.3.1 溶度积

$BaSO_4$ 是由 Ba^{2+}和 SO_4^{2-} 构成的难溶的离子化合物。把它放在水中,同水相接触的固体表面上的 Ba^{2+}和 SO_4^{2-} 在极性水分子的作用下,会由固体表面进入水中,这个过程称为溶解。已溶解的一部分 Ba^{2+}和 SO_4^{2-} 在运动中相互碰撞重新结合成 $BaSO_4$ 晶体或碰到固体表面,受固体表面吸引,重新回到固体表面上来,这个过程称为结晶或沉淀。在一定温度下,当溶解与沉淀的速率相等时,便建立了固体和溶液中离子之间的动态平衡,这称为沉淀溶解平衡(precipitation-dissolution equilibrium),也称为多相离子平衡。

$$BaSO_4(s) \underset{\text{沉淀}}{\overset{\text{溶解}}{\rightleftharpoons}} Ba^{2+} + SO_4^{2-}$$

上式的平衡常数表达式可写成

$$K_s = c(Ba^{2+}) \cdot c(SO_4^{2-})$$

K_s 称为溶度积常数，简称溶度积(solubility product)。它是难溶电解质沉淀溶解平衡的平衡常数，它表示当温度一定时，难溶电解质的饱和溶液中，其离子浓度幂的乘积为常数。与其他平衡常数一样，K_s 只与难溶电解质的本性和温度有关，而与溶液中离子浓度的变化无关。

如果难溶电解质在它的化学式中含有多于一个的某类离子，则该离子浓度在溶度积表达式中就应以离子数为指数。例如

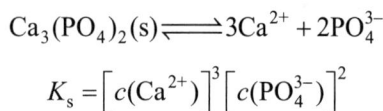

$$Ca_3(PO_4)_2(s) \rightleftharpoons 3Ca^{2+} + 2PO_4^{3-}$$

$$K_s = \left[c(Ca^{2+})\right]^3 \left[c(PO_4^{3-})\right]^2$$

用一般公式来表示

$$A_{\nu+}B_{\nu-}(s) \rightleftharpoons \nu_+ A^{z+} + \nu_- B^{z-}$$

溶度积表达式为

$$K_s = \left[c(A^{z+})\right]^{\nu_+} \left[c(B^{z-})\right]^{\nu_-} \tag{3.26}$$

式中，ν_+、ν_- 为难溶电解质 $A_{\nu+}B_{\nu-}$ 每式单元的阳离子数和阴离子数；$z+$、$z-$ 为阳离子的电荷数和阴离子的电荷数；K_s 的单位是 $(mol \cdot dm^{-3})^{\nu_+ + \nu_-}$。一些常见物质的溶度积可查阅附表9。

溶度积和溶解度都可以用来表示难溶电解质的溶解能力，它们之间可以相互换算。从溶度积的表达式可知，利用溶度积可以计算以 $mol \cdot dm^{-3}$ 为单位的难溶电解质的溶解度。同理，也可从溶解度求算难溶电解质的溶度积。

【例 3.7】　已知 298.15 K 时 AgCl 的 $K_s = 1.8 \times 10^{-10} mol^2 \cdot dm^{-6}$，求 AgCl 在水中的溶解度 $s[s_B = c_B(饱和溶液)]$。

解　设在此温度下 AgCl 的溶解度为 s(以 $mol \cdot dm^{-3}$ 为其单位)，则

$$AgCl(s) \rightleftharpoons Ag^+ + Cl^-$$

平衡时，有 $s(AgCl) = c(AgCl,饱和溶液) = c(Ag^+) = c(Cl^-)$，则

$$K_s = c(Ag^+) \cdot c(Cl^-) = s^2(AgCl)$$

$$s(AgCl) = \sqrt{K_s} = \sqrt{1.8 \times 10^{-10}\ mol^2 \cdot dm^{-6}} = 1.3 \times 10^{-5}\ mol \cdot dm^{-3}$$

对于同类型的难溶电解质(如 AgCl 与 BaSO$_4$)，溶度积越小，其溶解度也越小。但对不同类型(如 AgCl 与 Ag$_2$CrO$_4$)的难溶电解质，不能认为溶度积小，其溶解度也小。例如，Ag$_2$CrO$_4$ 的 $K_s(1.12 \times 10^{-12}\ mol^3 \cdot dm^9)$ 比 AgCl 的 $K_s(1.8 \times 10^{-10}\ mol^2 \cdot dm^{-6})$ 小，但 Ag$_2$CrO$_4$ 的 $s(6.54 \times 10^{-5}\ mol \cdot dm^{-3})$ 却比 AgCl 的 $s(1.3 \times 10^{-5}\ mol \cdot dm^{-3})$ 大，这是因为在它们各自的溶度积表达式中，其离子浓度的指数不同。因此，对不同类型的难溶电解质，应该用溶解度来比较其溶解能力的大小。

3.3.2　溶度积规则

现在利用化学反应的等温方程式：

$$\Delta_r G_m = RT \ln \frac{J_c}{K^\ominus}$$

来考察难溶电解质 $A_{\nu+}B_{\nu-}$ 沉淀的生成与溶解。对于任一难溶电解质的沉淀溶解平衡：

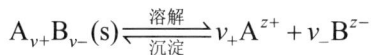

$$A_{\nu+}B_{\nu-}(s) \underset{\text{沉淀}}{\overset{\text{溶解}}{\rightleftharpoons}} \nu_+ A^{z+} + \nu_- B^{z-}$$

$$K^\ominus = \left[c(A^{z+}, \text{平衡})/c^\ominus \right]^{\nu+} \left[c(B^{z-}, \text{平衡})/c^\ominus \right]^{\nu-} = K_s / (c^\ominus)^{\nu_+ + \nu_-}$$

浓度商 J_c 表示任意给定态时溶液中相对离子浓度的乘积：

$$J_c = \left[c(A^{z+})/c^\ominus \right]^{\nu+} \left[c(B^{z-})/c^\ominus \right]^{\nu-} = c(A^{z+})^{\nu+} \cdot c(B^{z-})^{\nu-} / (c^\ominus)^{\nu_+ + \nu_-}$$

将 J_c 和 $K^\ominus$ 代入化学反应的等温方程式，并消去自然对数后面的分式项中的 $(c^\ominus)^{\nu_+ + \nu_-}$，然后将溶液中任意给定态时离子浓度的乘积[简称离子积(ionization product)] $c(A^{z+})^{\nu+} \cdot c(B^{z-})^{\nu-}$ 与溶度积 K_s 比较，可得

(1) 当 $c(A^{z+})^{\nu+} \cdot c(B^{z-})^{\nu-} > K_s$ 时，$\Delta_r G_m > 0$，有 $A_{\nu+}B_{\nu-}$ 沉淀生成，直到溶液中 $c(A^{z+})^{\nu+} \cdot c(B^{z-})^{\nu-} = K_s$ 为止。

(2) 当 $c(A^{z+})^{\nu+} \cdot c(B^{z-})^{\nu-} = K_s$ 时，$\Delta_r G_m = 0$，溶液达到饱和。

(3) 当 $c(A^{z+})^{\nu+} \cdot c(B^{z-})^{\nu-} < K_s$ 时，$\Delta_r G_m < 0$，沉淀溶解或无 $A_{\nu+}B_{\nu-}$ 沉淀生成，溶液为不饱和溶液。

以上 3 条关于沉淀生成和溶解的规律，称为溶度积规则(the rule of solubility product)。可把它简单表述为：当溶液中某难溶电解质的离子积大于其溶度积时，会产生沉淀，等于其溶度积时溶液达到饱和，小于其溶度积时，无沉淀生成或原有沉淀继续溶解。

应该注意到，离子积不同于溶度积 K_s，尽管离子积和溶度积的表达式相同，但含义却不同。在一定温度下，对一给定的难溶电解质，无论是过饱和、饱和或是不饱和溶液的任意指定态下，离子浓度的乘积都称为离子积，只是在饱和溶液的情况下，离子积才等于溶度积，并且为一常数。显然，过饱和或不饱和溶液中，离子积可以有很多个数值，不是一个常数。

3.3.3 沉淀的生成与溶解

利用溶度积规则可预测或解释沉淀的生成与溶解。例如，向浓度为 0.1 mol·dm^{-3} Na$_2$CO$_3$ 溶液中加入等体积的浓度为 0.1 mol·dm^{-3} BaCl$_2$ 溶液，此时由于

$$c(Ba^{2+})c(CO_3^{2-}) = \frac{0.1}{2} \times \frac{0.1}{2} (mol \cdot dm^{-3})^2 = 2.5 \times 10^{-3} (mol \cdot dm^{-3})^2 > K_s (2.58 \times 10^{-9} mol^2 \cdot dm^{-6})$$

所以有白色 BaCO$_3$ 沉淀生成：

$$Ba^{2+} + CO_3^{2-} \rightleftharpoons BaCO_3 \downarrow$$

随着 BaCO$_3$ 沉淀量的增加，溶液中的 Ba^{2+} 和 CO$_3^{2-}$ 浓度将逐渐降低，直到 $c(Ba^{2+})c(CO_3^{2-}) = K_s$ 为止，此时溶液达到饱和。

1. 同离子效应与盐效应

1) 同离子效应

在难溶电解质饱和溶液中,加入含有相同离子的可溶强电解质,难溶电解质的多相离子平衡将会发生移动。

若 在 $BaCO_3$ 的饱和溶液中加入 Na_2CO_3 溶液,由于 CO_3^{2-} 浓度增大,此时 $c(Ba^{2+})c(CO_3^{2-}) > K_s$,平衡向生成 $BaCO_3$ 沉淀方向移动,直到溶液中 $c(Ba^{2+})c(CO_3^{2-}) = K_s$ 为止。当达到新平衡时,溶液中 Ba^{2+} 浓度降低了,导致降低了 $BaCO_3$ 的溶解度,这称为同离子效应。在难溶电解质的饱和溶液中,加入与该难溶电解质具有同离子的另一种强电解质时,使难溶电解质的溶解度降低,这是多相离子平衡中的同离子效应。

多相离子平衡中的同离子效应与弱电解质溶液中的同离子效应不同之处在于:前者为多相,后者为单相;前者使难溶电解质的溶解度降低,后者使弱电解质的解离度降低。

【例 3.8】 计算 $BaSO_4$ 在 $0.1\ mol \cdot dm^{-3}\ Na_2SO_4$ 溶液中的溶解度,并与它在水中的溶解度比较。

解 设 $BaSO_4$ 在 $0.1\ mol \cdot dm^{-3}\ Na_2SO_4$ 溶液中的溶解度为 $s(BaSO_4)$,则

$$BaSO_4(s) \Longleftrightarrow Ba^{2+} + SO_4^{2-}$$

$$K_s = c(Ba^{2+}) \cdot c(SO_4^{2-}) = s(BaSO_4) \cdot \left[s(BaSO_4) + 0.1\ mol \cdot dm^{-3} \right]$$

因为 $K_s = 1.1 \times 10^{-10}\ mol^2 \cdot dm^{-6}$,其值很小,又有同离子效应,所以

$$s(BaSO_4) + 0.1\ mol \cdot dm^{-3} \approx 0.1\ mol \cdot dm^{-3}$$

$$K_s = s(BaSO_4) \times 0.1\ mol \cdot dm^{-3}$$

$$s(BaSO_4) = \frac{K_s}{0.1\ mol \cdot dm^{-3}} = \frac{1.1 \times 10^{-10}\ mol^2 \cdot dm^{-6}}{0.1\ mol \cdot dm^{-3}} = 1.1 \times 10^{-9}\ mol \cdot dm^{-3}$$

$BaSO_4$ 在水中的溶解度 s' 与 Ba^{2+}、SO_4^{2-} 浓度之间有如下关系:

$$s'(BaSO_4) = c(Ba^{2+}) = c(SO_4^{2-})$$

$$s'(BaSO_4) = \sqrt{K_s} = \sqrt{1.1 \times 10^{-10}\ mol^2 \cdot dm^{-6}} = 1.0 \times 10^{-5}\ mol \cdot dm^{-3}$$

$$s(BaSO_4)/s'(BaSO_4) = 1.1 \times 10^{-9}\ mol \cdot dm^{-3}/(1.0 \times 10^{-5}\ mol \cdot dm^{-3}) = 1.1 \times 10^{-4}$$

例 3.8 中 $BaSO_4$ 在 $0.1\ mol \cdot dm^{-3}\ Na_2SO_4$ 溶液中的溶解度 s 仅为它在水中的溶解度 s' 的万分之一。这说明,由于同离子效应,难溶电解质的溶解度大大降低了。

2) 盐效应

在生产实际及科学实际中,常利用加入适当过量的沉淀剂,使沉淀趋于完全。但应注意,如果加入沉淀剂太多时,不仅不会产生明显的同离子效应,往往还会产生相反的作用,使沉淀的溶解度增大。这主要是因为随着溶液中离子浓度的增加,带相反电荷的离子间相互吸引、相互牵制作用增强,形成了"离子氛",阻碍了离子的自由运动,减小了离子的有效浓度,从而减小了被沉淀离子与沉淀剂相遇的机会,使沉淀速度减慢,这时溶解速度会暂时超过沉淀速

度，致使溶解度增大。这种加入易溶强电解质而使难溶电解质溶解度增大的现象称为盐效应。表 3.1 列出了 $PbSO_4$ 在不同浓度 Na_2SO_4 溶液中的溶解度。

表 3.1　$PbSO_4$ 在不同浓度 Na_2SO_4 溶液中的溶解度

$c(Na_2SO_4)/(mol \cdot dm^{-3})$	0.00	0.001	0.01	0.02	0.04	0.100	0.200
$c(PbSO_4)/(mmol \cdot dm^{-3})$	0.15	0.024	0.016	0.014	0.013	0.016	0.023

由表 3.1 可知，当 Na_2SO_4 的浓度从 0 $mol \cdot dm^{-3}$ 增加到 0.04 $mol \cdot dm^{-3}$ 时，$PbSO_4$ 溶解度逐渐变小，同离子效应起主导作用，当 Na_2SO_4 的浓度达到 0.04 $mol \cdot dm^{-3}$ 时，$PbSO_4$ 的溶解度最小；当 Na_2SO_4 的浓度大于 0.04 $mol \cdot dm^{-3}$ 时，$PbSO_4$ 的溶解度逐渐度增大，盐效应起主导作用。

因此，在进行沉淀反应时，要使某种离子沉淀完全(一般说来，残留在溶液中的被沉淀离子的浓度小于 10^{-5} $mol \cdot dm^{-3}$ 时，可以认为沉淀完全)，首先应选择适当的沉淀剂，使生成的难溶电解质的溶度积尽可能小；其次，加入适当过量的沉淀剂(一般过量 20%～50%)以产生同离子效应。一般来说，若难溶电解质的溶度积很小，盐效应的影响很小，可忽略不计；若难溶电解质的溶度积较大，溶液中各种离子的总浓度也较大，就应该考虑盐效应的影响。

2. 沉淀的酸溶解

根据溶度积规则，对于已达到沉淀溶解平衡的体系，只要设法降低溶液中有关离子的浓度，使离子积小于溶度积，沉淀就可溶解。降低离子浓度的方法有很多，如通过氧化还原反应，生成配合物或生成弱电解质等。下面主要讨论酸碱平衡对沉淀溶解平衡的影响。

若在 $BaCO_3$ 饱和溶液中加入稀盐酸，则由于盐酸解离出的 H^+ 与溶液中的 CO_3^{2-} 结合成弱电解质 H_2CO_3，H_2CO_3 不稳定，分解为 H_2O 和 CO_2 气体，从而使溶液中的 CO_3^{2-} 浓度降低，致使 $c(Ba^{2+})c(CO_3^{2-}) < K_s$，破坏了固体 $BaCO_3$ 与溶液中的 Ba^{2+} 和 CO_3^{2-} 之间的平衡，使平衡向 $BaCO_3$ 沉淀溶解的方向移动，结果使 $BaCO_3$ 沉淀溶解。若加入足量的盐酸，可使 $BaCO_3$ 沉淀全部溶解。该反应过程可用离子方程式表示如下：

$$BaCO_3(s) \Longleftrightarrow Ba^{2+} + CO_3^{2-}$$

$$+$$

$$2HCl \longrightarrow 2Cl^- + 2H^+$$

$$\Updownarrow$$

$$H_2CO_3 \longrightarrow CO_2\uparrow + H_2O$$

很多金属硫化物难溶于水，在实际应用中，常利用硫化物溶度积的差异来分离或鉴定某些金属离子。

例如，已知 MnS 和 CuS 的 K_s 分别为 2.5×10^{-13} 和 6.3×10^{-36}，前者可溶于盐酸而后者不溶，可用下面的计算说明这一实验结果。

MnS 和 CuS 在酸中的溶解，实际上是一包含了沉淀溶解平衡和酸碱平衡的多重平衡。

$$MnS \rightleftharpoons Mn^{2+} + S^{2-} \qquad K_s = 2.5 \times 10^{-13}$$

$$S^{2-} + H^+ \rightleftharpoons HS^- \qquad 1/K_{a_2} = 1/(1.2 \times 10^{-13})$$

$$HS^- + H^+ \rightleftharpoons H_2S \qquad 1/K_{a_1} = 1/(8.9 \times 10^{-8})$$

总反应

$$MnS + 2H^+ \rightleftharpoons Mn^{2+} + H_2S \qquad K = \frac{K_s}{K_{a_1}K_{a_2}} = \frac{2.5 \times 10^{-13}}{1.1 \times 10^{-20}} = 2.3 \times 10^7$$

同理

$$CuS + 2H^+ \rightleftharpoons Cu^{2+} + H_2S \qquad K = \frac{K_s}{K_{a_1}K_{a_2}} = \frac{6.3 \times 10^{-36}}{1.1 \times 10^{-20}} = 5.7 \times 10^{-16}$$

这类多重平衡称为酸溶反应，相应的平衡常数称为酸溶平衡常数。MnS 的酸溶平衡常数相当大，大于 10^7，所以 MnS 的酸溶反应不仅能自发发生，而且进行得较为彻底。同理，CuS 的酸溶平衡常数很小，小于 10^{-1}，反应几乎不能进行。在这两个酸溶平衡常数表达式中，K_{a_1} 和 K_{a_2} 是相同的，而两种沉淀的 K_s 不相同，显然 K_s 越大，沉淀越容易溶于酸。

酸溶多重平衡常数也可用下列的简便方法求得

$$MS(s) + 2H^+(aq) \rightleftharpoons M^{2+}(aq) + H_2S(aq)$$

$$K = \frac{c(M^{2+})c(H_2S)}{c(H^+)^2} \times \frac{c(S^{2-})}{c(S^{2-})}$$

$$K = \frac{K_s(MS)}{K_{a_1}(H_2S)K_{a_2}(H_2S)}$$

【例 3.9】 要溶解 0.010 mol MnS，需用 1.0 dm³ 多大浓度的 HAc?

解
$$MnS(s) + 2HAc(aq) \rightleftharpoons Mn^{2+}(aq) + H_2S(aq) + 2Ac^-(aq)$$

平衡浓度/(mol·dm⁻³)　　　　　　　x　　　　0.010　　　0.010　　　0.020

$$K = \frac{(0.010)^2(0.020)^2}{x^2} = \frac{K_s(MnS)K^2(HAc)}{K_{a_1}(H_2S)K_{a_2}(H_2S)}$$

$$= \frac{2.5 \times 10^{-13} \times (1.8 \times 10^{-5})^2}{1.1 \times 10^{-20}} = 7.4 \times 10^{-3}$$

$$x = 0.002 \qquad c(HAc) = 0.002 \text{ mol·dm}^{-3}$$

溶解 0.010 mol MnS 所需 1.0 dm³ 的 HAc 的浓度为

$$c(HAc) = (0.020 + 0.002)\text{mol·dm}^{-3} \approx 0.022 \text{ mol·dm}^{-3}$$

---

3. 沉淀的转化

将一种沉淀转化为另一种沉淀的过程称为沉淀转化。在实践中经常会用到沉淀的转化。例如，锅炉内的锅垢，其主要成分是 $CaSO_4$，由于锅垢的导热能力很小，其导热系数只有钢铁的

1/50～1/30，阻碍传热，浪费燃料。而 $CaSO_4$ 既难溶于水，又难溶于酸，可以用 Na_2CO_3 溶液将 $CaSO_4$ 转化为可溶丁酸的 $CaCO_3$ 沉淀，这样就容易把锅垢清除了。由于 $CaSO_4$ 的溶度积（$K_s = 4.93 \times 10^{-5}$）大于 $CaCO_3$ 的溶度积（$K_s = 2.8 \times 10^{-9}$），$CaSO_4$ 饱和溶液中的 Ca^{2+} 与加入的 CO_3^{2-} 结合生成溶度积更小的 $CaCO_3$ 沉淀，从而减低了溶液中的 Ca^{2+} 浓度，破坏了 $CaSO_4$ 的溶解平衡，使 $CaSO_4$ 不断溶解转化，其反应过程如下：

$$CaSO_4(s) + CO_3^{2-}(aq) \rightleftharpoons CaCO_3(s) + SO_4^{2-}(aq)$$

反应的平衡常数为

$$K = \frac{c(SO_4^{2-})}{c(CO_3^{2-})} = \frac{K_s(CaSO_4)}{K_s(CaCO_3)} = \frac{4.93 \times 10^{-5}}{2.80 \times 10^{-9}} = 1.76 \times 10^4$$

平衡常数 K 很大，说明上述沉淀的转化反应较易进行。

对于某些锅炉用水来说，虽然用 Na_2CO_3 处理已使 $CaSO_4$ 转化为易除去的 $CaCO_3$，但 $CaCO_3$ 在水中仍有一定的溶解度，当锅炉中的水不断蒸发时，溶解的少量 $CaCO_3$ 又会不断地沉淀析出，如果要进一步降低已经用 Na_2CO_3 处理过的锅炉水中 Ca^{2+} 的浓度，还可以再用磷酸三钠 Na_3PO_4 补充处理，使其生成磷酸钙 $Ca_3(PO_4)_2$ 沉淀而除去，具体反应为

$$3CaCO_3(s) + 2PO_4^{3-}(aq) \rightleftharpoons Ca_3(PO_4)_2(s) + 3CO_3^{2-}(aq)$$

3.3.4 分步沉淀

在实际生产和科学实验中，溶液中往往含有多种离子，当加入某种沉淀剂时，这些离子可能均会发生沉淀反应，生成难溶电解质。但由于所生成难溶电解质的溶度积不同，所以发生沉淀的先后次序不同。例如，在含有相同浓度 I^- 和 Cl^- 的混合溶液中，逐滴加入 $AgNO_3$ 溶液，开始仅生成黄色的 AgI 沉淀，只有当 $AgNO_3$ 加到一定量后，才会出现白色的 $AgCl$ 沉淀。这种先后沉淀的现象，称为分步沉淀。

上述现象可通过溶解积规则进行一定的计算来说明。若溶液中 $c(I^-) = c(Cl^-) = 0.010 \, mol \cdot dm^{-3}$，开始生成 AgI 和 $AgCl$ 沉淀所需 Ag^+ 的最低浓度应分别为[①]

$$c(Ag^+) > \frac{K_s(AgI)}{c(I^-)} = \frac{8.5 \times 10^{-17} \, mol^2 \cdot dm^{-6}}{0.010 \, mol \cdot dm^{-3}} = 8.5 \times 10^{-15} \, mol \cdot dm^{-3}$$

$$c(Ag^+) > \frac{K_s(AgCl)}{c(Cl^-)} = \frac{1.8 \times 10^{-10} \, mol^2 \cdot dm^{-6}}{0.010 \, mol \cdot dm^{-3}} = 1.8 \times 10^{-8} \, mol \cdot dm^{-3}$$

沉淀 I^-，所需 Ag^+ 的浓度显然比沉淀 Cl^- 所需 Ag^+ 的浓度少得多，故 AgI 先沉淀。也就是说，离子积先达到溶度积的那一种难溶电解质先沉淀。

在 $AgCl$ 沉淀刚析出时，溶液中 $c(Ag^+) = 1.8 \times 10^{-8} \, mol \cdot dm^{-3}$，溶液中残留的 I^- 浓度为

$$c(I^-) = \frac{K_s(AgI)}{c(Ag^+)} = \frac{8.5 \times 10^{-17} \, mol^2 \cdot dm^{-6}}{1.8 \times 10^{-8} \, mol \cdot dm^{-3}} = 4.7 \times 10^{-9} \, mol \cdot dm^{-3}$$

① 因加入 $AgNO_3$ 的量很小，故又加入 $AgNO_3$ 溶液后所引起的体积变化可略而不计。

　　这表明 AgCl 开始沉淀时，I⁻ 已沉淀得相当完全[①]。由此看来，对同一类型的难溶电解质，溶度积差别越大，就可利用分步沉淀使有关离子分离得越好。因此分步沉淀常用于离子分离。

【例 3.10】 如果溶液中 $c(Fe^{3+}) = 0.10\ mol \cdot dm^{-3}$，$c(Mg^{2+}) = 0.10\ mol \cdot dm^{-3}$，要使 Fe^{3+} 沉淀而 Mg^{2+} 不产生沉淀的 pH 条件是什么？

解
$$Fe(OH)_3(s) \rightleftharpoons Fe^{3+} + 3OH^-$$

$$K_s = c(Fe^{3+})c(OH^-)^3 = 2.8 \times 10^{-39}\ mol^4 \cdot dm^{-12} \tag{a}$$

$$Mg(OH)_2 \rightleftharpoons Mg^{2+} + 2OH^-$$

$$K_s = c(Mg^{2+})c(OH^-)^2 = 5.6 \times 10^{-12}\ mol^3 \cdot dm^{-9} \tag{b}$$

由于两者的溶度积差别很大，故可利用生成难溶氢氧化物将它们很好地分开。

当溶液中残留的 $c(Fe^{3+}) < 10^{-5}\ mol \cdot dm^{-3}$ 时，Fe^{3+} 被认为沉淀完全，由式(a)可得

$$c(OH^-) = \sqrt[3]{\frac{K_s[Fe(OH)_3]}{c(Fe^{3+})}} = \sqrt[3]{\frac{2.8 \times 10^{-39}\ mol^4 \cdot dm^{-12}}{1.0 \times 10^{-5}\ mol \cdot dm^{-3}}} = 6.5 \times 10^{-12}\ mol \cdot dm^{-3}$$

$$pOH = -lg[6.5 \times 10^{-12}\ mol \cdot dm^{-3} / (mol \cdot dm^{-3})] = 11.2$$

$$pH = 14 - pOH = 14 - 11.2 = 2.8$$

当 $c(Mg^{2+}) = 0.10\ mol \cdot dm^{-3}$ 时，$Mg(OH)_2$ 开始沉淀的 pH 可由式(b)求得

$$c(OH^-) = \sqrt{\frac{K_s[Mg(OH)_2]}{c(Mg^{2+})}} = \sqrt{\frac{5.6 \times 10^{-12}\ mol^3 \cdot dm^{-9}}{0.10\ mol \cdot dm^{-3}}} = 7.5 \times 10^{-6}\ mol \cdot dm^{-3}$$

$$pOH = -lg[7.5 \times 10^{-6}\ mol \cdot dm^{-3} / (mol \cdot dm^{-3})] = 5.1$$

$$pH = 14 - pOH = 14 - 5.1 = 8.9$$

所以，要使 Fe^{3+} 沉淀完全而 Mg^{2+} 不产生沉淀的 pH 条件是：$2.8 < pH < 8.9$。

3.4　配离子的解离平衡

3.4.1　配合物的基本概念

　　由一个简单正离子(或中性原子)和几个中性分子或负离子结合形成的复杂离子称为配离子。带正电荷的的离子称为配正离子，如 $[Cu(NH_3)_4]^{2+}$，$[Ag(NH_3)_2]^+$；带负电荷的配离子称为配负离子，如 $[Fe(CN)_6]^{4-}$。我们把含有配离子的化合物称为配位化合物(coordination compounds)，简称配合物，有时也直接把配离子称为配合物，二者未严格区别。

---

① 在一般分离过程中，只要溶液中某种离子的浓度 $c_b < 10^{-5}$(或 10^{-6}) $mol \cdot dm^{-3}$，就可认为该离子已沉淀完全。

1. 配合物的组成

配合物的组成可划分为内界(inner sphere)和外界(outer sphere)两部分。内界中占据中心位置的正离子或原子称为中心离子(central ion，或中心原子)，也称为配合物的形成体。在它的周围与中心离子结合的中性分子或负离子称为配位体[或配体(ligand)]。中心离子与配位体构成了配离子。内界以外的其他离子称为外界或外配位层。例如

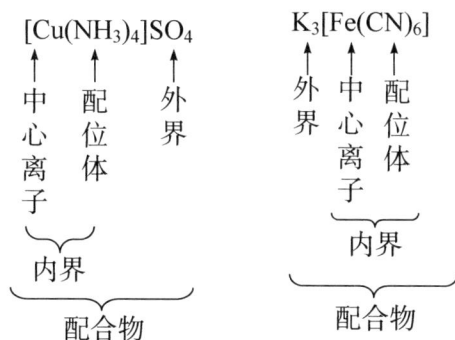

$$[Cu(NH_3)_4]SO_4 \qquad K_3[Fe(CN)_6]$$

在配位体中与中心离子直接结合的原子称为配位原子，与中心离子结合的配位原子总数称为中心离子的配位数(coordination number)。例如，$[Cu(NH_3)_4]^{2+}$ 中，NH_3 是配位体，而 N 原子直接与中心离子相结合，是配位原子。若一个配位体的分子或负离子只能提供一个配位原子，称为单齿配位体(monodentate)，如 $\ddot{N}H_3$、$:F^-$、$\ddot{C}N^-$；若能提供两个或两个以上配位原子的称为多齿配位体(polydentate)，如 $\ddot{N}H_2$—CH_2—CH_2—$\ddot{N}H_2$。对于单齿配位体，其配位体的数目与中心离子或原子的配位数是相同的，如 $[Co(NH_3)_6]^{3+}$、$[Cu(H_2O)_4]^{2+}$ 的中心离子的配位数分别为 6、4。对于多齿配位体，配位体的数目不等于中心离子的配位数。

配离子的电荷等于组成它的简单离子电荷的代数和，与外界离子电荷的绝对值相等，符号相反。

2. 配合物的命名

配合物的命名与一般无机化合物的命名原则相似，通常是按配合物的分子式从后向前依次读出它们的名称。因配合物组成复杂、种类繁多，命名时一定要表示出：①中心离子(或原子)的名称和化合价[用(Ⅰ)、(Ⅱ)、(Ⅲ)…表示]，若中心离子只有一种化合价，也可以不标出；②配体的名称、数目；③外界离子的名称、数目。

(1) 具有配正离子的配合物命名的次序为

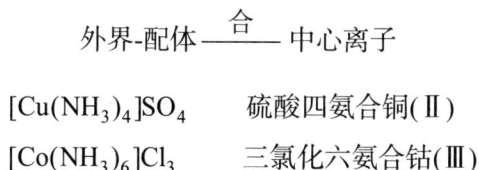

$$外界\text{-}配体 \xrightarrow{\text{合}} 中心离子$$

$[Cu(NH_3)_4]SO_4$ 硫酸四氨合铜(Ⅱ)

$[Co(NH_3)_6]Cl_3$ 三氯化六氨合钴(Ⅲ)

(2) 具有配负离子的配合物命名的次序为

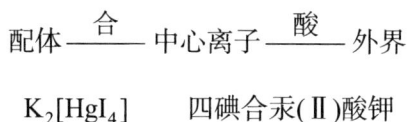

$$配体 \xrightarrow{\text{合}} 中心离子 \xrightarrow{\text{酸}} 外界$$

$K_2[HgI_4]$ 四碘合汞(Ⅱ)酸钾

$K_3[Fe(CN)_6]$	六氰合铁(Ⅲ)酸钾，俗称赤血盐
$K_4[Fe(CN)_6]$	六氰合铁(Ⅱ)酸钾，俗称黄血盐
$H[AuCl_4]$	四氯合金(Ⅲ)酸

(3) 若具有两种以上的配体，则按先阴离子后中性分子的顺序命名，同类型配体一般是先简单后复杂，先无机后有机，不同配体之间加"·"隔开。另外，某些分子或基团作配体后读法上有所改变，如 NO_2^- (N 为配位原子)称为硝基，CO 称为羰基，OH^- 称为羟基。同种配体以不同的原子作配位原子时，其名称不同，如硫氰酸根离子 SCN^-，当以 S 原子配位时，称为硫氰酸根，记为—SCN；当以 N 原子配位时，称为异硫氰酸根，记为—NCS。

$[Co(NH_3)_5Cl]Cl_2$	二氯化氯·五氨合钴(Ⅲ)
$[Co(NH_3)_3(H_2O)Cl_2]Cl$	氯化二氯·一水·三氨合钴(Ⅲ)
$[Pt(NH_3)_4(NO_2)Cl]CO_3$	碳酸一氯·一硝基·四氨合铂(Ⅳ)

(4) 配离子和配合分子。

$[Cu(NH_3)_4]^{2+}$	四氨合铜(Ⅱ)离子
$[Fe(CN)_6]^{4-}$	六氰合铁(Ⅱ)离子
$[Co(NH_3)_3Cl_3]$	三氯·三氨合钴(Ⅲ)
$Ni(CO)_4$	四羰(基)合镍
$Co_2(CO)_8$	八羰(基)合二钴
$Cu(NH_2CH_2COO)_2$	二氨基乙酸合铜(Ⅱ)

3.4.2　配离子的解离平衡

向 $CuSO_4$ 溶液中加入过量的氨水，则得到深蓝色的溶液，这是由于生成了深蓝色的复杂离子铜氨配离子 $[Cu(NH_3)_4]^{2+}$，其反应的离子方程式如下：

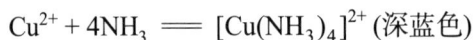
$$Cu^{2+} + 4NH_3 \rightleftharpoons [Cu(NH_3)_4]^{2+} \text{(深蓝色)}$$

同弱电解质的解离平衡相似，配离子在溶液中也存在解离平衡，如在 $[Cu(NH_3)_4]^{2+}$ 溶液中存在如下平衡：

$$[Cu(NH_3)_4]^{2+} \xrightleftharpoons[\text{配位}]{\text{解离}} Cu^{2+} + 4NH_3$$

这种平衡称为配离子的解离-配位平衡，简称配离子的解离平衡。与其他解离平衡类似，该配离子的解离平衡也有相应的平衡常数。

$$K_{不稳} = \frac{c(Cu^{2+})c(NH_3)^4}{c\{[Cu(NH_3)_4]^{2+}\}}$$

$[Cu(NH_3)_4]^{2+}$ 在溶液中的解离和多元弱酸的解离类似，也是分级进行的。

第一级解离：

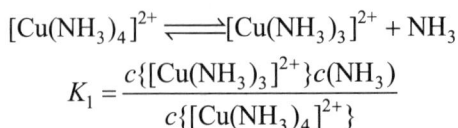
$$[Cu(NH_3)_4]^{2+} \rightleftharpoons [Cu(NH_3)_3]^{2+} + NH_3$$

$$K_1 = \frac{c\{[Cu(NH_3)_3]^{2+}\}c(NH_3)}{c\{[Cu(NH_3)_4]^{2+}\}}$$

第二级解离：

$$[Cu(NH_3)_3]^{2+} \rightleftharpoons [Cu(NH_3)_2]^{2+} + NH_3$$

$$K_2 = \frac{c\{[Cu(NH_3)_2]^{2+}\}c(NH_3)}{c\{[Cu(NH_3)_3]^{2+}\}}$$

第三级解离：

$$[Cu(NH_3)_2]^{2+} \rightleftharpoons [Cu(NH_3)]^{2+} + NH_3$$

$$K_3 = \frac{c\{[Cu(NH_3)]^{2+}\}c(NH_3)}{c\{[Cu(NH_3)_2]^{2+}\}}$$

第四级解离：

$$[Cu(NH_3)]^{2+} \rightleftharpoons Cu^{2+} + NH_3$$

$$K_4 = \frac{c(Cu^{2+})c(NH_3)}{c\{[Cu(NH_3)]^{2+}\}}$$

$$K_1 \cdot K_2 \cdot K_3 \cdot K_4 = K_{不稳}$$

$K_{不稳}$ 是配离子的解离平衡常数，又称配合物的不稳定常数(unstability constants)。c 是各物质的平衡浓度，因此 $K_{不稳}$ 是以浓度表示的常数。在相同条件下，配合物的 $K_{不稳}$ 越大，表示配离子越易解离，即配离子越不稳定；反之，$K_{不稳}$ 越小，则配离子越稳定。

配合物的稳定性也可以用配位平衡常数来表示，如

$$Cu^{2+} + 4NH_3 \rightleftharpoons [Cu(NH_3)_4]^{2+}$$

其配位平衡常数为

$$K_{稳} = \frac{c\{[Cu(NH_3)_4]^{2+}\}}{c(Cu^{2+})c(NH_3)^4}$$

$K_{稳}$ 称为配合物的稳定常数(stability constants)。在相同条件下，$K_{稳}$ 越大，配合物越稳定；反之，则越不稳定。显然，$K_{稳}$ 与 $K_{不稳}$ 互成倒数关系：

$$K_{稳} = \frac{1}{K_{不稳}}$$

附表 10 列出了一些配离子的稳定常数。

由于配离子在溶液中存在解离平衡，当向溶液中加入其他试剂，如酸、碱、沉淀剂、氧化还原剂或其他配合剂时，可发生各种化学反应，从而导致配位平衡的移动，使原溶液中各种组分的浓度发生变化。这一过程将涉及配位平衡与其他各种平衡之间的相互联系。

例如，常利用在难溶电解质中加入一种能与该难溶电解质的某种离子形成稳定配合物的试剂来使难溶电解质溶解。氨水可以溶解 AgCl 沉淀，就是因为 NH_3 与 Ag^+ 能形成比较稳定的 $[Ag(NH_3)_2]^+$，致使溶液中 $c(Ag^+)c(Cl^-)<K_s(AgCl)$，故固体 AgCl 溶解，其离子方程如下：

$$AgCl(s) \rightleftharpoons Ag^+ + Cl^-$$

$$+$$

$$2NH_3$$

$$[Ag(NH_3)_2]^+$$

但是，若要溶解 K_s 比 AgCl 小的 AgBr，用硫代硫酸钠($Na_2S_2O_3$)溶液就远比用同浓度的氨水来溶解容易得多。这是由于 AgBr 在加入 $Na_2S_2O_3$ 溶液之后，能形成比$[Ag(NH_3)_2]^+$稳定的$[Ag(S_2O_3)_2]^{3-}$，足以使溶液中的 $c(Ag^+)c(Br^-)<K_s(AgBr)$，从而使固体 AgBr 溶解，其离子方程式如下：

$$AgBr(s) + 2S_2O_3^{2-} = [Ag(S_2O_3)_2]^{3-} + Br^-$$

上述反应被用于照相技术中，$Na_2S_2O_3$ 作定影剂可以洗去胶片(溴胶板)上未感光的 AgBr。

AgI 的 K_s 比 AgBr 的 K_s 还小，氨水和 $Na_2S_2O_3$ 都很难使它溶解，但它可溶于 NaCN，生成$[Ag(CN)_2]^-$，也可溶于饱和 $Na_2S_2O_3$。Ag_2S 由于溶度积太小，通常的配位剂都不能使它溶解。

由此可见，决定沉淀与配合物相互转换的方向的是 K_s 和 $K_稳$ 的相对大小，以及沉淀剂与配位剂的浓度。配合物的 $K_稳$ 越大，越容易形成相应的配合物，沉淀越容易溶解；反之沉淀的 K_s 越小，则配合物越容易解离而生成沉淀。同样，配位平衡与酸碱平衡、氧化还原平衡之间也可以相互影响。

3.4.3　配合物的应用

配合物有着广泛的用途，在分析化学中用于离子的鉴定和分离。例如，利用氨水与 Cu^{2+} 作用形成稳定的、深蓝色的 $[Cu(NH_3)_4]^{2+}$ 以鉴定 Cu^{2+} 的存在；用 KSCN 与 Fe^{3+} 作用形成较稳定的、血红色的 $[FeSCN]^{2+}$ 以鉴定 Fe^{3+} 的存在；用丁二肟 $\begin{matrix} CH_3-C=NOH \\ | \\ CH_3-C=NOH \end{matrix}$ 在弱碱性介质中与 Ni^{2+} 作用形成难溶性的、鲜红色的配合物以鉴定 Ni^{2+}。当溶液中含有 Zn^{2+} 和 Al^{3+} 时，用氨水与它们反应，由于氨水与 Zn^{2+} 作用形成较稳定的可溶性的 $[Zn(NH_3)_4]^{2+}$ 留在溶液中，而 Al^{3+} 同氨水反应生成 $Al(OH)_3$ 沉淀，这样就可将 Zn^{2+} 同 Al^{3+} 分离开来。工业上常用多磷酸盐来处理锅炉用水，由于它能与水中的 Ca^{2+}、Mg^{2+} 形成稳定的配合物，可防止 Ca^{2+}、Mg^{2+} 与 SO_4^{2-} 或 CO_3^{2-} 结合成难溶盐沉积在锅炉内壁。又如，乙二胺四乙酸的钠盐简称 EDTA，该盐的阴离子具有下列结构：

它具有 6 个配位原子，大多数金属离子都能与 EDTA 形成环状结构的配合物(螯合物)。由于环状结构的形成，这类配合物很稳定，难以解离，配离子的稳定常数高于一般配合物，在分析化学中形成了一类独立的定量分析方法——配位滴定法。

EDTA 除了用于分析化学外，它对重金属中毒是一种有效的解毒剂。若人体因铅的化合物中毒，可以肌肉注射 EDTA 溶液，它使 Pb^{2+} 以配离子的形式进入溶液，而从体内排出去。同样，由于 EDTA 能与 Hg^{2+} 形成可溶性的配合物而从人体中排出，因而也是汞中毒的解毒剂。EDTA 还可用于除去人体中的金属元素的放射性同位素，特别是钚。

此外，配合物还广泛用于冶金、电镀、环境保护、生物化学等方面。

阿伦尼乌斯——1903 年诺贝尔化学奖获得者

阿伦尼乌斯(Arrhenius，1859—1927)，瑞典化学家，1859 年 2 月 19 日生于瑞典乌普萨拉附近的维克城堡，17 岁考入乌普萨拉大学，攻读物理学、数学和化学。1878 年毕业后，在瑞典科学院物理研究所担任埃德伦德教授的助手，从此，阿伦尼乌斯开始了溶液电导性的研究。为理解电解质溶液的导电现象，法拉第、希托夫都用过"离子"的概念，但在溶液中离子是怎样形成的？它们的行为又服从什么规律？阿伦尼乌斯对这些问题产生了兴趣。在埃德伦德教授的指导下，完成了博士论文《电解质的电导性研究》，提出了电解质在水溶液中自动解离成游离的带电粒子的概念，获得该校博士学位。1886～1888 年阿伦尼乌斯到德国留学，和奥斯特瓦尔德、范特霍夫等著名科学家一起工作，在电离理论方面的研究不断取得成果。阿伦尼乌斯的最大贡献是 1887 年提出电离学说：电解质是溶于水中能形成导电溶液的物质，这些物质在水溶液中时，一部分分子解离成离子；溶液越稀，解离度就越大。这一学说是物理化学发展初期的重大发现，对溶液性质的解释起重要的作用。它是物理和化学之间的一座桥梁。电离学说以全新的、定量的形式修正了贝采利乌斯关于化学亲和力的观点。阿伦尼乌斯的研究领域广泛，1889 年提出活化分子和活化热概念，推导出了化学反应速率公式。而且在 1896 年研究空气中二氧化碳对地壳温度的影响时，发现二氧化碳能吸收地壳表面的红外辐射，成为最早对二氧化碳温室效应的研究者。

1903 年，瑞典皇家科学院主席在把诺贝尔化学奖授予这位斯德哥尔摩大学的物理学教授时说，物理学研究对化学发展的促进，这一事实闪发着共同目标为解开生命之谜的不同自然科学间亲缘关系的新光辉。

扫一扫 化学平衡、电化学原理及物质分离等应用于含铬废水的处理

习 题

1. 300 K 时，A 气体在 6.0×10^4 Pa 下，体积为 1.25×10^{-4} m^3，B 气体在 8.0×10^4 Pa 下，体积为 0.15 dm^3，现将这两种气体在 300 K 下混合(彼此不发生反应)于 0.50 dm^3 容器中，则混合气体的总压力是多少？

2. 在 293 K 用排水集气法收集 O_2，其体积为 0.50 dm^3，压力为 1.00×10^5 Pa，在此温度下水的蒸气压为 2.30×10^3 Pa，计算 O_2 的物质的量。

3. 空气中 N_2 和 O_2 的体积分数分别为79%和21%，计算在 5.8×10^5 Pa 下，空气中 N_2 和 O_2 的分压各为多少?

4. 写出下列各反应的 K_p、$K^\ominus$ 表达式。

(1) $NOCl(g) \rightleftharpoons \dfrac{1}{2}N_2(g) + \dfrac{1}{2}Cl_2(g) + \dfrac{1}{2}O_2(g)$

(2) $Al_2O_3(s) + 3H_2(g) \rightleftharpoons 2Al(s) + 3H_2O(g)$

(3) $NH_4Cl(s) \rightleftharpoons HCl(g) + NH_3(g)$

(4) $2H_2O_2(g) \rightleftharpoons 2H_2O(g) + O_2(g)$

(5) $2NaHCO_3(s) \rightleftharpoons Na_2CO_3(s) + CO_2(g) + H_2O(g)$

5. 已知反应:

(1) $H_2(g) + S(s) \rightleftharpoons H_2S(g)$ 　　$K^\ominus_{(1)} = 1.0 \times 10^{-3}$

(2) $S(s) + O_2(g) \rightleftharpoons SO_2(g)$ 　　$K^\ominus_{(2)} = 5.0 \times 10^6$

计算下列反应的 $K^\ominus$。

$$H_2(g) + SO_2(g) \rightleftharpoons H_2S(g) + O_2(g)$$

6. 计算在 298.15 K 时, 反应

$$\dfrac{3}{2}O_2(g) \rightleftharpoons O_3(g)$$

的标准平衡常数 $K^\ominus$ 及压力平衡常数 K_p。

7. 空气中的单质氮变成各种含氮的化合物的反应称为固氮反应。根据 $\Delta_f G^\ominus_m$，计算下列 3 种固氮反应的 $\Delta_f G^\ominus_m(298.15\,K)$ 及 $K^\ominus$。从热力学的角度看选择哪个反应最好?

$$N_2(g) + O_2(g) = 2NO(g)$$

$$2N_2(g) + O_2(g) = 2N_2O(g)$$

$$N_2(g) + 3H_2(g) = 2NH_3(g)$$

8. 有反应

$$PCl_5(g) \rightleftharpoons PCl_3(g) + Cl_2(g)$$

(1) 计算在 298.15 K 时该反应的 $\Delta_r G^\ominus_m(298.15\,K)$ 和 $K^\ominus$。

(2) 近似计算在 800 K 时该反应的 $K^\ominus$。

9. 已知反应

$$\dfrac{1}{2}H_2(g) + \dfrac{1}{2}Cl_2(g) \rightleftharpoons HCl(g)$$

在 298.15 K 时, $K^\ominus = 4.97 \times 10^{16}$，$\Delta_r H^\ominus_m(298.15\,K) = -92.307 \text{ kJ·mol}^{-1}$，求 500 K 时的 $K^\ominus$。

10. 已知血红蛋白(Hb)的氧化反应

$$Hb(aq) + O_2(aq) \rightleftharpoons HbO_2(aq) \qquad K^\ominus(292\,K) = 85.5$$

若在 292 K 时，空气中 $p(O_2) = 20.0$ kPa，O_2 在水中溶解度为 2.3×10^{-4} mol·dm^{-3}，试求反应 $Hb(aq) + O_2(g) \rightleftharpoons HbO_2(aq)$ 的 $K^\ominus_2$ 和 $\Delta_r G^\ominus_m(292\,K)$。

11. 设汽车内燃机内温度因燃料燃烧反应达到 1300℃，试估算反应 $\dfrac{1}{2}N_2(g) + \dfrac{1}{2}O_2(g) = NO(g)$ 在 25℃ 和 1300℃ 时的 $\Delta_r G^\ominus_m$ 和 $K^\ominus$，并联系反应速率简单说明其在大气污染中的影响。

12. 分别计算下列各反应的多重平衡常数，并讨论反应的方向。

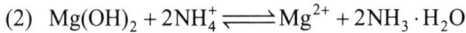

    (1) $PbS + 2HAc \rightleftharpoons Pb^{2+} + H_2S + 2Ac^-$

    (2) $Mg(OH)_2 + 2NH_4^+ \rightleftharpoons Mg^{2+} + 2NH_3 \cdot H_2O$

    (3) $Cu^{2+} + H_2S \rightleftharpoons CuS + 2H^+$

13. 计算下列溶液的 pH。

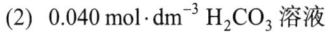

    (1) $0.10 \, mol \cdot dm^{-3}$ HCN 溶液

    (2) $0.040 \, mol \cdot dm^{-3}$ H_2CO_3 溶液

14. 下列各组水溶液，当两种溶液等体积混合时，哪些可以作为缓冲溶液？为什么？

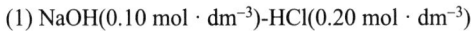

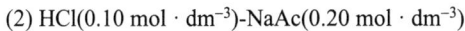

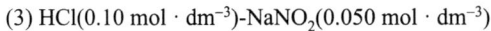

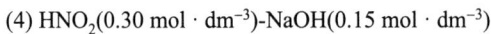

    (1) NaOH($0.10 \, mol \cdot dm^{-3}$)-HCl($0.20 \, mol \cdot dm^{-3}$)

    (2) HCl($0.10 \, mol \cdot dm^{-3}$)-NaAc($0.20 \, mol \cdot dm^{-3}$)

    (3) HCl($0.10 \, mol \cdot dm^{-3}$)-NaNO$_2$($0.050 \, mol \cdot dm^{-3}$)

    (4) HNO$_2$($0.30 \, mol \cdot dm^{-3}$)-NaOH($0.15 \, mol \cdot dm^{-3}$)

15. 计算向浓度为 $0.40 \, mol \cdot dm^{-3}$ 的 HAc 溶液中加入等体积 $0.20 \, mol \cdot dm^{-3}$ NaOH 溶液后溶液的 pH。

16. 溶液中同时含有 NH_3 和 NH_4Cl，且 $c(NH_3) = 0.20 \, mol \cdot dm^{-3}$，$c(NH_4Cl) = 0.20 \, mol \cdot dm^{-3}$，计算该溶液的 pH 和 NH_3 的解离度。

17. 计算 AgCl 在下列物质中的溶解度 s。

    (1) 纯水中；

    (2) $1.0 \, mol \cdot dm^{-3}$ NaCl 溶液中。

18. 将 Cl^- 缓慢加入 $0.20 \, mol \cdot dm^{-3}$ Pb^{2+} 溶液中，试计算：

    (1) 当 $c(Cl^-) = 5 \times 10^{-3} \, mol \cdot dm^{-3}$ 时，是否有沉淀生成？

    (2) Cl^- 浓度多大时开始生成沉淀？

    (3) 当 $c(Cl^-) = 6.0 \times 10^{-2} \, mol \cdot dm^{-3}$ 时，残留的 Pb^{2+} 的百分数是多少？

19. 已知 CdS 的 $K_s = 8.0 \times 10^{-27}$，求：

    (1) CdS 在稀硫酸中酸溶反应的 K；

    (2) 某溶液中 H_2S 的起始浓度是 $0.10 \, mol \cdot dm^{-3}$，$H^+$ 浓度为 $0.30 \, mol \cdot dm^{-3}$，CdS 在该溶液中的溶解度；

    (3) 若 Cd^{2+} 浓度是 $0.10 \, mol \cdot dm^{-3}$，在(2)的条件下溶液中 Cd^{2+} 将有多少沉淀？

20. 某溶液中含有 Ag^+、Pb^{2+}、Ba^{2+}，各种离子浓度均为 $0.10 \, mol \cdot dm^{-3}$。如果逐渐滴加 K_2CrO_4 稀溶液(溶液体积变化略而不计)，通过计算说明上述几种离子的铬酸盐开始沉淀的先后顺序。

21. 命名下列配合物，指出中心离子的配位数，写出配离子的 $K_稳$ 表达式。

    (1) [Co(NH$_3$)$_6$]Cl$_2$ (2) K$_2$[Co(SCN)$_4$]   (3) Na$_2$[SiF$_6$]

    (4) [Co(NH$_3$)$_5$Cl]Cl$_2$ (5) K$_2$[Zn(OH)$_4$]

第4章　电化学原理及其应用

电化学主要是研究电能和化学能之间相互转化以及转化过程中有关现象的科学。

电化学的研究内容可分成两部分：第一是利用自发氧化还原反应产生电流(原电池)，反应的吉布斯自由能减小，体系做功；第二是利用电能促使非自发氧化还原反应发生(电解池)，反应的吉布斯自由能增加，外界对体系做功。

4.1　原电池和电极电势

4.1.1　原电池

对于一个能自发进行的氧化还原反应，如将锌片浸入硫酸铜溶液中，发生如下反应：

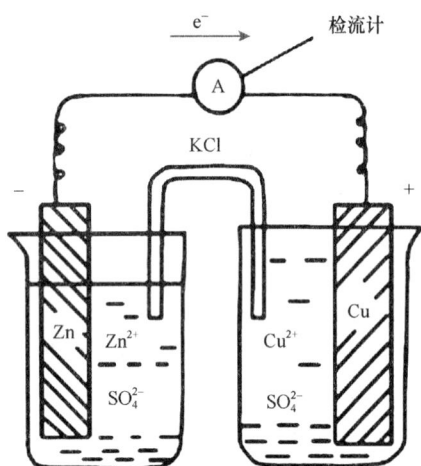

$$Zn + Cu^{2+} = Cu + Zn^{2+}$$

图 4.1　铜-锌原电池

由于锌与硫酸铜溶液直接接触，电子从锌直接转移给 Cu^{2+}，这时电子的流动是无秩序的，不能形成电流。若将上述氧化还原反应按如图 4.1 所示装置，在分别盛有 $ZnSO_4$ 和 $CuSO_4$ 溶液的烧杯中各浸入锌片和铜片，两个烧杯用"盐桥"连接起来，盐桥用于构成电流通路。这时串联在铜片和锌片之间的检流计的指针立即向一方偏转，说明有电子流从锌片流向铜片，反应过程中释放的化学能转变为电能，这种使化学能转变为电能的装置称为原电池(primary battery)。

在上述装置中 Zn 失去两个电子形成 Zn^{2+}进入溶液，发生氧化反应，作负极。

$$Zn = Zn^{2+} + 2e^-$$

在铜片表面上，溶液中的 Cu^{2+}获得电子后变成金属铜析出，发生还原反应，作正极。

$$Cu^{2+} + 2e^- = Cu$$

在原电池中，可把反应分为两部分，一个表示还原剂被氧化，一个表示氧化剂被还原，将其中的任一部分称为原电池的半反应(电极反应，electrode reaction)，将上述两个半反应式加起来，得到原电池的总反应方程式。

$$Zn + Cu^{2+} = Cu + Zn^{2+}$$

原电池可用图式表示，如铜-锌原电池可表示为

$$Zn|ZnSO_4(c_1) \parallel CuSO_4(c_2)|Cu$$

按规定，负极写在左边，正极写在右边，按实际顺序用化学式从左到右依次排列出各个相的组成及相态(不发生误解时可不注明相态)，用单实垂线"|"表示相与相之间的界面，用双

虚垂线"‖"表示盐桥(salt bridge)。溶液应注明浓度,气体应注明分压。若溶液中含有两种离子参与电极反应,可用逗号将它们分开,并加上惰性电极。例如,电池图式 $Pt|H_2(p_1)|H^+(c_1)$ ‖ $Fe^{3+}(c_2)$,$Fe^{2+}(c_3)|Pt$ 所表示的是

$$负极氧化半反应 H_2 \rightleftharpoons 2H^+ + 2e^-$$

$$+) \ 正极还原半反应 2Fe^{3+} + 2e^- \rightleftharpoons 2Fe^{2+}$$

$$电池总反应 H_2 + 2Fe^{3+} \rightleftharpoons 2H^+ + 2Fe^{2+}$$

原电池中所有电极上进行的反应均是氧化还原反应,按照氧化态、还原态物质的状态不同,可将电极分成下列三类。

1. 第一类电极

这类电极是将某金属或吸附了某种气体的惰性金属放在含有该元素离子的溶液中构成的。

(1) 金属-金属离子电极,如铜电极 $Cu^{2+}|Cu$,锌电极 $Zn^{2+}|Zn$,镍电极 $Ni^{2+}|Ni$。

(2) 气体-离子电极,如氢电极 $H^+|H_2(g)|Pt$,氯电极 $Cl^-|Cl_2(g)|Pt$。这种电极需要用惰性电极材料(一般为 Pt,石墨)担负输送电子的任务,其电极反应分别为

$$2H^+ + 2e^- \rightleftharpoons H_2(g)$$

$$Cl_2(g) + 2e^- \rightleftharpoons 2Cl^-$$

2. 第二类电极

(1) 金属-难溶盐电极。这是在金属上覆盖一层该金属的难溶盐,并把它浸入含有该难溶盐对应负离子的溶液中构成的,如甘汞电极 $Cl^-|Hg_2Cl_2(s)|Hg$,银-氯化银电极 $Cl^-|AgCl(s)|Ag$,其电极反应分别为

$$Hg_2Cl_2(s) + 2e^- \rightleftharpoons 2Hg(s) + 2Cl^-$$

$$AgCl(s) + e^- \rightleftharpoons Ag(s) + Cl^-$$

(2) 金属-难溶氧化物电极。例如,锑-氧化锑电极 $H^+|Sb_2O_3(s)|Sb$,电极反应为

$$Sb_2O_3(s) + 6H^+ + 6e^- \rightleftharpoons 2Sb + 3H_2O$$

3. 第三类电极

此类电极极板为惰性导电材料,起输送电子的作用,参加电极反应的物质存在于溶液中,如电极 Fe^{3+},$Fe^{2+}|Pt$;$Cr_2O_7^{2-}$,$Cr^{3+}|Pt$,其电极反应分别为

$$Fe^{3+} + e^- \rightleftharpoons Fe^{2+}$$

$$Cr_2O_7^{2-} + 14H^+ + 6e^- \rightleftharpoons 2Cr^{3+} + 7H_2O$$

在原电池中,每一个电极反应都有两类物质:一类是可作还原剂的物质,称为还原态物质;另一类是可作氧化剂的物质,称为氧化态物质,氧化态和相应的还原态物质组成电对,称为氧化还原电对(redox couple),并用符号"氧化态/还原态"表示,如 Cu^{2+}/Cu、Zn^{2+}/Zn、H^+/H_2、Fe^{3+}/Fe^{2+}、Hg_2Cl_2/Hg 等。

4.1.2 电极电势

1. 电极电势的产生和测量

原电池能够产生电流的事实说明在原电池的两个电极之间有电势差，构成原电池的两个电极各自具有不同的电势，也就是说，每一个电极都有一个电势，称为电极电势(electrode potential)。两电极的电极电势之差称为原电池的电动势。那么单个电极的电极电势是怎样产生的呢？以锌电极为例来说明金属-金属离子电极电势的产生。当把锌片插入水溶液中时，极性水分子与晶格中锌离子作用，使得金属中的锌离子溶解进入溶液，金属锌因失去锌离子而带负电荷，同时溶液中的锌离子发生碰撞也可沉积到金属表面上，当溶解与沉积的速率相等时，达到一种动态平衡，结果金属锌表面具有带负电的剩余电荷，锌片附近溶液则具有带正电的剩余电荷。根据 Stern 双电层模型，在锌片和溶液间形成了双电层(double electrode layer)(图 4.2)，与金属锌连接得较紧密的一层称为紧密层(fixed layer)，其余不能紧贴电极且具有一定分散性的称为扩散层(diffusion layer)，整个双电层由紧密层与扩散层构成，锌电极的电极电势主要就由双电层中的电势构成。

迄今，人们尚无法直接测量单个电极电势的绝对值。用电位计测出的是两电极电势之差(电动势)，为了对所有电极电势大小作出系统的、定量的比较，就必须选择一个电极，把它的电极电势定义为零，作为衡量其他各种电极电势的相对标准。通常选择标准氢电极作为相对比较的标准，规定其电极电势为零。

标准氢电极的组成如图 4.3 所示，将镀有铂黑的铂片浸入 H^+ 浓度为 $1 \ mol \cdot dm^{-3}$ 的溶液中，通入压力为 100 kPa 的纯氢气流，使氢气冲打在铂片上，同时使溶液被氢气所饱和，建立起下列动态平衡：

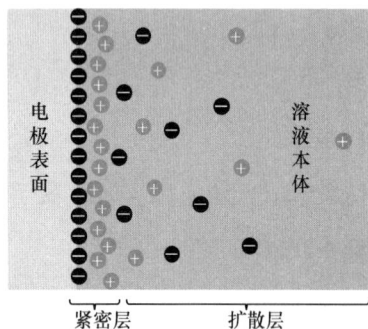

$$2H^+(aq) + 2e^- \Longleftrightarrow H_2(g)$$

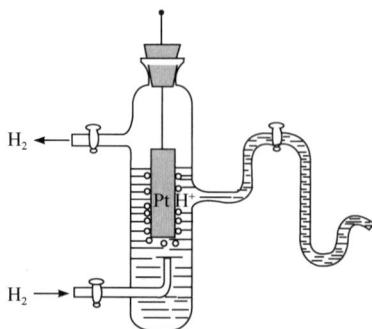

图 4.2　双电层图　　　　　　　　图 4.3　氢电极构造简图

标准氢电极可表示为 $H^+(1 \ mol \cdot dm^{-3})|H_2(100 \ kPa)|Pt$，并规定，标准氢电极的电极电势恒为零，记为 $E^{\ominus}(H^+/H_2) = 0$。

测定其他电极的标准电极电势时，可将标准态的待测电极与标准氢电极组成原电池，测定原电池的电动势，即可确定该电极的标准电极电势 $E^{\ominus}$(电极)。

以测量铜电极的标准电极电势为例，将铜电极和标准氢电极组成原电池。

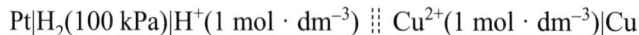

$$Pt|H_2(100 \ kPa)|H^+(1 \ mol \cdot dm^{-3}) \ \vdots \ Cu^{2+}(1 \ mol \cdot dm^{-3})|Cu$$

在 298.15 K，测出该电池的标准电动势 $E^{\ominus} = 0.340 \ V$。

$$E^{\ominus} = E^{\ominus}(正) - E^{\ominus}(负) = E^{\ominus}(\text{Cu}^{2+}/\text{Cu}) - E^{\ominus}(\text{H}^+/\text{H}_2)$$

$$0.340\ \text{V} = E^{\ominus}(\text{Cu}^{2+}/\text{Cu}) - 0$$

所以 $E^{\ominus}(\text{Cu}^{2+}/\text{Cu}) = +0.340\ \text{V}$。

这里 $E^{\ominus}(\text{Cu}^{2+}/\text{Cu})$ 为正值，表示铜电极为正极，氢电极为负极，电池反应是 $\text{Cu}^{2+} + \text{H}_2(\text{g}) = \text{Cu} + 2\text{H}^+$，即 Cu^{2+} 的氧化性比 H^+ 强。

同样，为了测定 $E^{\ominus}(\text{Zn}^{2+}/\text{Zn})$，将锌电极与标准氢电极组成原电池，这时给定锌电极为负极。

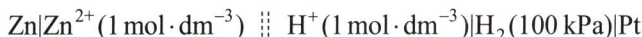

$$\text{Zn}|\text{Zn}^{2+}(1\ \text{mol}\cdot\text{dm}^{-3})\ \vdots\ \text{H}^+(1\ \text{mol}\cdot\text{dm}^{-3})|\text{H}_2(100\ \text{kPa})|\text{Pt}$$

测出此原电池的电动势 $E^{\ominus} = 0.763\ \text{V}$，电池反应是 $\text{Zn} + 2\text{H}^+ = \text{Zn}^{2+} + \text{H}_2(\text{g})$。

Zn 的还原性比 H_2 强，更易失去电子。

$$E^{\ominus} = E^{\ominus}(正) - E^{\ominus}(负) = E^{\ominus}(\text{H}^+/\text{H}_2) - E^{\ominus}(\text{Zn}^{2+}/\text{Zn})$$

$$0.763\ \text{V} = 0 - E^{\ominus}(\text{Zn}^{2+}/\text{Zn})$$

所以 $E^{\ominus}(\text{Zn}^{2+}/\text{Zn}) = -0.763\ \text{V}$。

附表 11 列出了 298.15 K 时水溶液中若干电对的标准电极电势。

由于标准氢电极使用不方便，在测定电极电势时，实际上常用饱和甘汞电极作参比电极，它是由 Hg、糊状 Hg_2Cl_2 和 KCl 饱和溶液组成(图 4.4)，可表示为 $\text{Cl}^-(饱和)|\text{Hg}_2\text{Cl}_2(\text{s})|\text{Hg}$，电极反应为

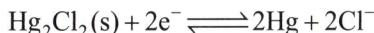

$$\text{Hg}_2\text{Cl}_2(\text{s}) + 2\text{e}^- \rightleftharpoons 2\text{Hg} + 2\text{Cl}^-$$

在定温下它具有稳定的电极电势，制备容易，使用方便。饱和 KCl 溶液的甘汞电极在 298.15 K 时 $E[\text{Hg}_2\text{Cl}_2(\text{s})/\text{Hg}] = 0.2410\ \text{V}$。

2. 影响电极电势的因素

电极电势的大小不仅取决于构成电极的物质自身性质，而且也与溶液中离子的浓度、气态物质的分压、温度和物质状态等因素有关。对于任意一个电极反应均可写成下面的通式：

$$氧化态 + z\text{e}^- \rightleftharpoons 还原态$$

或

$$a\text{O} + z\text{e}^- \rightleftharpoons b\text{R}$$

热力学研究指出，离子的浓度(严格地说应为离子的相对活度)、气体的分压(严格地说应为气体的逸度)和温度 T 与上述电极反应的电极电势之间有如下关系：

$$E(电极) = E^{\ominus}(电极) + \frac{RT}{zF}\ln\frac{[c(\text{O})/c^{\ominus}]^a}{[c(\text{R})/c^{\ominus}]^b} \tag{4.1}$$

这个关系式称为能斯特(Nernst)方程式。式中，z 为电极反应中电子的化学计量数(取正值)；F 为法拉第常量；R 为摩尔气体常量；$c(\text{O})$ 和 $c(\text{R})$ 分别表示电极反应中氧化态一侧各物质浓度

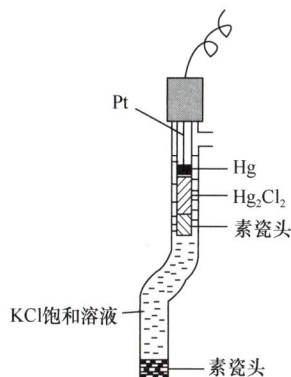

图 4.4 甘汞电极示意图

的乘积(若是气体用分压表示，并除以 $p^\ominus$，即 $p_B / p^\ominus$)和还原态一侧各物质浓度的乘积，各物质浓度的指数等于电极反应方程式中相应物质的化学计量数(取正值)。若有纯固体、纯液体和水等物质的电极反应，则不列入能斯特方程式中。

在 298.15 K 时，将 $R = 8.315\,\mathrm{J \cdot mol^{-1} \cdot K^{-1}}$，$F = 96\,485\,\mathrm{C \cdot mol^{-1}}$ 代入式(4.1)得

$$E(\text{电极}) = E^\ominus(\text{电极}) + \frac{0.0592\,\mathrm{V}}{z}\lg\frac{[c(\mathrm{O})/c^\ominus]^a}{[c(\mathrm{R})/c^\ominus]^b} \tag{4.2}$$

【例 4.1】　计算 Zn^{2+} 浓度为 $0.0010\,\mathrm{mol \cdot dm^{-3}}$ 时锌电极的电极电势(298.15 K)。

解　从附表 11 查得 $E^\ominus(\mathrm{Zn^{2+}/Zn}) = -0.763\,\mathrm{V}$，电极反应为 $Zn^{2+} + 2e^- \rightleftharpoons Zn$。当 $c(\mathrm{Zn^{2+}}) = 0.0010\,\mathrm{mol \cdot dm^{-3}}$ 时，锌电极电势为

$$
\begin{aligned}
E(\mathrm{Zn^{2+}/Zn}) &= E^\ominus(\mathrm{Zn^{2+}/Zn}) + \frac{0.0592\,\mathrm{V}}{2}\lg[c(\mathrm{Zn^{2+}})/c^\ominus] \\
&= -0.763\,\mathrm{V} + \frac{0.0592\,\mathrm{V}}{2}\lg(0.0010) \\
&= -0.85\,\mathrm{V}
\end{aligned}
$$

【例 4.2】　计算 298.15 K、$p(\mathrm{O_2}) = p^\ominus$、中性溶液时氧电极的电极电势。

解　从附表 11 查得 $E^\ominus(\mathrm{O_2/OH^-}) = +0.401\,\mathrm{V}$，中性溶液中 $c(\mathrm{OH^-}) = 1.0 \times 10^{-7}\,\mathrm{mol \cdot dm^{-3}}$，电极反应为

$$O_2(g) + 2H_2O + 4e^- \rightleftharpoons 4OH^-$$

$$
\begin{aligned}
E(\mathrm{O_2/OH^-}) &= E^\ominus(\mathrm{O_2/OH^-}) + \frac{0.0592\,\mathrm{V}}{4}\lg\frac{[p(\mathrm{O_2})/p^\ominus]}{[c(\mathrm{OH^-})/c^\ominus]^4} \\
&= +0.401\,\mathrm{V} + \frac{0.0592\,\mathrm{V}}{4}\lg\frac{1}{(1.0 \times 10^{-7})^4} \\
&= +0.815\,\mathrm{V}
\end{aligned}
$$

【例 4.3】　计算 $Cr_2O_7^{2-}/Cr^{3+}$ 电对在 pH = 1.0 和 pH = 6.0 时的电极电势。[298.15 K，设 $c(\mathrm{Cr_2O_7^{2-}}) = c(\mathrm{Cr^{3+}}) = 1.0\,\mathrm{mol \cdot dm^{-3}}$]

解　从附表 11 查得 $E^\ominus(\mathrm{Cr_2O_7^{2-}/Cr^{3+}}) = +1.36\,\mathrm{V}$，电极反应为

$$Cr_2O_7^{2-} + 14H^+ + 6e^- \rightleftharpoons 2Cr^{3+} + 7H_2O$$

$$
\begin{aligned}
E(\mathrm{Cr_2O_7^{2-}/Cr^{3+}}) &= E^\ominus(\mathrm{Cr_2O_7^{2-}/Cr^{3+}}) + \frac{0.0592\,\mathrm{V}}{6}\lg\frac{[c(\mathrm{Cr_2O_7^{2-}})/c^\ominus][c(\mathrm{H^+})/c^\ominus]^{14}}{[c(\mathrm{Cr^{3+}})/c^\ominus]^2} \\
&= +1.36\,\mathrm{V} + \frac{0.0592\,\mathrm{V}}{6}\lg[c(\mathrm{H^+})/c^\ominus]^{14} \\
&= +1.36\,\mathrm{V} - 0.1381\mathrm{VpH}
\end{aligned}
$$

当 pH = 1 时，$E(\mathrm{Cr_2O_7^{2-}/Cr^{3+}}) = 1.2\,\mathrm{V}$；

当 pH = 6 时，$E(\mathrm{Cr_2O_7^{2-}/Cr^{3+}}) = 0.53\,\mathrm{V}$。

由以上计算可见，溶液的酸度强烈地影响着像 $Cr_2O_7^{2-}/Cr^{3+}$ 这类电对的电极电势，也就影

响 $K_2Cr_2O_7$、K_2MnO_4 这类物质在不同酸碱性介质中的氧化能力。

【例 4.4】 向银电极 $Ag^+(1.0\ mol\cdot dm^{-3})|Ag$ 中加 NaCl 溶液产生沉淀后 $c(Cl^-)=1.0\ mol\cdot dm^{-3}$，则此时电极电势是多大(298.15 K)？

解 在 AgCl 沉淀的溶液中，存在下列平衡

$$Ag^+ + Cl^- \rightleftharpoons AgCl(s)$$

当 $c(Cl^-)=1.0\ mol\cdot dm^{-3}$ 时

$$c(Ag^+)=\frac{K_s(AgCl)}{c(Cl^-)}=\frac{1.77\times10^{-10}\ mol^2\cdot dm^{-6}}{1.0\ mol\cdot dm^{-3}}=1.77\times10^{-10}\ mol\cdot dm^{-3}$$

$$\begin{aligned}E(Ag^+/Ag)&=E^\ominus(Ag^+/Ag)+0.0592\ V\ lg[c(Ag^+)/c^\ominus]\\&=+0.7991\ V+0.0592\ V\ lg[1.77\times10^{-10}]\\&=+0.22\ V\end{aligned}$$

电极电势由 $+0.7991\ V$ 降至 $+0.22\ V$。

【例 4.5】 若向铜电极 $Cu^{2+}(1.0\ mol\cdot dm^{-3})|Cu$ 中通入氨气，当 $c(NH_3)=1.0\ mol\cdot dm^{-3}$ 时，此时电极电势是多大(298.15 K)？

解 在溶液中存在下列平衡

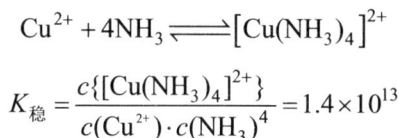

$$Cu^{2+}+4NH_3 \rightleftharpoons [Cu(NH_3)_4]^{2+}$$

$$K_{稳}=\frac{c\{[Cu(NH_3)_4]^{2+}\}}{c(Cu^{2+})\cdot c(NH_3)^4}=1.4\times10^{13}$$

由于 $K_{稳}$ 很大，$[Cu(NH_3)_4]^{2+}$ 解离很小，平衡时可认为 $c\{[Cu(NH_3)_4]^{2+}\}=1.0\ mol\cdot dm^{-3}$，而 $c(NH_3)=1.0\ mol\cdot dm^{-3}$，所以

$$c(Cu^{2+})=[1.0/1.4\times10^{13}]\ mol\cdot dm^{-3}$$

$$\begin{aligned}E(Cu^{2+}/Cu)&=E^\ominus(Cu^{2+}/Cu)+\frac{0.0592\ V}{2}lg[c(Cu^{2+})/c^\ominus]\\&=+0.340\ V+\frac{0.0592\ V}{2}lg\frac{1.0}{1.4\times10^{13}}\\&=-0.049\ V\end{aligned}$$

在铜电极中加入氨溶液后电极电势从 $+0.340\ V$ 降至 $-0.049\ V$，这就意味着该条件下较易失去电子而遭受腐蚀。因此，从防腐蚀角度看，铜及其合金不适宜制作盛氨溶液的设备。

4.1.3 电动势与吉布斯自由能变的关系

一个能自发进行的氧化还原反应，可以设计成一个原电池，把化学能转变为电能，然而作为该电池反应推动力的吉布斯自由能变与原电池的电动势(electromotive force)有什么联系呢？根据化学热力学，如果在能量转变的过程中，化学能全部转变为电功而无其他的能量损失，则在等温等压条件下，吉布斯自由能的减小量 $(-\Delta_r G)$ 等于原电池可能做的最大电功 W_{max}。

$$-\Delta_r G = W_{max} = QE = z\xi FE \tag{4.3}$$

式中，ξ 为反应进度；z 为电子的化学计量数(取正值)；F 为法拉第常量；E 为原电池电动势。

将式(4.3)两端除以反应进度 ξ，则得

$$\Delta_r G_m = -zFE \tag{4.4}$$

若原电池各反应物质均处于标准状态，则得

$$\Delta_r G_m^{\ominus} = -zFE^{\ominus} \tag{4.5}$$

根据式(4.4)，式(4.5)可从电极电势计算出电动势，然后计算反应的吉布斯自由能变。

4.1.4 电极电势的应用

电极电势除了用来计算原电池的电动势和相应的氧化还原反应的吉布斯自由能变外，还有更广泛的应用。

1. 氧化剂和还原剂相对强弱的比较

电极电势的高低反映了电对中氧化态物质得电子能力和还原态物质失电子能力的大小。若氧化还原电对的电极电势代数值越小，该电对中的还原态物质越易失去电子，还原性越强；电极电势代数值越大，该电对中的氧化态物质越易得到电子，氧化性越强。

例如，查附表 11 得下列 3 个电对的标准电极电势：

$E^{\ominus}(Na^+/Na) = -2.714\ V$，　$E^{\ominus}(Cu^{2+}/Cu) = +0.340\ V$，　$E^{\ominus}(Cr_2O_7^{2-}/Cr^{3+}) = +1.36\ V$，在 298.15 K 时，有

氧化性：$Cr_2O_7^{2-} > Cu^{2+} > Na^+$；

还原性：$Na > Cu > Cr^{3+}$。

若电对中物质不是处在标准状态时，应该用能斯特公式计算出电极电势后再进行氧化性和还原性强弱比较。

2. 氧化还原反应方向的判断

一个氧化还原反应能否自发进行，可用反应的吉布斯自由能变来判断。在等温等压下，若 $\Delta_r G_m < 0$，则正反应能自发进行；若 $\Delta_r G_m > 0$，则正反应不能自发进行，而逆反应能自发进行。因氧化还原反应的吉布斯自由能变与电池的电动势的关系为 $\Delta_r G_m = -zFE$，所以

若 $E > 0$，$\Delta_r G_m < 0$，则正反应自发进行；

若 $E < 0$，$\Delta_r G_m > 0$，则正反应不能自发进行，逆反应自发进行。

当电池反应中各物质处于标准状态时：

若 $E^{\ominus} > 0$，则正反应自发进行；

若 $E^{\ominus} < 0$，则正反应不能自发进行，逆反应自发进行。

从上述得出：电极电势较大的电对中氧化态物质可氧化电极电势较小的电对中还原态物质。在附表 11 中，排在下方的电对(电极电势较大)中氧化态物质可氧化位于表中上方电对(电极电势较小)中的还原态物质。

【例 4.6】　在 298.15 K，判断反应

$$Pb^{2+} + Sn(s) \rightleftharpoons Sn^{2+} + Pb(s)$$

在下列两种情况下反应进行的方向：

(1) Sn、Pb 为纯固体，溶液中 $c(Pb^{2+}) = c(Sn^{2+}) = 1.0 \, mol \cdot dm^{-3}$；

(2) Sn、Pb 为纯固体，溶液中 $c(Pb^{2+}) = 1.0 \times 10^{-3} \, mol \cdot dm^{-3}$，$c(Sn^{2+}) = 1.0 \, mol \cdot dm^{-3}$。

解　(1) 各物质均处于标准状态，则

$$E^{\ominus} = E^{\ominus}(正) - E^{\ominus}(负)$$
$$= E^{\ominus}(Pb^{2+}/Pb) - E^{\ominus}(Sn^{2+}/Sn)$$
$$= -0.125 \, V + 0.136 \, V$$
$$= +0.011 \, V$$

$$\Delta_r G_m^{\ominus} = -2FE^{\ominus} = -2 \times 96485 \, C \cdot mol^{-1} \times 0.011 \, V = -2.1 \, kJ \cdot mol^{-1}$$

由于 $E^{\ominus} > 0$，$\Delta_r G_m^{\ominus} < 0$，在标准状态时反应正向自发进行。

(2) 反应物质并非全处于标准状态，则

$$E = E(正) - E(负)$$
$$= E(Pb^{2+}/Pb) - E(Sn^{2+}/Sn)$$
$$= E^{\ominus}(Pb^{2+}/Pb) + \frac{0.0592 \, V}{2} \lg[c(Pb^{2+})/c^{\ominus}] - E^{\ominus}(Sn^{2+}/Sn)$$
$$= -0.125 \, V + \frac{0.0592 \, V}{2} \lg(1.0 \times 10^{-3}) - (-0.136 \, V)$$
$$= -0.078 \, V$$

$$\Delta_r G_m = -2FE = -2 \times 96485 \, C \cdot mol^{-1} \times (-0.078 \, V) = 15 \, kJ \cdot mol^{-1}$$

$E < 0$，$\Delta_r G_m > 0$，所以此时反应逆向自发进行。

3. 氧化还原反应进行程度的衡量

氧化还原反应进行程度可用平衡常数来衡量。

已知　　　$$\begin{cases} \Delta_r G_m^{\ominus} = -RT \ln K^{\ominus} \\ \Delta_r G_m^{\ominus} = -zFE^{\ominus} \end{cases}$$

当氧化还原反应达到平衡时，有

$$\ln K^{\ominus} = \frac{zFE^{\ominus}}{RT} \tag{4.6}$$

在 298.15 K 时，代入 R、F、T 的数值，并将自然对数转为常用对数，得

$$\lg K^{\ominus} = \frac{zE^{\ominus}}{0.0592 \, V} \tag{4.7}$$

氧化还原反应的标准平衡常数与标准电动势有关，也与方程式写法(z 的数值)有关。已知原电池标准电动势，就可以计算氧化还原反应可能进行的程度。

【例 4.7】　在 298.15 K，有反应

$$Cu(s) + 2Ag^+ \Longrightarrow Cu^{2+} + 2Ag(s)$$

用电化学方法计算该反应的标准平衡常数 $K^{\ominus}$，指出反应是否进行得完全。

解
$$E^{\ominus} = E^{\ominus}(正) - E^{\ominus}(负)$$
$$= E^{\ominus}(Ag^+/Ag) - E^{\ominus}(Cu^{2+}/Cu)$$
$$= +0.799\ V - 0.340\ V$$
$$= +0.459\ V$$

$$\lg K^{\ominus} = \frac{zE^{\ominus}}{0.0592\ V} = \frac{2 \times 0.459\ V}{0.0592\ V} = 15.51\ V$$

$$K^{\ominus} = 3.24 \times 10^{15}$$

由于反应标准平衡常数很大，所以该反应进行得很完全。

4.2 电 解

4.2.1 电解现象

将直流电通过电解液使电极上发生氧化还原反应的过程称为电解(electrolysis)。借助电流引起化学变化，将电能转变为化学能的装置称为电解池(electrolytic cell)。电解池中与外界电源的负极相接的极称为阴极(cathode)，和外界电源正极相接的极称为阳极(anode)，电子从电源负极流出，进入电解池的阴极，经电解质，由电解池的阳极流回电源的正极。在电解中正离子向阴极移动，负离子向阳极移动，阴极上发生还原反应，阳极上发生氧化反应。

1. 分解电压

如图 4.5 所示，以电解 NaOH(0.1 mol·dm^{-3}) 溶液为例，当发生电解时，H$^+$ 移向阴极，发生还原反应生成氢，OH$^-$ 移向阳极，发生氧化反应生成氧。

阴极　　　　　　　　　　　$4H^+ + 4e^- {=\!=\!=} 2H_2\uparrow$

阳极　　　　　　　　　　　$4OH^- {=\!=\!=} 2H_2O + O_2\uparrow + 4e^-$

总反应　　　　　　　　　　$2H_2O {=\!=\!=} 2H_2\uparrow + O_2\uparrow$

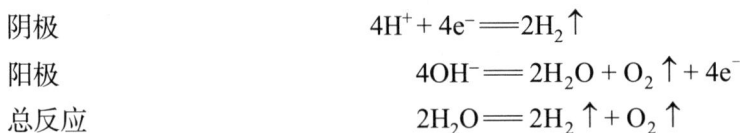

因此，电解 NaOH 溶液的结果实际是电解水，NaOH 的作用是增加溶液的导电性。

但在电解时，并不是一开始加外界电压就顺利发生电解，在逐渐增加电解池的外加电压时，最初电压增加，电流增加不大，电压增加到一定数值，电流才剧烈地增加，电解得以顺利进行。这种使电解能顺利进行所必需的最小外加电压称为分解电压(decomposition voltage)。以实验测定的电压为横坐标，以电流密度(current density)(单位电极面积内的电流)为纵坐标作图，得图 4.6 的曲线，图中 D 点的电压即为分解电压。分解电压是如何产生的呢？以电解浓度为 0.1 mol·dm^{-3} 的 NaOH 溶液为例来说明。电解时，在阴极上析出氢气，在阳极上析出氧气，其中部分氢气和氧气分别吸附在两个铂电极表面，构成了下列原电池。

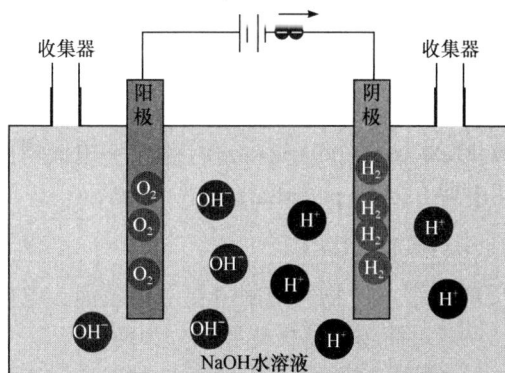

图 4.5　电解 NaOH 溶液示意图

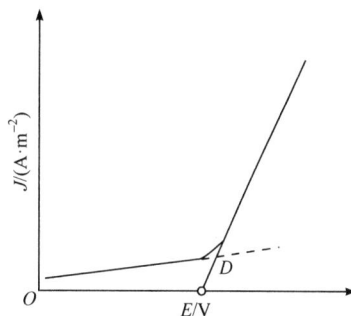

图 4.6　分解电压

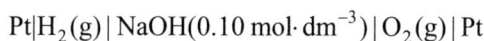

$$Pt|H_2(g)|NaOH(0.10\ mol\cdot dm^{-3})|O_2(g)|Pt$$

其电动势可计算如下

$$c(OH^-) = 0.1\ mol\cdot dm^{-3}$$

$$c(H^+) = 1.0\times10^{-13}\ mol\cdot dm^{-3}$$

$$p(O_2) = 101.325\ kPa$$

$$p(H_2) = 101.325\ kPa$$

正极反应 $\qquad\qquad\qquad 2H_2O + O_2 + 4e^- == 4OH^-$

负极反应 $\qquad\qquad\qquad\qquad\qquad 2H_2 == 4H^+ + 4e^-$

$$E(正极) = E(O_2/OH^-) = E^{\ominus}(O_2/OH^-) + \frac{0.0592\ V}{4}lg\frac{[p(O_2)/p^{\ominus}]}{[c(OH^-)/c^{\ominus}]^4}$$

$$= 0.401\ V + \frac{0.0592\ V}{4}lg\frac{101.325\ kPa/100\ kPa}{(0.1\ mol\cdot dm^{-3}/c^{\ominus})^4}$$

$$= +0.46\ V$$

$$E(负极) = E(H^+/H_2) = E^{\ominus}(H^+/H_2) + \frac{0.0592\ V}{4}lg\frac{[c(H^+)/c^{\ominus}]^4}{[p(H_2)/p^{\ominus}]^2}$$

$$= 0 + \frac{0.0592\ V}{4}lg\frac{(1.0\times10^{-13}\ mol\cdot dm^{-3}/c^{\ominus})^4}{(101.325\ kPa/100\ kPa)^2}$$

$$= -0.77\ V$$

氢氧原电池电动势

$$E = E(正极) - E(负极)$$

$$= E(O_2/OH^-) - E(H^+/H_2)$$

$$= +0.46\ V - (-0.77\ V)$$

$$= +1.23\ V$$

此电动势的方向同外加电压相反，对电解有阻碍作用，故称为反电动势，也称理论分解电压。电解质溶液电解时施加的电压，主要用来克服电解时体系产生的反电动势。然而实际分解电压约为 1.7 V，为什么实际分解电压大于理论分解电压? 这是因为有极化现象的存在。

2. 超电势

在本章 4.1 节中所讨论的电极电势(或电动势)是电极处于平衡状态,电极上无电流通过条件下的电极电势。当有一定量电流通过电极时,电极电势就与上述平衡时的电极电势不同。这种电极电势偏离平衡电极电势的现象称为电极极化(electrode polarization)。把某一电流密度下的电极电势与平衡电极电势之差的绝对值称为超电势 η (over-potential)。

$$\eta = |E(\text{电极}) - E(\text{电极,平})| \approx |E(\text{实}) - E(\text{理})|$$

产生电极极化的原因很复杂,电解中某一步反应迟缓,产物气泡附着在电极表面,电解液中正、负离子迁移速率不等都会导致电极极化,一般可简单地将极化原因分为两类。

(1) 浓差极化。浓差极化(concentration polarization)是由于离子(或分子)的扩散速率小于它在电极上的反应速率而引起的。由于离子在电极上反应速率快而溶液中离子扩散速率较慢,电极附近的离子浓度较溶液中其他部分的要小。在阴极上正离子浓度减小,根据能斯特公式可知,其电极电势值就减小;在阳极负离子被氧化、负离子浓度减小,其电极电势值增大,结果使实际分解电压大于理论分解电压。通过搅拌和升高温度可使离子的扩散速率增大而减小浓差极化。

(2) 电化学极化。电化学极化(activation polarization)是由于电极反应过程中某一步骤(如离子放电、原子结合为分子、气泡形成等)迟缓而引起的,即电化学极化是由电化学反应速率决定的,根据电流的方向又可分为阳极化和阴极化。

当电流通过电极时,如果正离子在阴极上得到电子的反应速率迟缓,其速率小于外界电源将电子从负极输送到阴极上的速率,结果使阴极表面上积累了多于其平衡状态的电子;电极表面自由电子数量增多,相当于电极电势向负方向变化,使阴极的电极电势小于其平衡电势称为阴极极化。同理可得,阳极极化的结果是使电极电势变大。

$$\eta(\text{阴}) = E(\text{阴,平}) - E(\text{阴})$$
$$\eta(\text{阳}) = E(\text{阳}) - E(\text{阳,平})$$

由于两极的超电势均取正值,所以电解池的超电势为

$$\eta = \eta(\text{阴}) + \eta(\text{阳})$$

影响超电势的因素很多,如电极材料、电极表面状况、电流密度、温度、电解质性质等。一般超电势随电流密度的增加而增大,随温度的升高而减小。

4.2.2 电解的应用

1. 电镀

电镀(electroplating)是应用电解的原理在某些金属表面上镀上一薄层其他金属或合金的过程。电镀时,把被镀零件作阴极,镀层金属作阳极,电解液中含有欲镀金属的离子,电镀过程中阳极溶解成金属离子,溶液中的欲镀金属离子在阴极表面析出。

以镀锌为例,被镀零件作阴极,金属锌作阳极,在锌盐溶液中进行电解过程。锌盐一般不能直接用简单锌离子盐溶液,这样会使镀层粗糙、厚薄不均。这种电镀液一般是由氧化锌、氢氧化钠和添加剂等配制,氧化锌在 NaOH 溶液中形成 $Na_2[Zn(OH)_4]$,由于 $[Zn(OH)_4]^{2-}$ 的形成,降低了 Zn^{2+} 的浓度,因此金属锌在镀件上析出的过程中有个适宜的速率,可得到紧密光

滑的镀层。随着电镀的进行，Zn^{2+} 不断还原析出，同时 $[Zn(OH)_4]^{2-}$ 不断解离，保证电镀中 Zn^{2+} 的浓度基本稳定。电镀中两极主要反应为

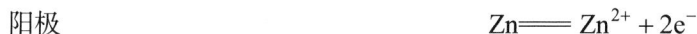

阴极 $$Zn^{2+} + 2e^- \rlap{=}{=} Zn$$

阳极 $$Zn \rlap{=}{=} Zn^{2+} + 2e^-$$

实际工作中常将两种(及两种以上)金属进行复合电镀，以达到外观、防腐、力学性能等综合性能要求。同时，除了在金属工件上的电镀外，还发展了在塑料、陶瓷表面的非金属电镀，除了化学镀，现在发展起来的还有化学镀喷镀。

2. 电抛光和电解加工

电抛光(electropolishing)是金属表面精加工方法之一，即利用电化学作用，使金属零件表面平整而光泽。电抛光时，把欲抛光工件作阳极(如钢铁工件)，铅板作阴极，含有磷酸、硫酸和铬酸的溶液为电解液。阳极铁因氧化而发生溶解：

$$Fe \rlap{=}{=} Fe^{2+} + 2e^-$$

生成的 Fe^{2+} 与溶液中的 CrO_7^{2-} 发生氧化还原反应：

$$6Fe^{2+} + Cr_2O_7^{2-} + 14H^+ \rlap{=}{=} 6Fe^{3+} + 2Cr^{3+} + 7H_2O$$

Fe^{3+} 进一步与溶液中的 HPO_4^{2-} 和 SO_4^{2-} 形成 $Fe_2(HPO_4)_3$ 和 $Fe_2(SO_4)_3$ 等盐，由于阳极附近盐的浓度不断增加，在金属表面形成一种黏度较大的液膜，因金属凸凹不平的表面上液膜厚度分布不均匀，凸起部分电阻小、液膜薄、电流密度较大、溶解较快，于是粗糙表面逐渐得以平整光亮。

电解加工原理与电抛光相同，利用阳极溶液将工件加工成型。区别在于，电抛光时阳极与阴极间距较大，电解液在槽中是不流动的，通过的电流密度小，金属去除量少，只能进行抛光，不能改变工件形状。电解加工时，工件仍为阳极，而用模具作阴极(图 4.7)，在两极间保持很小的间隙，电解液从间隙中高速流过并及时带走电解产物，工件阳极表面不断溶解，形成与阴极模具外形相吻合的形状。

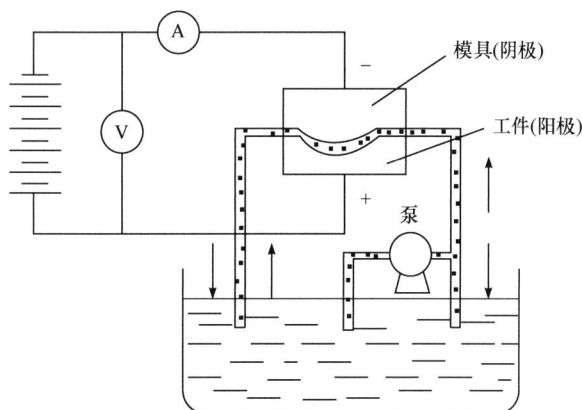

图 4.7　电解加工示意图

电解加工适用范围广，能加工高硬度金属或合金，特别是形状复杂的工件，加工质量好。

3. 阳极氧化

有些金属在空气中能自然生成一层氧化物保护膜，起到一定防腐作用。阳极氧化(anodizing)的目的是利用电化学方法使其表面形成氧化膜以达到防腐耐蚀的要求。

以铝和铝合金阳极氧化为例，将经过表面抛光、除油等处理的铝合金工件作电解池的阳极，铅板作阴极，稀硫酸作电解液，通以合适电流，阳极铝工件表面可生成一层氧化铝膜。电极反应如下：

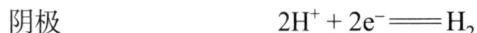

阳极　　　　　　$2Al + 6OH^- == Al_2O_3 + 3H_2O + 6e^-$　（主）

　　　　　　　　$4OH^- == 2H_2O + O_2 + 4e^-$　　　　　（次）

阴极　　　　　　$2H^+ + 2e^- == H_2$

阳极氧化所得氧化膜能与金属结合牢固，厚度均匀，可大大地提高铝及铝合金的耐腐蚀性和耐磨性，并可提高表面的电阻和热绝缘性，同时氧化铝膜中有许多小孔，可吸附各种染料，以增强工件表面的美观度。

4.3　金属的腐蚀与防护

金属材料的腐蚀主要是由于化学腐蚀或电化学腐蚀造成的，有时还伴随着机械或生物的作用。当金属与周围介质接触时，由于发生化学作用或电化学作用而引起的破坏称为金属的腐蚀。金属的腐蚀十分普遍，机械设备在强腐蚀性介质中极易腐蚀破坏，钢铁制件在潮湿空气中容易生锈，钢铁在加热时会生成一层氧化层，地下金属易腐蚀。金属因腐蚀而损失的量相当于年生产量的 1/4～1/3，经济损失十分严重。

4.3.1　化学腐蚀与电化学腐蚀

根据金属腐蚀过程的不同特点和机理，可分为化学腐蚀和电化学腐蚀两大类。

1. 化学腐蚀

由金属与介质直接起化学作用而引起的腐蚀称为化学腐蚀(chemical corrosion)，金属在干燥气体和无导电性非水溶液中的腐蚀，都属于化学腐蚀。例如，喷气发动机、火箭及原子能工业设备在高温下同干燥气体作用、金属在某些液体(CCl_4、$CHCl_3$、乙醇等非水溶剂)中的腐蚀都属于化学腐蚀。

温度对化学腐蚀影响甚大，钢铁在常温和干燥空气中不易腐蚀，但在高温下易被氧化生成氧化皮(由 FeO、Fe_2O_3 和 Fe_3O_4 组成)。钢铁中的渗碳体 Fe_3C 与气体介质作用而脱碳。

$$Fe_3C(s) + O_2(g) == 3Fe(s) + CO(g)$$
$$Fe_3C(s) + CO_2(g) == 3Fe(s) + 2CO(g)$$
$$Fe_3C(s) + H_2O(g) == 3Fe(s) + CO_2(g) + H_2(s)$$

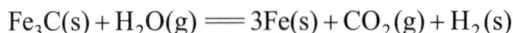

反应产生的气体离开金属，而碳从邻近区域扩散到反应区，形成脱碳层。脱碳使表面膜的完整性受到破坏，使钢铁的表面硬度和疲劳极限降低。

在高温高压下，氢能与钢铁发生反应，氢沿着晶粒边缘扩散到金属的内部生成的 CH_4 气体会引起晶粒边缘破裂，使金属强度下降，此种化学腐蚀称为氢蚀。

$$Fe_3C(s) + 2H_2(g) = 3Fe(s) + CH_4(g)$$

2. 电化学腐蚀

当金属与电解质溶液接触时，形成局部原电池而引起的腐蚀称为电化学腐蚀 (electrochemical corrosion)。金属在大气、土壤及海水中的腐蚀和在电解质溶液中的腐蚀都是电化学腐蚀。电化学腐蚀中常将发生氧化反应的部分称为阳极，将还原反应的部分称为阴极。电化学腐蚀可分为析氢腐蚀、吸氧腐蚀和氧浓差腐蚀(oxygen-concentration corrosion)。

当钢铁暴露于潮湿的空气中时，因表面吸附作用，钢铁表面覆盖一层水膜，它能溶解空气中的 SO_2 和 CO_2 气体，这些气体溶于水后解离出 H^+、SO_3^{2-}、CO_3^{2-} 等离子。钢铁中的石墨、渗碳体等杂质的电极电势较大，铁的电极电势较小。这样，铁和杂质就好像放在含 H^+、SO_3^{2-}、CO_3^{2-} 等离子的电解质溶液中，形成原电池，铁为阳极(负极)，杂质为阴极(正极)，发生下列电极反应

阳极 $$Fe = Fe^{2+} + 2e^-$$

$$Fe^{2+} + 2OH^- = Fe(OH)_2$$

阴极 $$2H^+ + 2e^- = H_2\uparrow$$

总反应 $$Fe + 2H_2O = Fe(OH)_2 + H_2\uparrow$$

生成的 $Fe(OH)_2$ 在空气中被氧气氧化成棕色铁锈 $Fe_2O_3 \cdot xH_2O$。由于此过程有氢气放出，故称为析氢腐蚀。图 4.8 为钢铁析氢腐蚀示意图。

若钢铁处于弱酸或中性介质中，且氧气供应充分，O_2/OH^- 电对的电极电势大于 H^+/H_2 电对的电极电势，阴极上是 O_2 得到电子

阳极 $$2Fe = 2Fe^{2+} + 4e^-$$

阴极 $$O_2 + 2H_2O + 4e^- = 4OH^-$$

总反应 $$2Fe + O_2 + 2H_2O = 2Fe(OH)_2$$

然后 $Fe(OH)_2$ 进一步被氧化为 $Fe_2O_3 \cdot xH_2O$，这种过程因需消耗氧，故称为吸氧腐蚀。图 4.9 为钢铁吸氧腐蚀示意图。

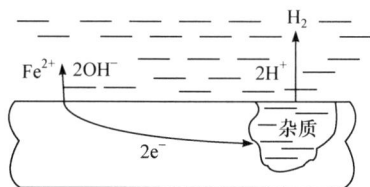
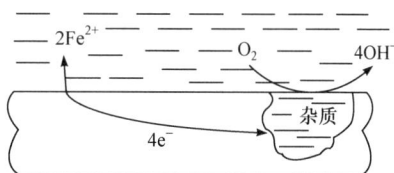

图 4.8　钢铁析氢腐蚀示意图　　　　　图 4.9　钢铁吸氧腐蚀示意图

当金属插入水或泥沙中时，由于金属与含氧量不同的液体接触，各部分的电极电势就不同。氧电极的电势和氧的分压有关。

$$E(O_2/OH^-) = E^\ominus(O_2/OH^-) + \frac{0.0592\,\text{V}}{4}\lg\frac{[p(O_2)/p^\ominus]}{[c(OH^-)/c^\ominus]^4}$$

在溶液中氧浓度小的地方，电极电势低，成为阳极，金属发生氧化反应而溶解腐蚀；而氧浓度较大的地方，电极电势较高而成为阴极却不会受到腐蚀。例如，插入水中的金属设备，

因水中溶解氧比空气中少，紧靠水面下的部分电极电势较低而成为阳极易被腐蚀，工程上常称为水线腐蚀。

另外，金属的腐蚀按腐蚀形式可分为均匀腐蚀、接触腐蚀、缝隙腐蚀、孔蚀、晶间腐蚀、选择性腐蚀、磨损腐蚀、应力腐蚀、电解池性腐蚀等。金属腐蚀的形式虽然有多种，但从作用机理的本质看，不外乎化学腐蚀和电化学腐蚀，生物腐蚀的本质是生物体的新陈代谢为化学腐蚀或电化学腐蚀创造了条件，促进了化学腐蚀和电化学腐蚀。

4.3.2　金属腐蚀的防护

金属腐蚀的防护方法很多，常用的有下列几种：

1. 选择合适的耐蚀金属或合金

根据不同的用途选择制备耐蚀合金。例如，在钢中加入 Cr、Al、Si 等元素可增加钢的抗氧化性，加入 Cr、Ti、V 等元素可防止氢蚀；铜合金、铅等在稀盐酸、稀硫酸中是相当耐蚀的。含 Cr 18%，Ni 8%的不锈钢在大气、水和硝酸中极耐腐蚀。

2. 覆盖保护层法

根据保护层性质不同可分为金属保护层和非金属保护层。覆盖金属保护层的方法有电镀、化学镀、喷镀、浸镀以及碾压。近年来还发展了一种新型物理保护法——真空镀。

3. 电化学保护法

阴极保护法有牺牲阳极的阴极保护法和外加电流的阴极保护法。

(1) 牺牲阳极的阴极保护法是将较活泼的金属或合金连接在被保护的金属上，形成原电池，较活泼的金属作为腐蚀电池的阳极而被腐蚀，被保护金属作为阴极而得到保护。一般常用的阳极牺牲材料有铝合金、镁合金、锌合金等。此法适用于浸在水中或埋在土壤里金属设备的保护，如海轮的外壳、地下输油管道等。

(2) 外加电流的阴极保护法是在外电流作用下，用不溶性辅助阳极(常用废钢和石墨)作为阳极，将被保护金属作为电解池的阴极而进行保护。此法也可保护土壤或水中的金属设备，但对强酸性介质因耗电过多则不适宜。

阴极保护法若与覆盖层保护法联合使用，效果更佳。

4. 缓蚀剂法

在腐蚀介质中加入少量能减小腐蚀速率的物质以达到防止腐蚀的方法称为缓蚀剂法。

缓蚀剂按其组分不同可分成无机缓蚀剂和有机缓蚀剂两大类。

(1) 无机缓蚀剂。在中性、碱性介质中主要采用无机缓蚀剂，如重铬酸盐、铬酸盐、磷酸盐、碳酸氢盐等，它们能使金属表面形成氧化膜或沉淀物。例如，铬酸钠可使铁氧化成氧化铁：

$$2Fe + 2Na_2CrO_4 + 2H_2O =\!=\!= Fe_2O_3 + Cr_2O_3 + 4NaOH$$

氧化铁与 Cr_2O_3 形成复合氧化物保护膜。

在中性水溶液中，硫酸锌中的 Zn^{2+} 能与阴极上产生的 OH^- 反应，生成 $Zn(OH)_2$ 沉淀保护膜。

在含有一定钙盐的水溶液中，多磷酸钠与水中 Ca^{2+} 形成带正电荷的胶粒，向金属阴极迁移，生成保护膜，减缓金属的腐蚀。

(2) 有机缓蚀剂在酸性介质中，常用有机缓蚀剂乌洛托品[六次甲基四胺$(CH_2)_6N_4$]、若丁(二邻苯甲基硫脲)等。有机缓蚀剂被吸附在金属表面上，阻碍了 H^+ 的放电，减慢了腐蚀速率。有机缓蚀剂的极性基团是亲水性的(如 RNH_2 中的—NH_2)，而非极性基团(如 RNH_2 中的—R)是亲油性的，极性基团吸附于金属表面，而非极性基团则背向金属表面。

有机缓蚀剂在工业上常被用作酸洗钢板、酸洗锅炉及开采油气田时进行地下岩层的酸化处理等。

4.3.3　混凝土的腐蚀与防护

混凝土是建筑中广泛应用的工程材料之一，具有很高的抗压强度，但抗拉强度很低。钢筋混凝土的腐蚀主要是混凝土的腐蚀与钢筋的腐蚀。其中尤以钢筋的腐蚀危害最大，是造成钢筋混凝土过早破坏的主要原因。

钢筋的腐蚀过程有两种：一种是电极反应交换电流引起腐蚀；另一种是扩散速度控制的腐蚀过程。在混凝土中钢筋的腐蚀大多数是由氧的极限扩散速度引起的，因为在中性或碱性介质中，氢离子浓度很小，溶解过程的共轭阴极反应不是氢的析出反应，而是溶液中氧的还原反应。

钢筋腐蚀一般有以下几种情况：

(1) 当有氧存在，pH 接近中性。

阳极反应 $\qquad\qquad\qquad\qquad 2Fe \longrightarrow 2Fe^{2+} + 4e^-$

阴极反应 $\qquad\qquad\qquad O_2 + 2H_2O + 4e^- \longrightarrow 4OH^-$

(2) 在酸性环境下发生的析氢腐蚀。

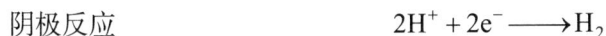

阳极反应 $\qquad\qquad\qquad\qquad Fe \longrightarrow Fe^{2+} + 2e^-$

阴极反应 $\qquad\qquad\qquad\qquad 2H^+ + 2e^- \longrightarrow H_2$

(3) 介质中存在电位较高的氧化剂。

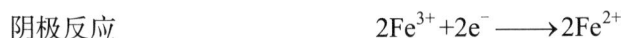

阳极反应 $\qquad\qquad\qquad\qquad Fe \longrightarrow Fe^{2+} + 2e^-$

阴极反应 $\qquad\qquad\qquad\qquad 2Fe^{3+} + 2e^- \longrightarrow 2Fe^{2+}$

从化学反应来看，可以得到钢筋锈蚀物的化学成分一般为 $Fe(OH)_3$、$Fe(OH)_2$、$Fe_3O_4 \cdot H_2O$、Fe_2O_3 等，其体积比原金属体积增大 2~4 倍。由于铁锈膨胀，对混凝土保护层产生巨大的辐射压力，其数值可达 30 MPa(大于混凝土的抗拉极限强度)，使混凝土保护层沿着锈蚀的钢筋形成裂缝(俗称顺筋裂缝)。这些裂缝进一步成为腐蚀性介质渗入钢筋的通道，加速了钢筋的腐蚀。钢筋在顺缝中的腐蚀速度往往要比裸露情况快，等到混凝土表面的裂缝开展到一定程度，混凝土保护层则开始剥落，最终使构件丧失承载能力。

在通常情况下，混凝土空隙中充满了由于水泥水解时产生的氢氧化钙饱和溶液，其碱度很高，pH 在 12 以上。钢筋在高碱度的环境中，表面沉积一层致密氢氧化铁薄膜，而转入钝化状态，即使有空气和水分进入，也不可能导致钢筋的腐蚀。当混凝土受到外部因素作用而使混凝土的液相碱度降低时，钢筋由钝化状态转化为活性状态，此时若有空气和水分进入，钢筋便开始生锈。造成混凝土液相碱度降低的原因，一般说来是酸性气体与混凝土中氢氧化钙作用的结果。酸性气体沿着混凝土中的空隙或裂缝，从外部逐渐向内部渗透，与混凝土空隙中的氢氧化钙溶液产生中和反应，大大降低了混凝土空隙中氢氧化钙的浓度。空气中的二氧化碳属于酸性气体，它与混凝土中氢氧化钙作用(碳化作用)，其反应式如下：

$$Ca(OH)_2 + CO_2 \longrightarrow CaCO_3 + H_2O$$

生成的碳酸钙为微溶的化合物，其饱和溶液 pH 为 9，远远小于钢筋保持钝化状态所需要的 pH 大于 11.5 的要求。其他酸性气体如 SO_2、H_2S、HCl、NO_x 也可以与混凝土中氢氧化钙作用(中性作用)，但它们对钢筋的腐蚀，除了使钢筋转成活化状态外，还与它们中性化后生成的盐类的性质、种类有关。

某些卤离子(如 Cl^-、I^-、Br^-)对钝化膜有特殊的破坏作用。在钢筋保护层不被碳化或中性化的情况下，它们可以破坏钢筋钝化膜，使腐蚀过程得以持续进行。氯离子是这一类离子中最常遇到的。氯离子半径较小，穿透力强，很容易吸附在钢筋阳极区的钝化膜上，取代钝化膜中氧离子，使对钢筋起保护的氢氧化铁变为无保护作用的氯化铁。氯化铁的溶解度比氢氧化铁的溶解度大得多。由于氯离子到达钢筋表面的不均匀性，特别是氯离子作用在钢筋局部区域时，则局部区域为阳极，形成了大阴极小阳极的腐蚀。这种坑蚀或局部腐蚀对结构的危害较大。

钢筋的腐蚀过程实际上就是一个电化学的反应过程，属于电化学腐蚀的范畴。钢筋的腐蚀与混凝土的自身情况密切相关。

混凝土的密实程度、混凝土与钢筋间的黏着力大小以及钢筋混凝土建筑所处的环境条件(空气中酸性气体的含量、地下水的酸度、氯离子含量以及有无漏散电流)等诸多因素都会影响到钢筋的腐蚀情况。钢筋混凝土结构的腐蚀，首先是混凝土受到腐蚀，然后是钢筋被腐蚀，最后导致结构的破坏。因此，混凝土质量的好坏与钢筋的腐蚀密切相关。如果在钢筋混凝土建筑物中的钢筋开始腐蚀后，再采取保护措施，既困难又不可靠。所以，从一开始就严格控制混凝土质量，建造优质混凝土结构，充分利用混凝土对钢筋的保护作用，防患于未然是防止混凝土中钢筋腐蚀的有效而经济的方法。设计时选择优良的水泥、骨料，适当提高水泥的标号和用量；在施工中采取正确的水灰比，以提高混凝土的密实性；对混凝土的浇灌、修整、养护各施工环节都严格管理，保证质量，防止混凝土干缩开裂。另外，尽量避免使用含氯的外加掺合剂，增加混凝土保护层厚度等对保护钢筋、减少腐蚀都是有利的。在施工中排放钢筋时，也应考虑对控制裂缝有利。钢筋不宜太密集，以免施工时填充混凝土困难，而留下孔洞或孔隙。除上述这些提高钢筋混凝土建筑物总体质量，增加混凝土密实性的普适性措施，可加强对钢筋的保护外，在建筑工程中还有一些为防止钢筋混凝土腐蚀而采取的专门措施。

混凝土表面覆层：在混凝土结构表面覆盖一层不透水的薄膜层，将混凝土构件与环境隔开，使环境中的水、空气等不能进入混凝土内与钢筋接触，阻止腐蚀电池的形成，实际工程中常用玛蒂脂作为覆盖薄膜层的材料。

内封闭混凝土：将细小的蜡珠或聚合物单体注入混凝土，填充到孔隙中，用加热的方法使蜡珠熔化或使聚合单体聚合，将混凝土的微孔封闭，以保护钢筋混凝土不被腐蚀。

另外，常用的钢筋混凝土防护方法还有钢筋涂层保护、加缓蚀剂和阴极保护等。

4.4　化 学 电 源

4.4.1　化学电源的分类

化学电源(chemical battery)又称电池，是一种能将化学能直接转变成电能的装置，它在国民经济、科学技术、军事和日常生活方面均获得广泛应用。

化学电源使用面广,品种繁多,按电池中电解质性质分为碱性电池、酸性电池、中性电池;按其使用性质可分为一次电池、二次电池、燃料电池。一次电池中一旦化学能转变为电能,就不能再将电能转变为化学能,即化学反应是不可逆的,如锌锰干电池、锌银电池等;可反复充放电的电池称为二次电池,如铅酸蓄电池、碱性蓄电池、锂离子电池等,如表 4.1、表 4.2 所示。

表 4.1 化学电池的电极反应

电池名称	充放电过程	电极反应
锌-锰干电池	放电	负极:$Zn = Zn^{2+} + 2e^-$ 正极:$2MnO_2 + 2NH_4^+ + 2e^- = 2MnOOH + 2NH_3$ 总反应:$Zn + 2MnO_2 + 2NH_4^+ = 2MnOOH + Zn^{2+} + 2NH_3$
铅酸蓄电池	放电	负极:$Pb + SO_4^{2-} = PbSO_4 + 2e^-$ 正极:$PbO_2 + SO_4^{2-} + 4H^+ + 2e^- = PbSO_4 + 2H_2O$ 总反应:$Pb + PbO_2 + 2H_2SO_4 = 2PbSO_4 + 2H_2O$
铅酸蓄电池	充电	阴极:$PbSO_4 + 2e^- = Pb + SO_4^{2-}$ 阳极:$PbSO_4 + 2H_2O = PbO_2 + SO_4^{2-} + 4H^+ + 2e^-$ 总反应:$2PbSO_4 + 2H_2O = Pb + PbO_2 + 2H_2SO_4$

表 4.2 主要一次、二次电池的构成和性能比较

分类	电池名称	电池结构			额定电压/V
		正极活性物质	电解质	负极活性物质	
一次电池	锌-锰干电池	MnO_2	NH_4Cl,$ZnCl_2$	Zn	1.5
	汞电池	HgO	KOH(ZnO)	Zn	1.2
	碱锰干电池	MnO_2	KOH(ZnO)	Zn	1.2
	氧化银电池	Ag_2O	KOH 或 NaOH(ZnO)	Zn	1.5
	氯化银电池	AgCl	海水	Mg	1.4
	空气电池	空气(活性炭)	KOH(ZnO)或 NH_4Cl	Zn	1.3
二次电池	铅酸蓄电池	PbO_2	H_2SO_4	Pb	2.0
	镍-铬蓄电池	Ni_2O_3	KOH	Cd	1.2
	镍-铁电池	Ni_2O_3	KOH	Fe	1.2
	银-锌电池	Ag_2O	KOH(ZnO)	Zn	1.5
	银-镉电池	Ag_2O	KOH	Cd	1.1
	碱-锰电池	MnO_2	KOH(ZnO)	Zn	1.5
	镍-氢电池	Ni_2O_3	KOH	H_2 或金属氢化物	1.2

4.4.2 新型化学电源

1. 锂离子电池

锂离子电池(图 4.10)是一种二次电池，它主要依靠锂离子在正极和负极之间的移动来工作。锂电池具有很高的质量和体积比能量，因其特殊优良性能，是目前世界上最为理想，也是技术含量最高的可充电电池，广泛应用于手机、笔记本电脑、电动汽车等领域。

锂离子电池的性能优势概括起来主要有以下几点：

(1) 能量密度高，体积容量可达 $350\ W\cdot h\cdot cm^{-3}$。

(2) 平均输出电压高，约为 3.6 V，Cd-Ni(铬-镍电池)、MH-Ni(镍-氢电池)的 3 倍。

(3) 输出功率大，自放电小，每月 10%以下，

图 4.10　锂离子电池

不到 Cd-Ni、MH-Ni 电池的一半。

(4) 没有 Cd-Ni、MH-Ni 电池一样的记忆效应，循环性能优越。

(5) 可快速充放电，充电时容量可达标称容量的 80%以上，充电效率高。

(6) 工作温度范围宽，工作温度在–25～45℃，如随着电解质和正极材料的改进，尚可拓宽到–40～70℃。

(7) 没有环境污染，是绿色环保电池中的佼佼者，而对其残留容量的测试又比较方便，无需维修。

(8) 使用寿命长，80%放电深度下充放电可达 1200 次以上；当采用浅深度充放电时，循环次数可达 5000 次以上。

锂离子电池采用可使锂离子嵌入和脱嵌的碳材料(主要有天然石墨、人造石墨、石油焦、碳微球、碳纤维等)代替金属锂作为负极材料。正极材料常用 Li_xCoO_2，也可用 Li_xNiO_2、Li_xMnO_2 或 Li_xFeO_2。电解质从相态上来分，可分为液相、固相和熔融相 3 大类，具体分类情况如下：

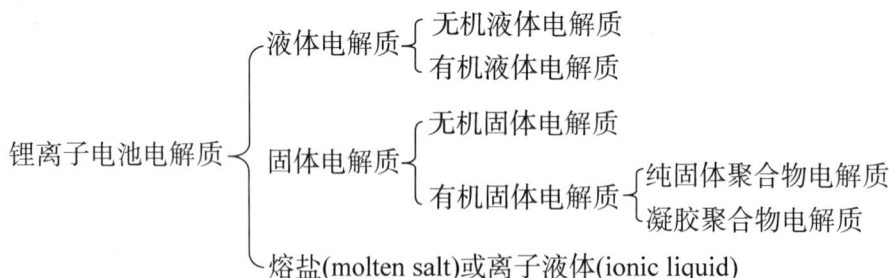

锂离子电池电解质
- 液体电解质
  - 无机液体电解质
  - 有机液体电解质
- 固体电解质
  - 无机固体电解质
  - 有机固体电解质
    - 纯固体聚合物电解质
    - 凝胶聚合物电解质
- 熔盐(molten salt)或离子液体(ionic liquid)

液态锂离子电池的充放电原理跟锂原电池是一样的，如图 4.11 所示。以 $LiCoO_2$ 为正极、石墨为负极的锂离子电池为例，它的电极反应如下：

正极
$$LiCoO_2 \underset{放}{\overset{充}{\rightleftharpoons}} Li_{1-x}CoO_2 + xLi^+ + xe^-$$

负极
$$6C + xLi^+ + xe^- \underset{放}{\overset{充}{\rightleftharpoons}} Li_xC_6$$

电池反应

$$6C + LiCoO_2 \underset{放}{\overset{充}{\rightleftharpoons}} Li_{1-x}CoO_2 + Li_xC_6$$

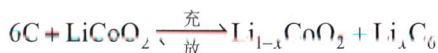

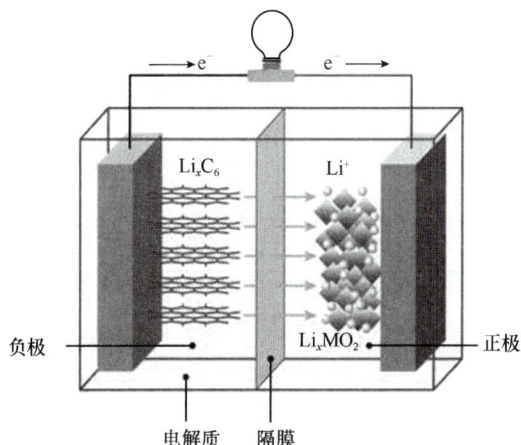

图 4.11　锂离子电池工作原理图(放电)

M = Mn, Co, Ni

2. 燃料电池

燃料电池(fuel cell，FC)是一种等温绝热并直接将储存在燃料和氧化剂中的化学能高效、环境友好地转化为电能的发电装置，也是一种新型的无污染、无噪音、大规模、大功率和高效率的汽车动力和发电设备。因此，FC 作为一种最接近于实用化的环保型新能源，逐渐被世界能源研究所关注。

燃料电池有以下优点：

(1) 不受热机效率的限制，能量转换效率高，理论发电效率可达 100%。若以氢气为燃料，熔融碳酸盐燃料电池(MCFC)实际效率可达 58.4%。通过热电联产或联合循环综合利用热能，燃料电池的综合热效率可望达到 80%以上。而且其发电效率与规模基本无关，小型设备也能得到高效率。

(2) 无污染，噪声低，满足环保要求。

(3) 处于热备用状态，燃料电池随负荷变化的能力非常强，可以在 1 s 内跟随 50%的负荷变化。

(4) 电池的储能能力不取决于电池本身的大小，只要不断供给燃料，它就能连续地产生电能。

(5) 灵活性大，可以做成模块式标准组件，按用户要求，组装成不同要求的发电装置，小到一家一户的供电取暖，大到分布式电站外电网并网发电。

(6) 燃料多样性。

FC 可以有多种分类方法。按供料型式可分为液体型、气体型两种；按燃料的来源可分为直接型、间接型、再生型；按温度可分为常温、中温、高温、超高温型。目前，主要的燃料电池分类按电解质分类，有碱性燃料电池(AFC)、磷酸燃料电池(PAFC)、熔融碳酸盐燃料电池(MCFC)、固体氧化物燃料电池(SOFC)、质子交换膜燃料电池(PFMFC)。各种燃料电池主要性能特征见表 4.3。

表 4.3　各种燃料电池性能特征对比

电池类型	阳极	阴极	电解质	腐蚀性	工作温度/℃	应用方向
碱性燃料电池(AFC)	Pt/Ni	Pt/Ag	KOH(l)	强	约100	航天飞机、短期飞船
磷酸燃料电池(PAFC)	Pt/C	Pt/C	$H_3PO_4(l)$	强	约200	分布式电站
溶碳酸盐燃料(MCFC)	Ni/Al	Li/NiO	$K_2/Li_2CO_3(l)$	强	约650	分布式电站
固体氧化物燃烧电池(SOFC)	Ni/ZrO₂	Sr/LaMnO₂	YSZ(s)[①]	弱	约1 000	公布式电站
质子交换膜燃料电池(PEMFC)	Pt/C	Pt/C	Dow(s)[②] Nafion(s)[②]	无	约85	电动汽车、潜艇等

① YSZ 是加有氧化钇(Y_2O_3)稳定化的氧化锆(ZrO_2)电解质。
② Dow(s)、Nafion(s)是 PEMFC 常用的质子交换膜，都是全氟磺酸型固体聚合物。

在 FC 中，外部供给电池的燃料和氧化剂分别在正极和负极进行氧化和还原反应，正极和负极都用微孔惰性材料(如铁、碳、镍、银、铂等)制成，负极方面连续送入气态燃料(如氢、天然气、发生炉煤气、水煤气等)；正极方面连续送入空气或氧。电解质可以用酸、碱或金属氧化物。下面以氢氧燃料电池为例说明其工作原理，如图 4.12 所示。

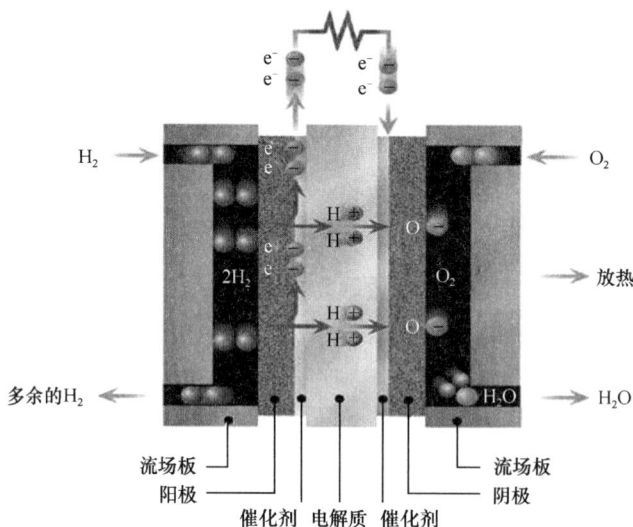

图 4.12　氢氧 FC 工作原理图

电池符号：　　　　　　$(-)C, H_2|KOH(35\%)|O_2, C(+)$
负板反应：　　　　　　$2H_2 + 4OH^- \rightleftharpoons 4H_2O + 4e^-$
正极反应：　　　　　　$O_2 + 2H_2O + 4e^- \rightleftharpoons 4OH^-$
电池反应：　　　　　　$2H_2 + O_2 \rightleftharpoons 2H_2O$

将燃料(H_2)不断输入负极(燃料极)，在该极上燃料发生氧化反应，生成正离子 H^+，同时释放出电子，电子流经外电路，推动负载而流向正极。氧化剂(O_2 或空气)在正极上接受电子，发生还原反应生成负离子 OH^-，再与溶液中来自负极的燃料正离子结合，生成化合物 H_2O。

由于化学能直接转变为电能，其能源利用率可高达约 80%，大大超过了火力发电(35%左右)，并且燃料电池的产物为水，对环境无污染。目前，燃料电池已用于公共汽车和载人宇宙飞船。更有趣的是电池产生的水可供宇航员饮用。

除以上介绍的几种化学电池外，钠硫电池、光化学电池、导电高聚合物电池、超级电容器等新型电池也被相继研究开发出来。这些新型电池一般具有电动势较高、比功率高、电容量较大、无污染等优点。

著名物理化学家能斯特

德国物理化学家能斯特(Walther Hermann Nernst，1864—1941)于 1864 年 6 月 25 日生于布里斯(现属波兰)。他从小学爱好文学，后来在化学老师影响下对化学和物理学产生了浓厚的兴趣。由于家庭的原因，他曾就读于瑞士苏黎世大学和维尔茨堡大学，成绩均十分优异。1886 年获维尔茨堡大学博士学位，1887 年出任莱比锡大学奥斯特瓦尔德教授助手，1892 年出任格丁根大学副教授，1894 年升任该校第一任物理化学教授，主持物理化学教研工作。1895 年出任德国凯萨-威廉研究所物理化学和电化学部主席。1905 年出任柏林大学物理化学主任教授兼第二化学研究所所长，1924 年还兼任实验物理研究所所长。1932 年当选英国皇家学会会员，1934 年退休。他在莱比锡大学设立贫苦学生奖学金，经常和研究生共度周末，以严谨的学术作风影响他们。特别一提的是，他曾以拒绝讲学等方式抗议希特勒法西斯暴政，并斥责"希特勒一伙是摧毁和阻碍人类文明的暴徒"。1941 年 11 月 18 日，他死于巴特穆斯考。能斯特一生心血倾注在科学研究和培养学生上。人们为纪念他，把他的骨灰移葬到格丁根大学，使这位该校第一任物理化学教授安息在校园内。

能斯特一生研究成果众多，其中主要成就包括：

(1) 1889 年，他发表电解质水溶液电势理论。他根据范特霍夫的渗透压理论和阿伦尼乌斯的电离理论，推导出了电极电势与溶液浓度的关系式，即著名的能斯特方程式，开创了用电化学方法来测定热力学函数值的先河。

(2) 1906 年，他提出热力学第三定律：当温度趋于 0 K(绝对零度)时，凝聚系统中恒温过程的熵变趋于零，即绝对零度不可能达到。到 1920 年，经过普朗克和路易斯等的修正完善，形成了现有的热力学第三定律：在 0 K 时，纯物质完美晶体的熵值等于零。

(3) 他与老师奥斯特瓦尔德共同研究溶液的沉淀和其平衡关系，提出溶度积等重要概念，用以解释沉淀平衡等。

(4) 他提出光化学反应链式理论：光引发反应后一个键一个键传递下去，直至链结束为止，并用它解释氯气和氢气在光催化下合成氯化氢的反应。

(5) 他发明了新的白炽灯代替旧的碳精灯，即能使光能和热能集中于一点的"能斯特灯"。此外，他还从事了许多其他研究工作，并取得了不错的成果，如原电池理论、化学平衡热力学、测定热力学数据等。

能斯特一生有 14 部著作，有关电化学、热力学、光化学等方面的论文 157 篇，代表作是《物理化学》。他一生获得了包括 1920 年诺贝尔化学奖在内的众多奖项。

扫一扫
电化学原理在燃料电池汽车中的应用
中国"锂离子电池之父"吴浩青院士
中国电化学与燃料电池奠基人查全性院士

习　题

1. 将下列反应设计成原电池，以电池符号表示，并写出正、负极反应(设各物质均处于标准状态)。

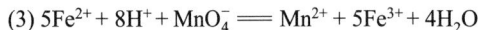

　　(1) $Fe + Cu^{2+} = Cu + Fe^{2+}$

　　(2) $2Fe^{2+} + Cl_2 = 2Fe^{3+} + 2Cl^-$

　　(3) $5Fe^{2+} + 8H^+ + MnO_4^- = Mn^{2+} + 5Fe^{3+} + 4H_2O$

2. 判断下列反应在 298.15 K 时反应自发进行的方向。

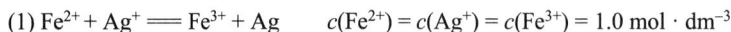

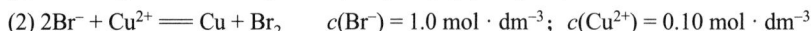

　　(1) $Fe^{2+} + Ag^+ = Fe^{3+} + Ag$　　　$c(Fe^{2+}) = c(Ag^+) = c(Fe^{3+}) = 1.0 \text{ mol} \cdot dm^{-3}$

　　(2) $2Br^- + Cu^{2+} = Cu + Br_2$　　　$c(Br^-) = 1.0 \text{ mol} \cdot dm^{-3}$；$c(Cu^{2+}) = 0.10 \text{ mol} \cdot dm^{-3}$

3. 今有一种含有 Cl^-、Br^-、I^- 三种离子的混合溶液，欲使 I^- 氧化为 I_2，而又不使 Br^-、Cl^- 氧化，在常用的氧化剂 $FeCl_3$ 和 $KMnO_4$ 中，选择哪一种才符合上述要求？为什么？

4. 根据标准电极电势确定下列各种物质哪些是氧化剂？哪些是还原剂？并排出它们的氧化能力和还原能力大小顺序。

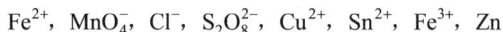

$$Fe^{2+}, \ MnO_4^-, \ Cl^-, \ S_2O_8^{2-}, \ Cu^{2+}, \ Sn^{2+}, \ Fe^{3+}, \ Zn$$

5. 由标准氢电极和镍电极组成原电池，若 $c(Ni^{2+}) = 0.010 \text{ mol} \cdot dm^{-3}$ 时，电池的电动势为 0.316 V，镍为负极，计算镍电极的标准电极电势。

6. 计算下列电池反应在 298.15 K 时的 $E^\ominus$ 或 E 和 $\Delta_r G_m^\ominus$ 或 $\Delta_r G_m$，并指出反应是否自发。

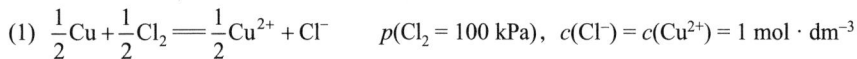

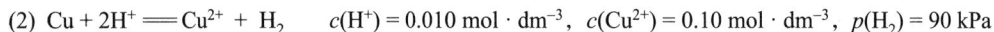

　　(1) $\dfrac{1}{2}Cu + \dfrac{1}{2}Cl_2 = \dfrac{1}{2}Cu^{2+} + Cl^-$　　　$p(Cl_2 = 100 \text{ kPa})$，$c(Cl^-) = c(Cu^{2+}) = 1 \text{ mol} \cdot dm^{-3}$

　　(2) $Cu + 2H^+ = Cu^{2+} + H_2$　　　$c(H^+) = 0.010 \text{ mol} \cdot dm^{-3}$，$c(Cu^{2+}) = 0.10 \text{ mol} \cdot dm^{-3}$，$p(H_2) = 90 \text{ kPa}$

7. 在 298.15 K 和 pH = 7 时，下列反应能否自发进行？通过计算说明。

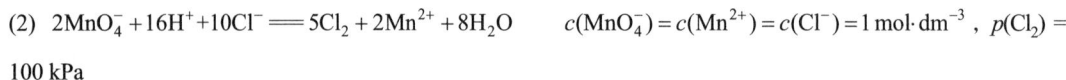

　　(1) $Cr_2O_7^{2-} + 14H^+ + 6Br^- = 3Br_2 + 2Cr^{3+} + 7H_2O$　　　$c(Cr_2O_7^{2-}) = c(Cr^{3+}) = c(Br^-) = 1 \text{ mol} \cdot dm^{-3}$

　　(2) $2MnO_4^- + 16H^+ + 10Cl^- = 5Cl_2 + 2Mn^{2+} + 8H_2O$　　　$c(MnO_4^-) = c(Mn^{2+}) = c(Cl^-) = 1 \text{ mol} \cdot dm^{-3}$，$p(Cl_2) = 100 \text{ kPa}$

8. 计算下列反应在 298.15 K 时的标准平衡常数和所组成原电池的标准电动势。

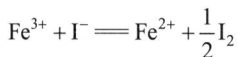

$$Fe^{3+} + I^- = Fe^{2+} + \dfrac{1}{2}I_2$$

9. 在 298.15 K 时，有下列反应

$$H_3AsO_4 + 2I^- + 2H^+ = H_3AsO_3 + I_2 + H_2O$$

　　(1) 计算该反应组成的原电池的标准电动势；

　　(2) 计算该反应的标准摩尔吉布斯自由能变，并指出反应能否自发进行；

　　(3) 若溶液的 pH = 7，而 $c(H_3AsO_4) = c(H_3AsO_3) = c(I^-) = 1 \text{ mol} \cdot dm^{-3}$，此反应的 $\Delta_r G_m$ 是多少？此时反应进行方向如何？

10. 计算下列反应

$$Ag^+ + Fe^{2+} = Ag + Fe^{3+}$$

　　(1) 在 298.15 K 时的标准平衡常数 $K^\ominus$；

　　(2) 若反应开始时，$c(Ag^+) = 1.0 \text{ mol} \cdot dm^{-3}$，$c(Fe^{2+}) = 0.10 \text{ mol} \cdot dm^{-3}$，求达到平衡时的 $c(Fe^{3+})$。

11. 已知 $PbCl_2$ 的 $K_s = 1.70 \times 10^{-5}$ 和 $E^\ominus(Pb^{2+}/Pb) = -0.125 \text{ V}$，计算在 298.15 K 时的 $E^\ominus(PbCl_2/Pb)$。

12. 用两极反应表示下列物质的主要电解产物。

    (1) 电解 $NiSO_4$，阳极用镍，阴极用铁；

    (2) 电解熔融 $MgCl_2$，阳极用石墨，阴极用铁。

13. 分别写出铁在微酸性水膜中和铁完全浸没在稀硫酸($1 \ mol \cdot dm^{-3}$)中发生腐蚀的两极反应式。

14. 什么是燃料电池？请概述燃料电池的优点及分类。通过学习本章知识，谈谈你对化学电源改良和未来发展的建议和想法。

15. 在一小铁钉上绕上铜丝，放入含 $K_3[Fe(CN)_6]$、酚酞、NaCl 的混合溶液中，数分钟后，有什么现象发生？试解释。

16. 锌-二氧化锰电池被认为是一种初级的电池，其不能充电。研究表明它充电的困难在于充电时涉及了第二电子的使用。假设质量为 20 g 的锌全部用于电池的反应，但仅仅只够锌的单电子氧化(在放电过程中，二氧化锰没有全部还原)，电池变为了单电子可再充电的，它释放了两个电子反应的电池的一半电量。请计算二氧化锰的质量。

    [提示：锌-二氧化锰电池的电池反应为 $MnO_2 + H_2O + Zn \xrightarrow{KOH} MnOOH + Zn(OH)_2$]

第5章 溶液与胶体

5.1 水

作为地球上数量最多的分子型化合物，水几乎覆盖了地球表面积的 3/4，据估算总量约 1.4×10^{21} kg。水占人体总质量的一半以上。人类的生产和生活都与水密切相关，动植物的生存和繁衍也离不开水，所以水是支持地球上一切生命的最重要物质。由于水能与许多物质作用形成各种各样的水合物、溶液、水溶胶或悬浮液，使水在自然界中发挥着不可替代的作用，成为最重要的地球化学因素，水的作用影响着地球面貌变化和发展进程。在人类的工农业生产中，水也发挥着重要的作用，水是化学工业生产中最常用的试剂和溶剂，水不仅是化学反应中最常用的一种化合物，而且，许多化学反应需要在水溶液中进行。

5.1.1 水的结构

水分子(H_2O)呈"V"字形结构，O—H 键长为 95.75 pm，键角为 104.51°，如图 5.1(a)所示。由于氧的电负性很强，O—H 键的共用电子对强烈地偏向氧原子，而使氢原子带部分正电荷，氧原子带部分负电荷。因此，在水分子中氢、氧原子的电荷呈四面体构型分布[图 5.1(b)]。这种特殊的构型使每个水分子可以与邻近的 4 个水分子产生较强的相互作用(这种相互作用称为氢键，在第 7 章有详细介绍)，所以水分子间极易结合在一起。

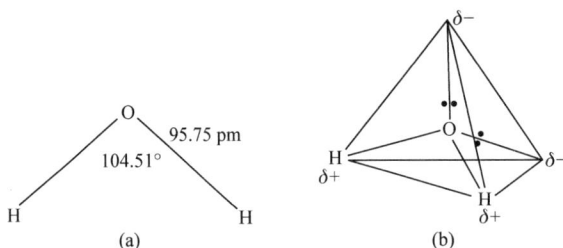

图 5.1 水分子的结构(a)和电荷分布(b)

在不同条件下水以气、液、固三种状态存在。气态水大多是单分子，间或有二聚体，很少有三聚体。微波谱测定表明气态二聚体的结构如图 5.2(a)所示，结合能为 22.6 kJ · mol^{-1}。

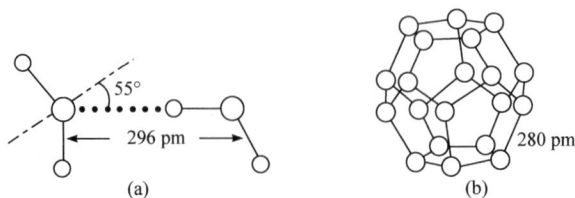

图 5.2 水的二聚体结构(a)和五角十二面体结构(b)

由于热运动使分子间的相对位置不断改变，所以液态水不可能像晶体那样具有单一而确定的结构。研究表明：液态水中存在着大量的氢键，水分子通过氢键缔合在一起。所以液态水中含有大量呈动态平衡的、不完整的以五角十二面体[图 5.2(b)]为主要形式的多面体。在水中的多面体不是独立存在的结构，而是包含不完整的、相互共面连接并不断改变结合形式的体系。水中存在的不完整多面体结构为气体水合物的形成创造了有利的几何条件。所谓气体水合物是指一类通过氢键将水分子结合形成三维骨架结构，而气体小分子在其多面体孔穴中形成的笼形水合包合物。根据气体的大小和形状，水分子可组成多种形式的骨架结构，目前已知有上百种气体分子可以与水形成水合包合物。其中，甲烷与水形成的甲烷水合物晶体像冰一样无色透明，又因含有大量的可燃性甲烷分子，故称为可燃冰。可燃冰大量蕴藏于海洋深处，是未来的重要能源之一，具有重要经济价值。可燃冰的晶体结构由五角十二面体和十四面体共面连接堆积形成[图 5.3(a)]。甲烷分子可包含在这两种多面体中，如果晶体被甲烷全部充满，其组成为 $8CH_4 \cdot 46H_2O$。理论上，$1\ m^3$ 可燃冰晶体中含有 $130\ kg$ 的甲烷分子，相当于标准状态下 $182\ m^3$ 的甲烷气体。但实际上，可燃冰晶体中 CH_4 不能达到全充满的理想状态，有文献报道开采 $1\ m^3$ 的可燃冰晶体可获得 $164\ m^3$ 的甲烷气体。

水在不同的温度和压力条件下可形成 11 种不同结构的冰晶体，密度从 $0.92\ g \cdot cm^{-3}$ 到 $1.49\ g \cdot cm^{-3}$。迄今为止，冰是人类认识到的一种由简单分子堆积出结构花样最多的化合物，水分子间作用力的主要形式是氢键。高压下冰密度的增加，不是依靠压缩 $O—H\cdots O$ 氢键的键长，而是通过调整水分子的堆积方式缩短分子间距离。人们在日常生活中接触到的霜、雪等自然界的冰和各种商品冰的结构如图 5.3(b)所示。

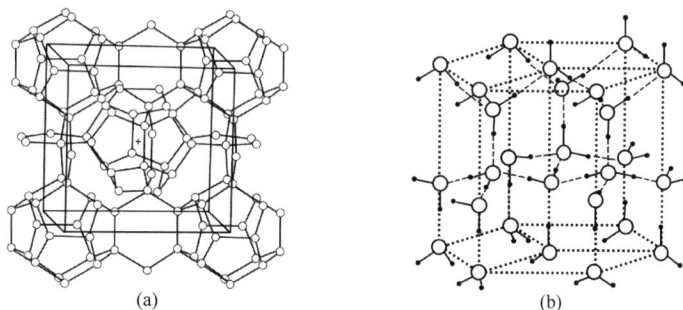

(a) (b)

图 5.3　可燃冰中水分子构成的三维骨架结构(a)和常见冰的结构(b)

水分子的强极性和极易形成氢键的特点，导致水在熔点、沸点、比热容、气化热、熔化热、密度等方面都有异常表现。而水的这些特性对地球上所有生命过程和人类的生产活动都有显著影响(表 5.1)。

表 5.1　水的特性和作用

性质	作用
优良的溶剂	输送生命过程的营养物质和废弃物；使水介质中的生物学过程成为可能；化学生产常用的溶剂
介电常数最大(所有纯液体)	绝大多数离子型化合物能溶解并电离
表面张力最大(液氨除外)	控制水的滴落和表面现象
4℃时密度最大	冰浮在于水面，使水体系一般不会全部冻结，垂直循环只在限定的分层水体里进行
气化热最大	稳定水体温度和周围地区的气温

续表

性质	作用
熔化热最高(液氨除外)	冰点时温度稳定
比热容最高(液氨除外)	稳定水体温度和周围地区的气温

5.1.2　水的相图

气、固、液是物质存在的三种状态(物相)，在一定条件下，物质的三态之间可以相互转化。物质存在的状态一方面取决于物质的性质，另一方面与温度、压力有关。例如，常温常压下水是液体，而氨是气体；常压下水在 0℃凝固，氨气在–34.4℃时液化，–177.7℃时凝固。但是，在常温下加压至1×10^7 Pa，氨气也能液化；减压至1×10^3 Pa，水也能在常温下全部气化。物质的各种存在状态间的变化与温度、压力间的关系可以用相图(phase diagram)表示。水的相

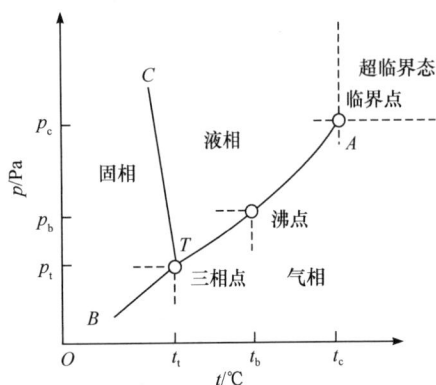

图 5.4　水的相图(坐标未按比例画)

图简明地表达了水的各种存在状态及其转变关系，如图 5.4 所示。图中 *TA* 是水的蒸气压曲线，即气-液平衡曲线，代表气相、液相共存的各种平衡态，曲线的上方是液相区，下方是气相区。当温度为 100℃，水蒸气压等于标准大气压 101.3 kPa 时，在敞口容器中水就会沸腾，即达到水的正常沸点(t_b = 100℃，p_b = 101.3 kPa)。在高海拔地区，由于大气压较低，水不到 100℃就会沸腾。所以，在没有高压锅以前，高海拔地区的食物通常煮不熟。同时，降低压力可以使水在很低的温度下气化。因此，在进行液体浓缩时，常采用抽真空冷冻干燥的方法，防止水中物质因加热而引起变化。图中 A 是临界点，对应的温度称为水的临界温度(t_c = 374.0℃)，压力称为临界压力(p_c = 2.21×10^6 Pa)。当温度在 374.0℃以上，水只能以气态形式存在，再高的压力都不能使其液化，所以 374.0℃及 2.21×10^6 Pa 就是气-液平衡曲线的顶端，也就是水的临界点。

在图 5.4 中，*TB* 是冰的蒸气压曲线，也就是气-固平衡曲线。曲线上的每一点代表气、固两相共存的各种平衡态；曲线上方是为固相区，下方是气相区。*TC* 是液-固平衡曲线。液体和固体的平衡温度就是凝固点或熔点，而相图的纵坐标是压力，所以液-固平衡曲线反映了压力与冰的凝固点或熔点的关系。曲线的左侧是固相区，右侧是液相区。由于冰的密度(g·cm^{-3})小于水，也就是冰的比体积(cm^3·g^{-1})大于水。根据平衡移动原理，增大压力平衡向体积缩小方向移动，也就是向生成水的方向移动，即冰融化，压力越大则熔点越低，所以液-固平衡曲线的斜率是负值。

气-固平衡曲线(*TB*)、液-固平衡曲线(*TC*)、气-液平衡曲线(*TA*)相交于 *T* 点，在 *T* 点气、液、固三相处于平衡状态，称为三相点(triple point)。早在 1938 年，我国著名化学家黄子卿教授在美国通过实验精确测定了水的三相点，为 t_t = (0.00981±0.00005)℃，p_t = 6.105×10^2 Pa。后来经过美国、法国、加拿大、波兰、日本等各国学者的反复测定并根据热力学关系式的必要修正，现在国际公认水的三相点的 t_t = (0.0099±0.0001)℃，近似值为 t_t = 0.01℃，相应的压力 p_t = 6.11×10^2 Pa。

在超过临界温度及临界压力以上(图 5.4 中 A 点)区域，液态水和气态水的性质会趋于类似，最后会达成均匀相的流体，称为超临界流体(supercritical fluid, SCF)，又称为超临界态(supercritical state)。超临界流体具有许多独特的性质，如黏度小；密度、扩散系数随温度、压力变化十分敏感；黏度和扩散系数接近气体，而密度和溶剂化能力接近液体。超临界态水的热效率高，可以用于超临界蒸气发电。超临界水是良好的溶剂，可以与油等物质混合。超临界水中的物质在氧和过氧化氢的作用下，能被完全氧化和水解。德国科学家在 500℃下，利用在超临界水中通入氧气，处理聚氯乙烯塑料，分解效率可达 99%，而且产生的氯化物很少，从而解决了燃烧塑料产生有毒氯化物对环境污染的问题。

5.2 溶 液

溶液(solution)是一种或多种物质(溶质，solute)均匀分散在另一种物质(溶剂，solvent)之中的一类分散体系，可以是气态溶液(如空气)、固态溶液(如合金)及液态溶液。一般所谓溶液是指液态溶液，水是最常见的溶剂，所以以水为溶剂的溶液通常简称为溶液。在生产实践和科学研究领域，溶液既是一类重要的研究对象，也是一种重要的研究手段。

溶液的颜色、导电性、酸碱性等由溶质的本性决定，溶质的分散状态也影响着溶液的性质。所以，根据溶质的不同，溶液又可以分成非电解质溶液和电解质溶液。而溶液的另一些性质则与溶质本性无关，仅取决于溶质的微粒数。实验证明：难挥发非电解质的稀溶液的性质(溶液的蒸气压下降、沸点上升、凝固点下降和溶液渗透压)与一定量溶剂中所溶解溶质的物质的量成正比，而与溶质的本性无关，这称为稀溶液定律，此类性质又称为稀溶液的依数性(colligative property)。

5.2.1 溶液的蒸气压下降

在一定条件下，液体中能量较大的分子克服液体分子间的引力从表面逸出，成为蒸气分子的过程称为蒸发(evaporation)，也可称为气化(gasification)。这是一个吸热过程，系统的熵也随之增大。同时，蒸气分子不停地高速运动，会使某些蒸气分子撞到液面，被液体分子吸引而重新进入液体中，这个过程称为凝聚(condensation)。凝聚是放热过程，同时系统的熵值减小。由于液体在一定温度时的蒸发速率是恒定的，蒸发刚开始时，蒸气分子不多，凝聚的速率远小于蒸发速率。随着蒸发的进行，蒸气浓度逐渐增大，凝聚速率也逐渐增大。当凝聚速率和蒸发速率达到相等时，液体和它的蒸气间就建立起一个动态平衡。此时，蒸气所具有的压力称为该温度下液体的饱和蒸气压(saturated vapor pressure)，简称蒸气压(vapor pressure)。当固体与其蒸气之间达到平衡时，蒸气所具有的压力就是该固体的蒸气压。蒸气压是物质的本性，受温度的影响，且随温度升高而增大。对于难挥发非电解质的稀溶液，由于溶剂表面的一部分被溶质微粒占据，单位面积内从溶液中蒸发出的溶剂分子数比从纯溶剂中蒸发出的分子数少，从而导致溶液中溶剂的蒸气压低于纯溶剂的蒸气压。因为溶质是难挥发的，可忽略其蒸气压，所以难挥发非电解质稀溶液的蒸气压实际就是溶剂的蒸气压。在一定温度下，纯溶剂蒸气压与溶液蒸气压之差称为溶液的蒸气压下降。实验证明：在一定温度时，难挥发非电解质稀溶液的蒸气压等于纯溶剂的饱和蒸气压与溶液中溶剂的摩尔分数的乘积，即

$$p_A = p_A^* \cdot x_A$$
$$\Delta p = p_A^* - p_A$$

式中，p_A^* 为纯溶剂的饱和蒸气压；x_A 为溶液中溶剂 A 的摩尔分数。这是法国物理学家拉乌尔根据大量实验总结出的规律，故称为拉乌尔定律。

如果溶液仅由溶剂 A 和溶质 B 组成，则 $x_B = 1 - x_A$，故拉乌尔定律也可以写成

$$\Delta p = p_A^* - p_A = p_A^* - p_A^* \cdot x_A = p_A^* \cdot x_B$$

此式表明：在一定温度下，难挥发非电解质稀溶液的蒸气压下降值与溶质在溶液中的摩尔分数成正比，而与溶质的性质无关。在稀溶液中，由于溶质的物质的量远小于溶剂的物质的量，所以有

$$x_B = \frac{n_B}{n_A + n_B} \approx \frac{n_B}{n_A} = \frac{n_B}{W_A/M_A} = M_A \frac{n_B}{W_A} = M_A m_B$$

$$\Delta p = p_A^* x_B = p_A^* M_A m_B$$

式中，M_A 为溶剂的摩尔质量；m_B 为溶液的质量摩尔浓度(溶液中所含溶质的物质的量与溶剂质量之比，单位 $mol \cdot kg^{-1}$)。

在温度一定时，$p_A^* M_A$ 可视为常数，令 $K = p_A^* M_A$，则

$$\Delta p = K m_B$$

因此，在温度一定时，难挥发非电解质稀溶液的蒸气压下降值与溶液的质量摩尔浓度成正比。这也是拉乌尔定律的一种表述形式，拉乌尔定律是溶液的最基本的经验定律之一。

【例 5.1】　20℃时水的饱和蒸气压为 2.338 kPa，如果 6.480 g 蔗糖($C_{12}H_{22}O_{11}$)溶解于 100.0 g 水中，求溶液的质量摩尔浓度、蒸气压和蒸气压下降值。

解　已知蔗糖的摩尔质量为 342.0 $g \cdot mol^{-1}$，故溶液的质量摩尔浓度为

$$m = \frac{6.840}{342.0} \times \frac{1000}{100} = 0.2000 \ mol \cdot kg^{-1}$$

溶液中水的摩尔分数为

$$x = \frac{\dfrac{1000}{18.02}}{\dfrac{1000}{18.02} + 0.2000} = \frac{55.49}{55.49 + 0.2000} = 0.9964$$

$$p_A = p_A^* \cdot x_A = 2.338 \times 0.9964 = 2.330 \ kPa$$

$$\Delta p = 2.338 - 2.330 = 0.008 \ kPa$$

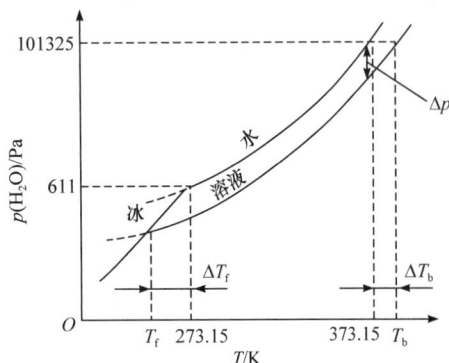

图 5.5　溶液的沸点升高和凝固点下降示意图

5.2.2　溶液的沸点升高和凝固点下降

当液体的蒸气压等于外界压力时，液体就会沸腾，此时的温度称为该液体的沸点(boiling point)，用"T_b"表示。一般情况，外界压力是指 101.325 kPa，该压力下的沸点称为正常沸点。当某物质的液相蒸气压和固相蒸气压相等时的温度称为该物质的凝固点(freezing point)，也称熔点(melting point)，用"T_f"表示。在给定压力下，所有晶体物质都有固定的凝固点和沸点。但是，由于溶质的加入，溶液的蒸气压下降，导致溶液的凝固点降低、沸点升高，如图 5.5 所

示。同样，实验也证明：难挥发非电解质稀溶液的沸点升高值和凝固点下降值与溶液的质量摩尔浓度成正比，即

$$\Delta T_b = K_b \cdot m$$
$$\Delta T_f = K_f \cdot m$$

式中，K_b 为溶液的沸点升高常数；K_f 为溶液的凝固点下降常数。它们的数值取决于溶剂的本性。例如，水的 $K_b = 0.52\ \mathrm{K \cdot kg \cdot mol^{-1}}$，$K_f = 1.86\ \mathrm{K \cdot kg \cdot mol^{-1}}$。表 5.2 列出了一些常见溶剂的沸点升高常数和凝固点下降常数。

难挥发非电解质稀溶液的蒸气压下降、沸点升高和凝固点下降的规律，也称为拉乌尔定律。在生产实践和科学研究中，溶液沸点升高和凝固点下降的性质得到了广泛的应用。例如，在钢铁热处理工艺中所用的氧化液(含有 $NaOH$、$NaNO_2$)，由于沸点升高，加热至 $140 \sim 150℃$ 时钢水也不会沸腾；在寒冷的冬季，向汽车水箱中加入乙二醇、乙醇、甘油等物质可降低溶液的凝固点而防止结冰；在水泥砂浆中加入食盐、亚硝酸钠或氯化钙，可使冬天的施工正常进行；由于凝固点下降，盐和碎冰的混合物可以用作冷却剂；利用溶液的凝固点下降还可以测定一些难挥发非电解质的分子量，或测定溶液的凝固点。

表 5.2　一些溶剂的沸点升高常数和凝固点下降常数

溶剂	沸点/K	K_b/(K · kg · mol^{-1})	凝固点/K	K_f/(K · kg · mol^{-1})
水	373.15	0.52	273.15	1.86
苯	353.25	2.53	278.65	5.12
氯仿	334.30	3.62	—	—
乙醚	307.85	2.02	156.95	1.08
乙酸	391.15	2.93	289.81	3.90
乙醇	315.55	1.22	—	—
萘	491.11	5.80	353.35	6.94

【例 5.2】　从尿中提取出一种中性含氮化合物，将 0.090 g 纯品溶解在 12 g 蒸馏水中，所形成溶液的凝固点比纯水降低了 0.233 K，试计算此化合物的分子量。

解　由表 5.2 可知水的 $K_f = 1.86\ \mathrm{K \cdot kg \cdot mol^{-1}}$。又已知 $\Delta T_f = 0.233\ \mathrm{K}$，$W = 0.090\ \mathrm{g}$；$W_{水} = 12\ \mathrm{g}$。

$$m = \frac{W/M}{W_{水}} \qquad \Delta T_f = K_f \cdot m = K_f \cdot \frac{W/M}{W_{水}}$$

$$M = K_f \cdot \frac{W}{\Delta T_f W_{水}} = \frac{1.86\ \mathrm{K \cdot kg \cdot mol^{-1}} \times 0.090 \times 10^{-3}\ \mathrm{kg}}{0.233\ \mathrm{K} \times 12 \times 10^{-3}\ \mathrm{kg}} = 0.060\ \mathrm{kg \cdot mol^{-1}}$$

$$M = 60\ \mathrm{g \cdot mol^{-1}}$$

所以，这种化合物的分子量是 60。

【例 5.3】　若将 2.76 g 甘油($C_3H_8O_3$)溶解于 200 g 水中配成溶液。则此溶液的凝固点应该是多少？(已知甘油的摩尔质量为 $92.0\ \mathrm{g \cdot mol^{-1}}$，水的 $K_f = 1.86\ \mathrm{K \cdot kg \cdot mol^{-1}}$)。

解　$\Delta T_f = K_f \cdot \dfrac{W}{MW_{水}} = \dfrac{1.86\ \text{K}\cdot\text{kg}\cdot\text{mol}^{-1}\times 2.76\times 10^{-3}\ \text{kg}}{92.0\times 10^{-3}\ \text{kg}\cdot\text{mol}^{-1}\times 200\times 10^{-3}\ \text{kg}} = 0.279\ \text{K}$

由于纯水的凝固点是 273.15 K，273.15 K – 0.279 K = 272.87 K。所以，该溶液的凝固点应为 272.87 K。

5.2.3　溶液的渗透压

只允许溶剂分子通过，而溶质分子不能通过的膜称为半透膜(semi-permeable membrane)。

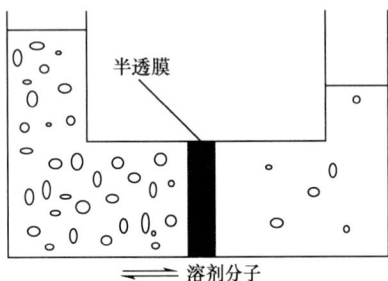

图 5.6　溶液渗透示意图

半透膜两侧的溶液因浓度不同而出现液面差的现象称为渗透(osmosis)。如果用半透膜将溶液和纯溶剂隔开，如图 5.6 所示，由于膜两侧相同体积液体内的溶剂分子数目不相等，溶液一侧的溶剂分子数目比纯溶剂的少，因此溶剂分子在单位时间内进入溶液的数目，要比溶液内的溶剂分子在同一时间内进入纯溶剂的数目多。结果使得溶液的体积逐渐增大，溶液液面上升。当单位时间内从膜两侧透过的溶剂分子数相等时，溶液一侧的液面不再升高，此时体系达到渗透平衡(osmotic equilibrium)。这时溶液液面上增加的压力称为溶液的渗透压(osmotic pressure)，常用"Π"表示，单位是 Pa。

对于难挥发的非电解质稀溶液的渗透压，有如下关系式：

$$\Pi = c_B RT \quad \text{或} \quad \Pi V = n_B RT$$

式中，Π 为溶液的渗透压，Pa；V 为溶液的体积，m^3；R 为摩尔气体常量，$8.315\ \text{Pa}\cdot\text{m}^3\cdot\text{K}^{-1}\cdot\text{mol}^{-1}$。

上式表明，在一定温度下，溶液的渗透压只与所含溶质的物质的量有关，而与溶质的本性无关。

渗透压在生物学中具有重要的意义。生物有机体的细胞膜大多数具有半透膜性质，因此渗透压是生物体中传输水的主要动力。在生物体内渗透压值是很大的，例如，在 37℃时，人体血浆的总渗透压约为 770 kPa，植物细胞的渗透压可达 2 MPa，所以水可由植物根部送到数十米高的树枝顶端。另外，采用渗透压法还可以测定高分子的摩尔质量。

【例 5.4】　在 298 K 时测得浓度为 0.020 kg·dm^{-3} 的血红蛋白水溶液的渗透压为 762.5 Pa。求血红蛋白的摩尔质量和该溶液的渗透浓度。

解　$M_B = \dfrac{W_B RT}{\Pi V} = \dfrac{0.020\ \text{kg}\times 8.315\ \text{Pa}\cdot\text{m}^3\cdot\text{K}^{-1}\cdot\text{mol}^{-1}\times 298\ \text{K}}{762.5\ \text{Pa}\times 10^{-3}\text{m}^3} = 64.99\ \text{kg}\cdot\text{mol}^{-1}$

$$c_B = \dfrac{0.020\ \text{kg}\cdot\text{dm}^{-3}}{64.99\ \text{kg}\cdot\text{mol}^{-1}} = 3.08\times 10^{-4}\ \text{mol}\cdot\text{dm}^{-3}$$

所以，血红蛋白的摩尔质量是 64.99 kg·mol^{-1}，该溶液的渗透浓度为 3.08×10^{-4} mol·dm^{-3}。

在温度相同时，渗透压相同的溶液称为等渗溶液(isotonic solution)；渗透压比参比溶液低的溶液称为低渗溶液(hypotonic solution)；渗透压比参比溶液高的溶液称为高渗溶液(hypertonic solution)。在医学上，以正常人血浆的渗透压或渗透浓度(指溶液中产生渗透效应的微粒的浓度总和)为标准来区分"等渗溶液"、"低渗溶液"和"高渗溶液"。渗透浓度为 280～

320 mmol·dm^{-3}的溶液为等渗溶液(如生理盐水)；渗透浓度小于 280 mmol·dm^{-3}是低渗溶液；渗透浓高于 320 mmol·dm^{-3}是高渗溶液。渗透压对维持人体的细胞内、外水盐的相对平衡，维持血容量和血管内、外水盐的相对平衡起着重要作用。因此，临床上为患者输液时要注意给药的渗透浓度，否则就会影响人体的水盐平衡，给患者造成伤害，甚至危及生命安全。

5.2.4　电解质溶液的性质

电解质溶液也具有依数性，但不遵守拉乌尔定律。荷兰化学家范特霍夫对此提出了一个修正因数，称为范特霍夫因数，用"i"表示。它是实际测得的凝固点下降(或沸点升高)值，与根据拉乌尔定律(不考虑电解质的电离)计算出的凝固点下降(或沸点升高)值之比：

$$i = \frac{\Delta T_f}{m \cdot K_f} \quad 或 \quad i = \frac{\Delta T_b}{m \cdot K_b}$$

即
$$\Delta T_f = imK_f \quad 或 \quad \Delta T_b = imK_b$$

因为非电解质溶液有 $\Delta T_f = mK_f$ 或 $\Delta T_b = mK_b$，所以 $i=1$，表明溶质在溶液中未发生电离。但溶质在溶液中发生电离时，$i \neq 1$，如果计算溶液的沸点升高或凝固点下降值，就应该对溶液的质量摩尔浓度进行校正。表 5.3 列出了一些强电解质溶液的范特霍夫因数。

表 5.3　一些强电解质溶液的范特霍夫因数

浓度/(mol·kg^{-1})　　　i 电解质	0.001	0.01	0.1
NaCl	1.97	1.94	1.87
MgSO$_4$	1.82	1.53	1.21
K$_2$SO$_4$	2.84	2.68	1.32
K$_3$[Fe(CN)$_6$]	3.82	3.36	2.85

从表 5.3 的数据可以发现，i 并不等于各强电解质按化学式所能提供的离子数。例如，当浓度都为 0.001 mol·kg^{-1} 时，NaCl 的 i 是 1.97(而不是 2)，K$_2$SO$_4$ 的 i 是 2.84(而不是 3)。另外，i 随溶液浓度的改变而变化，且溶液越稀，i 就接近按化学式所提供的离子数。对于强电解质溶液的这一行为，德国化学家德拜和休克尔在 1923 年做了解释。他们指出：强电解质在溶液中，因正、负离子间的静电吸引力，导致离子不能完全独立运动，降低了溶液中各种离子运动的有效性。虽然 NaCl 和 MgSO$_4$ 同属 AB 型强电解质，但在相同浓度下它们的 i 却不相等，MgSO$_4$ 的 i 小于 NaCl。这是因为 MgSO$_4$ 溶液中两种离子带的电荷数都高于 NaCl 溶液中的离子所带电荷数，离子间吸引力要强得多，从而大大降低了离子运动的有效性，所以 i 比较小。

当溶液被稀释时，离子间距离增大，吸引力减小。在极稀溶液中，离子间的相互影响可以忽略，此时离子基本上可以达到完全独立运动。由于离子间引力使溶液的离子浓度低于实际浓度，因此德拜和休克尔提出用活度 a 来代表离子的有效浓度，它与离子实际浓度 c 之间的关系可以用下式表示：

$$a = \gamma c$$

式中，γ 为活度系数，总小于 1，当溶液浓度接近无限稀释时，活度系数便接近 1，活度与离子浓度相等。

5.3　胶　　体

英国科学家格雷姆(Graham)在 1861 年首先提出了"胶体"(colloid)的概念。实际上，胶体在自然界中广泛存在。动物的皮毛、血液、体液、细胞、软骨等都属于胶体体系，所以生物体的很多生理现象和病理变化都与胶体的性质密切相关。高度分散性是自然界中物质分布的普遍现象。而胶体是分散系的一种。高度的分散性使胶体具有巨大的表面积和表面能，从而导致胶体产生许多独特的性质。

5.3.1　分散系

分散系(disperse system)是一种或多种物质分散在另一种物质中而形成的体系。被分散的物质称为分散相(disperse phase)，容纳分散相的连续介质称为分散介质(disperse medium)。根据分散相和分散介质之间有无界面，可以将分散系分成均相分散系和非均相分散系。均相分散系是指分散相和分散介质均在同一相的体系，依据分散相分子的大小又可进一步将其分为低分子分散系和高分子分散系。通常低分子分散系就是指真溶液，如常用的无机酸碱盐溶液。蛋白质等高分子溶液属于高分子分散系。非均相分散系是分散相和分散介质不在同一相的体系，如牛奶、云雾、混凝土等。分散系还可以根据分散相的颗粒大小，将其分为粗分散系(coarse dispersed system)、胶体分散系(colloidal dispersed system)和分子(离子)分散系(molecule or ion dispersed system)。

1. 粗分散系

粗分散系是指分散相颗粒平均直径为 $10^{-5} \sim 10^{-3}$ cm，通过肉眼或普通显微镜能观察到分散相颗粒的分散体系。由于分散相颗粒较大，能阻碍光线的通过，所以表现出浑浊、不透明的特征。较大的分散相颗粒容易受重力作用而沉降，因此粗分散系很不稳定。常见的悬浊液(固体分散于液体中形成)、乳浊液(液体分散到不溶的液体中形成)都属于粗分散系。

2. 分子(离子)分散系

分子(离子)分散系是指分散相颗粒平均直径在 10^{-7} cm 左右的分散体系。很小的分散相颗粒不能阻挡光线的通过，所以分子(离子)分散系是透明的。同时，分子(离子)分散系具有很高的稳定性，长时间放置也不会发生聚沉现象。

3. 胶体分散系

胶体分散系的分散相颗粒直径为 $10^{-7} \sim 10^{-5}$ cm，比分子或离子大得多，每个分散相颗粒是由许多分子或离子聚集形成的。按分散相粒子的组成不同，胶体分散系可再分为溶胶(sol)、高分子溶液(macromolecule solution)和缔合胶体(association colloid)三类。胶体是物质存在的一种特殊状态，当任何物质以 $10^{-7} \sim 10^{-5}$ cm 大小分散于另一种物质中时，就形成了胶体，如氯化钠溶解在水中形成真溶液，而分散在苯中则形成胶体；硫磺溶解在乙醇中形成真溶液，而在水中却能形成胶体。

5.3.2　溶胶

固态分子、离子和原子的聚集体(胶核)分散在液体介质中形成的胶体分散系，称为胶体溶液，简称溶胶。溶胶属于多相分散体系，具有很大的界面积和界面能。溶胶中分散相粒子都有自发聚结长大，以减低体系能量的趋势，所以溶胶是热力学不稳定体系。溶胶的多相性、高分散性和不稳定性，导致其在动力学、光学和电学等方面展现出一系列独特的性质。

1. 光学性质

当一束光透过溶胶时，从与光束垂直的方向上可以观察到一个光柱，这个现象是科学家丁铎尔(Tyndall)在 1861 年发现的，故称为丁铎尔效应(图 5.7)。由于溶胶粒子直径小于入射光的波长，当光线照射到溶胶粒子上就会产生散射，而且光绕过粒子前行的同时，又会从粒子的各方向上散射，散射出来的光称为乳光。所以，在光线的照射下，溶胶中的粒子就像一个个小的发光体，无数个发光体的聚集就产生了丁铎尔效应。在真溶液中，由于分散相粒子远远小于入射光的波长，光线能直接绕过粒子，产生的散射非常弱，很难观察到乳光。而悬浊液中的粒子直径远大于入射光波长，只能产生光的反射或折射。因此，丁铎尔效应是鉴别悬浊液、溶胶和真溶液的最简便方法。

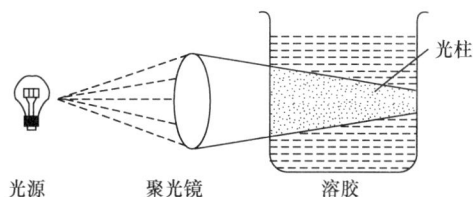

图 5.7　丁铎尔效应

2. 动力学性质

在超显微镜下可观察到溶胶粒子总是处于不停的无规则运动状态。此运动状态称为溶胶粒子的布朗(Brown)运动，其本质是热运动。在溶胶体系中，分散介质的分子(离子)处于不间断的无规则热运动中，当介质分子(离子)从不同方向撞击溶胶粒子时，由于受力不平衡而使溶胶粒子产生布朗运动。实验已经证明：溶胶粒子越小，温度越高，分散介质黏度越小，溶胶的布朗运动越激烈。布朗运动抑制了溶胶粒子的下沉，因此溶胶具有动力学稳定性。

当溶胶体系中存在浓度差时，布朗运动使溶胶粒子自发地从高浓度区域向低浓度区域迁移，称为溶胶粒子的扩散(diffusion)。扩散使溶胶粒子的浓度趋于均匀。但在重力的作用下，溶胶粒子也会自动地沉降(settle)。当这两种作用力相等时，溶胶体系达到一个动态平衡，称为沉降平衡(settle equilibrium)。

3. 电学性质

在外加电场作用下，溶胶粒子在分散介质中定向移动的现象称为电泳(electrophoresis)。溶胶的电泳现象证明溶胶粒子带有电荷。通常，大多数金属硫化物、硅胶、金、银等的溶胶粒子带负电，称为负溶胶(negative sol)；而大多数金属氢氧化物溶胶的胶粒带正电，称为正溶胶(positive sol)。在电场作用下，溶胶粒子不动而带电分散介质向带相反电荷的电极方向移动的现象称为电渗(electroosmosis)。在同一电场中，电渗和电泳现象往往同时发生，两者都是溶胶表现出的电学性质。图 5.8 为电泳和电渗装置。

溶胶粒子带电的原因主要有两个，一是胶核界面的选择性吸附所致。胶核(colloidal nucleus)是溶胶粒子的中心，由许多分子或原子聚集而成，具有很大的界面积和界面能，所以很容易吸附溶液中的离子，以降低界面能。根据法扬斯(Fajans)规则，胶核总是优先选择性地吸附与其组成类似的离子，如 AgI 胶核表面优先吸附 Ag^+ 或 I^-，如果制备 AgI 溶胶时，银盐过量，胶核将优先吸附 Ag^+ 而带正电，如果碘盐过量则吸附 I^- 而带负电。二是，如果胶核表面含

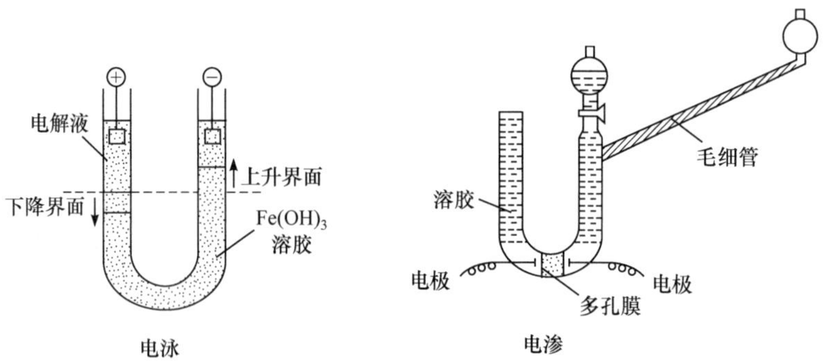

图 5.8　电泳和电渗装置

有可电离的分子或基团，在分散介质中电离形成离子，也能使胶粒带电。例如，硅胶的胶核是由许多 SiO_2 分子组成，处于表面的分子与水作用生成硅酸，硅酸分子发生以下分解反应：

$$H_2SiO_3 \Longrightarrow 2H^+ + SiO_3^{2-}$$

H^+ 扩散到水溶液中，SiO_3^{2-} 则留在胶核表面而使硅胶粒子带负电。

由于溶胶呈电中性，而胶粒带有一定的电荷，故胶粒周围的分散介质中必定有与表面所带电荷数相等而符号相反的离子存在，这些离子称为反离子(counter ions)，胶粒表面所带离子称为定位离子(potential determining ions)。在吸附、静电吸引和扩散的作用下，溶胶粒子与分散介质之间的界面上形成了一个扩散双电层(diffused electric double layer)。其中，定位离子与部分反离子紧密结合在一起构成吸附层；另一部分反离子因扩散作用分布在吸附层外围，形成扩散层。胶粒和扩散层构成胶团(图 5.9)。扩散层以外的均匀溶液是胶团间液，呈电中性。因此，溶胶也可以看成是胶团和胶团间液构成的分散体系。在电场作用下，胶团会从吸附层与扩散层之间裂开，胶粒向与其电性相反的电极移动，而扩散层则向另一电极迁移。胶粒和扩散层间做相对运动的界面称为滑动面或滑移界面。

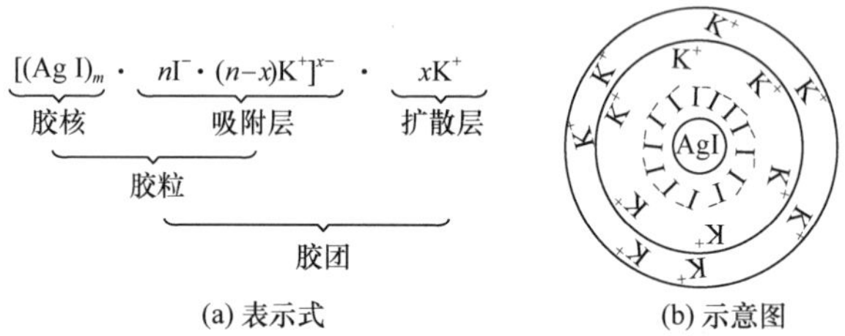

(a) 表示式　　　　　　(b) 示意图

图 5.9　碘化银的胶团结构(以 KI 为稳定剂)

4. 稳定性

虽然，溶胶是热力学不稳定性体系。但实际上，有些溶胶却能稳定地存在很长时间。这是因为布朗运动能阻止胶粒在重力场中的沉降；带相同电性的电荷也能阻止或减少胶粒间因聚结而产生的沉降。此外，胶团双层结构中离子的溶剂化，使胶粒被溶剂分子包围，所形成的溶剂化膜犹如一层弹性隔膜，也能阻止胶粒聚结沉降。胶粒带电是使溶胶稳定的主要因素，其次是溶剂化膜的存在。胶粒带电量越大，扩散层和溶剂化膜越厚，溶胶的稳定性越高。

20 世纪 40 年代，杰里亚金(Derjaguin)和朗道(Landau)及费尔韦(Verwey)和奥费尔比克(Overbeck)分别提出了带电胶体粒子稳定性理论，简称 DLVO 理论。理论的基本要点如下：

(1) 胶粒间存在着范德华力。范德华力的大小与胶粒间距离的二次方成反比。由范德华吸引力产生的势能称为引力势能($V_{吸}$)。

(2) 在胶粒周围存在着反离子的扩散层,使每个胶粒周围形成离子氛。当带相同电荷的粒子互相靠近到一定距离时,离子氛发生重叠,胶粒因受到斥力而彼此分开(图 5.10)。由这种斥力产生的势能称为斥力势能($V_{斥}$)。

(3) 溶胶的稳定性由引力势能($V_{吸}$)和斥力势能($V_{斥}$)的相对大小决定。$V_{总}$是粒子间的总势能, $V_{总} = V_{吸} + V_{斥}$。图 5.11 是溶胶粒子间的势能随距离的变化曲线。图中 E_{b} 称为斥力势垒,反映溶胶稳定性的高低。胶粒要聚集沉降,必须克服一定的势垒,所以溶胶能在一定时间内稳定存在。虽然,布朗运动使胶粒相互碰撞,但当胶粒靠近到扩散层时,离子氛发生重叠,胶粒间以斥力为主,胶粒彼此分开,不会引起聚沉。当 $E_{b} = 0$ 时,胶粒间的吸引效应抵消了排斥效应,布朗运动引起的碰撞将导致胶粒聚结而产生聚沉。

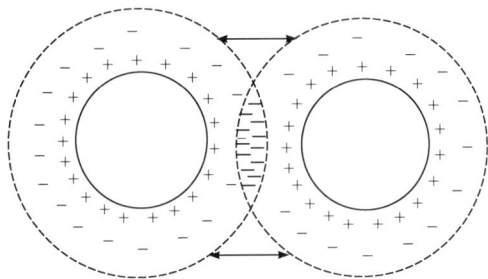

图 5.10　离子氛的重叠

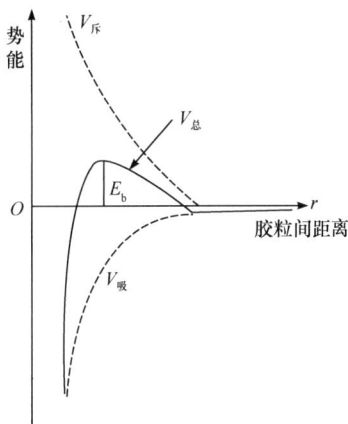

图 5.11　胶粒间的势能曲线

5.3.3　凝胶

在适当的条件下,溶胶或高分子溶液中的分散相相互连接成网络结构,分散介质充满网络之中,从而形成失去流动性的半固态体系,称为凝胶。凝胶在自然界普遍存在着,如明胶、果冻、豆腐、硅胶、肉冻、橡胶等。形成凝胶的过程称为胶凝作用。根据分散相的性质,凝胶分成弹性凝胶和刚性凝胶两类。弹性凝胶通常是由柔性的线型高分子化合物形成的凝胶。不仅具有弹性,还能可逆地吸收和脱除分散介质,而且对分散介质的吸收具有选择性。例如,明胶能可逆地吸收和脱除水,却不能吸收苯。橡胶能吸收苯,但不能吸收水。凝胶完全脱除分散介质后,体积收缩仅剩下的分散相骨架称为干凝胶。刚性凝胶是由刚性分散相(通常是无机物颗粒,如 SiO_2、TiO_2、V_2O_5 和 Al_2O_3 等)连成网络结构的凝胶。当吸收或脱除分散介质时,刚性凝胶的骨架基本不变,但完全脱除分散介质形成干凝胶后,却不能再吸收分散介质重新变成凝胶,即刚性凝胶对分散介质的吸收和脱除是不可逆的,同时没有选择性。一般凝胶的制备有两种途径:①由干凝胶吸收分散介质制得;②利用溶胶或高分子溶液通过胶凝作用制得。

凝胶是处于固体和液体之间的一种中间状态,所以既具有固体无流动性,有一定的几何外形和强度等的特性,又保持了液体的某些特点,如离子在水凝胶中的扩散速率与在水溶液中的扩散速率相当。另外,凝胶自身也具有以下特性:

1. 溶胀

凝胶吸收介质(液体或气体)使体积或质量显著增加的现象称为溶胀，也称膨胀。当吸收液体后，凝胶的网络被撑开，使体积膨大，如果凝胶吸收的液体越来越多，网络最终碎裂并完全溶解于液体之中形成溶液，则这种溶胀是无限溶胀。如果凝胶只吸收有限量的液体，其网络仅被撑开而不解体，那么，这种溶胀为有限溶胀。

2. 离浆

凝胶在放置过程中自动收缩并挤出部分液体的现象称为离浆。这是因为发生离浆时，凝胶和液体的总体积不变，构成凝胶网络的分散相颗粒相互靠近，排列得更有序。凝胶网络的收缩挤出一部分液体，这些液体是溶胶或高分子的稀溶液。凝胶的离浆是溶胀的逆过程。弹性凝胶离浆后可恢复原来的形状，但刚性凝胶的离浆是不可恢复的。

3. 吸附

刚性凝胶的干凝胶具有多孔状的毛细管结构，比表面积很大，所以吸附能力较强。因此，常用作吸附剂、干燥剂和催化剂载体。而弹性凝胶干燥时分散相收缩成紧密结构，不能形成多孔结构，所以吸附能力比刚性凝胶弱得多。

4. 触变

在机械力作用下，凝胶的黏度明显减小并转变成溶胶，而除去外力，静置后溶胶又重新转变为凝胶，这种现象称为触变。这是因为凝胶的网络结构主要依靠分子间力形成，在受到外力的作用时，网络结构被破坏，分离出溶剂而形成溶胶。当去除外力时，分子间力又使体系的网络结构重新交联形成凝胶。

范特霍夫——第一个荣获诺贝尔化学奖的物理化学家

物理化学家雅可比·亨利克·范特霍夫 1852 年出生于荷兰鹿特丹，在中学读书就对化学实验产生了浓厚的兴趣。1872 年范特霍夫于莱顿大学毕业之后，为了学习和研究化学，先后师从于化学家凯库勒和武兹。1874 年，范特霍夫与他的法国同窗好友勒·贝尔分别提出了碳的正四面体构型学说，并于 1875 年发表了《空间化学》。首次提出了"不对称碳原子"的新概念。不对称碳原子的存在，使酒石酸分子产生两个变体——右旋酒石酸和左旋酒石酸；两者混合后，可得到光学上不活泼的外消旋酒石酸。"正四面体模型"解释了某些有机化合物具有旋光现象的原因。并为立体化学的诞生奠定了基础，也使范特霍夫成为了立体化学学科的创立者之一。范特霍夫在 1884 年出版的《化学动力学研究》中，不仅着重讨论了化学反应速率及其变化规律，创造性地把反应速率分为单分子、双分子和多分子反应三种不同类型来研究。而且还专门论述了化学平衡理论和以自由能为基础的亲和力理论。在物理化学领域中，范特霍夫广泛地研究了热力学，特别是有关稀溶液的渗透压问题，提出了具有普适性的渗透压公式($pV = iRT$)。他把化学动力学、热力学和物理测定统一起来，建立了物理化学的基础。范特霍夫关于电解质溶液的渗透压的文章

在斯德哥尔摩发表后，引起了德国科学家威廉·奥斯特瓦尔德的极大兴趣。1887 年 8 月初，他们共同创办的《物理化学杂志》第一期在莱比锡问世(1896 年起由美国化学会出版至今)，这是新兴的边缘学科——物理化学诞生的标志。范特霍夫同阿伦尼乌斯、奥斯特瓦尔德的友谊与协作，使他们突破了国界和学科的局限，共同创立了新学科；为新兴基本理论的确立进行了顽强的战斗，因此三人被誉为"物理化学的三剑客"。范特霍夫毕生从事有机立体化学与物理化学的广泛研究，取得了累累硕果，使他成为世界上第一个诺贝尔化学奖的获得者。自 1885 年以后，范特霍夫一直是荷兰皇家科学院成员。并先后当选为哥根廷皇家科学院、伦敦化学会、美国化学会以及德国研究院的外籍成员，获得了许多荣誉奖章。1901 年他在接受了诺贝尔化学奖以后，应邀访问了美国、德国等一些经济、文化先进的国家，多次获得荣誉博士学位。但他始终不忘报效自己的祖国，外国的高薪聘请和优越舒适的生活条件都没能留住这位爱国的荷兰科学家。他毅然返回祖国，以罕见的热情和勤奋从事科学研究工作。他常常废寝忘食，夜以继日地工作，每天的工作时间长达 10 多个小时。年近花甲时，范特霍夫终因积劳成疾，越来越重的肺结核病使他日趋虚弱，身体消瘦，呼吸不畅。1911 年 3 月 1 日，年仅 59 岁的范特霍夫不幸早逝。

习　　题

1. 与难挥发性非电解质稀溶液的蒸气压降低、沸点升高、凝固点降低有关的因素为_____。

    A. 溶液的体积　　　　　　B. 溶液的温度　　　　　　C. 溶质的本性

    D. 单位体积溶剂中溶质质点数　　E. 以上都不对

2. 配制萘的稀苯溶液，利用凝固点降低法测定萘的摩尔质量，在凝固点时析出的物质是_____。

    A. 萘　　　B. 水　　　C. 苯　　　D. 萘、苯　　　E. 组成复杂的未知物质

3. 将 0.542 g 的 $HgCl_2$(M_r = 271.5)溶解在 50.0 g 水中，测出其凝固点为−0.0744℃，K_f = 1.86 K·kg·mol^{-1}，1 mol 的 $HgCl_2$ 能电离成的粒子数为_____。

    A. 1 mol　　B. 2 mol　　C. 3 mol　　D. 4 mol　　E. 5 mol

4. 50 g 水中溶解 0.5 g 非电解质，101.3 kPa 时，测得该溶液的凝固点为−0.31℃，水的 K_f = 1.86 K·kg·mol^{-1}，则此非电解质的分子量为_____。

    A. 60　　B. 30　　C. 56　　D. 28　　E. 280

5. 在外加电场的作用下，$Fe(OH)_3$ 胶体粒子移向阴极的原因是_____。

    A. Fe^{3+}带正电荷　　　　　　　　B. $Fe(OH)_3$ 带负电吸引阳离子

    C. $Fe(OH)_3$ 胶体粒子吸附阳离子而带正电荷　　D. $Fe(OH)_3$ 胶体吸附阴离子带负电荷

6. 在水泥和冶金工厂常用高压电对气溶胶作用，除去大量烟尘，以减少对空气的污染。这种做法应用的主要原理是_____。

    A. 电泳　　　B. 渗析　　　C. 凝聚　　　D. 丁铎尔现象

7. 不能用有关胶体的观点解释的现象是_____。

    A. 在河流入海口处易形成三角洲

    B. 0.01 mol·dm^{-3} $AgNO_3$ 溶液中滴入同浓度的 NaI 溶液，看不到黄色沉淀

    C. 在 NaF 溶液中滴入 $AgNO_3$ 溶液看不到沉淀

    D. 同一钢笔同时使用不同牌号的墨水易发生堵塞

8. 现有甲、乙、丙、丁和 $Fe(OH)_3$ 胶体溶液，按甲和丙、乙和丁、丙和丁、乙和 $Fe(OH)_3$ 胶体两两混合，均出现胶体凝聚。则胶体粒子带负电荷的胶体溶液是_____。

    A. 甲　　　B. 乙　　　C. 丙　　　D. 丁

9. 由等体积的 $1\ mol \cdot dm^{-3}$ KI 溶液与 $0.81\ mol \cdot dm^{-3}$ $AgNO_3$ 溶液制备的 AgI 溶胶分别加入下列电解质时，其聚沉能力最强的是_____。

  A. $K_3[Fe(CN)_6]$　　　　　　　B. $NaNO_3$　　　　　　　C. $MgSO_4$　　　　　　　D. $FeCl_3$

10. 在晴朗的白昼，天空呈蔚蓝色的原因是_____。

  A. 蓝光波长短，透射作用显著　　　　　　　　B. 蓝光波长短，散射作用显著

  C. 红光波长长，透射作用显著　　　　　　　　D. 红光波长长，散射作用显著

11. 外加直流电场于胶体溶液，向某一电极做定向移动的_____。

  A. 胶核　　　　　　　B. 胶粒　　　　　　　C. 胶团　　　　　　　D. 紧密层

12. 溶胶是热力学_____系统，动力学_____系统；而大分子溶液是热力学_____系统，动力学_____系统。

13. 用 NH_4VO_3 和浓 HCl 作用，可制得稳定的 V_2O_5 溶胶，其胶团结构是_____。

14. 向 $Fe(OH)_3$ 胶体中逐滴加入盐酸至过量，出现的现象是_____，原因是_____。

15. 在氢氧化铁胶体里加入硫酸钠饱和溶液，由于_____离子的作用，使胶体形成了沉淀，这个过程称为_____。

16. 25 g 的 CCl_4 中溶有 0.5455 g 某溶质，与此溶液成平衡的 CCl_4 蒸气分压为 11.1888 kPa，而在同一温度时纯 CCl_4 的饱和蒸气压为 11.4008 kPa。(1)求此溶质的分子量 M_r。(2)根据元素分析结果，溶质中含 C 为 94.34%，含 H 为 5.66%(质量百分数)，请确定溶质的化学式。

17. 已知 0℃、101.325 kPa 时，在每 100 g 水中 O_2 的溶解度为 4.49 cm^3；N_2 的溶解度为 2.35 cm^3。试计算被 101.325 kPa 空气(其中 O_2、N_2 的体积百分数分别为 21%、79%)所饱和了的水的凝固点较纯水的凝固点降低了多少。

18. 在 20℃下将 68.4 g 蔗糖($C_{12}H_{22}O_{11}$)溶于 1 kg 水中。求：(1)此溶液的蒸气压；(2)此溶液的渗透压。已知在 20℃ 下此溶液的密度为 1.024 $g \cdot cm^{-3}$，纯水的饱和蒸气压 $p_{H_2O}^* = 2.339$ kPa。

19. 人的血液(可视为水溶液)在 101.325 kPa 下于 −0.56℃凝固。已知水的 $K_f=1.86\ K \cdot kg \cdot mol^{-1}$。求：(1)血液在 37℃ 时的渗透压；(2)在同温度下，1 dm^3 蔗糖($C_{12}H_{22}O_{11}$)水溶液中需含多少克蔗糖时才能与血液有相同的渗透压。

20. 0.1130 g 磷溶解于 19.040 g 苯中，苯的凝固点降低 0.245℃，求此溶液中的磷分子是由几个磷原子组成的。(已知苯的 $K_f = 5.10\ K \cdot kg \cdot mol^{-1}$，磷的原子量为 30.97)。

21. 10.0 g 某高分子化合物溶于 1 dm^3 水中所配制成的溶液在 27℃时的渗透压力为 0.432 kPa，计算此高分子化合物的分子量。

22. 298.15 K 时，纯乙醚的蒸气压为 58.95 kPa，若在 0.10 kg 乙醚中溶入某非挥发性有机物质 0.01 kg，乙醚的蒸气压降低到 56.79 kPa，试求该有机物的摩尔质量。

第 2 篇

物 质 结 构

第6章 原子结构与周期表

20世纪初，卢瑟福(Rutherlord)根据粒子散射实验提出了含核的原子模型；1913年，玻尔(Bohr)根据氢光谱的实验事实提出了核外电子分层分布的玻尔理论；到20世纪20年代，以微观粒子的波粒二象性为基础发展起来的量子力学才建立了比较符合微观世界实际的物质结构近代理论。

6.1 氢原子结构的近代概念

6.1.1 核外电子运动的特征

1. 玻尔理论评价

丹麦物理学家玻尔从氢原子线状光谱的实验事实出发，引用了普朗克(Planck)的量子论，提出了"玻尔理论"，他提出了量子数 n 的概念。对于氢原子，核外电子运动的轨道能量为

$$E = \frac{-1312}{n^2} \text{kJ} \cdot \text{mol}^{-1}, \quad n = 1, 2, 3, 4, \cdots (\text{正整数}) \tag{6.1}$$

此式表明原子核外电子运动状态不同，具有不同的能量，而且它们是不连续变化的。量子数 n 又是能级的编号。n 越大，表示电子运动的轨道离核越远、能级越高。负号表示在原子核的正电场作用下，电子受核的吸引。当 $n = \infty$ 时，$E = 0$，相当于电离了的原子。根据玻尔理论可以计算出，氢原子处于能量最低的状态——基态时，电子在 $n = 1$ 的轨道上运动，其半径为52.9 pm，称为玻尔半径，记为 a_0。

玻尔理论成功地解释了氢原子的线状光谱，它对氢原子光谱谱线频率的计算与实验结果十分吻合。玻尔首先提出了电子运动能量的量子化概念，这无疑是一个重大的进步。但这个理论并未完全冲破经典力学理论的束缚，把微观粒子——电子在原子核外的运动视为太阳系模型那样，沿着固定轨道绕核旋转。它对能级的描述也很粗略。所以玻尔理论不仅不能说明多电子原子的光谱，甚至在解释氢光谱的精细结构方面也遇到了困难，更不能解释原子如何结合成分子的化学键的本质。

2. 微观粒子的波粒二象性

1905年爱因斯坦(Einstein)提出了"光子学说"，指出光不仅是电磁波而且是一种光子流。光在空间传播过程中发生的干涉、衍射等现象突出地表现了光的波动性；而光与实物相互作用发生的光的吸收、发射、光电效应等现象就突出地表现了光的粒子性。光子学说揭示了光的本质，指出了光既具有波动性又具有粒子性，即光具有波粒二象性(wave-particle duality)。每一种频率的光，都具有一定能量的微粒——光(量)子。动量为 P 的光子，其波长为 λ，二者之间通过普朗克常量 $h(6.626 \times 10^{-34}$ J·s$)$ 联系起来，即

$$P = \frac{h}{\lambda} \tag{6.2}$$

在光的波粒二象性启发下，年仅 31 岁的法国科学家德布罗意(de Broglie)认为，19 世纪对光的研究过分重视了它的波动性，忽视了微粒性；而现在对实物粒子的研究是否发生了相反的错误，即过分重视了它的粒子性而忽视了它的波动性呢？1924 年他大胆地提出了电子、原子、分子等实物微粒也具有波粒二象性的假设，描述光的波粒二象性的关系式也适用于电子等实物微粒。二者虽然形式相似，但引入了一个全新的概念。他预言，运动着的实物微粒总是同一个波相联系，这种波称为物质波(matter waves)，也称德布罗意波(de Broglie waves)，波长 λ 与动量 P 的关系是

$$\lambda = \frac{h}{P} = \frac{h}{mv} \tag{6.3}$$

式(6.1)称德布罗意关系式。式中，h 为普朗克常量；m 为微粒的质量；v 为微粒的运动速度。此式说明了波粒二象性是对立的统一。

在德布罗意假设提出 3 年之后，戴维逊(Davisson)和革末(Germer)等所做的电子衍射实验完全证实了电子具有波动性。如图 6.1 所示，当一束电子以一定的速度穿过晶体投射到照相底片上时，由于晶体起着光栅的作用，在底片上得到的不是一个点，而是一系列明暗相间的衍射环纹。电子能发生衍射现象，说明电子运动与光的传播相似，具有波动性。电子衍射实验测得的波长实验值与德布罗意关系式计算出的预期理论值比较，二者极为接近。后来陆续发现的事实和许多实验都一再证实了微观粒子具有波动性。例如，电子显微镜就是用电子束代替可见光投射到

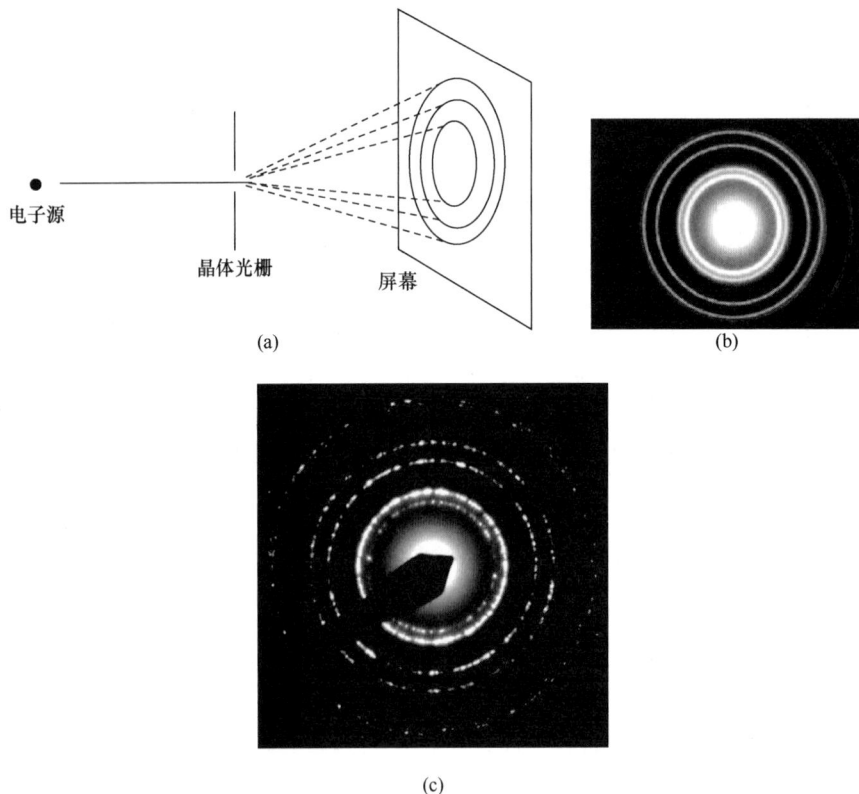

(a)　　　　　　　　　　　　　　　(b)

(c)

图 6.1　电子衍射实验示意图和电子衍射图像(中间黑色为样品探针)

物体上而放大成像的。实验还证实，不仅电子，运动着的质子、中子、α粒子等都会发生衍射现象，且都符合德布罗意关系式，这充分说明了波粒二象性确实是微观粒子运动的特征。

如何理解电子的波动性？以电子衍射实验为例，如果让一个电子穿过晶体光栅，在照相底片上只会得到一个感光的斑点；如果让少数几个电子穿过晶体光栅，在照相底片上也只会得到少数几个无明确规律的感光斑点；如果让大量的电子穿过晶体光栅，才能得到有确定规律的衍射环纹。所以电子的波动性是电子无数次行为的统计结果，电子波是一种具有统计性的波，又称概率波。在衍射图上，衍射强度大(亮)的地方，波的强度大，也就是电子出现的概率密度(单位体积里的概率)大的地方；衍射强度小(暗)的地方，波的强度小，也就是电子出现的概率密度小的地方。在空间任一点上，电子波的强度与电子出现的概率密度成正比。具有波动性的电子运动没有确定的经典运动轨道，只有一定的与波的强度成正比的概率密度分布规律。

综上所述，原子核外电子的运动具有能量量子化、波粒二象性和统计性三大特性。

6.1.2 波函数

由于微观粒子具有波粒二象性，描述宏观物体运动规律的经典物理学方法对微观粒子已不适用。1926 年奥地利物理学家薛定谔(Schrödinger)根据德布罗意物质波的观点，引用电磁波的波动方程，提出了描述微观粒子运动规律的波动方程——薛定谔方程，建立了近代量子力学理论。

薛定谔方程是一个二阶偏微分方程：

$$\frac{\partial^2 \psi}{\partial x^2} + \frac{\partial^2 \psi}{\partial y^2} + \frac{\partial^2 \psi}{\partial z^2} + \frac{8\pi^2 m}{h^2}(E-V)\psi = 0 \qquad (6.4)$$

式(6.4)包含了体现微观粒子波动性的物理量——波函数(wave function)ψ；体现微观粒子微粒性的物理量——微粒的质量 m；总能量 E；势能 V；h 为普朗克常量；x、y、z 为微粒的空间坐标。解薛定谔方程，就可求出描述微观粒子(如电子)运动状态的函数式——波函数以及与此状态相应的能量 E。实践证明，薛定谔方程式是正确的，它反映了微观粒子的运动特征。本书将就由此方程求解后得到的一些重要结论进行简明扼要的阐述。

1. 波函数(原子轨道)的概念

波函数不是一个具体的数值，而是用空间坐标(如 r，θ，φ 或 x, y, z)来描写波的数学函数式。在量子力学里，将描述原子中单个电子运动状态的波的数学函数式称为波函数，习惯上又称为原子轨道(atomic orbital)。

波函数记为 $\psi_{n,l,m}(r,\theta,\varphi)$，简写为 $\psi_{n,l,m}$ 或 $\psi(r,\theta,\varphi)$ 或 ψ。其中 $\psi(r,\theta,\varphi)$ 表示波函数是空间球极坐标 r、θ、φ 的函数。球极坐标示意图见图 6.2。

n, l, m 是解薛定谔方程时自然产生的 3 个参数，称为 3 个量子数。n 为主量子数(principal quantum number)，l 为角量子数(angular quantum number)，m 为磁量子数(magnetic quantum number)。这 3 个确定的量子数组成一套参数就规定了波函数的具体形式 $\psi_{n,l,m}$。这 3 个量子数的取值规律是：

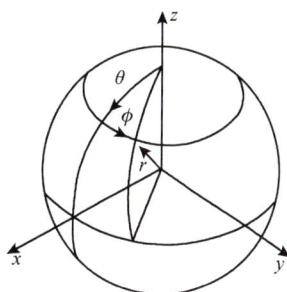

图 6.2 球极坐标(r 是极径，θ 和 φ 分别是垂直角和水平角)示意图

主量子数 $n = 1, 2, 3, \cdots$(正整数)；

角量子数 $l = 0, 1, 2, \cdots(n-1)$，共可取 n 个值；

磁量子数 $m = 0, \pm1, \pm2, \cdots, \pm l$，共可取 $2l + 1$ 个值。

可见，l 的取值受 n 数值的限制。例如，$n = 1$ 时，l 只可取 0；$n = 2$ 时，l 可取 0 和 1。m 的取值又受 l 的限制。例如，$l = 0$ 时，m 只可取 0；$l = 1$ 时，m 可取 -1、0、$+1$。3 个量子数的组合是有一定规律的。

通常把 $l = 0, 1, 2, 3$ 的波函数(原子轨道)分别称为 s，p，d，f 轨道。例如，当 $n = 1$ 时，$l = 0$，$m = 0$，只有 $\psi_{1,0,0}$ 一个波函数(原子轨道)，可写成 ψ_{1s} 轨道；当 $n = 2$ 时，$l = 0$，$m = 0$，有 $\psi_{2,0,0}$ 一个 ψ_{2s} 轨道；而 $n = 2$ 时，l 还可取 1，m 取 0，±1，组合起来就是 3 个 ψ_{2p} 轨道。所以当 $n = 2$ 时共有 4 个原子轨道。类推下去，当 $n = 3$ 时就有 1 个 s 轨道，3 个 p 轨道，5 个 d 轨道，一共 9 个原子轨道。氢原子轨道与 3 个量子数 n，l，m 的关系如表 6.1 所示。

表 6.1　氢原子轨道与 3 个量子数的关系

n	l	m	轨道名称	轨道数	各层轨道总数
1	0	0	1s	1	1
2	0	0	2s	1	4
2	1	0, ±1	2p	3	
3	0	0	3s	1	9
3	1	0, ±1	3p	3	
3	2	0, ±1, ±2	3d	5	
4	0	0	4s	1	16
4	1	0, ±1	4p	3	
4	2	0, ±1, ±2	4d	5	
4	3	0, ±1, ±2, ±3	4f	7	

特别指出，这里所谈的原子轨道(orbital)与宏观物体运动的轨道或玻尔轨道(orbit)不同，我们这里所说的原子轨道是指描述原子中单个电子运动状态的函数式——波函数，故有人建议把它称为原子轨道函数，简称原子轨函。

氢原子基态的原子轨道是 $\psi_{1,0,0}(r, \theta, \varphi) = \sqrt{\dfrac{1}{\pi a_0^3}} \mathrm{e}^{-r/a_0}$，是一个随 r 变化的函数式。而玻尔理论中，氢原子基态的轨道则是 $r = 52.9$ pm 的一个圆。

一般而言，波函数 $\psi_{n,l,m}(r, \theta, \varphi)$ 是 3 个自变量 r、θ、φ 的函数，难以作图表示，为简化起见可以将其角度部分合并，变为如下形式：

$$\psi(r, \theta, \varphi) = R(r) \cdot Y(\theta, \varphi) \tag{6.5}$$

式(6.5)中，$R(r)$ 只随极径 r 而变化，称为波函数的径向部分；$Y(\theta, \varphi)$ 只随角度 θ, φ 而变化，称为波函数的角度部分。

对于氢原子基态的波函数 $\psi_{1,0,0}$(或 ψ_{1s})：

径向部分　　　　　　　　　　　$R_{1s} = 2\sqrt{1/a_0^3} \cdot \mathrm{e}^{-r/a_0}$

角度部分　　　　　　　　　　　$Y_{1s} = \sqrt{\dfrac{1}{4\pi}}$

表 6.2 列出了若干氢原子波函数(原子轨道)的径向部分和角度部分。

表 6.2　氢原子的波函数($a_0 =$ 玻尔半径)

轨道	$\psi(r,\theta,\varphi)$	$R(r)$	$Y(\theta,\varphi)$
1s	ψ_{1s}	$2\sqrt{\dfrac{1}{a_0^3}}\,e^{-r/a_0}$	$\sqrt{\dfrac{1}{4\pi}}$
2s	ψ_{2s}	$\sqrt{\dfrac{1}{8a_0^3}}\left(2-\dfrac{r}{a_0}\right)e^{-r/2a_0}$	$\sqrt{\dfrac{1}{4\pi}}$
$2p_z$	ψ_{2p_z}		$\sqrt{\dfrac{3}{4\pi}}\cos\theta$
$2p_x$	ψ_{2p_x}	$\sqrt{\dfrac{1}{24a_0^3}}\left(\dfrac{r}{a_0}\right)e^{-r/2a_0}$	$\sqrt{\dfrac{3}{4\pi}}\sin\theta\cos\varphi$
$2p_y$	ψ_{2p_y}		$\sqrt{\dfrac{3}{4\pi}}\sin\theta\sin\varphi$

2. 波函数(原子轨道)的角度分布图

波函数角度部分 $Y(\theta,\varphi)$ 的球坐标图称为波函数的角度分布图，它表示在同一球面的不同方向上 ψ 的相对大小。其作图方法是以原子核为原点，引出方向为 θ、φ 的直线，使其长度等于 Y 的绝对值，连接这些直线的端点，在空间构成一个立体曲面，标出 Y 的正、负号。所得空间曲面图形即为波函数角度分布图，也称原子轨道角度分布图。

所有 $l=0$ 的 ns 态其 $Y(\theta,\varphi)=\sqrt{1/4\pi}$，为一常数，表明 s 态波函数与角度 (θ,φ) 无关，其角度部分 Y_s 的图像如图 6.3 所示，其作图方法是先在 xz 平面上以 O 为原点，$\sqrt{1/4\pi}$ 为半径画出 Y_s 的图形——一个圆，再令其绕 z 轴旋转一周，得一以 O 为原点的球面。标上"+"号，即得 Y_s 图。该图表示任意方向上 Y_s 都相等，无方向性，且均为正值。

对于 $l=1$，$m=0$ 的 np_z 态，其 $Y_{p_z}=\sqrt{3/4\pi}\cdot\cos\theta$ 为简化计算，令 $C=\sqrt{3/4\pi}$，则有

$$Y_{p_z}=C\cdot\cos\theta \tag{6.6}$$

它是 θ 的函数，将不同的 θ 代入，结果见表 6.3。

表 6.3　θ 与 Y_{p_z} 的关系

θ	0°	30°	60°	90°	120°	150°	180°
$\cos\theta$	1	0.866	0.5	0	−0.5	−0.866	−1
Y_{p_z}	C	$0.866C$	$0.5C$	0	$-0.5C$	$-0.866C$	$-C$

如图 6.4 所示，在 xz 平面上，对不同的 θ 角，将 Y_{p_z} 对应的点连起来，即得在原点相切的两个圆，极大值出现在 z 轴上，因 Y_{p_z} 与 φ 无关，故将曲线绕 z 轴旋转一周，得一在原点相切的双球面，在相应的曲面区域内分别以"+"和"−"号标注 Y_{p_z}。图 6.4 表示，Y_{p_z} 随 θ 而变化，有方向性。xy 平面为 Y_{p_z} 等于 0 的截面。

由图 6.5 可见，对于 $l=0$，$m\pm1$ 的 np_x 和 np_y 态的原子轨道角度分布图，Y_{p_x} 和 Y_{p_y} 随 θ，φ 的变化图形，和 Y_{p_z} 形状完全相同，只是极大值分别出现在 x 和 y 轴上，即空间取向不同。

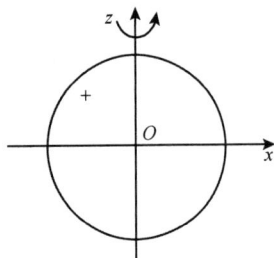

图 6.3　s 原子轨道的角度部分示意图
$Y_s(\theta,\varphi)=\sqrt{1/4\pi}$ (xz 截面)

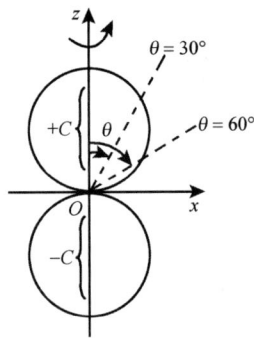

图 6.4　p_z 原子轨道的角度部分示意图
$Y_{p_z}(\theta,\varphi)=C\cdot\cos\theta$ (xz 截面)

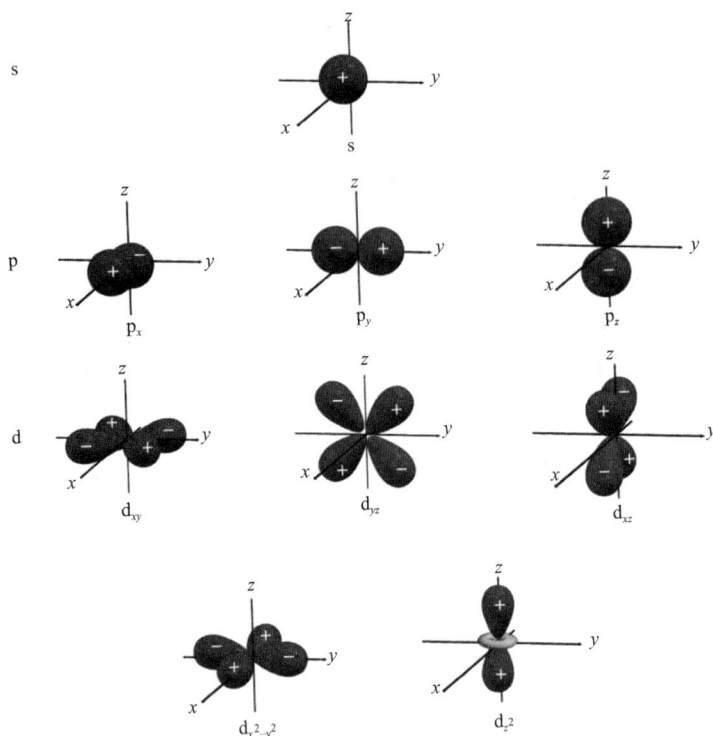

图 6.5　原子轨道角度分布图

$l=2$，$m=0$，±1，±2 的 d 轨道有 5 个，其角度部分分别用 $Y_{d_{xy}}$，$Y_{d_{yz}}$，$Y_{d_{xz}}$，$Y_{d_{x^2-y^2}}$ 和 $Y_{d_{z^2}}$ 表示。其中 4 个的角度分布图都是交于原点的 4 个橄榄形曲面，仅空间取向不同。另一个 $Y_{d_{z^2}}$ 的图形较为特殊。

原子轨道的角度部分 $Y(\theta,\varphi)$ 只与量子数 l 和 m 有关，与 n 无关，故 1s、2s、3s、⋯，$2p_z$、$3p_z$、$4p_z$、⋯的角度分布图都是分别相同的。在图 6.5 的轨道符号前就没有标出主量子数 n。

特别应当指出，波函数(原子轨道)的角度分布图只是表示描述原子中单个电子运动状态的波函数在空间不同方向上的变化情况，绝不可误解为电子绕核运动的轨迹。

6.1.3 电子云

1. 电子云的概念

根据光的波粒二象性，从光的波动性考虑，光的强度正比于光波振幅的平方；从光的粒子性分析，光的强度正比于光子的密度。将波动性和粒子性统一起来，光波振幅的平方与光子的密度成正比。德国物理学家波恩(Born)用类比的方法首先把这个概念用到电子波上。他指出，空间某点电子波函数的平方(ψ^2)与该点附近电子出现的概率密度成正比。以 ρ 表示电子出现的概率密度，则

$$\psi^2 \propto \rho \tag{6.7}$$

即空间某点上电子波函数的平方可表示电子在空间某点附近单位体积内出现的概率，即概率密度(probability density)。

ψ^2 在空间各点的分布表示电子在空间各点出现的概率密度分布。为了便于理解和表示方便，常形象化地将 ψ^2 在空间的分布——电子在空间的概率密度分布称为电子云(electron cloud)。通常说 ψ^2 大的地方，电子出现的概率密度大，电子云密度大；ψ^2 小的地方，电子出现的概率密度小，电子云密度小。可以说，电子云是 ψ^2 在空间的分布或电子在空间的概率密度分布的形象化说法。它们三者是同义词，绝不可把电子云认为是电子真的像云那样分散开来。

为了直观地表示 ψ^2 的空间分布——电子云，通常有 3 种图形，如图 6.6 所示画出了 ψ_{1s}^2 的空间分布——1s 电子云的几种图形。

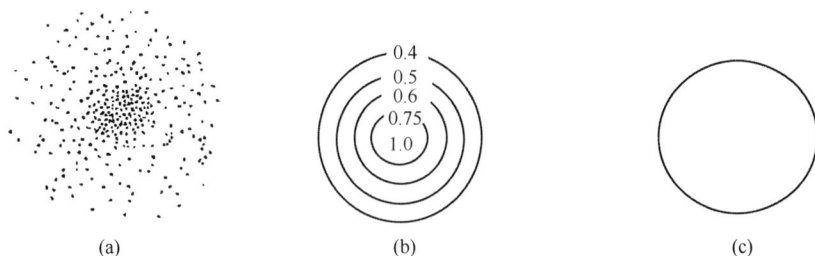

图 6.6 表示电子云的几种直观图形

在图 6.6(a)中，用小黑点的疏密形象地表示 ψ^2，即电子出现的概率密度的相对大小。黑点越密的地方，ψ^2 越大，电子出现的概率密度越大；反之亦然，由图可见 1s 电子云呈球形，ψ_{1s}^2 与角度 (θ,φ) 无关，但随着离核距离的增加而减小。

电子云等密度面是把空间 ψ^2 或电子出现的概率密度相等的各点连接而成的若干个曲面组成的图形。在同一个等密度面上，电子出现的概率密度相等。图 6.6(b)的数字表示概率密度的相对大小。1s 电子云的等密度面在空间是若干个以核为球心的同心球面。

若选取一个等密度面为界面，使界面内电子出现的概率很大(如 90%或 95%)，这样画出的图形称为电子云的界面图。1s 电子云的界面图为一个以核为球心的球面[图 6.6(c)]。

虽然对于 2s，2p，3s，3p，3d 等状态的电子云原则上也可按上述方法画出电子云的黑点图、等密度面图或界面图，但很复杂且难以在平面上准确表示出来。为此，可以分别从两个不同的侧面来表示电子云的分布情况(图 6.7)。

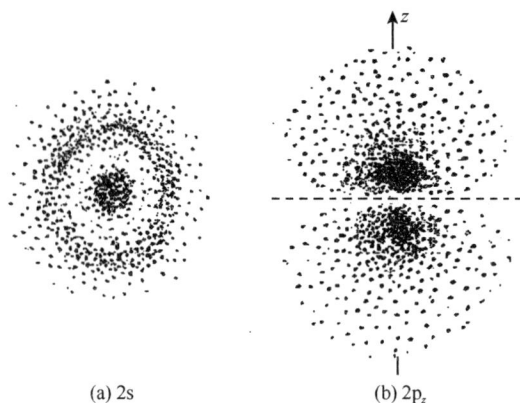

(a) 2s　　　　　　　　(b) 2p$_z$

图 6.7　2s，2p$_z$ 电子云分布示意图

2. 电子云的角度分布图

波函数的角度部分 $Y(\theta,\varphi)$ 的球坐标图反映了波函数(原子轨道)的角度分布情况，相应地，$Y^2(\theta,\varphi)$ 的球坐标图也就反映了电子云(ψ^2)的角度分布情况。$Y^2(\theta,\varphi)$ 就称为电子云的角度分布函数，将 $Y^2(\theta,\varphi)$ 随 θ,φ 的变化作图得到电子云的角度分布图，见图 6.8。图中从原点到曲面上各点距离的长短反映了同一球面的不同方向上电子出现概率密度的相对大小。

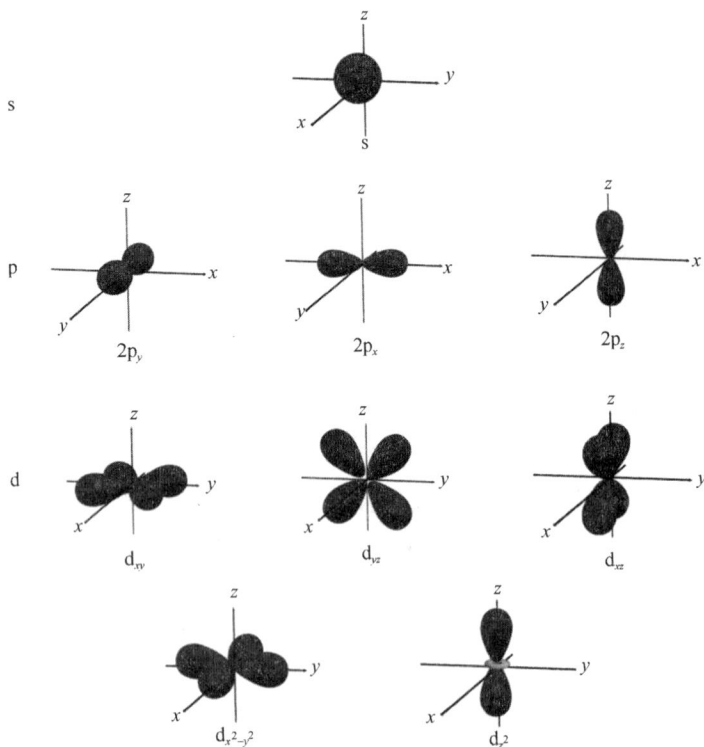

图 6.8　电子云的角度分布示意图

$Y_s^2(\theta,\varphi)$ 随 θ,φ 变化的图形，即 s 电子云的角度分布图，它是以原点为球心的球面，说明 s 电子云是没有方向性的，在距核同一距离的球面上，任何方向上电子出现的概率密度都是相等的。

$Y_{p_x}^2(\theta,\varphi)$，$Y_{p_y}^2(\theta,\varphi)$ 及 $Y_{p_z}^2(\theta,\varphi)$ 随 θ、φ 变化的图形即 p 电子云角度分布图。在空间它们都是交于原点的两个橄榄曲面，其极大值分别在 x 轴、y 轴及 z 轴上。

电子云的角度分布图与波函数(原子轨道)的角度分布图有些相似。但也有两点重要区别：其一，波函数的角度分布除 s 态外均有正、负号之分，而电子云的角度分布因 Y 平方后均为正值；其二，p、d 态电子云的角度分布图比波函数的角度分布图要"瘦"一些。例如，p 态波函数的角度分布图是在原点相切的双球面；而 p 态电子云的角度分布图则是交于原点的两个橄榄形曲面。这是 $Y<1$，Y^2 更小的缘故。

和波函数的角度分布图一样，电子云角度分布图都只与 l、m 两个量子数有关，而与主量子数 n 无关。

3. 电子云的径向分布图

$\psi^2(r,\theta,\varphi)$ 表示电子在空间出现的概率密度。在球极坐标空间某点 (r,θ,φ) 附近体积元 $d\tau$ 内，电子出现的概率为 $\psi^2(r,\theta,\varphi)d\tau$ (图 6.9)。

在球坐标体系中，体积元 $d\tau$ 的 3 个边是 dr、$rd\theta$、$r\sin\theta d\varphi$。其乘积 $r^2\sin\theta d\theta d\varphi dr$ 相当于直角坐标的 $dxdydz$。故体积元 $d\tau=r^2\sin\theta d\theta d\varphi dr$。已知

$$\psi^2(r,\theta,\varphi)=R^2(r)Y^2(\theta,\varphi) \tag{6.8}$$

若将 $\psi^2(r,\theta,\varphi)d\tau$ 在 θ 和 φ 的全部区域($0\sim\pi$)和 ($0\sim2\pi$)内积分，而得距核为 r、厚度为 dr 的薄球壳内电子出现的概率，用 $D(r)dr$ 表示，即

$$D(r)dr=\int_{\theta=0}^{\pi}\int_{\varphi=0}^{2\pi}R^2(r)Y^2(\theta,\varphi)r^2\sin\theta d\theta d\varphi dr \tag{6.9}$$

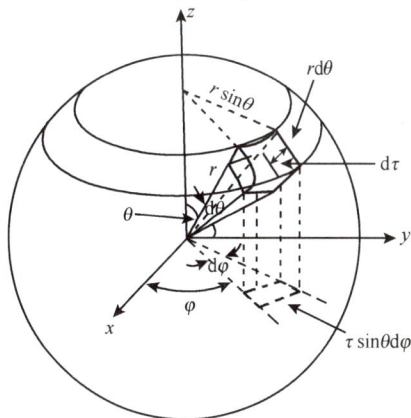

图 6.9　球坐标的微体积

因为电子在整个空间出现的概率为百分之百，即

$$\int_{\theta=0}^{\pi}\int_{\varphi=0}^{2\pi}Y^2(\theta,\varphi)\sin\theta d\theta d\varphi=1\quad[\text{又称}Y^2(\theta,\varphi)\text{是归一化的}]$$

得
$$D(r)dr=r^2R^2(r)dr$$

称 $D(r)=r^2R^2(r)$ 为径向分布函数，它表示电子在核外空间距核为 r 的球面附近，单位厚度的球壳内出现的概率，反映了电子沿径向的概率分布。将 $D(r)$ 对 r 作图就反映出在核外空间距核不同距离的各薄球壳内电子出现概率的相对大小，这种图形称为电子云的径向分布图。

图 6.10 绘出了若干电子的径向分布图。可作如下讨论：

(1) 从 1s 态的径向分布图中看出，在 $r=52.9\text{ pm}$，$D(r)$ 曲线有极大值，在此附近的薄球壳内电子出现的概率最大。用玻尔理论算出氢原子基态 $a_0=52.9\text{ pm}$。可见玻尔理论是量子力学研究结果的粗略近似。在原子核附近，尽管概率密度最大，但由于所考虑的球壳体积几乎小到零，所以概率趋近于零。

(2) 比较 1s、2s、3s 各态的电子云径向分布图可以看出，径向分布函数曲线的主峰距核越来越远，能量越来越高。

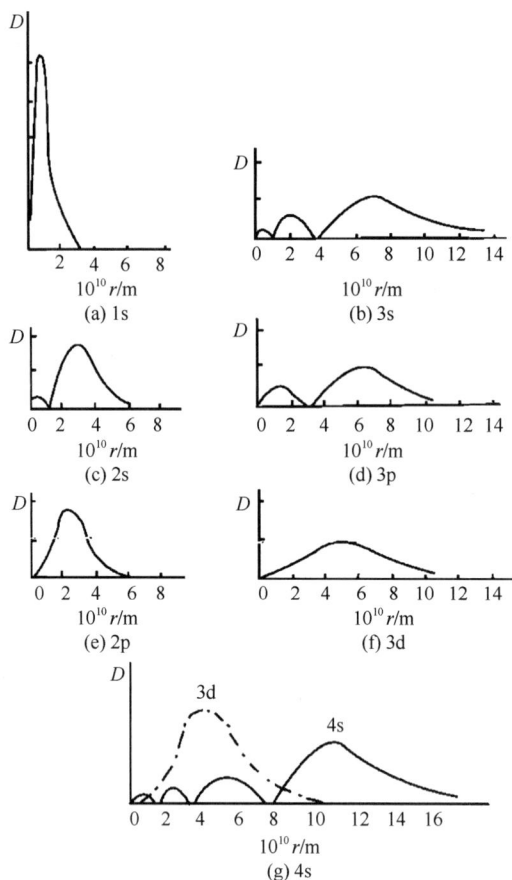

图 6.10　若干电子云的径向分布图

3s 电子出现在 2s 电子外侧的概率较大，2s 电子出现在 1s 电子外侧的概率较大，即从径向分布看，电子在原子核外的运动确有内、外层之分。但这里所说的内、外层不是像玻尔理论那样截然分开，而是互相渗透的，相互间没有不可逾越的鸿沟。

(3) 比较 3s、3p、3d 各态电子云的径向分布图可以看出，它们的径向分布函数曲线的主峰位置相差不大，故可把主量子数 n 相同的各态电子归属于同一"主层"。而当角量子数越小时，径向分布函数曲线的第一小峰距核越近，"钻"得越深，在核附近出现的概率越大，能量越低。所以就各态电子的能量比较 3s<3p<3d ，可把同一主层的各态电子分为角量子数 l 不同、能量不同的"亚层"。

(4) 比较 3d 和 4s 态电子云的径向分布函数曲线可见，4s 态曲线有两个小峰已出现在 3d 态曲线主峰的内侧，受到核电荷的作用较大。这种 l 较小的外层电子"钻"到内层而出现在离核较近的地方，致使能量较低的现象称为"钻穿效应"。

如上所述原子的量子力学模型已能描述原子内电子在核外的分布及其运动状态，然而人们总希望能直接观察到原子的三维图像。经过 40 余年的努力，1981 年瑞士苏黎世 IBM 研究所科学家宾尼希(Bining)和罗瑞尔(Rohrer)发明了扫描隧道电子显微镜(scanning tunneling microscopy，STM)，首次获得了实际空间的原子级分辨图像，为此宾尼希和罗瑞尔在 1986 年被授予了诺贝尔物理奖。

STM 是由锐利的探针为一电极，吸收在金属上的被测样品为另一电极(图 6.11)。当它们之间的距离小到纳米数量级时，电子可以从一个电极通过隧道效应穿过空间势垒到达另一个电极——形成隧道电流。其电流的大小取决于针尖与表面间的距离及表面的电子状态。将探针固定在压电陶瓷上，控制压电陶瓷上的电压，使针尖在扫描中随表面起伏上下移动。在扫描过程中保持隧道电流恒定，压电陶瓷上的电压变化即反映了被测样品表面的起伏，即测得了表面的原子级分辨图像。STM 技术开创了在原子层次上研究固体表面组成的手段。其分辨率已由初期的 50 nm 提高到现在的约 0.5 nm，成为研究材料、生物、信息等科学领域的有力工具。近年来，STM 探头能用来移动单原子或单分子，可以预示单原子、单分子反应产生新物质的巨大潜力。

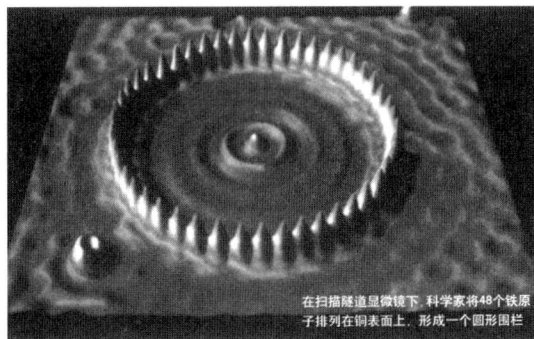

(a) 铁原子在铜表面的STM图像

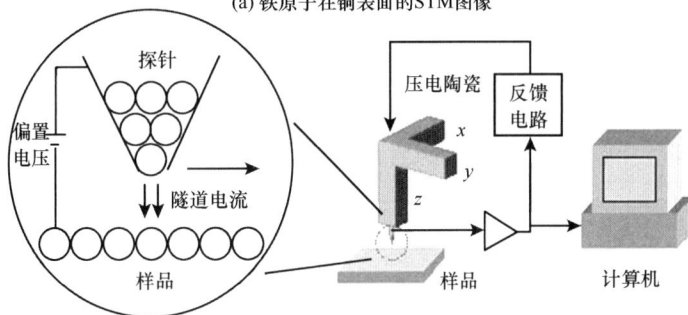

(b) STM探测原子过程示意图

图 6.11　STM 原子图像探测示意图

6.1.4　电子运动状态的完全描述与 4 个量子数

前已叙及，n、l、m 三个确定的量子数组成的一组参数即可描述一个波函数的特征，表示为 $\psi_{n,l,m}$，也就确定了该电子云的特征。但要完全描述核外电子的运动状态还需确定第 4 个量子数——自旋量子数 m_s。只有 4 个量子数完全确定后，才能描述核外电子的运动状态。下面结合电子在核外空间的概率分布及电子云的概念进一步阐述 4 个量子数的物理意义。

1. 主量子数 n

主量子数 n 的取值为 1, 2, 3, … 的正整数。它描述了原子中电子出现概率最大的区域离核的远近。n 越大，电子出现概率最大的区域离核越远，或者说电子离核的平均距离越大。n 相同的各原子轨道电子离核的平均距离较接近，故把具有相同主量子数 n 的各原子轨道归并称为同一个"电子层"。$n = 1, 2, 3, 4, 5, 6$ 等电子层可分别用 K、L、M、N、O、P 等表示，称为电子层的符号。n 越大的电子层，电子的能量越高。

2. 角量子数 *l*

角量子数 *l* 的取值为 0，1，2，3，…，(*n*–1)的正整数。角量子数 *l* 基本上反映了波函数(原子轨道)或电子云的形状。例如，*l* = 0 的 s 态电子，其波函数或电子云呈球形分布，无方向性；*l* = 1 的 p 态电子，其波函数(原子轨道)的角度分布图为双球面，电子云的角度分布图为两个交于原点的橄榄形曲面；*l* = 2 的 d 态电子及 *l* = 3 的 f 态电子的波函数(原子轨道)的形状就更为复杂了。

与 *n* 表示电子层相对应，角量子数 *l* 表示同一电子层中的不同"电子亚层"。即在同一电子层中将相同角量子数 *l* 的各原子轨道归并起来，称它们属于同一个"电子亚层"，简称"亚层"。*n* ≤ 4 时，主量子数 *n* 和角量子数 *l* 的关系及相应的电子层、电子亚层见表 6.4。

表 6.4　*n* 和 *l* 及相应的电子层和电子亚层的关系

n	1	2	3	4
电子层	1, K	2, L	3, M	4, N
l	0	0,1	0, 1, 2	0, 1, 2, 3
电子亚层	1s	2s, 2p	3s, 3p, 3d	4s, 4p, 4d, 4f

3. 磁量子数 *m*

磁量子数 *m* 的取值为 $0,\pm1,\pm2,\cdots,\pm l$，它反映了原子轨道(波函数)或电子云在空间的取向。当 *l* = 0 时，*m* = 0，s 亚层只有一个球形对称的 s 轨道，无方向性。当 *l* = 0 时，$m = 0,\pm0$，表示 p 亚层有 3 个不同空间取向的 p 轨道，当 *l* = 2 时，$m = 0,\pm1,\pm2$，表示 d 亚层有 5 个不同空间取向的 d 轨道。

当 3 个量子数都确定下来后，就决定了它是哪一个主层、什么形状的亚层、某一种空间取向的轨道(波函数)。例如，*n* = 3，*l* = 0，*m* = 0，就确定了它是 3s 或 ψ_{3s} 轨道；*n* = 2，*l* = 1，*m* = 0 则确定了它是 $2p_x$ 或 ψ_{2p_x} 轨道。

4. 自旋量子数 m_s

在观察氢原子光谱时发现，在无外磁场时电子由 2p 能级辐射跃迁到 1s 能级时，得到的是 2 条靠得很近的谱线。为此人们提出了电子有自旋运动的假设，引出了第四个量子数——自旋量子数(spin quantum number)。但它并不是如经典力学中那样，像地球自身轴自转那样的自旋概念，它只是表示电子的两种不同的状态。符号 m_s，取值只有 $+\dfrac{1}{2}$ 和 $-\dfrac{1}{2}$，它是不依赖于 *n*、*l*、*m* 三个量子数的独立量。取值 $+\dfrac{1}{2}$ 和 $-\dfrac{1}{2}$，说明电子只有两种自旋状态，常用向上和向下的箭头(↑,↓)来表示两种自旋状态，两个电子处于相同的自旋状态时称为自旋平行，用符号"↑↑"或"↓↓"表示；当两个电子处于不同的自旋状态时称为自旋反平行(也称自旋反向)，用"↑↓"或"↓↑"表示。

综上所述，当 4 个量子数都确定以后，才能完全描述这个电子的运动状态，即确定这个电子处在哪一个电子层(*n*)、采取哪一种自旋方向(m_s)。

核外电子运动的可能状态归纳在表 6.5 中。

表 6.5 核外电子运动的可能状态

主量子数 n	电子层符号	角量子数 l	亚层符号	磁量子数 m	轨道空间取向数	电子层中轨道总数	自旋量子数 m_s	各层电子中可能的状态数
1	K	0	1s	0	1	1	±1/2	2
2	L	0	2s	0	1	4	±1/2	8
		1	2p	0, ±1	3			
3	M	0	3s	0	1	9	±1/2	18
		1	3p	0, ±1	3			
		2	3d	0, ±1, ±2	5			
4	N	0	4s	0	1	16	±1/2	32
		1	4p	0, ±1	3			
		2	4d	0, ±1, ±2	5			
		3	4f	0, ±1, ±2, ±3	7			

6.2 多电子原子中的电子分布和周期表

除氢以外，其余元素的原子中都含有两个以上的电子，称为多电子原子。借鉴量子力学对氢原子中电子运动状态的研究成果，根据原子光谱的实验数据，测定了绝大多数元素原子基态时的核外电子分布情况。虽然由于核外电子的增多，相互作用更复杂，但从周期系总体上看，各元素原子核外电子的分布仍有显著的规律性。

6.2.1 核外电子的分布

电子在各种可能的原子轨道中的分布基本上遵循以下 3 条原则：

(1) 泡利(Pauli)不相容原理，在同一个原子中不可能有 4 个量子数完全相同的两个电子。即任一给定量子数 n、l、m 确定的原子轨道中最多可容纳两个自旋反向的电子，其自旋量子数 m_s 不同，分别为 $+\dfrac{1}{2}$ 和 $-\dfrac{1}{2}$。

(2) 能量最低原理，核外电子在各种可能的轨道上的分布总是采取使体系总能量尽可能最低的一种排布方式。在稳定的基态，原子中的电子总是优先占据能级较低的轨道。

在多电子原子中，电子的能量由所处轨道的主量子数 n 和角量子数 l 两者决定，n 和 l 都确定的轨道称为一个能级。

同 l 不同 n 的轨道，随 n 的增大，轨道能级也增高，如 $E_{1s} < E_{2s} < E_{3s}$，$E_{2p} < E_{3p} < E_{4p}$。

同 n 不同 l 的轨道，随 l 的增大，轨道能级也增高，如 $E_{2s} < E_{2p}$，$E_{4s} < E_{4p} < E_{4d} < E_{4f}$。

若 n、l 皆不相同，轨道能级有交错现象，如在一些原子中 $E_{4s} < E_{3d}$，$E_{6s} < E_{4f}$，即 $E_{ns} < E_{(n-1)d}$，$E_{ns} < E_{(n-2)f}$。

徐光宪教授根据光谱数据的分析，提出对于原子的外层电子可用 $(n + 0.7l)$ 的大小判别其能级的高低。$(n + 0.7l)$ 越大，能级越高，并可把 $(n + 0.7l)$ 数值的整数部分相同的能级编为一个能级组。电子能级的分组参见表 6.6。

表 6.6　电子能级的分组

能级	$(n + 0.7l)$值	能级组	轨道数目	可容纳电子数
1s	1.0	1	1	2
2s	2.0	2	4	8
2p	2.7			
3s	3.0	3	4	8
3p	3.7			
4s	4.0	4	9	18
3d	4.4			
4p	4.7			
5s	5.0	5	9	18
5d	5.4			
5p	5.7			
6s	6.0	6	16	32
4f	6.1			
5d	6.4			
6p	6.7			
7s	7.0	7	未填充完	未填充完
5f	7.1			
6d	7.4			

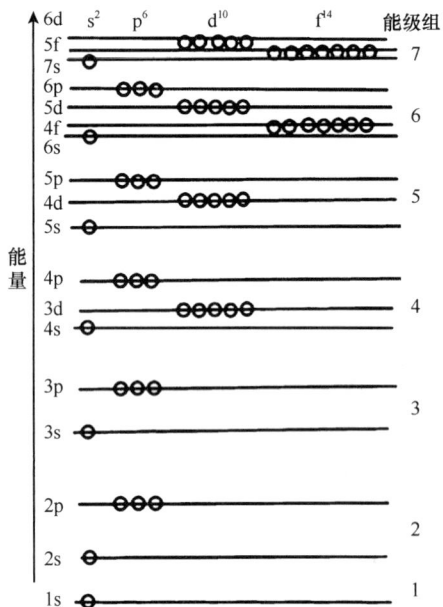

图 6.12　近似能级图

鲍林(Pauling)根据光谱实验数据总结出多电子原子各轨道能级从低到高的近似顺序,绘出了反映电子填充顺序的近似能级图(图 6.12),图中每个小圆圈表示一个原子轨道。

近期研究指出,无论$(n + 0.7l)$判据或近似能级图,都只反映了随着核电荷的增加而增加的核外电子的填充顺序。对于多电子原子的原子轨道,能级高低顺序并不完全符合上述规则,有人提出了更为复杂的能级图。

(3) 洪德(Hund)规则:主量子数 n、角量子数 l 都相同的轨道,即同一亚层上的各个轨道互称等价轨道。在等价轨道上,电子将尽可能地分占磁量子数 m 不同的轨道,且自旋平行(m_s 相同)。本规则是从实验总结而得,后经量子力学理论证明,在原子中自旋平行电子的增多将有利于体系能量的降低。

由洪德规则可以推知,在等价轨道(n、l 相同的轨道)上,处于半充满(p^3,d^5,f^7)、全充满(p^6,d^{10},f^{14})或全空(p^0,d^0,f^0)的状态时,体系能量较低,状态较稳定。此时由于原子轨道的相互叠加,电子云将呈球形分布,体系能量较低。

多电子原子核外电子分布的表达式称为电子分布式。按上述规则可写出给定原子序数的

元素原子的电子分布式。例如，钪(Sc)原子序数为 21，有 21 个电子，按上述规则可写出其电子分布的顺序是

$$1s^22s^22p^63s^23p^64s^23d^1$$

但在书写电子分布式时，要将同一主层的轨道连排，将 3d 轨道调到 4s 的前面，将钪(Sc)原子的电子分布式写为

$$1s^22s^22p^63s^23p^63d^14s^2$$

又如，$_{25}$Mn 原子中有 25 个电子，其电子分布式为

$$1s^22s^22p^63s^23p^63d^54s^2$$

由于洪德规则，3d 轨道上的 5 个电子应分别分布在 5 个 3d 轨道上，且自旋平行。

由于化学反应中通常只涉及外层电子的改变，所以一般不必写出完整的电子分布式，只需写出外层电子分布式。外层电子分布式又称外层电子构型。对主族元素即为最外层电子分布的形式，$nsnp$ 电子，如硫(S)，外层电子分布式为 $3s^23p^4$。对副族元素则是指最外层的 s 电子和次外层 d 电子的分布形式，$(n-1)dns$，如上述钪(Sc)和锰(Mn)的外层电子分布式分别为 $3d^14s^2$ 和 $3d^54s^2$。对于镧系和锕系元素，其外层电子分布式除最外层电子外，常需考虑外数第 3 层的 f 电子及次外层的 d 电子，即 $(n-2)f(n-1)dns$。

核外电子分布式也可以用稀有气体原子的电子层加该元素原子的外层电子构型的形式来表达。例如，O、Cl 和 Mn 的电子分布式可表示为 $[He]2s^22p^4$、$[Ne]3s^23p^5$ 和 $[Ar]3d^54s^2$，[He]、[Ne]、[Ar] 称为原子实，分别表示为 $1s^2$、$1s^22s^22p^6$ 和 $1s^22s^22p^63s^23p^6$。

考虑到半充满、全充满的情况，外层电子的分布：$_{24}$Cr 是 $3d^54s^1$ 而不是 $3d^44s^2$，$_{42}$Mo 是 $4d^55s^1$ 而不是 $4d^45s^2$，$_{29}$Cu 是 $3d^{10}4s^1$ 而不是 $3d^94s^2$，$_{47}$Ag 是 $4d^{10}5s^1$ 而不是 $4d^95s^2$，$_{79}$Au 是 $5d^{10}6s^1$ 而不是 $5d^96s^2$。

应当指出，各元素原子中电子分布的实际情况，只有通过原子光谱等实验手段才能得到可靠的结论。上述几条分布规律主要是由实验归纳而得，它有助于掌握、推测大多数元素原子的核外电子分布状况。尚有一些元素的原子其核外电子分布状况是不能用上述几条规律说明的。例如，$_{46}$Pd 外层电子分布 $_{46}$Pd 是 $4d^{10}5s^0$ 而不是 $4d^85s^2$，$_{41}$Nb 是 $4d^45s^1$ 而不是 $4d^35s^2$，$_{44}$Ru 是 $4d^75s^1$ 而不是 $4d^65s^2$。

6.2.2　原子结构和元素周期表

物质结构的科学实验和理论的深化，揭示了周期律的本质：随元素原子序数(核电荷)的递增，原子的电子层结构发生周期性的变化，故元素单质及其化合物的性质呈现周期性的变化。

现在通用的长式周期表就是在门捷列夫(短式)周期表的基础上，按照元素原子序数递增的顺序从左到右排成横列，再把电子层结构相似的元素按电子层数的递增由上到下排成一个纵行而得到的。长式周期表更能体现原子电子层结构与周期律的内在联系。表 6.7 把长式周期表和原子的电子层结构相对照比较，就充分地体现了它们的内在联系。元素的周期性就是该元素

的原子核外电子分布周期性变化的必然结果；同一周期元素性质的递变，是因为原子核外电子分布的递变；同一族元素性质的相似是因为核外电子分布情况的相似。

表 6.7　长式周期表中电子层的排布情况

周期 (能级组)	原子序数(元素)	元素最后填写的电子所进入的电子层及在此层上的电子数								每周期增加的电子数	每周期所包含的元素数目
		ⅠA　ⅡA $ns^{1\sim2}$		ⅢB～ⅦB　Ⅷ $(n-1)d^{1\sim8}$		ⅠB	ⅡB	ⅢA～ⅦA ⅧA $np^{1\sim6}$			
1 (1s)	1→2 (H→He)	1s^1 (H)							1s^2 He	2	2
2 (2s2p)	3→10 (Li→Ne)	2s^1 Li	2s^2 Be					2p^1→2p^5 B→F	2p^6 Ne	8	8
3 (3s3p)	11→18 (Na→Ar)	3s^1 Na	3s^2 Mg					3p^1→3p^5 Al→Cl	3p^6 Ar	8	8
4 (4s3d4p)	19→36 (K→Kr)	4s^1 K	4s^2 Ca	3d^1→3d^5 Sc→Mn	3d^{6}3d^{7}3d^8 Fe Co Ni	3d^{10} Cu	3d^{10} Zu	4p^1→4p^5 Ga→Br	4p^6 Kr	18	18
5 (5s4d5p)	37→54 (Rb→Xe)	5s^1 Rb	5s^2 Sr	4d^1→4d^5 Y→Tc	4d^{7}4d^{8}4d^{10} Ru Rh Pd	4d^{10} Ag	4d^{10} Cd	5p^1→5p^5 In→I	5p^6 Xe	18	18
6 (6s4f5d6p)	55→86 (Cs→Rn)	6s^1 Cs	6s^2 Ba	5d^1→5d^5 La→Re	5d^{6}5d^{7}5d^9 Os Ir Pt	5d^{10} Au	5d^{10} Hg	6p^1→6p^5 Tl→At	6p^6 Ru	32	32
7 (7s5f6d7p)	87→ Fr→	7s^1 Fr	7s^2 Ra	6d^1 AC						—	—
		s 区		d 区		ds 区		p 区			
		f 区　镧系 4f$^{1\sim14}$ 锕系 5f$^{1\sim14}$									

1. 原子的外层电子构型与周期表的分区

由于参与化学反应的电子一般只涉及外层价电子，对主族元素而言是最外层的 ns、np 电子；副族元素除 ns 电子外还有能量较高的次外层 $(n-1)d$ 电子；而镧系、锕系元素还有 $(n-2)f$ 电子，所以掌握元素原子的外层电子构型至关重要。它可预示元素及其化合物的许多性质。根据元素的外层电子构型可把周期表分成 5 个区：

(1) s 区包括ⅠA、ⅡA 族元素，外层电子构型是 ns^1 和 ns^2。

(2) p 区包括ⅢA～ⅦA 和ⅧA 主族元素，外层电子构型是 $ns^2np^1 \sim ns^2np^6$（ⅦA 族中 He 例外，为 $1s^2$）。

(3) d 区包括ⅢB～ⅦB 族和第Ⅷ族元素，外层电子构型一般是 $(n-1)d^1ns^2 \sim (n-1)d^8ns^2$。但是有一些元素例外，不是 ns^2 和 ns^1。

(4) ds 区包括ⅠB、ⅡB 副族。外层电子构型为 $(n-1)d^{10}ns^1$ 和 $(n-1)d^{10}ns^2$。

(5) f 区包括镧系元素和锕系元素。外层电子构型一般为 $(n-2)f^1ns \sim (n-2)f^{14}ns^2$。有的还有 $(n-1)d$ 电子，例外情况比 d 区更多。

d 区和 ds 区元素统称过渡元素，f 区元素又称内过渡元素。

2. 周期

每横列为一个周期。每周期开始出现一个新的主层、一个新的主量子数 n。元素所在周期的号数等于该元素原子具有的最高主层号数即最外电子层的主量子数，也等于原子所具有的电子层(主)数。只有 $_{46}$Pd (钯)例外，它在第 5 周期，却只有 4 个电子层，核外电子分布是 $1s^2 2s^2 2p^6 3s^2 3p^6 3d^{10} 4s^2 4p^6 4d^{10}$。

每周期从 IA 族元素开始出现一个新的主层(n)，到排完此主层的 p 电子结束，即从 $ns^1 \rightarrow ns^2 np^6$ (仅第一周期是从 $1s^1 \rightarrow 1s^2$)。因此，每周期元素的数目等于相应能级组中原子轨道所能容纳的电子总数。每个能级组为一个周期，所以每周期元素的数目 2、8、8、18、18、32 就是必然的了。

3. 族

(1) 主族元素。主族元素最后填充的是 ns 或 np 电子，外层电子构型是 $ns^{1\sim2}$ 及 $ns^2 np^{1\sim5}$，族号数等于最外层电子数(ns 或 $ns + np$ 电子数)。同族元素由于外层电子结构相同，故其性质极为相似。IA、IIA 族是典型的金属元素，经中部的过渡，到VIIA 族则是典型的非金属元素。同族从上到下金属性增强，非金属性减弱。左下方元素金属性较强，右上方元素非金属性较强。p 区从左上到右下划一对角线，处于对角附近的元素单质常具有半导体的性质。

s 区主族元素的化合价为+1、+2，等于其族号数。p 区主族常有几个不同的正化合价，而其最高正价等于其族号数。右上方的非金属元素除正价外，常呈负化合价，其负价数等于 8 减族号数。F 元素在任何化合物中皆呈−1 价，不显正价。O 元素只在与 F 生成的二元化合物中呈正价，在氧化物中呈−1 价，其余均为−2 价。

(2) VIIIA 族元素。VIIIA 族元素的外层电子构型除 He 是 $1s^2$ 外，其余为 $ns^2 np^6$，最外层电子的 s、p 轨道都已充满，比较稳定。由于长期未制得它们的化合物，故又称惰性气体，化合价为零，原称为零族。现已制得不少化合物，如 XeF_2、XeO_3，故新的周期表中将"零族"更名为VIIIA 族，包括在主(A)族之中，现已不再称它们为惰性气体而改称"稀有气体"。

(3) 副族元素。副族元素最后填充的是 $(n-1)d$ 电子，外层电子构型是 $(n-1)d^{1\sim10}ns^{1\sim2}$，在周期表中处于 d 区和 ds 区。d 区的 IIIB～VIIB 族元素的族号数等于 $ns + (n-1)d$ 电子数之和，为 8，9，10；IB，IIB 族元素的族号数等于 ns 电子数。

副族元素大都具有可变的化合价，常见的稳定价态为+2，+3 价。IIIB～VIIB 族元素的最高正价等于族号数，或等于 $ns + (n-1)d$ 电子数。VIIIB 族元素中除钌(Ru)和锇(Os)以外，其他元素尚未发现有+8 价的化合物。IB，IIB 的 $(n-1)d$ 电子 10 个已填满，但 IB 族元素的 $(n-1)d$ 电子已有可能参与化学反应，铜(Cu)有+2 价，金(Au)有+3 价；但向着主族过渡的 IIB 族元素只有+2 价，等于最外层的 ns 电子数。

镧系、锕系元素：最后填充的是 $(n-2)f$ 电子，在周期表中的 f 区。电子层结构特征一般为 $(n-2)f^{1\sim14}(n-1)d^{0\sim1}ns^2$。其中较为特殊的 La、Ac 分别为镧系元素和锕系元素的第一个元素，它们的 f 电子数为零；而元素 Th 的外层电子构型 $5f^0 6s^2 7s^2$，也没有 f 电子。由于镧系和锕系元素的原子电子层结构只是外数第三层的 f 电子逐渐递增，而最外层和次外层的电子层结构基本相同，所以它们彼此间性质极为相似，都是金属元素。一般把 $_{58}$Ce (铈)～$_{71}$Lu (镥)统称为镧元素，也有时把 $_{57}$La (镧)包括在内；$_{89}$Ac (锕)～$_{103}$Lr (铹)共 15 个元素称为锕系元素，它们的同位素都具有放射性。它们的化合价最常见的是+3 价。

1988 年国际纯粹与应用化学联合会(IUPAC)曾建议，在周期系中不再分主(A)、副(B)族，而用阿拉伯数字从 1~18 表示 18 个纵行。

1940 年以来，人们已人工合成了由 93 号镎(Np)到 118 号共 25 种元素。人工合成的新元素其原子序数越大，原子核的寿命越短，该元素就越不稳定。例如，2004 年，俄、美科学家合作以反应 $^{245}Cm + ^{48}Ca \longrightarrow ^{291}Lv + 2n$ 制得，2012 年 6 月由 IUPAC 正式发布命名的 116 号元素 ^{291}Lv，其半衰期仅 46.9 ms。这些人工合成的放射性元素在自然界中并不存在。合成的数量仅达到按照原子的个数计算的量级，没有应用价值。

从原子序数 104 的𬬻(Rf)到 118 号的𬭶(Og)这 15 个人造元素又称超𬭳元素。人工制造的数量太少，半衰期又极短，很难开展对它们性质的研究。其外层电子构型尚属推测。人们在思索，将来后合成原子序数更大的元素是否可能呢？按周期系的规律，第 118 号元素最后填满第 7 周期，它可能是化学性质很稳定的ⅧA 族元素。第 119 号元素将进入新的第 8 周期……实践是检验真理的唯一标准，人们现在对未来元素周期表的预测是否正确，还需要经受客观实践的检验。

6.3　元素基本性质的周期性

由于在周期表中原子的电子层结构呈周期性的变化，因此与电子层结构有关的元素的一些基本性质如有效核电荷数、原子半径、电负性等也呈明显的周期性。

6.3.1　有效核电荷数

在多电子原子中，某一指定电子 e_i 除受核电荷 z 的吸引外，还受 $z-1$ 个其余电子的排斥。根据中心势场模型，近似地把 $z-1$ 个电子对指定电子 e_i 的排斥作用看成是抵消了一部分核电荷对指定电子的吸引，使核电荷数 z 减小为 z'，称 z' 为有效核电荷数(effective nuclear charge)。

多电子原子中，其余电子抵消核电荷对指定电子的作用称为屏蔽作用。被抵消的程度——屏蔽效应的强弱可以用一个由实验得出的经验常数 σ 来衡量，σ 称为屏蔽常数(screening constant)。有效核电荷数 z' 就等于核电荷数 z 减去屏蔽常数 σ。

$$z' = z - \sigma \tag{6.10}$$

这样，在多电子原子中原子核对任一指定电子 e_i 的吸引作用就归结为使 e_i 只受到有效核电荷 z' 势场的作用，和氢原子中的一个电子只受到一个质子势场的作用相似，只是核的势场强度不同而已。

屏蔽常数 σ 值的确定，不少学者提出了各自不同精度的取值方法。本书介绍一种简明的屏蔽取值法，以第 n 层电子为研究对象：

$(n+1)$ 层及更外层电子的屏蔽常数为零，即 $\sigma_{外} = 0$；

同层电子之间取 0.35，即 $\sigma_n = 0.35$(但第一层电子之间 $\sigma_{第一层} = 0.3$)；

$(n-1)$ 层对 n 层电子的屏蔽常数 $\sigma_{n-1} = 0.85$；

$(n-2)$ 层及更内层电子的屏蔽常数为 1，即 $\sigma_{n-2, \cdots} = 1$。

总的屏蔽常数 $\sigma_{总}$ 为其余电子对指定电子屏蔽常数之和：

$$\sigma_{总} = \sum_{z-1} \sigma \tag{6.11}$$

例如，对氦原子 $_2$He，作用在某一个 ls 电子上的有效核电荷数：

$$z' = z - \sigma = 2 - 0.3 = 1.7$$

对钠原子 $_{11}$Na，电子分布是 $1s^2 2s^2 2p^6 3s^1$。

作用在第一层某一个电子上的有效核电荷数：

$$z' = 11 - 0.3 = 10.7$$

作用在第二层某一个电子上的有效核电荷数：

$$z' = 11 - 2 \times 0.85 - 7 \times 0.35 = 6.85$$

作用在第三层某一个电子上的有效核电荷数：

$$z' = 11 - 2 \times 1 - 8 \times 0.85 = 2.2$$

由此可见，虽然核电荷数是 11，但由于其余电子的屏蔽作用，有效核电荷数差别很大。越外层的电子，其有效核电荷数越小，易于摆脱自身原子的束缚而离去或发生化学反应时参与成键。

对最外层电子而言，作用于它的有效核电荷数在周期表中也是有规律的。

在短周期中都是主族元素，从左到右一方面核电荷数 z 递增 1；另一方面最外层电子数也递增 1，因此有效核电荷数递增 $1-0.35 = 0.65$。

长周期中部的副族元素，它们的最外层电子数为 2，几乎保持不变，从左到右每增加一个核电荷就增加一个次外层电子，因此有效核电荷数递增 $1-0.85 = 0.15$，小于主族元素 z' 的递增值。长周期两端的 s 区和 p 区主族元素与短周期主族元素的 z' 递增值相同，仍为 0.65。

周期表中从上到下的同族元素间比较，虽核电荷数增多了，但由于电子层数的增加，内层电子数增多，对最外层电子的屏蔽效应增大，所以有效核电荷数增加很少甚至没有增加。

6.3.2　原子半径

由于原子核外电子的运动具有波动性，电子可以在离核相当远的区域出现，因而孤立的原子没有明确的边界，原子的"大小"也就是一种模糊的概念，也可以说讨论单个原子的半径是没有意义的。不过，无论在单质或晶体中两个键合的原子核之间总会保持一定的平衡距离，这个距离应当与原子的大小有关。可以通过测定原子的核间距来间接推算出所谓的原子半径。把在单质分子(或晶体)中相邻的原子核间平均距离的一半定义为原子的原子半径。原子的核间距可以通过晶体衍射或光谱等试验测定，由此计算原子半径的数据。

由于在单质的共价分子与金属晶体中，原子间作用力的性质不同，因此在不同条件下通过测定原子核间距而求得的原子半径也分别属于不同的类型：

(1) 共价半径(covalent radius)。它是以共价单键结合的同种元素两原子核间距的测定为依据的，非金属元素常采用这个数据。

(2) 金属半径(metal radius)。金属元素的原子常采用金属半径，定义金属晶体中两个最相邻近的金属原子之间的核间距的一半为金属半径。

(3) 范德华半径(van der Waals radius)。稀有气体的晶体是由单原子分子构成的，原子间的作用力属分子间力又称范德华力，所测的原子半径又称范德华半径。

若干元素的原子半径数据列于表 6.8 中，原子半径的数据常因测定的条件、方法不同而有差异。特别需要指出，不同类型的原子半径之间常缺乏可比性，因而一般不把不同类型的原子半径作简单的比较。

表 6.8　元素的原子半径
(分别是共价半径、金属半径和范德华半径，r / pm)

	I A	II A	III B	IV B	V B	VI B	VII B	VIII			I B	II B	III A	IV A	V A	VI A	VII A	VIII A
1	H 31																	He 140
2	Li 152	Be 112											B 84	C 76	N 71	O 66	F 57	Ne 154
3	Na 186	Mg 160											Al 143	Si 117	P 107	S 105	Cl 102	Ar 188
4	K 227	Ca 197	Sc 162	Ti 147	V 137	Cr 128	Mn 127	Fe 126	Co 126	Ni 124	Cu 128	Zn 134	Ga 135	Ge 120	As 119	Se 120	Br 120	Kr 202
5	Rb 248	Sr 215	Y 180	Zr 160	Nb 146	Mo 139	Tc 136	Ru 134	Rh 134	Pd 137	Ag 144	Cd 151	In 167	Sn 151	Sb 145	Te 138	I 139	Xe 216
6	Cs 265	Ba 222	La 187	Hf 159	Ta 146	W 139	Re 137	OS 135	Ir 136	Pt 139	Au 144	Hg 151	Ti 170	Pb 180	Bi 160	Po 190	At 150	Rn 220

La 187	Ce 182	Pr 182	Nd 181	Pm 183	Sm 180	Eu 208	Gd 180	Tb 177	Dy 187	Ho 176	Er 176	Tm 176	Yb 193	Lu 174

数据引自：周公度，叶宪曾，吴念祖. 化学元素综论. 北京：科学出版社，2012.

有表 6.8 可见，原子半径的大小也是呈周期性的变化。

在短周期中，从左到右核电荷数递增 1，电子层数不变，最外层电子递增 1 个。因同层电子的屏蔽作用较小，故有效核电荷数递增较多，为 0.65，使核对核外电子的吸引力逐渐增强，原子半径显著递减。

每周期的最后一个元素——VIIIA 族元素的原子半径特别大，如 $r(\mathrm{Ne}) = 154 \, \mathrm{pm}$。这是因为对稀有气体测定的是范德华半径。

在长周期的前半部 I A～II A 族及后半部 III A～VII A 族，与短周期的递变情况一致，原子半径明显递减。但在中部 III B～VIII B 族的过渡元素原子半径减少得很缓慢，这是因为从左到右递增的一个电子是在次外层上，它的屏蔽作用较大，使有效核电荷数仅递增 0.15，比短周期少得多。核对核外电子的引力增加不多，原子半径缓慢递减。I B～II B 族元素，则由于这些原子的次外层达到了 18 电子层结构，电子云呈球形对称分布，对最外层电子的屏蔽作用较大，可能超过了核电荷增加的影响，以致原子半径反而增大了。

镧系元素的原子半径随着原子序数的递增，原子半径依次减小，这个现象称为镧系收缩。但因从左到右递增的电子是在 $(n-2)f$ 即外数第三层上，对外层电子的屏蔽作用更大，故半径递减不多。以镧系元素为代表的内过渡元素，相邻元素原子半径减小的幅度小于过渡元素原子半径减小幅度，更小于非过渡元素原子半径的减小幅度。由于镧系元素彼此间不仅电子层结构相似，原子半径也很接近，所以镧系元素彼此间性质极为相似，难以分离。工业上常使用的不是一种镧系元素的单质或化合物，而是它们的混合物。

同一主族的元素，从上到下有效核电荷数增加不多甚至相同，但电子层数递增，故原子半径显著增大。

同一副族的元素，从上到下，第五周期元素的原子半径明显大于第四周期元素的原子半径，原因与主族一样。但第五、六周期的同一副族元素相比较，由于镧系收缩使它们的原子半径十分接近，如 Zr 与 Hf，Nb 与 Ta，Mo 与 W。这就造成了它们彼此间物理、化学性质十分相似，在自然界常共生成矿，分离困难。

6.3.3　电离能、电子亲和能和电负性

1. 电离能(I)

使气态的基态原子失去一个电子，变成带一个正电荷的气态离子所需的最低能量，称为该元素原子的第一电离能(ionization energy)I_1；使气态带一个正电荷的离子失去一个电子，变成气态带两个正电荷的离子所需的最低能量称为第二电离能 I_2；依次类推，还有第三电离能 I_3、第四电离能 I_4 等。电离能的单位常用 $kJ \cdot mol^{-1}$。例如

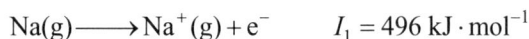

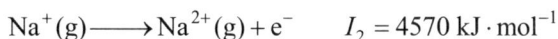

$$Na(g) \longrightarrow Na^+(g) + e^- \qquad I_1 = 496\, kJ \cdot mol^{-1}$$

$$Na^+(g) \longrightarrow Na^{2+}(g) + e^- \qquad I_2 = 4570\, kJ \cdot mol^{-1}$$

可见给定元素的电离能是逐级增大的，$I>0$ 表示吸收能量。若未特别指出，通常说的电离能是指第一电离能。电离能的数据可用真空紫外光谱法、表面电离质谱法等准确测定。

电离能的大小可以衡量原子在气态时失去电子的难易程度，可以估计元素金属活泼性的强弱。电离能越小，越易失去电子，金属活泼性越强，反之亦然。

2. 电子亲和能(Y)

气态的基态原子获得一个电子变成带一个负电荷的气态离子时所吸收(取正值)或放出(取负值)的能量，称为该元素原子的第一电子亲和能(electron affinity)Y_1。与电离能类似，也有第二，第三，……电子亲和能 Y_2、Y_3、…，电子亲和能的单位常用 $kJ \cdot mol^{-1}$。例如

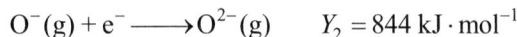

$$O(g) + e^- \longrightarrow O^-(g) \qquad Y_1 = -141\, kJ \cdot mol^{-1}$$

$$O^-(g) + e^- \longrightarrow O^{2-}(g) \qquad Y_2 = 844\, kJ \cdot mol^{-1}$$

大多数情况下，中性原子吸收一个电子时要放出能量，$Y_1<0$(但稀有气体 $Y_1>0$，要吸收能量)；而 Y_2 总是大于零，这是因为必须吸收较多的能量才能克服负离子对电子的排斥力。

直接用实验测定电子亲和能比较困难，因此电子亲和能的实验数据较少，许多是由间接计算而得，数据的可靠性较差。

元素的电子亲和能的代数值越小(负得越多)，体系放出能量越多，反映了这种元素的原子越易获得电子，非金属性越强。

3. 电负性(χ)

无论在单质或化合物中原子都是以化学键相互结合在一起的键合原子。每个键合原子都有得或失电子的能力。为了综合表示元素的原子得、失电子的能力，1932 年美国科学家鲍林首先提出了电负性的概念。他指出，元素的原子吸引成键电子的相对能力可以用该元素的相对电负性来表示，简称电负性(χ)。原子吸引成键电子的能力越强，其电负性越大；原子吸引成键电子的能力越弱，电负性越小。从能量上看，电负性正是综合考虑了电离能、电子亲和能即

失去和获得电子两个因素。

对于元素电负性的标度，1932 年鲍林，1934 年马利肯布(Mulliken)，1957 年阿莱-罗周(Allred-Rochow)，1989 年艾伦(Allen)等许多科学家都提出了卓有见地的方案，至今仍是一个很活跃的课题。目前使用较广泛的是鲍林从热化学实验数据换算而得的一套元素电负性标度，称为 Pauling 标度，见表 6.9。

表 6.9 元素的电负性值

(Pauling 标度)

I A	II A	IIIB	IVB	V B	VIB	VIIB	VIII			I B	II B	IIIA	IVA	V A	VIA	VIIA	VIIIA
H 2.20																	He —
Li 0.98	Be 1.57											B 2.04	C 2.55	N 3.04	O 3.44	F 3.98	Ne —
Na 0.93	Mg 1.31											Al 1.61	Si 1.90	P 2.19	S 2.58	Cl 3.16	Ar —
K 0.82	Ca 1.00	Sc 1.36	Ti 1.54	V 1.63	Cr 1.66	Mn 1.55	Fe 1.83	Co 1.88	Ni 1.91	Cu 1.90	Zn 1.65	Ga 1.81	Ge 2.01	As 2.18	Se 2.55	Br 2.96	Kr —
Rb 0.82	Sr 0.95	Y 1.22	Zr 1.33	Nb 1.6	Mo 2.16	Tc 1.9	Ru 2.2	Rh 2.2	Pd 2.20	Ag 1.93	Cd 1.69	In 1.78	Sn 1.96	Sb 2.05	Te 2.1	I 2.66	Xe —
Cs 0.79	Ba 0.89	La 1.1	Hf 1.3	Ta 1.5	W 2.36	Re 1.9	Os 2.2	Ir 2.2	Pt 2.28	Au 2.54	Hg 2.00	Tl 1.62	Pb 2.33	Bi 2.02	Po 2.0	At 2.2	Rn —
Fr 0.7	Ra 0.9	Ac 1.1															

数据引自：周公度，叶宪曾，吴念祖. 化学元素综论. 北京：科学出版社，2012.

从表中可以看出，I A 族元素的电负性较小，最小的是周期表左下方的 Cs 和 Fr(0.79 和 0.7)；VIIA 族元素的电负性较大，最大的是周期表右上方的 F(3.98)。一般以 $\chi \approx 2$ 作为金属与非金属的大致分界线，金属元素的电负性小于 2，非金属元素大于 2。

在周期系中，元素的电负性也呈有规律的周期性递变。

同一周期元素从左到右由于有效核电荷数递增、原子半径递减，原子吸引成键电子的能力逐渐增强，电负性逐渐增大。同一主族中，从上到下有效核电荷数基本相同，外层电子构型相同，原子半径增加较多，故原子吸引成键电子的能力减弱，电负性递减。但是副族元素电负性的变化较复杂。IIIB 族电负性的变化与主族相似，镧系元素的电负性很小(1.1～1.2)，是很活泼的金属。由于镧系收缩使同一副族五、六周期元素的电负性很接近。

中国稀土之父——徐光宪院士

徐光宪(1920—2015)，浙江绍兴人，毕业于美国哥伦比亚大学，物理化学家、教育家，中国科学院院士。徐光宪长期从事物理化学和无机化学的教学和研究，曾获得国家最高科学技术奖、何梁何利基金科学与技术进步奖，被誉为"中国稀土之父"，代表著作有《物质结构》等。中国是世界上最大的稀土生产国，拥有最完整的稀土产业链。业界有这样的说法："谁掌握了稀土，谁就全天候掌握了战场。"作为工业"维生素"，稀土是隐形战机、超导、核工业等高精尖领域必备的原料，提炼和加工难度极大，珍贵稀少。

多年前，由于萃取技术不过关，中国不得不低价出口稀土精矿和混合稀土，再以几十倍甚至几百倍的价格购进深加工的稀土产品，徐光宪决心打破这一尴尬局面。1972 年，他所在的北京大学化学系接到了一个军工任务——分离镨钕。镨钕，在希腊语中是双生子的意思。是稀土元素中最难分彼此的一对。分离镨钕是当时国际公认的大难题。"中国作为世界最大的稀土所有国，长期只能出口稀土精矿等初级产品，我们心里不舒服。所以，再难也要上。"这是年过半百的徐光宪人生中第三次改变研究方向，换专业！当时，镨钕分离采用离子交换法是惯例，缺点是生产速度慢、成本高，徐光宪提出了采用萃取分离法来实现镨钕分离，自主创新出一套串级萃取理论，把镨钕分离后的纯度提高到了创世界纪录的 99.99%。研究量子化学出身的徐光宪，在理论归纳方面有着过人的天赋。他在实践的基础上推导出了一百多个化学公式，设计出最优化的工艺流程，并利用当时还不普及的计算机技术进行虚拟实验，使原本复杂的稀土生产工艺彻底简单化，原来需要一百多天才能完成的模拟实验流程被缩短到不超过一星期。自此，我国稀土分离技术开始走在世界前列，从根本上改变了受制于人的困窘局面。

徐光宪曾说过，"我这辈子最幸福的事情就是培养出了很多学生，他们都做出了非常好的成绩，大大超过了我。"在学生们的记忆中，他常常将课堂延伸到办公室和家里。"年轻人要有时代幸福感、社会责任感和时代使命感……未来需要年轻人负担起来。"徐老的谆谆教诲犹在耳边。而今，一代又一代年轻的科学家前仆后继，沿着徐先生曾经走过的路，继续为中国的稀土事业奉献着自己的热血和青春。

扫一扫 揭示物质微观结构的奥秘——正负电子对撞机

习 题

1. 区别以下概念。
   (1) 概率和概率密度；
   (2) 原子的外层电子构型和原子的电子分布式；
   (3) 电子云和原子轨道。
2. 简述下述各名词的含义。
   (1) 能级交错　　　(2) 物质波
   (3) 量子化　　　(4) 镧系收缩
3. 指出下列各原子轨道相应的主量子数 n 及角量子数 l 的数值是多少，轨道数分别是多少。

   2p　3d　4s　4f　5s

4. 当主量子数 $n = 4$ 时，可能有多少条原子轨道？分别用 $\psi_{n,l,m}$ 表示出来。电子可能处于多少种运动状态(考虑自旋在内)？
5. 将下列轨道上的电子填上允许的量子数。
   (1) n_____，$l = 2$，$m = 0$，$m_s = \pm\frac{1}{2}$　　(2) $n = 2$，$l =$ _____，$m = 0$，$m_s = \pm\frac{1}{2}$

(3) $n = 4$，$l = 2$，$m =$ _____，$m_s = -\dfrac{1}{2}$　　　(4) $n = 3$，$l = 2$，$m = 2$，$m_s =$ _____

(5) $n = 2$，$l =$ _____，$m = -1$，$m_s = -\dfrac{1}{2}$　　(6) $n = 5$，$l = 0$，$m =$ _____，$m_s = \pm\dfrac{1}{2}$

6. 填上 n，l，m，n 等相应的量子数：

量子数 _____ 确定多电子原子轨道能量 E 的大小；ψ 的函数式则是由量子数 _____ 所确定；确定核外电子运动状态的量子数是 _____；原子轨道或电子云的角度分布图的不同情况决定于量子数 _____。

7. 按近代量子力学的观点，核外电子运动的特征是 _____。

　　A. 具有波粒二象性　　　　　　　　　B. 可以用 ψ^2 表示电子在核外出现的概率

　　C. 原子轨道的能量是不连续变化的　　D. 电子的运动轨迹可以用 ψ 的图像表示

8. 电子云的角度分布图是 _____。

　　A. 波函数 ψ 在空间分布的图形　　　　B. 波函数 ψ^2 在空间分布的图形

　　C. 波函数径向部分 $R(r)$ 随 r 变化的图形　D. 波函数角度部分的平方 $Y^2(\theta,\varphi)$ 随 θ,φ 变化的图形

9. 下列说法是否正确？应如何改正？

　　(1) s 电子绕核旋转，其轨道为一圆圈，p 电子是走 "8" 字形。

　　(2) 主量子数为 1 时，有自旋相反的 2 条轨道。

　　(3) 主量子数为 3 时，有 3s，3p，3d，3f 四条轨道。

　　(4) 主量子数为 4 时，轨道总数为 16，电子层最多可容纳 32 个电子。

　　(5) 氢原子中原子轨道的能量只由主量子数 n 来决定。

　　(6) 电子云黑点图中，黑点越密之处，那里的电子越多。

10. 某原子的最外层电子的主量子数为 4 时 _____。

　　A. 仅有 s 电子　　　　　　　　　　B. 有 s 和 p 电子

　　C. 有 s，p 和 d 电子　　　　　　　D. 有 s，p，d 和 f 电子

11. 某元素有 6 个电子处于 $n = 3$，$l = 2$ 的能级上，推测该元素的原子序为 _____，根据洪德规则，在 d 轨道上有 _____ 个未成对电子，它的电子分布式为 _____。

12. 填充下表。

原子序数	电子分布式	外层电子构型	第几周期	第几族	哪一区	金属或非金属
53						
	$1s^2 2s^2 2p^6 3s^2 3p^6$					
		$3d^5 4s^1$				
			六	ⅠB		

13. 下列元素性质相似是由于镧系收缩引起的是 _____。

　　A. Nb 与 Ta　　　　　　　　　　　B. Fe，Co，Ni

　　C. 镧系　　　　　　　　　　　　　D. 锕系

14. 下列原子的基态电子分布中，未成对电子数最多的是 _____。

　　A. Ag　　　　B. Cd　　　　C. Sb　　　　D. Mo　　　　E. Co

15. 在下列一组元素：Ba、V、Ag、Ar、Cs、Hg、Ni、Ga 中，原子的外层电子构型属于 $ns^{1\sim2}$ 的是 _____，属于 $(n-1)d^{1\sim8}ns^2$ 的是 _____，属于 $(n-1)d^{10}ns^{1\sim2}$ 的是 _____，属于 $ns^2np^{1\sim6}$ 的是 _____。

16. 比较下列各组元素的原子半径大小，用＞、＜、≈ 等符号表示。

    A. Na 和 Mg　　　　　　　　　　B. K 和 V　　　　　　　　　　C. Li 和 Rb

    D. Mo 和 W　　　　　　　　　　E. S 和 Cl

17. 计算作用在 Na 、 Si 、 Cl 三种元素原子的最外层某一个电子上有效核电荷数 z'，并解释它对元素性质的影响。

18. ⅠA 和 ⅠB 族元素的最外层电子数都是 1，但它们的金属性强弱却很不同，试从有效核电荷数和原子半径两个方面予以解释。

19. 从原子的电子层结构解释为什么锰和氯它们的金属性和非金属性差别很大而最高正价却相同。

20. 解释如下事实。

    V、Nb、Ta 都是 VB 族元素，在矿物中常有共生现象。从共生矿中分离 V 与 Nb 较容易，分离 Nb 和 Ta 较难。

第7章 化学键与分子结构

在地球表面的温度压力下，除稀有气体单质是以单原子存在外，其他各种元素的单质或化合物都是由原子(或离子)相互结合成分子或晶体的形式存在的。在分子或晶体中，原子或离子之间必然存在着某种相互作用把它们结合起来。把分子或晶体中邻近微粒(原子或离子)间强烈的相互吸引作用称为化学键(chemical bond)。化学键可分为离子键、共价键和金属键3种基本类型。金属晶体中的金属键将在第8章中讨论。本章在简述离子键之后，着重讨论共价键的基本性质及一种特殊类型的共价键——配位键和配合物。还要讨论分子的极性、分子间的作用力及它对物质性质的影响。

7.1 离子键与离子的结构

7.1.1 离子键的形成与特性

德国化学家柯塞尔(Kossel)根据稀有气体原子的电子层结构特别稳定的事实，首先提出了离子键理论(ionic bond theory)，用以说明电负性差别较大的元素间所形成的化学键。

电负性较小的活泼金属(如 I A 族的 K、Na)和电负性较大的活泼非金属(如ⅦA 族的 F、Cl)元素的原子相互接近时，前者失去电子形成正离子(cation)，后者获得电子形成负离子

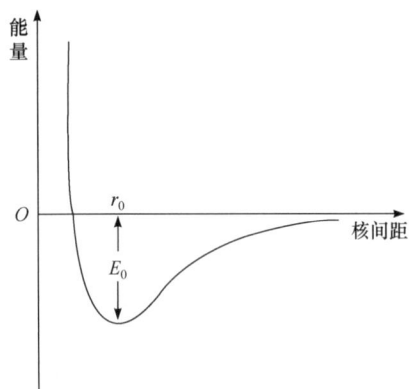

图 7.1 离子键形成的能量曲线

(anion)。如图 7.1 所示，当带相反电荷的离子因静电引力而逐渐靠近时，会使靠近后的新体系总能量不断降低，低于正、负离子单独存在时的总能量，即正、负离子间存在着不断靠近、紧密结合的趋势。但是当接近到一定的距离时，正、负离子的电子云之间及它们的原子核之间的斥力将显示出来，而且这种斥力将随两离子核间距的缩小而迅速增大，会使体系的总能量上升。当离子的核间距达到某一特定值 r_0 时，正、负离子间的引力和斥力达到平衡，体系的总能量降至最低。这时体系处于一种相对稳定的状态，正、负离子稳固地结合，即正、负离子间形成了化学键。

正、负离子间通过静电引力而联系起来的化学键称为离子键(ionic bond)。由离子键形成的化合物称为离子化合物。通常电负性差别很大的元素可形成典型的离子化合物。

离子键的本质是静电作用力。由离子键形成的离子型分子只存在于高温的蒸气中(如 NaCl 蒸气)，固态时以离子晶体的形式存在(第8章)。

正、负离子分别是键的两极，显然离子键是有极性的。由于离子的电荷可在空间任何方向发生作用，同时吸引多个带相反电荷的离子，所以离子键没有方向性和饱和性。

7.1.2　离子的三大特征

1. 离子电荷

根据离子键理论，离子电荷数等于相应原子(或原子团)得失电子数。根据库仑定律，正、负离子间的作用力为

$$F = q^+ \cdot q^- / r_0^2 \tag{7.1}$$

式中，q^+ 为正离子所带电荷；q^- 为负离子所带电荷；r_0 为离子间平衡距离。由此可知，在 r_0 恒定的前提下，离子所带电荷越多，对相反电荷离子的作用力就会越强，形成的离子键就越稳定，所对应离子化合物的熔点就越高。

2. 离子半径

如果把离子键形成过程近似看作是两个带有相反电荷的球体接触的过程，离子间的平衡距离 r_0 近似等于两个离子的半径之和，根据库仑定律，在离子电荷一定的前提下，离子半径越小，r_0 越小，正、负离子间的作用力就越大，形成的离子键就越稳定，所对应的离子化合物的熔点也越高。

3. 离子的电子层构型

原子形成离子时，在价电子层上失去电子的顺序是

$$np—ns—(n-1)d—(n-2)f$$

可用 $(n + 0.4l)$ 作判断，此数值越大的电子，越易失去。

能形成典型离子键的正、负离子的外层电子构型一般都是 8 电子结构，也称 8 电子构型。一般简单的负离子都是 8 电子构型。而正离子由于形成它的原子失去电子的数目不同，有的只失去最外层电子，有的除失去最外层电子外还失去次外层电子，因而具有多种构型。各种简单离子的构型如下：

2 电子构型：最外层有 2 个电子的离子，如 Li^+，Be^{2+}，H^-。

8 电子构型：最外层有 8 个电子的离子，如 Na^+，Mg^{2+}，Al^{3+}，F^-，O^{2-}，Cl^-。

18 电子构型：最外层有 18 个电子的离子，如 Cu^+，$Zn^{2+}(\cdots 3s^23p^63d^{10})$，$Ag^+(\cdots 4s^24p^64d^{10})$，$Hg^{2+}(\cdots 5s^25p^65d^{10})$。

(18 + 2)电子构型：次外层有 18 个电子，最外层有 2 个电子的离子，如 $Sn^{2+}(\cdots 4s^24p^64d^{10}5s^2)$，$Pb^{2+}(\cdots 5s^25p^65d^{10}6s^2)$。

(9~17 电子构型)：最外层的电子数为 9~17 的离子，如 $Cr^{3+}(\cdots 3s^23p^63d^3)$，$Mn^{2+}(\cdots 3s^23p^63d^5)$，$Fe^{3+}(\cdots 3s^23p^63d^5)$，$Fe^{2+}(\cdots 3s^23p^63d^6)$。

离子的外层电子构型同样也影响离子间的相互作用，进而影响离子键的稳定性。例如，Na^+ 和 Cu^+ 的电荷相同，半径几乎相等，分别为 0.95 Å 和 0.96 Å，但 Na^+ 属于 8 电子构型，而 Cu^+ 属于 18 电子构型，故 NaCl 和 CuCl 的水溶性差别明显，前者易溶于水，后者难溶于水。

7.2　共价键与分子结构

对于非金属元素单质的分子(如 H_2，Cl_2)和电负性相差不大的元素所形成的分子(如

HCl)，显然不能用以得失电子分别形成正、负离子为基础的离子键理论来说明它们的构成。为此，美国化学家路易斯(Lewis)首先提出了共价键的概念。他认为，在这些分子的成键原子间，由于共用了一对或数对电子而填满了各个原子的最外层轨道，每个原子都分别形成了稀有气体原子的稳定电子层结构。这种原子间靠共用电子对使原子结合起来的化学键称为共价键(covalent bond)。但他很难解释为什么共用一对或数对电子就可促使两个或多个原子牢固地结合起来。共价键的本质究竟是什么？他更不能解释为什么有些分子中，中心原子的最外层电子数虽然小于 8(如 BF_3 中的 B)或大于 8(SF_6 中的 S)，但这些分子仍是很稳定的。

1927 年海特勒(Heitler)和伦敦(London)把量子力学的成就应用于 H_2 分子结构的研究，才使共价键的本质获得初步的解答 。

后来鲍林等又加以发展，逐步建立了现代价键理论(valence bond theory，又称 VB 理论、电子配对理论)和分子轨道理论(molecular orbital theory)。

7.2.1 价键理论

1. 共价键的本质

海特勒和伦敦用量子力学的方法近似解出了由两个氢原子所组成的体系的波函数 ψ_A 和 ψ_s，它们分别描述了 H_2 分子可能出现的两种状态。ψ_A 称为推斥态，此时 H_2 分子处于不稳定状态，两个氢原子的电子自旋方向相同；ψ_s 称为基态，是 H_2 分子的稳定状态，两个氢原子的电子自旋方向相反。图 7.2 和图 7.3 分别绘出了两种不同状态时，H_2 分子中两核间电子云分布的相对大小和能量曲线。

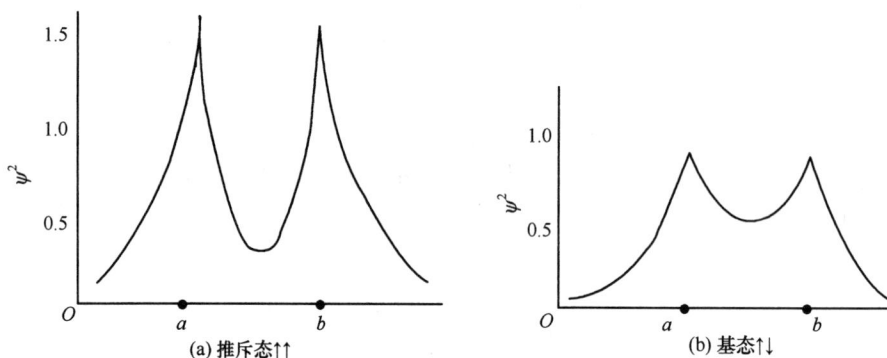

图 7.2 H_2 分子的两种不同状态(核间电子云分布相对大小示意图)

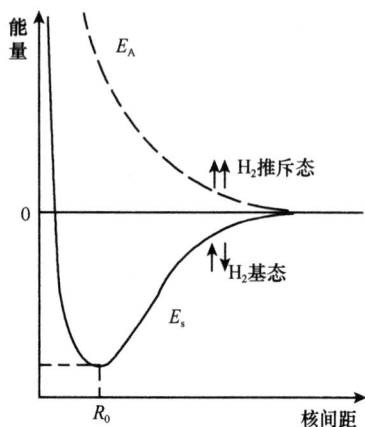

图 7.3 H_2 分子的能量曲线示意图

在推斥态，两个氢原子的电子自旋方向相同。两个氢原子的核间电子云密度较小，两个带正电荷的核互相排斥。从能量曲线 E_A 可见，在核间距 R 为无穷远处 $E_A = 0$，实为孤立的两个氢原子。随着 R 减小，体系能量 E 不断上升，不能形成稳定的共价键。

在基态，两个氢原子的电子自旋方向相反。在两个氢原子的核间电子云密度较大，增加了对两个核的吸引作用。这是由于两个氢原子的 1s 原子轨道相互叠加，叠加后在两核间 ψ、ψ^2 增大的结果。原子轨道重叠越多，核间 ψ^2 越大，形成的共价键越牢固，分子越稳定。从能量曲线 E_s 来看，在 $R_0 = 7.4 \times 10^{-11}$ m 处 E_s 有一个极小值，体系的能量最低，这就是氢分子的基态。所以，当两个氢原子接近到平衡距离 R_0 时，可形成稳定的 H_2 分子。

把对 H_2 的研究推广到其他共价键分子中，根据原子轨道重叠的基本观点，逐步发展形成了价键理论。该理论的基本要点是：

(1) 具有自旋反向的未成对电子的原子接近时，可因原子轨道的重叠而形成共价键。

(2) 一个电子与另一个自旋反向的电子配对成键后，就不能与第三个电子配对成键。

(3) 类似于机械波叠加，相位相同时相加，相位不同时相减，原子轨道重叠时，只有波函数同号("+"与"+"或"−"与"−")才能有效叠加。

(4) 配对电子的原子轨道要尽可能地实现最大重叠，重叠越多，体系能量降得越低，共价键越牢固。

2. 共价键的特征

(1) 饱和性。由于共价键是由未成对的自旋反向电子配对，原子轨道的重叠而形成的。所以，一个原子的一个未成对电子只能与另一个未成对电子配对，形成一个共价单键。一个原子有几个未成对电子(包括激发后形成的未成对电子)便可与几个自旋反向的未成对电子配对成键。这就是共价键的饱和性。例如，H—H，Cl—Cl，H—Cl 等分子中，2 个原子各有 1 个未成对电子，可以相互配对形成 1 个共价(单)键，不可能形成 H_3 或 H_2Cl 分子。1 个氮原子有 3 个未成对电子，就可以分别与 3 个氢原子的未成对电子配对，形成 3 个共价(单)键。在共价分子中，某原子所能提供的未成对电子数，一般就是该原子所能形成的共价(单)键的数目，称为共价数。

(2) 方向性。由于共价键要尽可能沿着原子轨道最大重叠的方向形成，所以共价键具有方向性。例如，氢原子的 1s 轨道和氯原子的 3p 轨道有 4 种可能的重叠方式，如图 7.4 所示。图 7.4 中(a)、(b)为同号重叠，是有效的。(a)中 s 轨道是沿 p 轨道极大值的方向重叠的，有效重叠最大，ψ^2 增加最大，能量降得最低。所以，HCl 分子是采取(a)方式重叠成键的。(c)方式为异号重叠，ψ 相减，是无效的。(d)方式由于同号和异号两部分互相抵

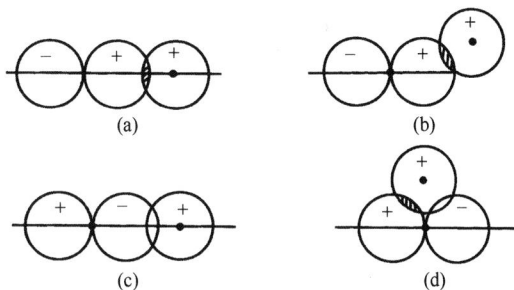

图 7.4　s 和 p_x 轨道(角度分布)的重叠方式示意图

消，仍是无效的。又如，在形成 H_2S 分子时，S 原子最外层有两个未成对的 p 电子，其轨道夹角为 90°，两个氢原子只有沿着 p 轨道极大值的方向才能实现有效的最大重叠，在 H_2S 分子中两个 S—H 键的夹角约等于 90°(实为 92°)。

以上讨论的共价键的饱和性与方向性，都与离子键不同。此外，离子键由于正、负离子各为一极，肯定是有极性的。共价键则不一定，既有相同元素的原子因电负性相同，两原子吸引电子的能力一样，原子核正电荷中心与核外电子的负电荷中心重合而形成的非极性共价键(nonpolar covalent bond)；也有不同元素的原子间因电负性不同，成键原子的电荷分布不均，电负性较大的原子带部分负电荷，电负性较小的原子带部分正电荷，即正、负电荷中心不重合而形成的极性共价键(polar covalent bond)。极性共价键可视为具有一定离子键成分的共价键。

3. 共价键的类型

对于 s 电子和 p 电子，它们的原子轨道有两种不同类型的重叠方式，故形成两种类型的共价键，σ 键和 π 键。

如图 7.5 所示，H_2 分子中的 s-s 重叠，HCl 分子中的 p_x-s 重叠，Cl_2 分子中的 p_x-p_x 重叠等，原子轨道是沿着两核间连线(键轴)的方向重叠的，形象地称为"头碰头"方式。成键后，电子云沿两核间连线，即沿键轴的方向呈圆柱形对称分布，其重叠部分集中在键轴周围。而且，重叠最多的部位正好落在键轴上。这种键称为 σ 键，所有的共价单键都是 σ 键。

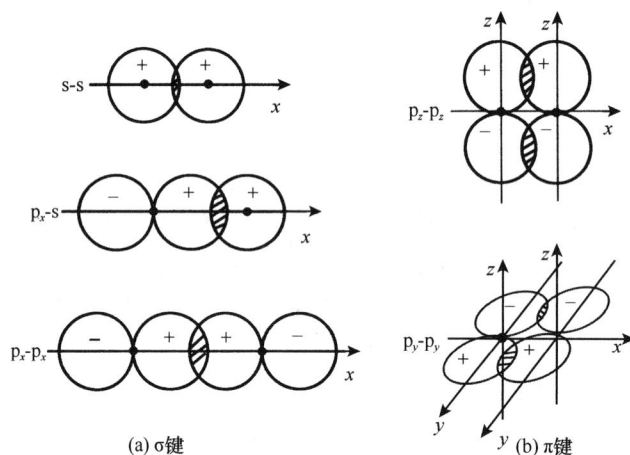

图 7.5　σ键和π键(重叠方式)示意图

在共价双键的化合物(如乙烯)中 C 与 C 原子间除有一个 σ 键外还有一个 π 键；共价三键则由一个 σ 键和两个 π 键组成。π 键的特征是成键的原子轨道沿键轴以"肩并肩"的方式重叠。成键后，电子云有一个通过键轴的对称节面，节面上电子云密度为零，即在键轴上原子轨道的重叠为零。电子云的界面图好像两个椭球形的"冬瓜"分置在节面上下。由于 π 键的电子云不像 σ 键那样集中在键轴上，核对 π 电子的束缚力较小，π 键的能量较高，不够稳定，易参加化学反应(不饱和烃就因 π 键的存在，而易于加成)。

4. 共价键参数

键长、键角、键能等表征共价键特性的物理量称为共价键参数。随着理论化学的进展，键参数在理论上可以由量子力学进行定量的讨论；另外，由于当代实验技术、仪器开发的进步，也可以通过实验来测定这些物理量。键参数对于材料的开发、应用，新材料的研究、设计都有一定的指导意义。

(1) 键长(bond length)。分子中两成键原子的平均核间距称为键长。在理论上可用量子力学的近似方法进行计算。通过衍射、光谱等实验方法，已测定大量分子立体构型的数据，获得了许多成键原子间的键长。键长与键的强度有关，通常，若某单键的键长较短，则该单键乃至所形成的分子也较稳定。

(2) 键角(bond angle)。分子中相邻两键间的夹角称为键角。它是反映分子空间结构的基本数据。简单分子的键角可由量子力学方法近似计算，复杂分子仍需通过光谱、衍射等实验方法测定。

(3) 键能(bond energy)。在标准状态、298.15 K 下，断开气态物质 1 mol 共价键，使之解离成气态电中性的组成部分所需要的能量称为该键的键能。

等压下，$\Delta H = \Delta U + p\Delta V$，一般地，化学反应 $p\Delta V$ 较小，$\Delta H \approx \Delta U$，故近似地可用键焓表示键能。键能(焓)的数据通常是利用光谱数据与量热法测定数据计算而得。

对于双原子分子，其键能(焓)就等于 1 mol 双原子分子解离成 2 mol 原子反应的解离焓。例如

$$Cl_2(g) = 2Cl(g) \qquad \Delta H^{\ominus} = 242 \ kJ \cdot mol^{-1}$$

$$HCl(g) = H(g) + Cl(g) \qquad \Delta H^{\ominus} = 432 \ kJ \cdot mol^{-1}$$

对于多原子分子，情况较为复杂。例如，断裂 $H_2O(g)$ 中 O—H 键：

$$H_2O(g) = H(g) + OH(g) \qquad \Delta H^{\ominus} = 501.9 \ kJ \cdot mol^{-1}$$

断裂 OH(g)中的 O—H 键：

$$OH(g) = H(g) + O(g) \qquad \Delta H^{\ominus} = 423.4 \ kJ \cdot mol^{-1}$$

可见在不同的分子或原子团中，同种键的解离焓也是不同的。通常取算术平均值 463 $kJ \cdot mol^{-1}$ 作为水分子中 O—H 键的键能(键焓)。

表 7.1 列出若干常见共价键的键能。表中键能数据是取不同化合物中同一类型化学键键能的平均值。

表 7.1　298.15 K 时一些共价键的键能(单位：$kJ \cdot mol^{-1}$)

单键							
H—H	436	C—H	337	N—N	297	F—F	157
H—N	391	C—C	347	N—O	630	F—Cl	251
H—F	569	C—N	305	N—Cl	389	Cl—Cl	242
H—Cl	432	C—O	351	O—H	463	Cl—Br	219
H—Br	366	C—S	259	O—O	498	Br—Br	194
H—I	299	C—Cl	338	O—F	222	I—Cl	213
		C—Br	280	S—H	344	I—I	153
		C—I	253	S—S	272		
		Si—Si	327				
		Si—O	798				

双键		三键	
C=C	614	N≡N	946
C=O*	745	C≡C	839
O=O	495	C≡O	1072
C=S	578	C≡N	891
N=N	418		
C=N	615		

* C=O(CO_2)为 799。

一般来说，键能越大，相应的键越牢固，由该键构成的分子也越稳定。

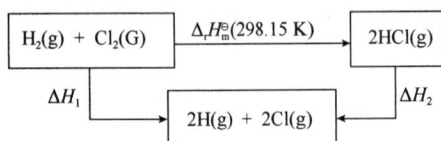

$$\boxed{H_2(g) + Cl_2(G)} \xrightarrow{\Delta_r H_m^{\ominus}(298.15\ K)} \boxed{2HCl(g)}$$

$$\Delta H_1 \downarrow \qquad\qquad \boxed{2H(g) + 2Cl(g)} \qquad\qquad \downarrow \Delta H_2$$

图 7.6　H_2 与 Cl_2 的反应历程

由键能(焓)出发，可以估算出许多气体物质间化学反应的热效应。以 HCl 为例，$H_2(g) + Cl_2(g) =\!=\!= 2HCl(g)$，$\Delta_r H_m^{\ominus}(298.15\ K)$ 为多少？可设计如图 7.6 所示的反应历程。

由于焓是状态函数，其增量只与始态和终态有关而与途径无关。图 7.6 中，有两个不同途径，但焓变是相等的，即

$$\Delta_r H_m^{\ominus}(298.15\ K) + \Delta H_2 = \Delta H_1$$

$$\Delta_r H_m^{\ominus}(298.15\ K) = \Delta H_1 - \Delta H_2$$

根据键焓的定义：ΔH_1 为反应物键能的总和，用 $\sum H_{反应物}$ 表示；ΔH_2 为反应物键能的总和，用 $\sum H_{生成物}$ 表示。

$$\Delta_r H_m^{\ominus}(298.15\ K) = \sum H_{反应物} - \sum H_{生成物} \qquad (7.2)$$

查阅表 7.1 键能数据，代入公式(7.2)，得

$$\Delta_r H_m^{\ominus}(298.15\ K) = [(436+242) - 2\times432]\ kJ\cdot mol^{-1} = -186\ kJ\cdot mol^{-1}$$

所得的数据与热力学测定十分接近。运用式(7.2)可以估算一些实验测量有困难的反应的热效应。

7.2.2　杂化轨道与分子的空间构型

价键理论成功地说明了许多共价分子的形成，阐明了共价键的本质及特征。但在解释许多分子的空间结构方面遇到了困难。随着近代实验技术的发展，确定了许多分子的空间结构。例如，实验测定表明甲烷(CH_4 分子)具有正四面体的空间结构。碳位于正四面体的中心，4 个氢原子占据 4 个顶点，4 个 C—H 键的强度相同，键角∠HCH 为 109°28′。但根据价键理论，即使考虑将碳原子的 1 个 2s 电子激发到 2p 轨道上，可以有 4 个未成对电子与 4 个氢原子的 1s 电子配对，形成 4 个 C—H 共价键，但由于 2s 与 2p 电子能量不同，所形成的 4 个 C—H 键也应是不等同的，这与实验事实不符。鲍林从电子具有波动性、电子波可以叠加的观点出发提出了杂化轨道理论，进一步发展了价键理论，比较满意地解释了这类问题。

杂化轨道理论的基本论点是在共价键的形成过程中，同一原子中能量相近的若干不同类型的原子轨道可以"混合"起来，重新组合形成一组成键能力更强的新的原子轨道。这个过程称为原子轨道的杂化(hybridization)，所组成的新的原子轨道称为杂化轨道(hybrid orbital)。应当强调的是，能量相近的原子轨道才能发生杂化(如 2s 与 2p)，能量相差较大的原子轨道(如 1s 与 2p)不能发生杂化；几个不同类型的原子轨道杂化后，仍有几个新的杂化轨道；杂化发生在分子形成的过程中，孤立的原子是不发生杂化的。

根据参与杂化的原子轨道种类和数目，杂化轨道的类型可分为 s-p 型和 s-p-d 型。

1. s-p 型

(1) sp^3 杂化。由 1 个 ns 轨道和 3 个 np 轨道组合可以形成 4 个 sp^3 杂化轨道。

以 CH_4 分子为例，处于激发态的 C 原子有 4 个未成对电子，各占一个原子轨道，即 $2s^1$，$2p_x^1$，$2p_y^1$，$2p_z^1$。这 4 个原子轨道在成键过程中发生杂化，重新组成 4 个新的能量相等

的 sp^3 杂化轨道。其形成过程如下：

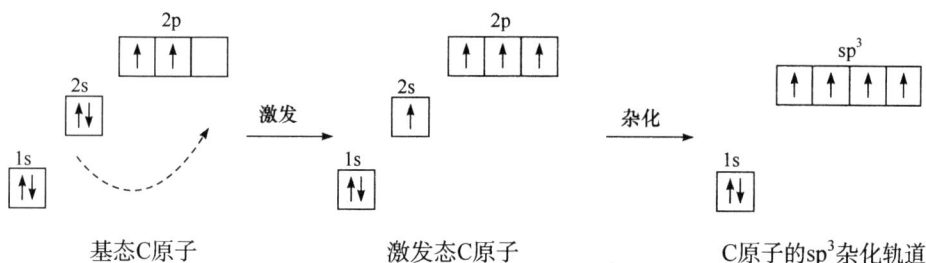

　　这 4 个 sp^3 杂化轨道对称地分布在 C 原子周围，互成 $109°28'$ 的角。每一个 sp^3 杂化轨道都含有 1/4s 成分和 3/4p 成分。碳原子的 4 个 sp^3 杂化轨道分别和一个氢原子的 1s 轨道重叠，形成 4 个 sp^3-s 重叠的 σ 键，键角 $\angle HCH$ 为 $109°28'$，构成 CH_4 分子。如图 7.7 所示，由于杂化后，原子轨道的角度在上述 4 个方向上的分布大大增加，故可使成键的原子轨道间重叠部分增大，成键能力增强。所以，CH_4 分子相当稳定，这与实验事实是一致的。

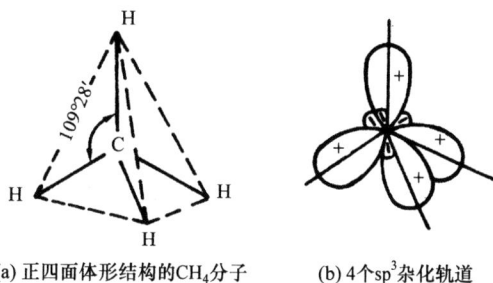

(a) 正四面体形结构的CH_4分子　(b) 4个sp^3杂化轨道

图 7.7　CH_4分子的空间构型和sp^3杂化轨道

　　除 CH_4 外，其他烷烃分子、SiH_4 分子、NH_4^+ 等的中心原子都是以 sp^3 杂化成键的。

　　1998 年，李亚栋等在 Science 期刊发表文章，以 Ni-Co-Mn 合金为催化剂，在高压釜中 700℃ 条件下合成金刚石，其反应方程式为 $CCl_4 + 4Na \longrightarrow C(金刚石) + 4NaCl$。该实验是基于 sp^3 杂化理论为指导，其实验的成功证明了理论指导实验的正确性。

　　(2) sp^2 杂化。由 1 个 ns 轨道和 2 个 np 轨道组合可以形成 3 个 sp^2 杂化轨道。

　　以 BF_3 分子为例。实验测知，BF_3 具有平面三角形的结构，B 原子位于三角形的中心，3 个 F 原子位于 3 个顶点。3 个 B—F 键是等同的，3 个 $\angle FBF$ 键角均为 $120°$。运用杂化轨道理论可对此分子的结构作出满意的解释。其形成过程表示如下：

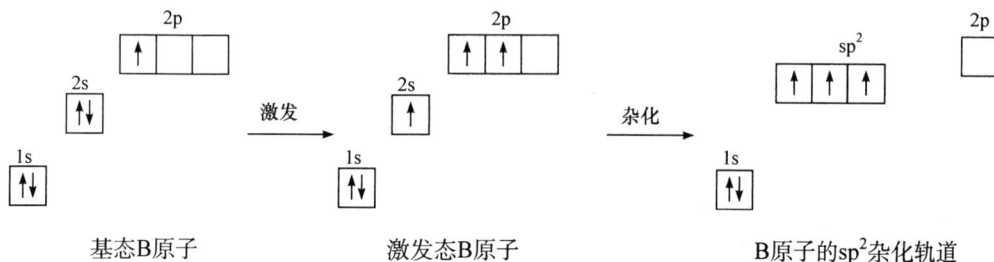

基态B原子　　　　　　　激发态B原子　　　　　　　B原子的sp^2杂化轨道

3 个 sp^2 杂化轨道对称地分布在 B 原子周围，互成 $120°$。每个 sp^2 杂化轨道均含有 1/3s 成分和 2/3p 成分。由于杂化后原子轨道的角度分布在上述 3 个方向上大大增加，故由这 3 个杂化轨道分别与 F 原子的 p 轨道重叠而成的 3 个 sp^2-p σ 键得到加强，形成了 BF_3 分子，如图 7.8 所示。

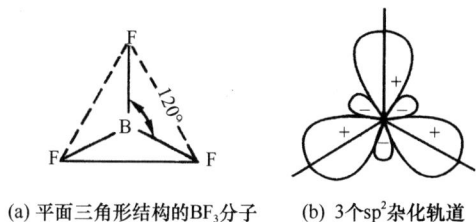

(a) 平面三角形结构的BF_3分子　(b) 3个sp^2杂化轨道

图 7.8　BF_3分子的空间构型和sp^2杂化轨道

　　乙烯(C_2H_4)分子中，2 个碳原子都分别形成了 3 个 sp^2 杂化轨道，2 个碳原子的未杂化 p 轨道垂直于杂化轨道平面，"肩并肩"地重叠起来组成一个 π 键。

(3) sp 杂化。由 1 个 ns 轨道和 1 个 np 轨道组合可以形成两个 sp 杂化轨道。

以气态 $BeCl_2$ 分子为例。实验测知，$BeCl_2$ 分子构型为直线形，键角 ∠ClBeCl 为 180°。用杂化轨道理论分析，其形成过程如下：

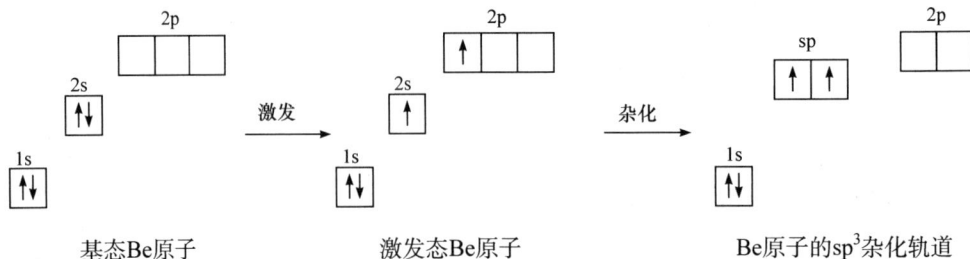

基态Be原子　　　　　　激发态Be原子　　　　　Be原子的sp³杂化轨道

2 个 sp 杂化轨道在空间互成 180°。每个杂化轨道含 1/2s 成分和 1/2p 成分。这 2 个等同的 sp 杂化轨道分别和 Cl 原子的 1 个 p 轨道发生原子轨道的重叠，形成 2 个 sp-p σ 键。由于 2 个 sp 杂化轨道夹角为 180°，所以 $BeCl_2$ 分子为直线形分子，见图 7.9。$HgCl_2$ 也与此类似。

乙炔(C_2H_2)分子的结构如图 7.10 所示，碳原子也是发生 sp 杂化。每个碳原子形成 1 个 sp-s σ 键和 1 个 sp-sp σ 键，未参与杂化的 2 个未成对 p 电子各形成一个 π 键。

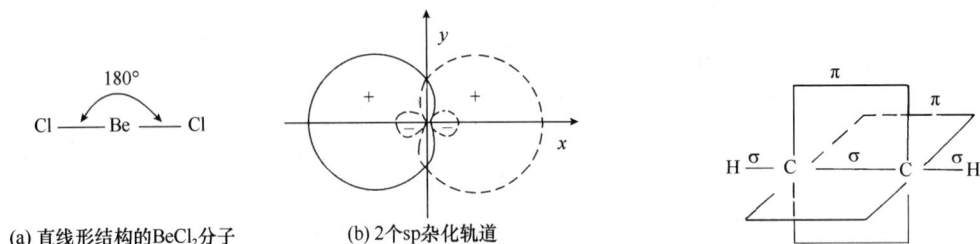

图 7.9　$BeCl_2$ 分子的空间构型和 sp 杂化轨道　　　图 7.10　乙炔分子结构示意图

(4) 不等性杂化。同种类型的杂化(如 sp³)又可分为等性杂化和不等性杂化 2 种。在 CH_4 中 C 原子的每个 sp³ 杂化轨道是等同的，都含有 1/4s 成分和 3/4p 成分，故称等性杂化轨道(equivalent hybrid orbital)。未作说明的，一般均指等性杂化。另外，还有一种杂化成分不等的杂化轨道称为不等性杂化轨道(unequivalent hybrid orbital)。下面以 NH_3 和 H_2O 分子的结构为例予以说明。

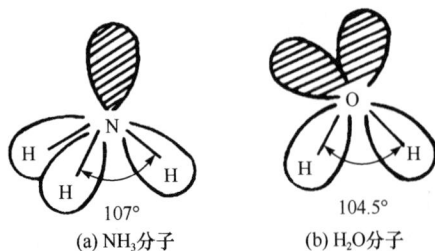

图 7.11　NH_3 分子和 H_2O 分子空间构型示意图

NH_3 分子的结构经测定是三角锥形，∠HNH 为 107°，如图 7.11(a)所示。N 原子的电子层结构是 $1s^22s^22p^3$，在最外层有两个已成对的 2s 电子，称孤对电子(lone pair electrons)。按价键理论，这一对孤对电子不参与成键，3 个未成对的 p 电子的轨道互成 90°，可与 3 个氢原子的 1s 电子分别配对成键，那么键角似乎应为 90°，但这与事实不符。若用前述等性杂化来解释，N 原子形成 4 个 sp³ 杂化轨道，键角 ∠HNH 应为 109°28′，这也与事实不符。为此提出了不等性杂化的观点。

在 NH_3 分子中，有一个 sp^3 杂化轨道被未参与成键的孤对电子占据，因为它未参与成键，电子云在 N 原子周围较密集，其形状更接近于 s 轨道，它的 s 成分比其他 3 个杂化轨道要多些。而被 3 个成键电子占据的杂化轨道 s 成分相对少些，p 成分相对多一些。因为纯 p 轨道间夹角为 90°，所以随着 p 成分的增多，杂化轨道间的夹角相应减小，故 NH_3 中键角∠HNH 减小为 107°，小于 109°28′，大于 90°。上述这种由于孤对电子的存在，各杂化轨道中所含成分不等的杂化称为不等性杂化。

H_2O 分子的结构如图 7.11(b)所示，也可以用不等性杂化来说明。氧的电子层排布是 $1s^2 2s^2 2p^4$，在最外层有 2 对孤对电子，同样采取不等性 sp^3 杂化。由于 2 个 sp^3 杂化轨道被未参与成键的孤对电子占据，因此成键的杂化轨道 s 成分更少，p 成分更多，键角∠HOH 进一步减小为 104.5°。

2. s-p-d 型

ns 轨道、np 轨道和 nd 轨道一起参与的杂化称为 s-p-d 型杂化，主要有以下类型：

(1) sp^3d 杂化。由 1 个 ns 轨道、3 个 np 轨道和 1 个 nd 轨道组合可以形成 5 个 sp^3d 杂化轨道。以 PCl_5 为例，其形成过程表示如下：

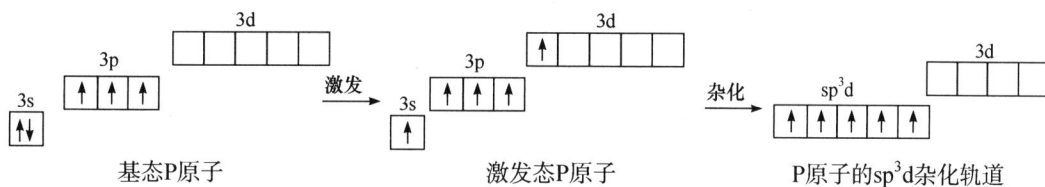

杂化形成的 5 个 sp^3d 杂化轨道中，每个杂化轨道都含有 1/5s 成分、3/5p 成分和 1/5d 成分，其中 3 个 sp^3d 杂化轨道互成 120°位于一个平面上，另外 2 个 sp^3d 杂化轨道垂直于这个平面，所以 PCl_5 分子的空间构型为三角双锥形。PCl_5 的分子空间结构如图 7.12 所示。

PCl_5 溶于二硫化碳、四氯化碳。在水中分解，在潮湿空气中水解成磷酸和氯化氢，产生白烟和特殊的刺激性臭味，强烈刺激眼睛。在有机合成中用作氯化剂、催化剂，是生产医药、染料、化学纤维的原料，也是生产氯化磷腈、磷酰氯的原料。

(2) sp^3d^2 杂化。由 1 个 ns 轨道、3 个 np 轨道和 2 个 nd 轨道组合可以形成 6 个 sp^3d^2 杂化轨道。以 SF_6 为例，其形成过程如下：

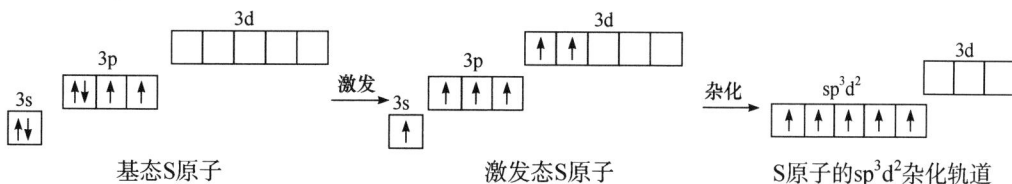

杂化形成的 6 个 sp^3d^2 杂化轨道中，每个杂化轨道都含有 1/6s 成分、1/2p 成分和 1/3d 成分，分别指向正八面体的 6 个顶角，其中 4 个 sp^3d^2 杂化轨道在同一平面上，夹角互成 90°，另外 2 个 sp^3d^2 杂化轨道垂直于平面，所以 SF_6 分子的空间构型为正八面体。

SF_6 的分子空间结构如图 7.13 所示。由于其结构对称，键能高，具有优越的电绝缘和灭弧性能，已广泛用于高压电器及电子、国防、冶金等工业部门。为提高供电系统的可靠性，高电压的配电装置应优先采用充入 SF_6 的气体绝缘全封闭电器。它即使在重污染、高海拔、高地震强度地区也能可靠运行。

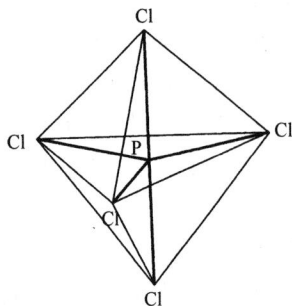

图 7.12　PCl₅ 的分子构型

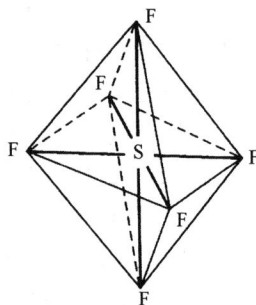

图 7.13　SF₆ 的分子构型

7.2.3　价层电子对互斥理论

杂化轨道理论可以对已知空间构型的分子的成键和空间结构进行理论解释，1940 年 Sidgwick 和 Gilespie 在总结大量实验结果的基础上，提出了价层电子对互斥理论(valence shell electron pair repulsion theory)，简称 VSEPR 法。该理论可用来预测共价分子形态的化学模型，预见分子构型，其推断结果基本与实验事实相符合。

1. 价层电子对互斥理论的基本要点

(1) 共价化合物 AB_n 型分子或离子的空间构型，主要取决于中心原子 A 的价电子层中各电子对间的相互排斥作用。这些价层电子对在中心原子周围按尽可能互相远离的位置排布，以使彼此间的排斥能最小，分子的能量最低。

(2) 价层电子对是成键电子对和价电子层中的孤对电子。不同价层电子对之间的排斥作用力不同，孤对电子只受中心原子 A 的吸引，电子云较大，对邻近电子对的斥力较大；成键电子对受 A 和 B 两个原子的吸引，电子云较小，对邻近电子对的斥力较小。价层电子对间排斥力的大小，影响了分子中的键角和分子构型。相邻价层电子对之间的静电斥力大小顺序为

孤对电子-孤对电子>孤对电子-成键电子对>成键电子对-成键电子对

若分子中有重键(双键或三键)时，把它们按照一对成键电子对处理，由于重键比单键所含电子数多，斥力较大，其大小顺序为三键>双键>单键。故含重键的键角较大，而使单键之间的键角变小。例如，HCHO 分子中的键角不再是平面三角形的 120°，∠HCO 增大为 122.1°，而∠HCH 减小为 115.8°。

(3) 分子的几何构型取决于中心原子 A 的价层电子对数和孤对电子数，其关系如表 7.2 所示。

表 7.2　分子的空间构型与价层电子对数的关系

价层电子对数	成键电子对数	孤对电子数	价层电子对的空间构型	分子的空间构型	实例
2	2	0	直线形		BeH_2，$HgCl_2$，CO_2(直线形)
3	3	0	平面三角形		BF_3，BCl_3(平面三角形)
	2	1	平面三角形		$SnBr_2$，$PbCl_2$(V 形或角形)

价层电子对数	成键电子对数	孤对电子数	价层电子对的空间构型	分子的空间构型	实例
4	4	0	正四面体		CH_4，CCl_4(正四面体)
	3	1	四面体		NH_3(三角锥)
	2	2	四面体		H_2O(V 形)
5	5	0	三角双锥		PCl_5(三角双锥)
	4	1	三角双锥		SF_4(变形三角双锥)
	3	2	三角双锥		ClF_3(T 形)
	2	3	三角双锥		XeF_2(直线形)
6	6	0	正八面体		SF_6(正八面体)
	5	1	八面体		IF_5(四方锥)
	4	2	八面体		ICl_4^-，XeF_4(平面正方形)

2. 价层电子对数的确定

由价层电子对互斥理论的基本要点可知，判断分子的空间构型，首先要确定中心原子 A 的价层电子总对数，其计算公式为

$$价层电子对数 = \frac{中心原子的价电子数 + 配位原子提供的电子数}{2} \tag{7.3}$$

价电子数遵循的规则：

(1) 如果配位原子 B 与中心原子 A 间的化学键为单键时，配位原子提供的电子数为 1，如氢原子、卤素原子；双键时，配位原子提供的电子数为 0，如氧族原子；三键时，配位原子提供的电子数为 –1，如 HC≡CH。

(2) 重键按照一对成键电子对处理。

(3) 如果物种是离子，计算离子的价电子数应加上或减去电荷数。

$$负离子的价电子数 = 中心原子的价电子数 + 所带的负电荷数$$

$$正离子的价电子数 = 中心原子的价电子数 - 所带的正电荷数$$

(4) 如果中心原子价层电子中有孤对电子，应按电子对处理。

(5) 中心原子的孤对电子数 = 中心原子的电子对数 – 成键电子对数。

3. 分子空间构型的判断

价层电子对互斥理论可以预测分子的空间构型，以下面几个实例来说明：

(1) 在 NO_3^- 中，中心原子 N 有 5 个价电子，O 原子不提供电子，得到 1 个电子，价层电子对数 = $(5 + 1)/2 = 3$，孤对电子数为 0。由表 7.2 可知，N 原子的价层电子对的排布为平面三角形，该离子的空间构型为平面三角形。

(2) 在 SO_4^{2-} 中，中心原子 S 有 6 个价电子，O 原子不提供电子，得到 2 个电子，价层电子对数 = $(6 + 2)/2 = 4$，孤对电子数为 0。由表 7.2 可知，S 原子的价层电子对的排布为正四面体，该离子的空间构型为正四面体。

(3) 在 ClF_3 中，中心原子 Cl 有 7 个价电子，F 原子提供 1 个电子，价层电子对数 = $(7 + 1 \times 3)/2 = 5$，孤对电子数为 = $(7 - 3)/2 = 2$。由表 7.2 可知，Cl 原子的价层电子对的排布为三角双锥形，该分子的空间构型为 T 形。

总之，价层电子对互斥理论比较有效地预测了前三周期元素所形成的分子(或离子)的空间构型，并且与杂化轨道理论判断分子构型所得结果相吻合。但该理论只能作定性描述，无法得出定量的结论。例如，CaF_2、BaF_2 高温气态分子，实验测得它们的键角都小于 180°，而价层电子对互斥理论只强调电子对的斥力，忽略键的本性，导致预测结果与实验结果不相符；同时，用该理论预测少数含单电子的分子(或离子)及由第 V、VI 主族元素形成的一些分子(或离子)时与实验结果常有出入，且不能说明键的形成和键的稳定性，需要借助价键理论和分子轨道理论。

7.2.4 分子轨道理论

价键理论沿用了传统的价键概念，强调成键原子间未成对电子的配对。它既直观也易于接受，并且成功地说明了许多分子的结构。但它在解释 O_2、N_2 及其他一些分子结构时，遇

到了困难。例如，按价键理论，O_2 分子的结构应是 $:\ddot{O}=\ddot{O}:$，没有未成对电子。但从物质的磁性测定实验推断，O_2 分子内存在 2 个未成对电子，或者说有 2 个三电子 π 键，其结构可表示为 $:O\, \vdots\, O:$。

分子轨道理论(molecular orbital theory，MO)着重考虑分子的整体性，把分子作为一个整体来处理，没有明确的价键概念。它在解释 O_2 的顺磁性、N_2 的稳定性、He_2^+ 为什么能够存在及一些多原子分子的结构方面取得很大的成功，在共价键理论中占有重要地位。

1. 分子轨道理论的基本要点

(1) 强调分子的整体性。原子形成分子后，电子不再认为是定域在个别的原子内，而是在遍及整个分子范围内运动。每一个电子都被看作是在核及其余电子共同提供的势场中运动，其状态可以用单电子波函数 ψ 来表示。分子中的单电子波函数称为分子轨道。分子中电子的分布也和原子中电子的分布相似，服从泡利不相容原理、能量最低原理和洪德规则等基本原则。

(2) 分子轨道可近似地用原子轨道的线性组合来表示。以双原子分子为例，A，B 两原子的能量相近、对称性相同的 2 个分子轨道 ψ_A 和 ψ_B 可线性组合成 2 个分子轨道：

成键分子轨道 $\qquad\qquad \psi_I = C_1(\psi_A + \psi_B)$

反键分子轨道 $\qquad\qquad \psi_{II} = C_2(\psi_A - \psi_B)$

与原来的 2 个原子轨道相比较，成键分子轨道(bonding molecular orbital) ψ_I 在两核间电子出现的概率密度增大，其能量较原子轨道的能量低；反键分子轨道(antibonding molecular orbital) ψ_{II} 在两核间电子出现的概率密度减小，且有电子出现的概率密度为零的节面，其能量较原子轨道的能量高(图 7.14、图 7.15)。

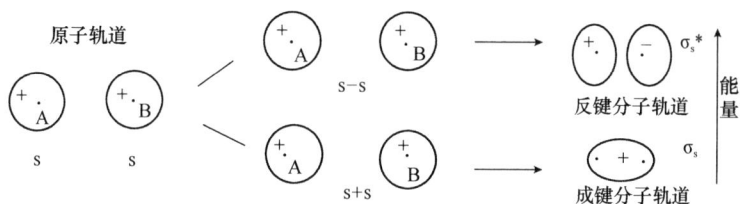

图 7.14 两个 s 原子轨道形成的 σ_s 和 σ_s^* 分子轨道

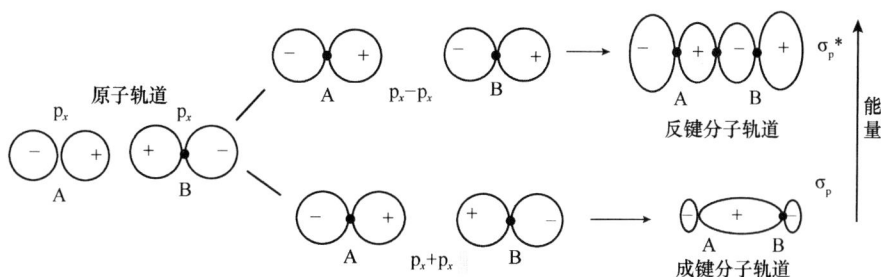

图 7.15 p_x-p_x 沿键轴形成的 σ_p 和 σ_p^* 分子轨道示意图

2. 分子轨道的两种类型——σ 轨道和 π 轨道

由 s 和 s 原子轨道，s 和 p 原子轨道，p_x 和 p_x 原子轨道组合成的分子轨道都是对键轴呈圆柱对称的，这种分子轨道称为 σ 轨道。而由 p_y 和 p_y 或 p_z 和 p_z 原子轨道沿 x 轴接近时，组合而成的分子轨道称为 π 轨道(图 7.16)。π 分子轨道具有一个通过键轴的反对称节面，若把 π 分子轨道沿键轴旋转 180°，它的符号会发生改变。

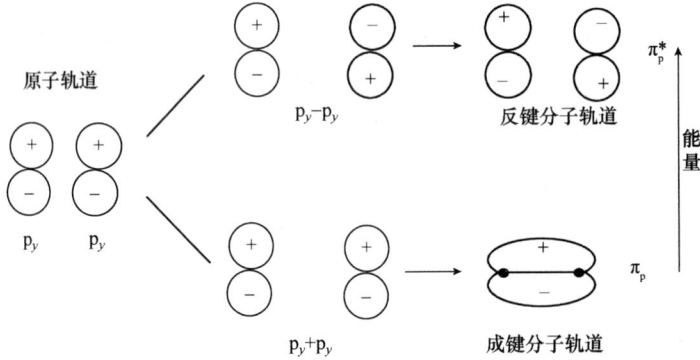

图 7.16　p_y-p_y(或 p_z-p_z)轨道形成的 π_p 分子轨道示意图

3. 分子轨道的近似能级图

根据分子光谱实验数据，把分子中各分子轨道按能级由低到高的顺序排列起来，可得到分子轨道的近似能级图。如图 7.17(a)和(b)所示，对于第一、二周期元素形成的同核双原子分子的分子轨道近似能级图有两套不同的能级顺序。

第一套[图 7.17(a)]

$$\sigma_{1s} < \sigma_{1s}^* < \sigma_{2s} < \sigma_{2s}^* < \pi_{2p_y} = \pi_{2p_z} < \sigma_{2p} < \pi_{2p_y}^* = \pi_{2p_z}^* < \sigma_{2p}^*$$

它适用于从 H_2 到 N_2 的各个双原子分子。

第二套[图 7.17(b)]

$$\sigma_{1s} < \sigma_{1s}^* < \sigma_{2s} < \sigma_{2s}^* < \sigma_{2p_x} < \pi_{2p_y} = \pi_{2p_z} < \pi_{2p_y}^* = \pi_{2p_z}^* < \sigma_{2p_x}^*$$

它适用于 O_2、F_2 等双原子分子。

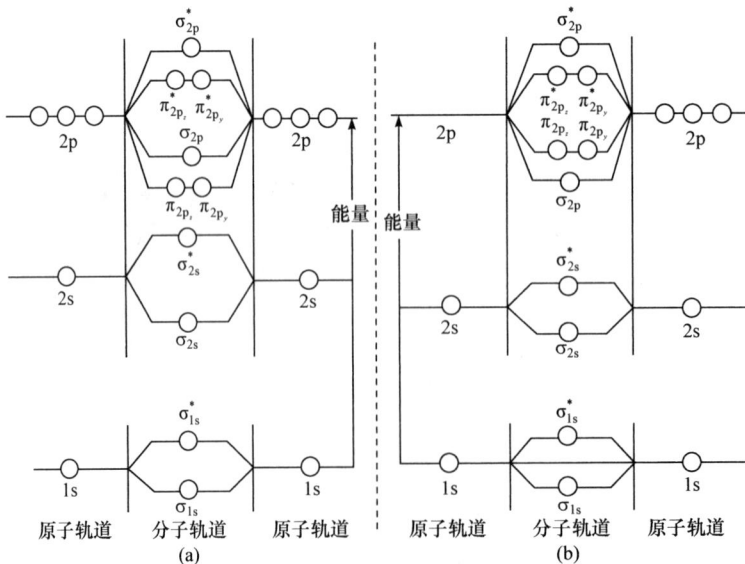

图 7.17　同核双原子分子的分子轨道近似能级图

4. 分子轨道理论应用示例

氢分子的结构：氢分子由两个氢原子组成。每个氢原子在 1s 轨道上有一个电子。当它们形成氢分子时，按分子轨道的能级顺序，两个电子将进入能级最低的 σ_{1s} 成键分子轨道，且自旋反向↑↓，如图 7.18 所示。H_2 分子基态的电子分布式可写为 $H_2(\sigma_{1s})^2$。由于体系能量降低，形成稳定的共价键，因此 H_2 分子是稳定的。

氦不能形成稳定的 He_2 分子，如图 7.19 所示，每个 He 原子在 1s 轨道上有 2 个电子。如果 2 个氦原子要形成 He_2 分子，按分子轨道的能级顺序，它们的 4 个电子中将有 2 个进入能量较低的 σ_{1s} 成键轨道，另外 2 个电子将进入能量较高的 σ_{1s}^* 反键轨道。由于能量一升一降两相抵消，能量的净变化为零，仍保持单个原子存在时的能量状态。所以不能形成稳定的共价键，He_2 不存在。单质氦是以单原子的形式存在。光谱实验证实有 He_2^+ 存在，这是因为在 He_2^+ 中，2 个电子在成键轨道上，1 个电子在反键轨道上，成键电子数大于反键电子数，总能量有所降低，故 He_2^+ 能够存在。这种由相应的成键和反键两轨道中的 3 个电子组成的 σ 键称为三电子 σ 键。

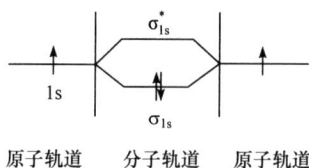

图 7.18　氢分子的分子轨道示意图　　　　图 7.19　He_2(不稳定)分子轨道示意图

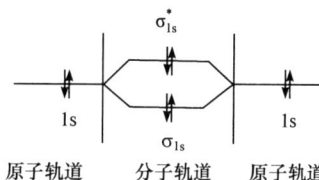

氮分子的结构：氮分子由 2 个 N 原子组成。N 原子的电子层结构是 $1s^2 2s^2 2p^3$。形成 N_2 分子时，14 个电子将按分子轨道的能级顺序，遵从泡利原理和洪德规则，依次进入能量由低到高的分子轨道[图 7.20(a)]。

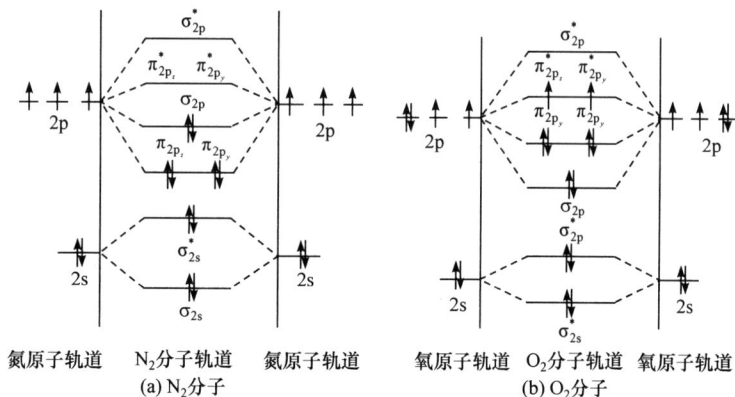

(a) N_2 分子　　　　　　　(b) O_2 分子

图 7.20　分子轨道示意图(未画出内层 σ_{1s} 和 σ_{1s}^*)

N_2 分子基态的电子分布式为

$$(\sigma_{1s})^2(\sigma_{1s}^*)^2(\sigma_{2s})^2(\sigma_{2s}^*)^2(\pi_{2p_y})^2(\pi_{2p_z})^2(\sigma_{2p_x})^2$$

其中 $(\sigma_{1s})^2$ 和 $(\sigma_{1s}^*)^2$ 不仅是内层电子，而且成键轨道与反键轨道能量一升一降相互抵消，可以不写出来，或以 KK 代替。$(\sigma_{2s})^2$ 和 $(\sigma_{2s}^*)^2$ 能量互相抵消，对成键也没有贡献，这样的轨道又称非键轨道。实际对成键有贡献的是 $(\pi_{2p_y})^2$、$(\pi_{2p_z})^2$ 和 $(\sigma_{2p_x})^2$ 三对电子，形成了 2 个 π 键和 1 个 σ 键。

把非键的 $(\sigma_{2s})^2$、$(\sigma_{2s}^*)^2$ 视为 2 对孤对电子，N_2 分子的结构可表示为

$$:N \equiv N:$$

N_2 分子中，π 轨道能量较低，所以 $N \equiv N$ 的键能较大（946 kJ·mol^{-1}），键长也较短（109.8 pm）。N_2 分子表示出很大的惰性，工业上可用作保护性气体。

氧分子的结构：氧原子的电子层结构是 $1s^22s^22p^4$。O_2 分子中共有 16 个电子。按图 7.20(b) 能级图，O_2 分子的电子分布式为

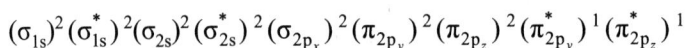

$$(\sigma_{1s})^2(\sigma_{1s}^*)^2(\sigma_{2s})^2(\sigma_{2s}^*)^2(\sigma_{2p_x})^2(\pi_{2p_y})^2(\pi_{2p_z})^2(\pi_{2p_y}^*)^1(\pi_{2p_z}^*)^1$$

其中 $\pi_{2p_y}^*$ 和 $\pi_{2p_z}^*$ 的能级相同，根据洪德规则，能级最高的这 2 个电子将分占这 2 个分子轨道，且自旋平行。正因为 O_2 分子中有这 2 个自旋平行的未成对电子 $(\pi_{2p_y}^*)^1$ 和 $(\pi_{2p_z}^*)^1$，O_2 分子中大多数 p 电子都处于成键轨道中，故 O_2 分子比较稳定。和 N_2 分子中的双电子 π 键不同，$(\pi_{2p_y})^2(\pi_{2p_y}^*)^1$ 和 $(\pi_{2p_z})^2(\pi_{2p_z}^*)^1$ 分别构成 1 个三电子 π 键。氧分子的结构可表示成

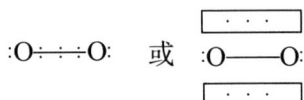

$$:O \vdots\vdots O: \quad 或 \quad :O \boxed{\cdots} O:$$

三电子 π 键是由 2 个成键电子和 1 个反键电子组成的，反键电子能量较高，削弱了键的强度。三电子 π 键就不及双电子 π 键牢固。因此，与 N_2 分子相比，O_2 分子中的三键就易于裂断，发生化学反应。

此外，异核双原子分子原则上也可采用类似的方法进行分析，但其分子轨道的形成更为复杂，本书不予讨论。

7.3　配位键与配位化合物

共用电子对是由一个原子单方面提供而形成的共价键称为配位键(coordinating bond) 在配位化合物(coordination compound)的中心离子(或原子)与配位原子之间就是靠配位键结合起来的。配合物的中心离子(或中性原子)必须有空的价电子轨道，在形成配位键时接受电子对，故又称电子对接受体。过渡元素的原子或离子具有较多空的价电子轨道，常作为配合物的形成体。配位体中的配位原子(如 NH_3 中的 N)有孤对电子，在形成配位键时提供电子对，故配位体又称电子对给予体。

7.3.1　配合物的主要类型

根据配合物的结构特性，可将配合物为以下几种主要类型：

1. 简单配合物

中心离子(或原子)与单齿配体组成的配合物称为简单配合物。正因为每个配体分子(或负

离子)只有一个配位原子，所以配位数等于配体数，如$[Cu(NH_3)_4]SO_4$、$[Co(NH_3)_3(H_2O)Cl_2]Cl$都是简单配合物。

2. 螯合物

每个配体分子或负离子能够提供两个及以上配位原子的配体称为多齿配体(polydentate ligand)，如乙二胺(ethylenediamine，en)。乙二胺四乙酸(ethylenediamine tetraacetic acid，EDTA)等。中心离子(或原子)与多齿配体形成的具有环状结构的配合物称为螯合物(chelate compound)。例如

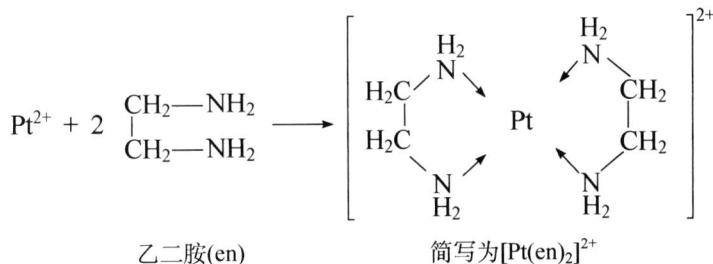

乙二胺(en)　　　　　　简写为$[Pt(en)_2]^{2+}$

每个 en 分子有两个配位原子，在配离子$[Pt(en)_2]^{2+}$中，中心离子 Pt^{2+} 的配位数为 4。由于每个配体分子至少含有两个或两个以上的配位原子，必然形成一种具有环状结构的配合物。螯合物的环状结构又称螯合环，环上的原子数为 n 就称为 n 元环。由于螯合环的形成，螯合物很稳定(尤其是五、六元环)，难于解离，稳定常数高于一般配合物。在周期表上，几乎所有金属离子都能形成较稳定的螯合物。形成螯合物的多齿配体常称为螯合剂(chelating agent)，它们多数是比较复杂的有机化合物。

含有 6 个配位原子的乙二胺四乙酸(EDTA)的酸根结构是

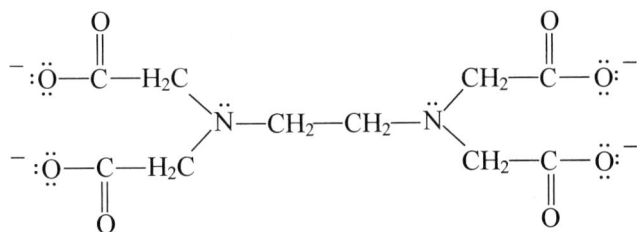

它有 4 个负电荷，4 个羧基离子和 2 个氮原子都能与金属离子螯合成键。EDTA 是螯合能力很强的螯合剂，Cu^{2+}、Mg^{2+}、Li^+、Na^+等不易形成配合物的离子也能与它形成较稳定的螯合物。EDTA 广泛用于金属离子的定量分析，在测定水的硬度时，常用它的二钠盐(EDTA 用 H_4Y 表示，其二钠盐用 Na_2H_2Y 表示)，基本反应为

CaY^{2-}和 MgY^{2-}都是稳定性很高的螯合物。

高聚磷酸盐是无机酸类螯合剂的例子，可用它来除去水软化处理后残存的少量硬度。高聚磷酸盐与残余 Ca^{2+}、Mg^{2+}生成胶状的稳定螯合物，俗称"水渣"，在锅炉排污时可除去，从而有效地防止在炉壁上结垢。上述高聚磷酸盐又称格氏盐。

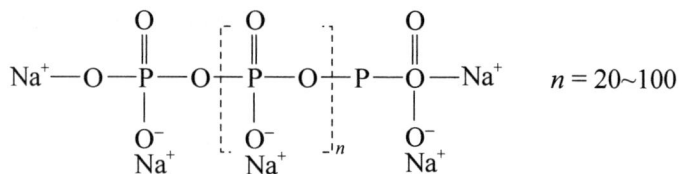

$$Na^+ - O - \overset{\displaystyle O}{\underset{\displaystyle O^-}{\overset{\displaystyle \|}{P}}} - O - \overset{\displaystyle O^-}{\underset{\displaystyle O^-}{\overset{\displaystyle \|}{P}}} - O - \overset{\displaystyle O}{\underset{\displaystyle O^-}{\overset{\displaystyle \|}{P}}} - O - Na^+ \qquad n = 20\sim100$$

$$\underset{Na^+}{} \qquad \underset{Na^+}{} \quad \rceil_n \qquad \underset{Na^+}{}$$

3. 多核配合物

分子中含有两个或两个以上的中心离子(或原子)的配合物称多核配合物(polynuclear coordination compound)。在两个中心离子(或原子)间由一个或两个配位原子把它们连接起来，如[(NH_3)_5Cr—OH—Cr(NH_3)_5]Cl_5，五氯化·μ-羟基二[五氨合铬(Ⅲ)]。

4. 羰基配合物

配合物的形成体是某些 d 区元素的中性原子，配体是 CO 分子的配合物称为羰基配合物，简称羰合物(carbonyl)，如 $Ni(CO)_4$(四羰基合镍)、$Fe(CO)_5$(五羰基合铁)。羰合物受热时易分解为金属和 CO，据此特性可通过先生成羰合物，经分离后再分解的办法来制取高纯的金属。

7.3.2 配合物的价键理论

配合物的化学键通常指的是中心离子(或原子)与配体间的化学键。关于配合物的化学键理论有静电理论、价键理论、晶体场理论，分子轨道理论和配位场理论。这些理论都是在实验事实的基础上提出来的，对实践具有一定的指导意义，而且都在进一步充实、完善中。本书重点介绍配合物价键理论的基本要点，并用它来说明常见的一些配合物的空间构型、稳定性等基本性质。

1. 配合物价键理论的主要论点

美国化学家鲍林把杂化轨道理论用于配合物结构的研究中，提出了配合物的价键理论。他认为，配合物的中心离子(或原子)与配体间的化学键是配位键(coordinating bond)；中心离子(或原子)具有空的价电子轨道，可以接受配体的配位原子提供的孤对电子(lone pair electrons)；在形成配合物时，中心离子所提供的空轨道进行杂化(hybridization)，形成各种类型的杂化轨道把中心离子和配体结合成具有一定空间构型的配离子(complex ion)或配合分子(complex molecule)。

所谓价电子轨道指的是原子的价电子所占据的轨道及能量相近的轨道，通常是指$(n-1)$d、ns、np 及 nd 轨道。空的价电子轨道就可接受配位原子提供的孤对电子。过渡元素、内过渡元素的离子、原子有较多的空的价电子轨道，比较容易作为配离子的形成体，生成配合物。

2. 配合物的空间构型与磁性

(1) 配合物的空间构型。中心离子(或原子)与配体成键时，由于采用了不同类型的杂化轨道，因而具有不同的配位数和空间构型。现在用 X 射线衍射等方法可以测出配合物中各原子的位置、键长、键角等，从而得出它的空间构型。表 7.3 列出了常见的配合物的空间构型及所用的杂化轨道。

表 7.3　常见的配合物的空间构型及所用的杂化轨道

配位数	2	3	4		5	6	
空间结构	直线形	平面三角形	四面体	平面四方形	三角双锥	八面体	
杂化轨道	sp	sp^2	sp^3	dsp^2	dsp^3	d^2sp^3	sp^3d^2
实例	$[Ag(NH_3)_2]^+$	$[AgI_3]^{2-}$	$[Zn(NH_3)_4]^{2+}$	$[Cu(NH_3)_4]^{2+}$	$[CuCl_5]^{3-}$	$[Fe(CN)_6]^{3-}$	$[FeF_6]^{3-}$

(2) 配合物的磁性。除 Fe、Co、Ni 及其合金一类被磁场强烈吸引的铁磁性物质外，其余物质按它们在磁场中的行为分为顺磁性物质和反(逆、抗)磁性物质两大类。

就像电流通过线圈时会产生磁场那样，一个未成对的电子自旋，也会产生一个小小的磁场。顺磁性物质的分子内含有未成对电子，存在着分子的永久磁矩。具有永久磁矩的分子就像一个个微观的磁子，把它置于外磁场中，这些微观磁子的磁矩取向就会与外磁场一致，并使磁场强度增加。或者说，被外磁场微弱吸引而顺向转动，具有顺磁性(paramagnetism)，故称顺磁性物质。在研究电子的自旋运动与磁矩的关系时发现，如果忽略轨道运动对磁矩的影响，物质的磁矩 μ 与分子(或离子)中的未成对电子数(n)有如下近似关系：

$$\mu \approx \sqrt{n(n+2)}\mu_B \tag{7.4}$$

式中，μ_B 为磁矩的惯用单位玻尔磁子。

反磁性物质内，电子皆自旋成对，未成对电子数 $n=0$，磁矩 $\mu=0$，不表现出磁性。但在外磁场诱导下，可产生一个反向的诱导磁矩，被外磁场微弱排斥，具有反(逆、抗)磁性(diamagnetism)，故称反(逆、抗)磁性物质。

通过物理方法测定配合物的磁矩 μ，即可推算配合物分子中未成对电子数 n。测定物质磁性的方法如图 7.21 所示，反磁性物质在磁场中由于受到磁场的排斥作用而使质量减轻(b)；顺磁性物质在磁场中由于受到磁场的吸引而使质量增加(c)。由物质质量的变化大小即可计算出待测物质的磁矩。

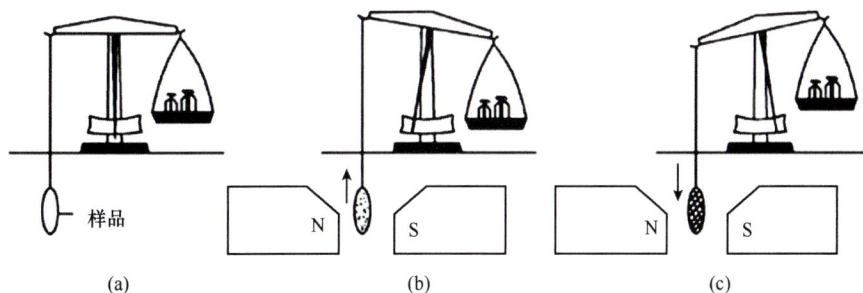

图 7.21　测定分子磁矩的实验装置示意图

电子顺磁共振(electron paramagnetic resonance，EPR)，也称电子自旋共振(electron spin resonance，ESR)，是直接检测和研究含有未成对电子的顺磁性物质的现代分析方法。自物理学家柴伏依斯基(Zavoiskp)于 1945 年首次提出了检测 EPR 信号的实验方法以来，EPR 这一现

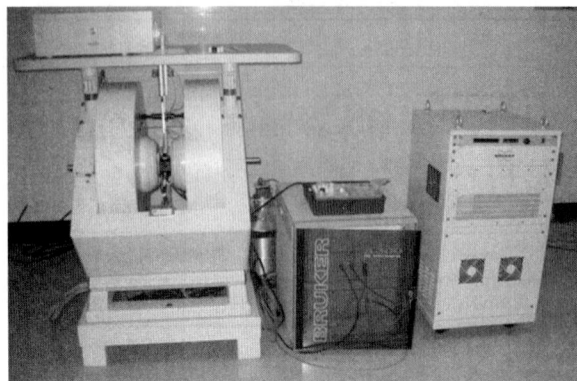

图 7.22　电子顺磁共振波谱仪

代分析方法已在物理学、化学、生命科学、环境科学、医学、材料学、地矿学和年代学等许多领域内获得越来越广泛的应用。EPR 波谱仪(图 7.22)的原理是若化合物的分子轨道或原子轨道中存在着未成对的电子，在没有外磁场作用时，这些未成对电子的取向是随机的，它们处于相同的能量状态。当它们受到外磁场作用时，发生能级分裂，称为齐曼分裂，能级分裂的大小与磁场强度成正比。此时，如果在垂直于磁场 B 的方向上施加频率为 ν 的电磁波，当磁场强度和电磁波频率满足公式 $h\nu = g\beta B$ 时，则样品中处于上下两能级的电子受激发生跃迁，其结果是有一部分低能级中的电子吸收电磁波能量跃迁到高能级中，这就是电子顺磁共振现象。式中，h 为普朗克常量；g 为 g 因子；β 为玻尔磁子。受激跃迁产生的吸收信号经电子学系统处理可得到 EPR 吸收谱线，EPR 谱呈现了谱线及其强度随磁场变化的关系。根据对 EPR 实验谱图的线宽、线型、g 因子、超精细偶合和自旋浓度等波谱参数的分析，可获得样品中未成对电子及分子结构信息。

为适应实际发展的需要，目前电子顺磁共振仪器发展的趋势是朝着低频或高频方向发展。为了获得更高的灵敏度和分辨率，电子顺磁共振仪器采用高频高场条件，结合脉冲技术，使波谱仪的性能有了很大提高。近年来，由于新技术的采用，在高频电子顺磁共振、双共振技术、时间分辨电子顺磁共振、脉冲傅里叶变换电子顺磁共振和电子顺磁共振成像等方面取得了令人瞩目的新进展。

3. 常见配合物的结构

(1) 配位数为 2 的配合物。电荷数为+1 的中心离子常形成配位数为 2 的配离子，如 $[Ag(NH_3)_2]^+$、$[AgCl_2]^-$、$[Cu(NH_3)_2]^+$ 等。以 $[Ag(NH_3)_2]^+$ 为例，其空间构型测定为直线形，Ag^+ 的价电子轨道中电子的分布为

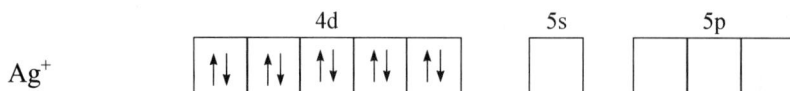

在 $[Ag(NH_3)_2]^+$ 中，Ag^+ 采取 sp 杂化轨道，接受 NH_3 分子中氮原子提供的孤对电子形成配位键，其电子分布可表示为

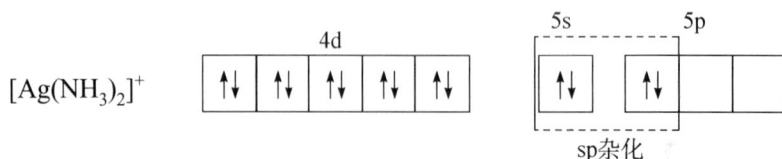

虚线框内表示成键的杂化轨道，电子对由 NH_3 分子的氮原子提供。

(2) 配位数为 4 的配合物。配位数为 4 的配合物有两种空间构型，正四面体对应于 sp^3 杂化轨道；平面正方形对应于 dsp^2 杂化轨道。X 射线衍射可以测定其空间构型；测定配合物分

子的磁矩也可以推测其空间构型。

$[Zn(NH_3)_4]^{2+}$的空间构型是正四面体，Zn^{2+}的价电子轨道中电子分布为

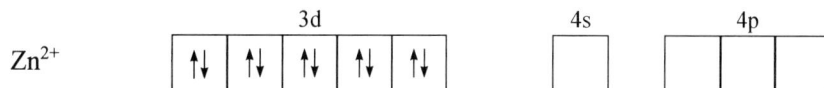

在$[Zn(NH_3)_4]^{2+}$中，Zn^{2+}采取 sp^3 杂化，在杂化轨道上接受 NH_3 中氮原子提供的 4 对孤对电子形成配位键，其电子分布为

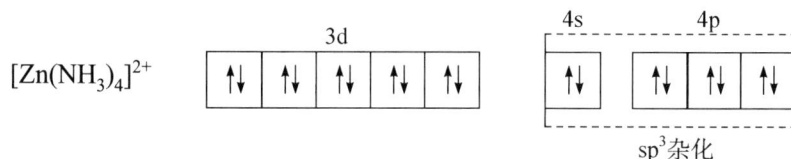

上述$[Ag(NH_3)_2]^+$、$[Zn(NH_3)_4]^{2+}$等配合物中，中心离子(或原子)电子层结构不变，配位体提供的电子对排在中心离子"外层"的杂化空轨道上。这种配位键称为外轨型配位键，由这种键形成的配合物称为外轨型配合物(outer-orbital coordination compound)。外轨型配位键形成时，采用的是 ns，np，nd 轨道，能量较高，所以外轨型配合物一般稳定性稍差，$K_稳$ 较小。

测定$[Ni(NH_3)_4]^{2+}$的磁矩约为 $2.83\mu_B$，从而可判定它有两个未成对的电子，估计它的中心离子可能是采取 sp^3 杂化，形成外轨型配合物。

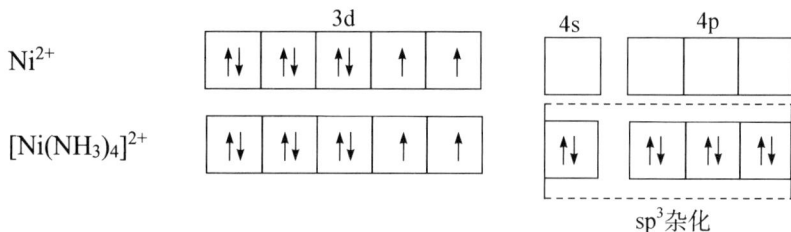

经 X 射线衍射测定其空间构型是正四面体，上述由磁矩推测的中心离子采取 sp^3 杂化的论点得到证实。

但是，虽然中心离子仍是 Ni^{2+}，当配体为 CN^-时，组成的配合物$[Ni(CN_4)]^{2-}$的空间构型经测定却是平面正方形。从而可推知 Ni^{2+}中心离子提供的空轨道应是 dsp^2 杂化轨道，Ni^{2+}的 3d 电子必将重新分布，使 3d 电子全部两两配对，空出一个 3d 轨道。磁性测定它为反磁性物质，$\mu=0$，$n=0$，证实了上述判断。

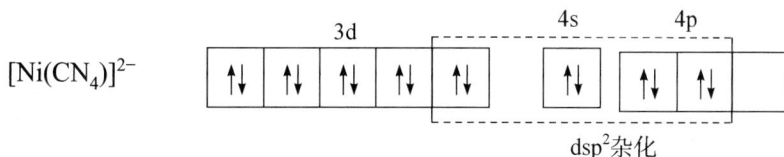

如上述$[Ni(CN_4)]^{2-}$一类配合物中，中心离子(或原子)的电子层结构发生改变，一部分内层轨道参与了杂化，配体提供的电子对排在中心离子(或原子)的"内层"杂化轨道上。这种配位键称为内轨型配位键，由这种键形成的配合物称为内轨型配合物(inner-orbital coordination compound)。由于杂化时采用了$(n-1)d$，ns，np 轨道，能量较低，所以内轨型配合物的稳定性一般较高，$K_稳$ 较大。

哪些情况下生成内轨型配合物，哪些情况下生成外轨型配合物，价键理论尚不能准确预

见。一般电负性较大的配位原子 O、F 常形成外轨型配合物；而 CN⁻能与许多中心离子形成内轨型配合物。

一般情况下，测知配合物的磁矩 μ 后，可对杂化轨道、空间构型做出估计，此时中心离子的未成对电子多数仍留在低能级轨道上。但有的中心离子的未成对电子可被激发到高能级的轨道上去，这时仅凭磁矩就难以判断空间构型了。例如，$[Cu(NH_3)_4]^{2+}$，μ 接近 $1.73\mu_B$，未成对电子数 $n = 1$，空间构型却是平面正方形。

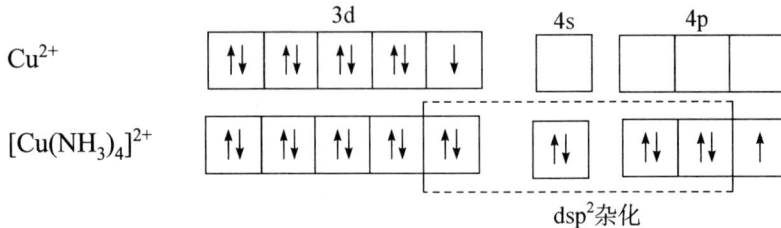

dsp^2杂化

(3) 配位数为 6 的配合物。$[FeF_6]^{3-}$，测定磁矩 $\mu = 5.9\mu_B$，估计它有 5 个未成对电子，空间构型为正八面体。

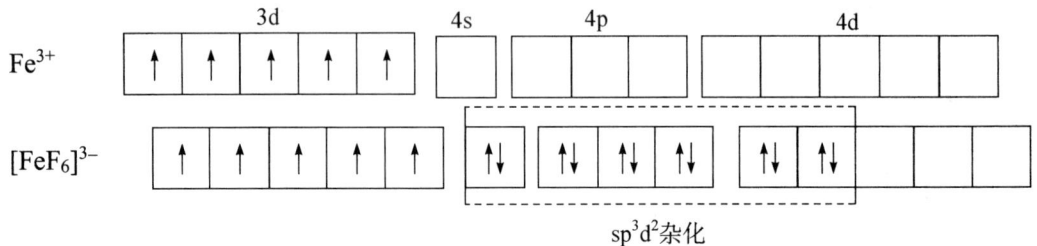

sp^3d^2杂化

由于它使用的是 ns，np，nd 等外层杂化轨道，属外轨型配位键，稳定性较低。与它类似的外轨型正八面体配合物还有$[Fe(H_2O)_6]^{2+}$、$[Fe(H_2O)_6]^{3+}$、$[CoF_6]^{3-}$、$[Ni(NH_3)_6]^{2+}$等。

$[Fe(CN)]^{3-}$，测定其磁矩 $\mu = 2\mu_B$，估计它只是一个未成对电子，空间构型为正八面体。形成配离子时，原来 5 个未成对电子被"挤入" 3 个 d 轨道，空出 2 个 d 轨道来参与杂化，即 d^2sp^3 杂化。

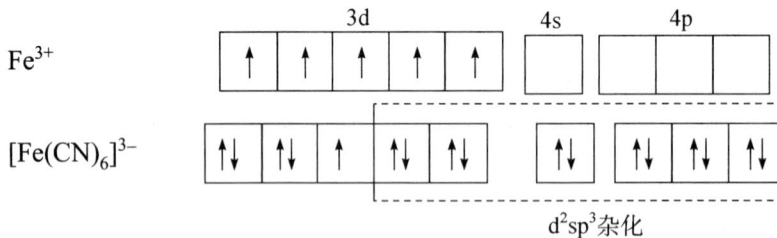

d^2sp^3杂化

它属于内轨型配合物，稳定性较高，$K_稳$ 较大。与此类似的内轨型正八面体配合物还有$[Fe(CN)_6]^{4-}$、$[Cr(NH_3)_3]^{3+}$、$[Co(NH_3)_6]^{3+}$、$[Co(CN)_6]^{3-}$、$[Mn(CN)_6]^{4-}$等。

通过上述配合物价键理论的讨论，可见它对配合物的形成条件、空间构型、中心离子的配位数等都有较好的说明，还可粗略地定性说明配合物的稳定性，估计 $K_稳$ 的大小。

7.4 分子间力和氢键

前面讨论的是分子内部原子间形成化学键的较强的相互作用力，分子和分子之间还存在着比化学键弱得多的相互作用力——分子间力(intermolecular forces)。分子间力的本质属于一种静电力，为此先研究一下分子的极性。

7.4.1　分子的极性

任何一个分子都是由带正电荷的原子核和带负电荷的电子所组成的。正如物体有重心，可以设想分子中的正、负电荷各集中于一点，形成正、负电荷中心。如图 7.23 所示，正、负电荷中心的相对位置用"+"和"−"表示。正、负电荷中心不重合的分子称为极性分子(polar molecule)[图 7.23(a)]；正、负电荷中心重合的分子称为非极性分子(nonpolar molecule)[图 7.23(b)]。

在极性分子中，正、负电荷中心分别形成了正、负两极，又称偶极。如图 7.24 所示，偶极间的距离 l 称为偶极长度。偶极长度 l 与正极(或负极)上电荷 q 的乘积称为分子的电偶极矩(dipole moments)。

$$p = l \cdot q \tag{7.5}$$

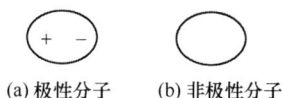

(a) 极性分子　　(b) 非极性分子

图 7.23　极性分子和非极性分子

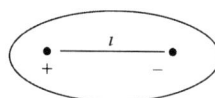

图 7.24　偶极示意图

对于极性分子，虽然 l 和 q 两个物理量不能分别测定，但两者的乘积电偶极矩 p 的数据是可以通过实验测定的。电偶极矩是一个矢量，其方向是从正极到负极，其单位为 $C \cdot m$(库·米)。表 7.4 列出了一些物质的分子电偶极矩。

表 7.4　一些物质的分子电偶极矩

分子式	电偶极矩($10^{-30}C \cdot m$)	分子空间构型	分子式	电偶极矩($10^{-30}C \cdot m$)	分子空间构型
双原子分子			SO_2	5.44	V 字形
HF	6.09	直线形	H_2S	3.24	V 字形
HCl	3.70	直线形	CS_2	0	直线形
HBr	2.76	直线形	CO_2	0	直线形
HI	1.49	直线形	四原子分子		
CO	0.37	直线形	NH_3	5.67	三角锥形
N_2	0	直线形	BF_3	0	平面三角形
H_2	0	直线形	五原子分子		
三原子分子			$CHCl_3$	3.47	四面体形
HCN	9.94	直线形	CH_4	0	正四面体形
H_2O	6.17	V 字形	CCl_4	0	正四面体形

电偶极矩是衡量分子有无极性及极性大小的物理量，电偶极矩越大，分子的极性也越大，$p = 0$ 的分子就是非极性分子。

分子之所以表现出极性,实质是电子云在空间的不对称分布。键的极性是分子极性产生的内因。由离子键形成的分子显然是极性分子。由非极性共价键构成的分子,如 N_2、H_2 等,必然是非极性分子。由极性共价键构成的分子是否有极性,则与分子的空间立体结构有关。双原子分子,键有极性,分子就必然有极性;键的极性越强,分子的极性也越强。例如,卤化氢 H—X 键的极性按 HF~HI 的顺序递减,它们分子的电偶极矩也依次递减。多原子分子若在空间其正、负电荷中心重合,则是非极性分子,如直线形的 CO_2 和 CS_2、平面三角形的 BF_3、正四面体的 CCl_4 等都是非极性分子。若在空间其正、负电荷中心不重合,则是极性分子,如 V 字形的 H_2O、H_2S,三角锥形的 NH_3,四面体形的 $CHCl_3$ 等都是极性分子。通常利用实验测得的分子电偶极矩数据可以推断分子的空间构型。

分子光谱是提供分子内部信息的主要实验方法之一,根据分子光谱可以确定分子的转动惯量、分子的键长和键强度及分子电离能等许多性质,从而可推测分子的结构。分子光谱表示分子从一种能态改变到另一种能态时,分子吸收或发射光子而产生的光谱(可包括从紫外到远红外直至微波谱),其能态改变包括分子中电子在不同分子轨道之间跃迁、分子绕轴转动和分子中原子在平衡位置振动(图 7.25)。因此,分子光谱一般有 3 种类型:转动光谱、振动光谱和电子光谱。分子中的电子在不同能级上的跃迁产生电子光谱,由于它们处在紫外与可见区,又称为紫外-可见光谱。电子跃迁常伴随能量较小的振转跃迁,所以它是带状光谱。与同一电子能态的不同振动能级跃迁对应的是振动光谱,这部分光谱处在红外区而称为红外光谱。振动伴随着转动能级的跃迁,所以这部分光谱有较密的谱线,故又称振转光谱。纯粹由分子转动能级间的跃迁产生的光谱称为转动光谱。这部分光谱一般位于波长较长的远红外区和微波区而称为远红外光潜或微波谱。根据大量光谱实验数据和量子力学所得分子转动、振动能量公式,便可求得分子的一些键参数,进而推测分子的结构。

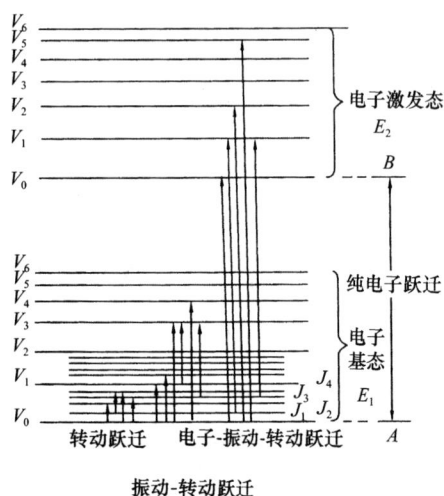

图 7.25　分子能级示意图

分子的极性对物质的溶解性能有一定的影响。通常,非极性分子溶质易溶于非极性溶剂中;极性分子溶质易溶于极性溶剂中。NH_3、HCl 等极性分子溶质,在强极性溶剂水中的溶解度很大;N_2、CH_4、苯等非极性分子溶质,在水中的溶解度就很小。

7.4.2 分子间力

在非极性分子中,虽然从一段时间里测得的电偶极矩为零,但由于每个分子中的电子和原子核都在不断运动着,不可能每一瞬间正、负电荷中心都完全重合。在某一瞬时,总会有一个偶极存在,这种偶极称为瞬时偶极(instantaneous dipole)。靠近的两个分子间由于同极相斥,异极相吸,瞬时偶极间总是处于异极相邻的状态。把瞬时偶极间产生的分子间作用力称为色散力(dispersion force)。虽然瞬时偶极存在的时间极短,但偶极却不断地重复着异极相邻的状态,所以任何分子(不论有无极性)相互靠近时,都存在色散力(图 7.26)。

当极性分子和非极性分子靠近时,两个分子各自的瞬时偶极间显然是存在色散力的。此外，非极性分子受极性分子电场的作用，原来重合的正、负电荷中心分离开来，产生诱导偶极。诱导偶极与极性分子固有偶极间的作用力称为诱导力(induction force)。另外，诱导偶极又反作用于极性分子，使其偶极长度增加，进一步加强了相互吸引力(图 7.27)。

当极性分子相互靠近时，它们的固有偶极相互作用，两个分子在空间按照异极相邻的状态取向。由于固有偶极的取向而引起的分子间作用力称为取向力(orientation force)。取向后，极性分子更加靠近，相互诱导，使正、负电荷中心更加远离，产生诱导偶极，因而它们之间还存在诱导力。此外，极性分子间也存在着色散力(图 7.28)。

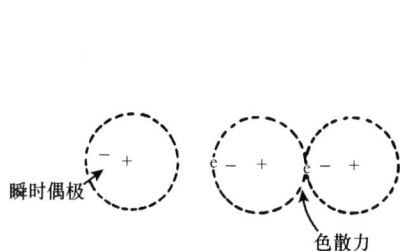

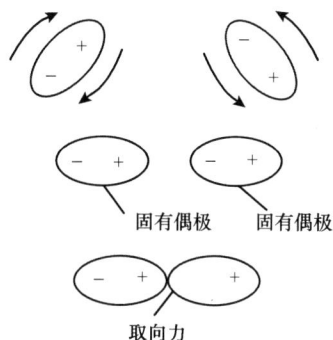

图 7.26　非极性分子相互作用图　　图 7.27　极性分子与非极性分子相互作用图　　图 7.28　极性分子相互作用图

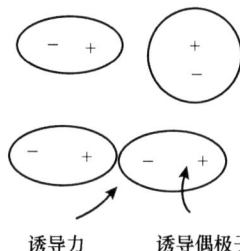

总之，在非极性分子间只存在色散力；极性分子与非极性分子间存在着诱导力和色散力；极性分子间既存在着取向力，还存在诱导力和色散力。分子间力又称范德华力，通常就是这 3 种力的总称。分子间力永远存在于一切分子之间，是相互吸引作用，无方向性、无饱和性。化学键的键能为 $100 \sim 800$ kJ·mol^{-1}，而分子间作用能只有几到几十千焦每摩尔，即分子间力的强度比化学键小 $1 \sim 2$ 个数量级。而且，分子间力与分子间距离的 7 次方成反比，随分子间距离的增大而迅速减小，通常作用范围在 5×10^{-10} m 以内。大多数分子其分子间力是以色散力为主；只有极性很强的分子(如水分子)才是以取向力为主(表 7.5)。

表 7.5　分子间作用能(E)的分配(单位：kJ·mol^{-1})

分子	取向力	诱导力	色散力	总能量
H_2	0	0	0.17	0.17
Ar	0	0	8.49	8.49
Xe	0	0	17.41	17.41
CO	0.003	0.008	8.74	8.75
HCl	3.30	1.1	16.82	21.12
HBr	1.09	0.71	28.45	30.25
HI	0.59	0.31	60.54	61.44
NH_3	13.30	1.55	14.73	29.58
H_2O	36.36	1.92	9.00	47.28

分子间力对物质的熔点、沸点、溶解度等性质有很大的影响。同族元素的单质及同类型化合物中，随着分子量的增大，色散力增大，熔点、沸点升高。分子间作用力大的物质易被

活性炭吸附，故可用活性炭分离 O_2，N_2 中的甲苯；用防毒面具滤去空气中的分子量较大的毒气。近年来广泛使用的气相色谱分析仪就是利用不同气体分子的分子间力不同，在仪器上吸附的程度不同，分离并鉴定混合气体的成分。

7.4.3　氢键

由于分子间力在大多数情况下是以色散力为主，所以同族元素氢化物的熔点、沸点通常

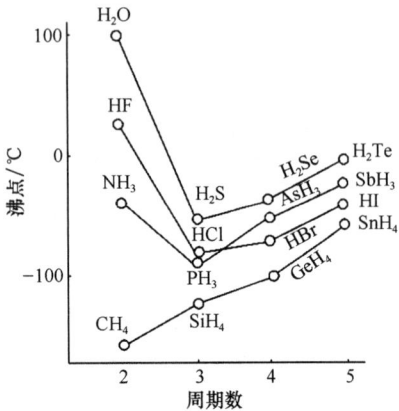

图 7.29　第Ⅳ～Ⅶ主族氢化物的沸点

是随着分子量的增大而上升。但 H_2O、HF、NH_3 的熔点、沸点却不符合上述递变规律(图 7.29)。这说明除前节所述的 3 种分子间力以外，可能在 H_2O、HF、NH_3 等的分子间还存在着另一种作用力。

以 H_2O 分子为例，氢原子与氧原子以共价键结合，但成键的共用电子对强烈地偏向电负性大的氧原子一边，使得氢原子几乎成为"裸露"的质子。质子的半径又极小，易被另一水分子中的氧原子的孤对电子吸引，形成一种由氢原子参与成键的特殊形式的键——氢键(hydrogen bonds)。氢键可用化学式 X—H…Y 表示。其中 X、Y 均是电负性大、半径小的原子，最常见的有 F、O、N 原子。X 和 Y 可以是同一种元素的原子，如 O—H…O、F—H…F；也可以是两种不同元素的原子，如 N—H…O 等。

氢键有两个重要特征：

(1) 氢键比化学键弱得多，比分子间力(范德华力)稍强，其键能为 $10\sim40$ kJ·mol^{-1}。氢键的键长也比共价键的键长长得多。

如表 7.6 所示，氢键的强弱取决于 X、Y 的电负性和半径大小：F—H…F 的氢键最强，O—H…O 次之，而 N—H…F>N—H…O>N—H…N。

表 7.6　一些氢键的键能和键长

氢键	键能/(kJ·mol^{-1})	键长/pm	代表化合物
F—H…F	28.1	255	HF
O—H…O	18.8	276	冰
	25.9	266	甲醇
N—H…F	20.9	268	NH_4F
N—H…O	20.9	286	CH_3CONH_2
N—H…N	5.4	338	NH_3

(2) 氢键具有方向性和饱和性。在氢键中 X、H、Y 三原子一般是在一条直线上。这是因为氢原子的体积很小，为了减少 X 和 Y 之间的斥力，应使 X、Y 尽可能地远离，键角接近 180°。同样由于氢原子的体积很小，它与 X、Y 成键后，另外的体积相对较大的 Y 原子就难以向它靠近，故氢键中氢的配位数一般为 2，这就是氢键的饱和性。

　　从氢键的特征看，一般认为氢键的本质是一种较强的具有方向性的静电引力。从键能上看，它属于分子间力的范畴，但它具有方向性和饱和性。

　　虽然对氢键本质的认识，至今仍有许多问题尚待研究，但它在许多工程实践、环境、生命科学中的重要作用越来越被人们所认识。

　　氢键与生物的起源和进化关系密切。蛋白质是生命的存在形式，它的分子有四级结构，除了一级结构是通过化学键肽键(—C—NH—)连接起来，其二、三、四级的空间结构绝大多数是通过氢键(N—H···O=C)形成的。氢键的形成，让蛋白质拥有极为复杂的空间立体结构，具有自行繁衍生命的强大生物性，担负着储存营养、传递信息等生物功能。

　　氢键的键能介于共价键和范德华力之间，其键能小，形成或破坏所需的活化能也小，加上形成氢键的结构条件比较灵活，特别容易在常温下引起反应和变化，故氢键是决定化合物性质的重要因素。

　　(1) 熔点、沸点的影响。化合物的熔、沸点与其分子量有密切关系，分子量越大，色散力就越大，其分子间的作用力就越强，熔、沸点也就越高。以氧族元素的氢化物为例，H_2O、H_2S、H_2Se、H_2Te 的分子量依次增大，正常情况下它们的熔、沸点应依次增高，水的熔、沸点最低。但由图 7.29 可知，H_2S、H_2Se、H_2Te 三者的沸点依次增高，而水的沸点则是四者中最高的。这是因为水分子间形成了氢键，要使液态水气化成水蒸气，除了破坏范德华力，还需要更多额外能量来破坏氢键，故其沸点最高。

　　氢键除在分子间形成外，也可以在分子内形成。邻位硝基苯酚的熔点要比其相应的对位异构体的熔点低。因为邻位硝基苯酚形成了分子内氢键使分子螯合，如图 7.30 所示，而不能像对位异构体那样，形成分子间氢键，所以熔点较低。

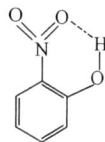

图 7.30　分子内氢键示意图

　　(2) 对溶解度的影响。水是强极性溶剂，根据"相似相溶"原理，分子极性大的物质在水中有较大的溶解度。一般来说，有机物分子的极性较小，难溶于水或不溶于水，但醇(ROH)，羧酸(R—COOH)、胺(R—NH$_2$)三个碳原子以下的有机物能与水任意混溶，其原因是它们与水能形成分子间氢键，但随着 R 基团的增大，它们在水中的溶解度逐渐减小。这是由于分子中疏水基团 R 的增大，增大了空间阻碍作用，降低了—OH、—OOOH、—NH$_2$ 等与水形成氢键的机会，使它们在水中的溶解度逐渐降低。

　　(3) 对液体黏度的影响。氢键的形成对化合物的黏度有着明显的影响。例如，甘油的黏度很大，就是分子间形成氢键所致。

　　(4) 对酸度的影响。对于一些弱酸，氢键的形成会使其解离常数增大，即酸性增强。例如，邻羟基苯甲酸的 $pK_a(2.98)$明显小于其对位异构体的 $pK_a(4.57)$，酸性较强。这是由于邻位上的羟基可以与苯甲酸根生成分子内氢键，因此解离常数增大，酸性增大。

7.5　弱相互作用与超分子

　　近代化学的研究认为分子是体现物质化学性质的最小微粒，把各种物质的运动都还原为原子、分子的运动和性质这个层面上，并且取得了巨大的成功。但是近年来对生命体系的深入研究，执行生命功能是生命体中的无数个超分子体系。对超分子的认识一直到 20 世纪中叶，特别是 C. J. Pedersen，J. M. Lehn 和 D. G. Cram 等合成了大环分子(冠醚、穴状配体等)，这些大环化合物能基于非共价键作用选择性地结合某些离子和有机小分子，这一主客体的创新成果获得 1987 年诺贝尔化学奖。1978 年法国科学家 J. M. Lehn 等超越主客体化学的研究范畴，首次提出了"超分子化学"这一概念，他指出：基于共价键存在着分子化学领域，基于分子组装体和分子间键而存在着超分子化学。超分子化学是基于分子间的非共价键相互作用而形成的分子聚集体的化学，它主要研究分子之间的非共价键弱相互作用之间的协同作用而生成的分子聚集体的组装、结构与功能。

　　弱相互作用是超分子形成的驱动力，包括氢键、配位键、π-π 相互作用、电荷转移、分子识别、范德华力、亲水/疏水作用等。研究表明，弱相互作用往往不是单一的，多数情况下是以某一种作用力为主，几种作用力协同作用的结果。正是由于驱动力具有多样性和协同性的特点，以及每一种作用力的强度都不是很大，才为人们提供了在时间和空间上对组装体结构进行调节、控制的可能性，才有了组装体丰富多样的结构和由结构决定的功能。研究分子间弱相互作用的本质，以及不同层次有序分子聚集体内和分子聚集体之间的弱相互作用是如何通过协同效应组装形成稳定的有序高级结构，是认识超分子组装体结构与功能之间的关系、制备超分子组装体功能材料的关键。事实上，自然界中存在着亿万个超分子体系居于生命体的核心位置。例如，细胞内的生物化学过程都由特定超分子体系来执行，像 DNA 与 RNA 的合成、蛋白质的表达与分解、脂肪酸的合成与分解、能量转换与力学运动体系等。

　　生物膜是细胞的关键组分，又是高效、神奇的层状超分子体系。它的成膜驱动力除了静电力之外，还有亲水力/疏水力、配位健、范德华力、偶极/偶极相互作用等。氢键的强度适中，且有方向性和一定程度的选择性，基于氢键的薄膜组装技术使层状超分子体系的构筑可在非水介质中实现，这种薄膜的结构可以很容易地实现调控。层状插层组装体是另一类有机功能分子插入无机有序层次结构中的性能优异的层状组装体，由于其结构和性能的特殊性与巨大的潜在应用价值，某些成果已处于实用化阶段，如用层状复合膜修饰的隐形眼镜、改性保鲜膜、防再堵塞冠脉支架等。以碳、硅、氧化物与有机分子、低聚物、共聚物作构筑基元，通过组装可以构筑纳米点、线、管、带及其阵列以及中空胶囊、核壳微粒、螺旋体、多股螺旋体等，并赋予这些材料以特种功能，且不同的结构在特定条件下可以相互转化，其功能也随之变化。超分子自组装的对象不仅仅局限于分子尺度，纳米和微米，甚至厘米尺度的物体在适当的条件下也能通过自组装形成高度有序结构的聚集体。将尺度在几百个纳米的聚合物或无机胶体微粒组装，形成不同排列方式，如六方密堆积的膜材料，能实现对光的调制，这为用组装方法制备光子晶体提供了一条思路。超分子科学的新突破在很大程度上依赖于新的表征手段和研究方法的建立。在纳米尺度上研究超分子组装体的结构与功能的关系，有助于建立超分子组装体结构与功能之间的桥梁。扫描探针技术、高分辨透射电镜等一批纳米表征技术的出现，使人们直观地研究超分子组装体的形貌及拓扑结构，极大地推动了超分子科学的发展。

　　超分子化学的研究是共价键分子化学的一次升华、一次质的飞跃，它被称为是"超越分子概念的化学"。它改变了化学界的两个传统观念：弱相互作用在一定条件下可以加和协同转化成较强的相互作用；由于组装过程使超分子体系具有新的禀性，分子不再是保持物性的最小单位。超分子化学与生命科学、材料科学和信息科学的交叉融合，必将对生物、医药、电子、光学、化工等科学技术的发展产生巨大的推动作用。

两次诺贝尔奖获得者鲍林

美国化学家鲍林(Pauling，1901—1995)1901 年生于俄勒冈州的波特兰市。1922年在俄勒冈州立学院毕业，获得化学工程理学士学位。1925 年在加州工学院获哲学博士学位。之后在加利福尼亚等著名大学任教，还担任牛津大学、哈佛大学、麻省理工学院等著名大学的特邀访问教授。

鲍林对化学的最大贡献是关于化学键本质的研究及其在物质结构方面的应用。他提出的元素电负性标度、原子轨道杂化理论等为每一位学习和研究化学的人所熟悉，特别是鲍林所著的《化学键的本质》更是化学结构理论的经典著作。他一生发表论文 500 多篇，出版专著 10 多本，主要著作有《化学键的本质》《线光谱的结构》《普通化学》《大学化学》等。他由于在化学键理论研究和应用方面的卓越贡献，荣获 1954 年度诺贝尔化学奖。普林斯顿大学、耶鲁大学、牛津大学、伦敦大学、巴黎大学、柏林大学等三十多所大学授予他荣誉博士学位，十多个国家的科学院聘他为荣誉院士。

鲍林同时还是一位反对战争、倡导世界和平的社会活动家。他发表了约 100 篇关于社会和争取世界和平方面的文章。1946 年鲍林应爱因斯坦的请求，发起成立了"原子科学家紧急委员会"。1955 年，针对美国、苏联相继爆炸氢弹的现实，鲍林联合另外 51 名诺贝尔奖获得者发表宣言，反对核试验。1962 年鲍林写信给当时的美国和苏联领导人，要求停止核试验。1963 年诺贝尔奖评选委员会授予鲍林 1962 年度诺贝尔和平奖。

鲍林曾于 1973 年和 1981 年两次来我国访问、讲学，受到我国科学工作者的欢迎和尊敬。

扫一扫　突破一般认知：碱土金属也能形成 18 电子羰基化合物

习　　题

1. 用列表的方式分别写出下列离子的电子分布式，指出它们的外层电子分别属于哪种构型(8，9~17，18 或 18 + 2)？未成对电子数是多少？

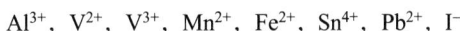

$$Al^{3+}, V^{2+}, V^{3+}, Mn^{2+}, Fe^{2+}, Sn^{4+}, Pb^{2+}, I^-$$

2. 下列离子的能级最高的电子亚层中，属于电子半充满结构的是_____。

　A. Ca^{2+}　　　　　　　B. Fe^{3+}　　　　　　　C. Mn^{2+}　　　　　　　D. Fe^{2+}　　　　　　　E. S^{2-}

3. 指出氢在下列几种物质中的成键类型。

　HCl 中_____　　　　　　　　NaOH 中_____

　NaH 中_____　　　　　　　　H_2 中_____

4. 对共价键方向性的最佳解释是_____。

　　A. 键角是一定的　　　　　　　　　B. 电子要配对

　　C. 原子轨道的最大重叠　　　　　　D. 泡利原理

5. 关于极性共价键的下列叙述中，正确的是_____。

　　A. 可以存在于相同元素的原子之间

　　B. 可能存在于金属与非金属元素的原子之间

　　C. 可以存在于非极性分子中的原子之间

　　D. 极性共价键必导致分子带有极性

6. 查表得到的键焓(能)数据，估算反应 $N_2(g) + 3H_2(g) \Longrightarrow 2NH_3(g)$ 在 298.15 K 下的标准摩尔焓变 $\Delta_r H_m^{\ominus}$ (298.15 K)=_____。

7. sp^3 杂化轨道是由_____。

　　A. 1 条 ns 轨道与 3 条 np 轨道杂化而形成

　　B. 1 条 1s 轨道与 3 条 2p 轨道杂化而成

　　C. 1 条 1s 轨道与 3 条 3p 机道杂化而成

　　D. 1 个 s 电子与 3 个 p 电子杂化而成

8. 关于原子轨道杂化的不正确说法是_____。

　　A. 同一原子中不同特征的轨道重新组合

　　B. 不同原子中的轨道重新组合

　　C. 杂化发生在成键原子之间

　　D. 杂化发生在分子形成过程中，孤立原子不杂化

9. 关于共价键的正确叙述是_____。

　　A. σ 键一般较 π 键强

　　B. 用杂化轨道重叠成键将有利于提高键能

　　C. 金属与非金属元素原子间不会形成共价键

　　D. 共价键具有方向性，容易破坏

10. 根据杂化轨道理论预测下列分子的杂化轨道类型和分子的空间构型_____。

$$SiF_4,\ HgCl_2,\ PCl_3,\ OF_2,\ SiHCl_3$$

11. BCl_3 分子的空间构型是平面三角形，而 NCl_3 分子的空间构型是三角锥形，为什么？

12. 已知 $Na_2[Ni(CN)_4]$ 的磁矩为零，六氟合铁(Ⅲ)酸钾的磁矩为 $5.9\mu_B$。试以表格的形式写出它们的化学式、名称、中心离子、配位体、配位数、中心离子的杂化轨道、配离子的空间构型、属于内轨型或外轨型配合物、估计配离子稳定性的高低。

13. 测知 CS_2 的电偶极矩为零，试用杂化轨道理论简要说明 CS_2 分子内共价键的形成情况，有几个 σ 键，几个 π 键？绘图说明。

14. 下列说法中正确的是_____，错误的应如何改正？

　　A. 多原子分子中，键的极性越强，分子的极性也越强

　　B. 由极性共价键形成的分子，一定是极性分子

　　C. 分子中的键是非极性键，此分子一定是非极性分子

　　D. 非极性分子的化学键一定是非极性共价键

15. 下列各物质中分别存在什么形式的分子间力(色散力、诱导力、取向力)? 有无氢键?

$$Cl_2, \quad \bigcirc, \quad HCl, \quad H_2O, \quad NH_3$$

16. NH_3 的沸点比 PH_3_____，这是由于 NH_3 分子间存在着_____；PH_3 的沸点比 SbH_3 低，这是由于_____。

17. CCl_4 分子与 H_2O 分子间的相互作用力有_____；NH_3 分子与 H_2O 分子间的相互作用力有_____。

18. 下列各种含氢的化合物中含有氢键的是_____。

   A. HCl   B. HF   C. CH_4 D. HCOOH   E. H_3BO_3

19. 下列各物质的化学键中，只存在 σ 键的是_____；同时存在 σ 键和 π 键的是_____。

   A. PH_3 B. 乙烯   C. 乙烷   D. SiO_2 E. N_2

20. 已知配离子$[Zn(NH_3)_4]^{2+}$的空间构型为正四面体形，可推知 Zn^{2+}采取的杂化轨道为_____型，其中 s 成分占_____，p 成分占_____。

21. 汽油的主要成分之一辛烷(C_8H_{18})的结构是对称的，因此它是_____("极性"或"非极性")分子。汽油和水不相溶的原因是_____。

22. 乙醇和二甲醚(CH_3OCH_3)的组成相同，但前者的沸点为78.5℃，而后者的沸点为−23℃，为什么?

23. 甲烷与氧气燃烧时，其反应式如下:

$$CH_4(g) + 2O_2(g) == CO_2(g) + 2H_2O(g)$$

   试用键能数据，估算该反应在 298.15 K 时的标准摩尔焓变。

24. 判断对错: H_2^- 比 H_2^+ 稳定，且具有顺磁性，是因为前者多了一个成键电子，所以键级比较大。

25. 写出 O_2、O_2^+ 的分子轨道排布式，判断两者稳定性的大小。

26. 试用价层电子对互斥理论介绍 ClF_3 可能有几种结构，哪一种最稳定?

27. 应用价层电子对互斥理论，预言下列分子(离子)的几何构型。

   ① NF_3 ② $PbCl_2$ ③ NO_3^- ④ NO_2 ⑤ $CHCl_3$

   ⑥ CS_2 ⑦ BCl_3 ⑧ SO_4^{2-} ⑨ H_3O^+

第8章 晶体结构

固态物质可分为晶体(crystals)和非晶体(non-crystals)(无定形体)两大类。有的晶体比较大，用肉眼就可以看出他们具有规则的几何外形，如石英晶体呈菱柱或菱锥形，明矾晶体呈八面体形。有的晶体很小，肉眼观察是粉末状，只能借助于显微镜或电子显微镜才可以看到它们整齐规则的外形。各种晶体之所以具有特定的规则的几何外形，其根源是晶体内部的结构单元(原子、分子、离子或原子团)在空间按一定方式做有规则的周期性重复排列的结果。当代测定晶体结构最有效的方法是 X 射线衍射，人们已经积累了丰富的晶体结构数据、X 射线衍射图谱。应用计算机技术，上千个原子的大分子晶体结构研究已取得了可喜的成果。晶体的结构与性能的关系是研究物质宏观性质的重要方面，它对于推进现代科技的进步，发展高新技术，有着极其重要的意义。

8.1 晶体的特征

8.1.1 晶体的基本特性

晶体是由原子、离子、分子等微粒在空间按一定规律周期性地重复排列构成的固体物质。晶体中微粒的排列具有三维空间的周期性，隔一定的距离重复出现，这种周期性规律就是晶体结构的基本特征，也是与非晶体的区别所在。晶体的这种基本特征使其具有若干共同特性。

(1) 整齐规则的几何外形。晶体在从液态凝固或从溶液中结晶而自发形成时，具有整齐规则的几何外形。而以玻璃为代表的非晶体，虽然它很容易被加工成各种规则的外形，但它自发凝固时，只能得到无规则的外形，故称它为无定形物质。

(2) 各向异性。晶体在不同的方向上具有不同的传热、导电、机械强度等物理性质。例如，云母沿两层间的平面方向很容易剥离，沿平面的垂直方向剥离就很困难。石墨在与层平行的方向的导电率是与层垂直方向导电率的 1 万倍。

(3) 确定的熔点。晶体受热后，只有达到确定的温度(熔点)才开始熔化，在未完全熔化之前，固、液两相共存，温度不再升高。而非晶体，如玻璃熔化时，逐渐软化，黏度减小，进而变成流动性较大的熔体，在此过程中没有温度停顿的时候，无法确定它的熔点。

(4) X 射线衍射效应。X 射线的波长与晶体结构的周期大小相近，周期性排列的晶体相当于三维光栅，它能使 X 射线产生衍射效应。X 射线是一种电磁波，当照射到晶体上时，晶体原子中的电子将被迫发生振动，且振动频率与入射 X 射线的频率相等。所以，晶体中的原子可以近似地看成新的电磁波波源，这些电磁波以球面波的方式向四面八方传播。在传播过程中，球面波在某些方向由于互相干涉而加强；而在另一些方向，由于互相干涉而减弱。波加强的方向称为晶体的衍射方向。将各个衍射方向的强度记录下来，便得到晶体的衍射图形(图谱)。晶体的衍射图形的分布和强度与晶体的结构密切相关，因此衍射图形可以用来测定晶体的结构。X 射线衍射已发展成测定晶体结构的重要方法，并广泛地应用于化学、物理、地质、矿物、冶金、机械、建筑材料等多方面的科研工作中。但非晶态物质没有周期性结构，只能产生散射效应，得不到衍射图形。

(5) 均匀性和对称性。由于晶体内各部位粒子(原子、离子、分子)的排列方式和周围情况完全一致，晶体的宏观性质不随晶体部位的改变而变化，称为晶体的均匀性(uniformity)。如在晶体内部各处的密度和化学组成都相同。虽然，非晶体也有均匀性，但那是非晶体物质内部粒子无序分布的统计结果。晶体宏观性质在不同方向上有规律地重复的现象称为晶体的对称性(symmetry)。晶体的对称性反映在其几何外形和物理性质两方面。

晶体与非晶体性质差异的根本原因是组成晶体的微粒是规则有序地排列起来并贯穿于整个晶体之中。而非晶体中，其微粒只可能在几个原子间距的短程范围处于有序状态，在大范围内则是混乱、无规则的，常称之为"短程有序，长程无序"。

晶体可分为单晶体(single crystal)和多晶体(multicrystal)。单晶体是由一个微小的晶核在各个方向均匀生长而成，具有典型的晶体结构和突出的晶体特征。人工培养的半导体材料单晶硅就是利用了它各向异性。多晶体则是由很多取向不同的单晶颗粒结合而成的，由于各个单晶颗粒取向不同，排列混合，总体上一般并不表现出显著的各向异性。天然矿物，常见的金属、陶瓷等一般是多晶态物质。

应当指出，同一物质在不同条件下既可形成晶体，也可形成非晶体，晶体和非晶体之间并无不可逾越的鸿沟。自然界中的二氧化硅，有晶态的石英、水晶，也有非晶态的燧石。玻璃本是非晶态物质，若加入金属氧化物作晶核，在熔制、冷却中晶核长成微小晶粒，可形成微晶玻璃，使其具有抗震、抗冲击、耐温度骤变的优良性能。

8.1.2　晶体的微观结构

把晶体中的每一个结构单元抽象为一个几何点，这些几何点在三维空间排列构成的规则点阵，称为晶格(crystal lattice)。如图 8.1 所示，点阵形象而充分地反映了晶体的结构特征。组成晶体的结构单元(原子、离子、分子等)在晶格的结点上，呈有规则的周期性排列。

如图 8.1 中粗黑线所示，可以从点阵中划分出一个平行六面体，它代表了晶体的基本重复单位，称为晶胞(unit cell)，其含义既包括晶格的大小和形状，也包括晶格结点上的结构单元。晶胞在空间平移，无隙地堆砌而形成晶体。晶胞的大小和形状可用六面体的 3 个边长 a、b、c 和由 bc、ca、ab 所形成的 3 个夹角 α、β、γ 来描述。这 6 个数值称为晶胞参数。按对称性的不同，晶体可分为 7 种晶系(crystal systems)，列于表 8.1 和图 8.2 中。

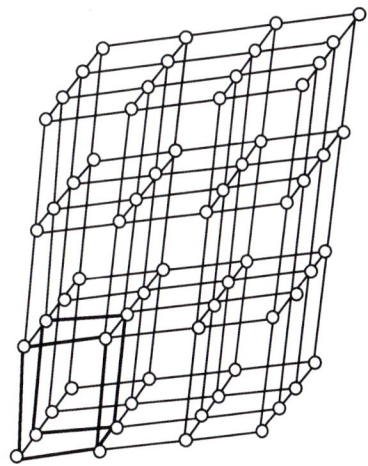

图 8.1　点阵与晶胞

表 8.1　7 种晶系的晶胞参数

晶系	边长	夹角	晶体实例
立方(cubic)	$a = b = c$	$\alpha = \beta = \gamma = 90°$	Cu，NaCl
四方(tetragonal)	$a = b \neq c$	$\alpha = \beta = \gamma = 90°$	Sn，SnO_2
正交(rhombic)	$a \neq b \neq c$	$\alpha = \beta = \gamma = 90°$	I_2，$HgCl_2$

晶系	边长	夹角	晶体实例
三方(rhombohedral)	$a = b = c$	$\alpha = \beta = \gamma \neq 90°$	Bi, Al_2O_3
六方(hexagonal)	$a = b \neq c$	$\alpha = \beta = 90°$, $\gamma = 120°$	Mg, AgI
单斜(monoclinic)	$a \neq b \neq c$	$\alpha = \gamma = 90°$, $\beta \neq 90°$	S, $KClO_3$
三斜(triclinic)	$a \neq b \neq c$	$\alpha \neq \beta \neq \gamma \neq 90°$	$CuSO_4 \cdot 5H_2O$

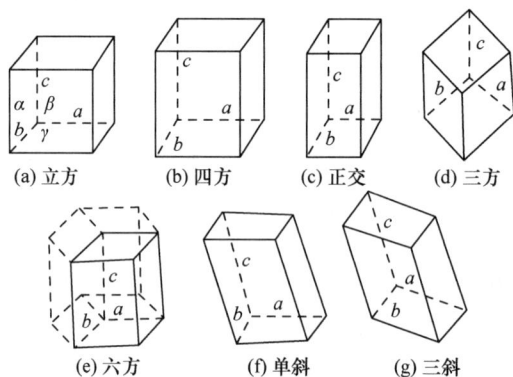

(a) 立方　(b) 四方　(c) 正交　(d) 三方
(e) 六方　(f) 单斜　(g) 三斜

图 8.2　7 种晶系示意图

　　根据宏观对称规则的研究，科学家布拉维(Bravais)认为 7 种晶系包含了 14 种晶格(图 8.3)。其中，立方晶系包括简单立方晶格(simple or primitive cubic lattice)、体心立方晶格(body-centered cubic lattice)和面心立方晶格(face-centered cubic lattice)三种晶格，见图 8.3(a)~(c)。而正交晶系有 4 种晶格，见图 8.3(h)~(k)；四方晶系有 2 种晶格，见图 8.3(d)和(e)；单斜晶系也有 2 种晶格，见图 8.3(l)和(m)；六方晶系、三方晶系及三斜晶系都只有一种晶格，见图 8.3(f)，(g)和(n)。在这 14 种晶格中最常见的是简单立方、体心立方、面心立方和六方。

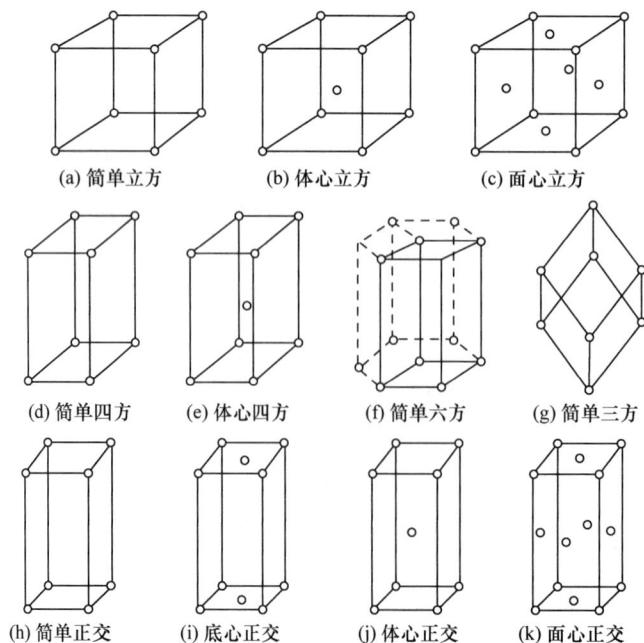

(a) 简单立方　(b) 体心立方　(c) 面心立方
(d) 简单四方　(e) 体心四方　(f) 简单六方　(g) 简单三方
(h) 简单正交　(i) 底心正交　(j) 体心正交　(k) 面心正交

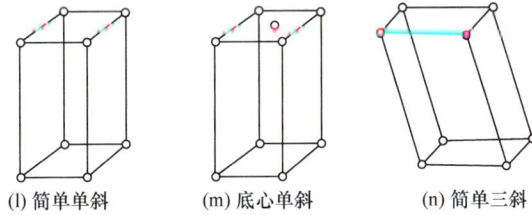

(l) 简单单斜   (m) 底心单斜   (n) 简单三斜

图 8.3   14 种晶格示意图

晶胞是晶体结构的基本重复单元，整个晶体就是按晶胞在三维空间周期性地重复排列，相互平行取向，按每一个顶点为 8 个晶胞共有的方式堆砌而成。晶胞中原子的坐标分布可用 (x, y, z) 表示，通常以晶胞的 3 个边 a，b，c 为坐标轴的单位，以晶胞的一个顶点为原点建立坐标系，这样就可以确定晶胞中所有原子的坐标，也能确定位于坐标原点(晶胞的一个顶点)，3 个坐标轴(晶胞相邻的 3 条棱)和 3 个坐标面上原子的坐标，这样确定的原子坐标要么是零，要么是小于 1 的分数，所以才称为原子分数坐标(coordinate of atoms)。而晶胞的其余顶点、棱和面上的原子可以通过晶胞参数 a、b、c 与坐标原点、坐标轴和坐标面上的原子相关联，因此没有必要写出它们的坐标。

例如，图 8.4(a)和(b)分别是 NaCl、金刚石晶体的晶胞示意图。在 NaCl 晶体中，Na^+、Cl^- 的分数坐标为

$$Cl^-:(0,0,0), \left(\frac{1}{2},0,\frac{1}{2}\right), \left(0,\frac{1}{2},\frac{1}{2}\right), \left(\frac{1}{2},\frac{1}{2},0\right); \quad Na^+: \left(\frac{1}{2},0,0\right), \left(0,\frac{1}{2},0\right), \left(0,0,\frac{1}{2}\right), \left(\frac{1}{2},\frac{1}{2},\frac{1}{2}\right)$$

在金刚石的晶胞中，C 原子的分数坐标为

$$C:(0,0,0)\left(0,\frac{1}{2},\frac{1}{2}\right), \left(\frac{1}{2},0,\frac{1}{2}\right), \left(\frac{1}{2},\frac{1}{2},0\right), \left(\frac{1}{4},\frac{1}{4},\frac{1}{4}\right), \left(\frac{3}{4},\frac{3}{4},\frac{1}{4}\right), \left(\frac{3}{4},\frac{1}{4},\frac{3}{4}\right), \left(\frac{1}{4},\frac{3}{4},\frac{3}{4}\right)$$

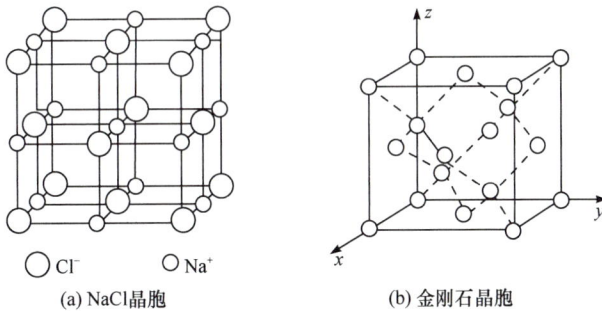

○ Cl^- ○ Na^+

(a) NaCl晶胞   (b) 金刚石晶胞

图 8.4   NaCl 和金刚石晶胞示意图

晶体可以分解成一组相互平行、等间距的晶面，按不同方向可将晶体划分成晶面族。所以，晶体学上用晶面指标(miller indices)来代表晶面的取向。晶面指标是指晶面在 3 个晶轴上倒易截数的互质整数比。如果晶面 ABC 在三晶轴上的截距分别是 $2a$、$3b$、$4c$(图 8.5)；则其截数分别为 2、3、4；倒易截数为 $\frac{1}{2}$、$\frac{1}{3}$、$\frac{1}{4}$；倒易截数比为 $\frac{1}{2}:\frac{1}{3}:\frac{1}{4}$；其互质的整数比为 6：4：3，所以 ABC 的晶面指标为(643)。

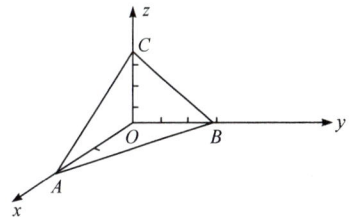

图 8.5   晶面 ABC 的空间坐标示意图

实际上，晶面指标代表一组互相平行的晶面的取向，而不是只代表一个或两个晶面的取向。所以指标为(hkl)的一组晶面将 a 晶轴上的单位 a 均分成 h 等份；b 晶轴上的 b 均分成 k 等份；c 晶轴上的 c 均分成 l 等份。坐标原点两侧的晶面族符号相反。图 8.6 表示简单立方晶体中(100)、(110)、(111)晶面的取向。

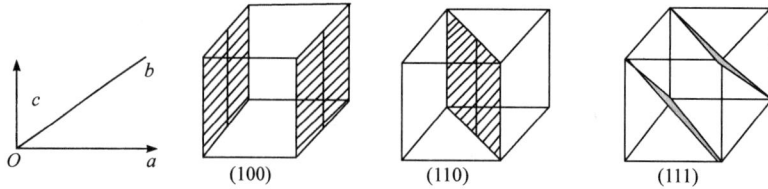

图 8.6　简单立方晶系的几个晶面指标

晶面间距(interplane space)是指一组互相平行的晶面中相邻两个晶面之间的距离，用 d_{hkl} 表示。在图 8.7 中，晶面 ABC 是晶面指标(hkl)的晶面族中离坐标原点最近的一个晶面，OD 垂直于此面。根据晶面间距和晶面指标的定义，以下关系成立：

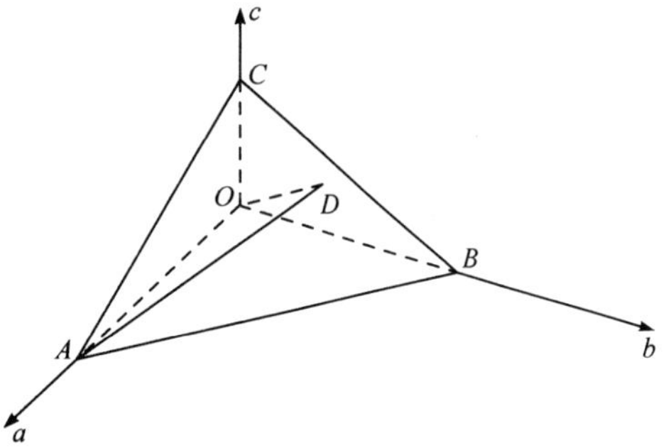

图 8.7　晶面间距示意图

$$OD = d_{hkl}; \quad OA = a/h; \quad OB = b/k; \quad OC = c/l$$

设 α、β、γ 分别是 OD 与晶轴 a、b、c 的夹角，所以

$$\cos\alpha = OD/OA = \frac{d_{hkl}}{a/h} \qquad \cos\beta = OD/OB = \frac{d_{hkl}}{b/k}$$

$$\cos\gamma = OD/OC = \frac{d_{hkl}}{c/l}$$

对于正交晶系

$$\cos^2\alpha + \cos^2\beta + \cos^2\gamma = 1 \tag{8.1}$$

所以

$$\frac{d_{hkl}^2}{(a/h)^2} + \frac{d_{hkl}^2}{(b/k)^2} + \frac{d_{hkl}^2}{(c/l)^2} = 1 \tag{8.2}$$

$$d_{hkl}^2 = \frac{1}{(a/h)^2} + \frac{1}{(b/k)^2} + \frac{1}{(c/l)^2} \qquad d_{hkl} = \left[\frac{1}{(a/h)^2} + \frac{1}{(b/k)^2} + \frac{1}{(c/l)^2}\right]^{\frac{1}{2}}$$

对于立方晶系：

$$d_{hkl} = a/\left(h^2 + k^2 + l^2\right)^{1/2} \tag{8.3}$$

8.2　晶体的基本类型

根据占据晶格结点上微粒的种类和微粒间相互作用力的不同，可将晶体分为 4 个基本类型。

8.2.1　离子晶体

在晶格结点上交替排列着正离子和负离子，正、负离子之间以离子键结合而形成的晶体称为离子晶体(ionic crystals)。以氯化钠晶体为例，其晶格结点上 Na^+ 和 Cl^- 交替相间排列。若将正、负离子近似地看成圆球，每个离子都尽可能多地吸引异号离子而紧密堆积成晶体，见图 8.8。由于离子键没有方向性、饱和性，在离子晶体中没有单个的离子化合物分子存在，整个晶体可视为一个巨大的分子。电负性差别越大的元素间，越易形成较典型的离子晶体，如 KCl、CsCl、CsF、KBr、CaO、MgO 等。但近代实验指出，即使是

图 8.8　NaCl 晶体的晶格和密堆积

电负性差别很大的 F^- 和 Cs^+，其间的化学键也不是纯粹的离子键，仍有部分原子轨道的重叠。当两元素的电负性相差 $\Delta\chi = 1.7$ 时，只有 50%的离子性，一般把 $\Delta\chi > 1.7$ 的两种元素形成的化合物视为离子型化合物。

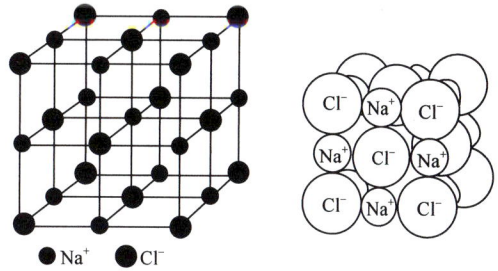

与定义原子半径类似，把 AB 型离子晶体的 A^+ 和 B^- 看作是两个相切的圆球，则核间距 d(又称晶格常数)就等于正、负离子半径之和。核间距 d 可以通过晶体的 X 射线衍射测得。1926 年哥希密特(Goldschmidt)以光学法测定的 F^- 和 O^{2-} 半径为基础，推算出了 80 多种离子的半径。1927 年鲍林及 1976 年桑诺(Shanon)进一步考虑到配位数(一种离子周围直接相邻的异号电荷离子数)、几何构型、电子自旋等因素，各推算出一套离子半径的数据。不同学者所推算的数据略有不同。

由表 8.2 可见，正离子半径较小，负离子半径较大；周期表中由上而下，具有相同电荷的同一主族元素的离子半径递增；同一周期从左到右，随阳离子电荷的增加，其离子半径递减；同一元素的正离子半径小于其原子半径，负离子半径大于其原子半径；同一元素的几种不同电荷的离子比较，正电荷越高，半径越小。

表 8.2　离子半径 r(单位：pm)

2e 型, 8e 型			(9~17)e 型								18e 型				(18+2)e 型			8e 型		
Li+	Be2+	B3+																N3-	O2-	F-
59	27	11																146	138	133
Na+	Mg2+	Al3+																P3-	S2-	Cl-
99	57	54																212	184	181
K+	Ca2+	Sc3+	Ti3+	V3+	Cr3+	Mn3+	Fe3+	Co3+	Ni3+		Cu+	Zn2+	Ga3+	Ge4+	Ge2+	As3+		As3-	Se2-	Br-
137	100	75	67	64	62	58	55	55	56		60	74	62	53	73	58		222	198	196
			Ti2+	V2+	Cr2+	Mn2+	Fe2+	Co2+	Ni2+	Cu2+										
			86	79	73	67	61	65	69	57										
Rb+	Sr2+	Y3+									Ag+	Cd2+	In3+	Sn4+	In+	Sn2+	Sb3+	Sb3-	Te2-	I-
152	118	90									100	78	62	69	140	118	76	245	221	220
Cs+	Ba2+	La3+							Au3+		Au+	Hg2+	Tl3+	Pb4+	Tl+	Pb2+	Bi3+			
167	136	103							85		137	96	75	78	150	119	103			

离子晶体的牢固程度可用晶格能(U)的大小来衡量。将 1 mol 的离子晶体解离成自由的气态正、负离子所吸收的能量称为离子晶体的晶格能(lattice energy)，单位为 $kJ \cdot mol^{-1}$。例如

$$NaCl(s) \longrightarrow Na^+(g) + Cl^-(g) \qquad U = 770 \, kJ \cdot mol^{-1} \tag{8.4}$$

晶格能的数据难以从实验直接测定，通常是用化学热力学方法，根据其他一些实验数据

间接计算出来的。此外，也可根据静电理论，由晶体的构型和离子电荷进行理论推算。就结构而论，晶格能的大小与正、负离子的电荷数成正比，与正、负离子间的距离成反比。相同类型的离子晶体比较，离子的电荷越高，正、负离子半径越小，其晶格能越大，正、负离子间的结合力越强，此离子晶体的离子键越牢固，晶体较稳定，熔点较高、硬度较大。见表8.3。

表 8.3　晶格能与离子化合物的物理性质

NaCl 型晶体	NaF	NaCl	NaBr	NaI	MgO	CaO	SrO	BaO
离子电荷	1	1	1	1	2	2	2	2
核间距 $d = (r_+ + r_-)$/pm	193	236	250	271	175	182	192	194
晶格能 U/(kJ · mol^{-1})	930	790	754	705	3791	3401	3223	3054
熔点 T/K	1269	1075	1020	934	3098	2886	2804	2246
莫氏硬度[①](金刚石=10)	2.3	2.0	2.0		5.5	4.5	3.5	3.3

① 莫氏硬度是德国矿物学家莫氏(Mohs)提出的。他将10种常见矿物的硬度由小到大排列：1. 滑石，2. 石膏，3. 方解石，4. 萤石，5. 磷灰石，6. 正长石，7. 石英，8. 黄玉，9. 刚玉，10. 金刚石。莫氏硬度的测定采用刻划法，如能被黄玉刻出划痕而不能被石英刻出划痕的矿物，其硬度为8～9。

数据录自 CRC Handbook of Chemistry and Physics. 97th ed. 2016-2017

多数离子晶体易溶于水等极性溶剂中，其水溶液及熔融液都易导电。但晶格能很大的离子化合物则难溶于水。

8.2.2　原子晶体

在原子晶体(atomic crystal)的晶格结点上排列着中性原子，原子间以牢固的共价键相连接，组成了一个原子数目极大的巨大分子。金刚石(C)、单晶硅(Si)、石英(SiO$_2$)、金刚砂(SiC)等都是原子晶体。以金刚石为例，见图 8.9(a)。在晶体中，每1个C原子通过4个sp^{3}杂化轨道与邻近的另外4个C原子以4个共价键构成正四面体的基础结构，无数C原子互相连接成三维空间的骨架结构。金刚砂(SiC)的结构与金刚石类似，只是碳的骨架结构中有一半的结点为 Si 原子所取代，形成 C、Si 原子交替排列的空间骨架。

石英晶体中，每个 Si 原子以 4 个 sp^3 杂化轨道与 4 个 O 原子的 p 轨道重叠形成 4 个共价键，从而形成了以 Si 原子为中心的正四面体。许许多多的 Si—O 四面体通过氧原子连接而形成三维空间体型结构的巨型分子，见图 8.9(b)。

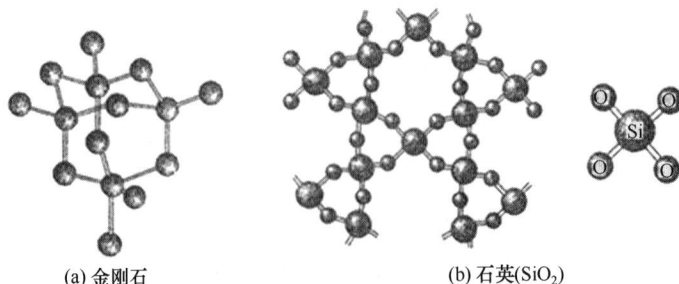

(a) 金刚石　　　　　　　　　　(b) 石英(SiO$_2$)

图 8.9　金刚石和石英的晶体结构示意图

原子晶体中原子间不是紧密堆积，它们之间是通过具有方向性、饱和性的共价键相连接的。尤其是通过成键能力很强的杂化轨道重叠成键，使得它们的键能很大，接近 400 kJ · mol^{-1}。

因而原子晶体具有很大的硬度，很高的熔点，难溶于任何溶剂，化学性质十分稳定。金刚石晶体中 C 原子半径很小，其价键很牢固，要破坏 4 个共价键或扭曲键角都需很大的能量，所以金刚石是自然界中熔点最高(3500℃)、硬度最大(莫氏硬度为 10)的固体物质。金刚石作为美丽的宝石，晶莹剔透、光芒璀璨，更由于它的质地坚硬，在精密机械工业中大量使用；它还广泛用作金属表面加工用磨料、石油勘探的钻头等。世界年消费量达数百万克拉(carat，钻石的质量单位，1 carat = 0.2 g)。金刚砂(SiC)也是一种优质磨料。石英玻璃可用于制造耐高温器皿。石英和它的变体——水晶、紫晶、玛瑙等都是工业上的重要材料。

原子晶体中不含自由电子和离子，一般不导电。而与 C 同族的 Si、Ge 晶体也具有金刚石的结构，因其导电性处于绝缘体和金属之间，是重要的半导体材料。20 世纪后半叶，这种半导体的发现和研发使电子工业发生了重大革命，推动人类社会步入了信息时代。

8.2.3　分子晶体

H_2、O_2、Cl_2、I_2、N_2 等非金属单质，CO_2、H_2S、H_2O、NH_3 等非金属化合物以及大量的有机化合物在常温下是气体、易挥发的液体或易升华的固体。这些以共价键构成的中性分子在降温凝聚时，可以通过分子间力或氢键的作用聚集起来，形成分子晶体(molecular crystals)。图 8.10 为 CO_2 分子晶体的结构。CO_2 分子分别占据着立方体的 8 个顶点和 6 个面的中心位置，分子内部 C 原子和 O 原子间是以共价键结合，晶体中 CO_2 分子间则靠色散力结合起来。在极性分子 NH_3、HCl、H_2O 等形成的分子晶体中，分子间不仅存在色散力，还有诱导力和取向力，有的还有氢键。ⅧA 族元素 He、Ne、Ar 等晶体中，虽然占据晶格结点的是中性原子，但这些原子间并无化学键，靠的是色散力结合起来，所以也是分子晶体，有机化合物晶体大多是分子晶体，虽然蛋白质、核酸等分子量较大，结构较复杂，但现在采用 X 射线衍射已测定了不少蛋白质和核酸的晶体结构，推动了分子生物学的发展。

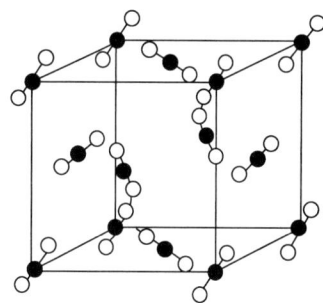

图 8.10　CO_2 分子晶体的晶胞

由于分子间力较弱，只要供给少量的能量，晶体就会被破坏，所以分子晶体的硬度小，熔点较低(一般低于 400℃)，具有较大的挥发性，常温下以气态或液态存在。即使常温下呈固态的分子晶体碘(I_2)、萘($C_{10}H_8$)等，蒸气压高，挥发性大，具有升华性。因为占据晶格结点的是电中性分子，所以分子晶体在固态或熔融时均不导电。有些极性较强的分子形成的分子晶体，如冰醋酸(CH_3COOH)，溶于水后，由于形成了水合离子而导电。

8.2.4　金属晶体

自然界有 80 多种金属元素，它们单质晶体的共同特征是不透明，有金属光泽，能导电、传热，富有延展性、可塑性等。

1. 自由电子模型

对金属晶体(metallic crystals)本质的认识，较早提出来的是"自由电子模型"，又称为"改性共价键理论(modified covalent bond theory)"。它认为在金属晶体的晶格结点上排列着金属的原子和正离子。由于金属元素的电负性较小，电离能也较小，外层价电子容易在原子和离子间不断进行交换。这些电子不受某一特定的原子或离子的束缚，能在金属晶体中自由地运动，故称为"自由电子"或"离域电子"。这些在三维空间中运动，离域范围很大的自由电子把金属正离子和原子联系起来，形成金属晶体。在金属晶体中，这种自由电子与原子或正离子之间的作用力称为金属键。由于这种键可以看作是由许多原子和离子共用许多自由电子而形成的化学键，故也称改性共价键(modified covalent bond)。这些自由电子为整个金属晶体所共有，金属晶体可视为一个巨型的大分子，所以通常以元素符号代表金属单质的化学式。由于金属键是一种没有方向性、饱和性的离域键，所以金属晶体是由金属原子紧密堆积而成。实验测定表明：自然界的金属元素单质晶体主要有 3 种结构形式，如图 8.11 所示。因为这 3 种结构是堆积紧密、能量较低的稳定结构。

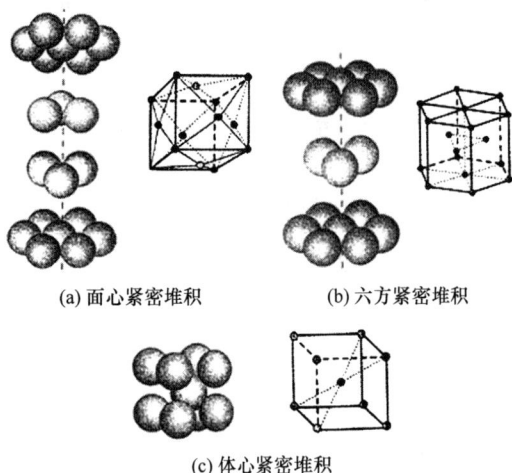

(a) 面心紧密堆积　　　　　(b) 六方紧密堆积

(c) 体心紧密堆积

图 8.11　金属晶体的紧密堆积方式

应用自由电子模型可以解释金属的不透明、光泽、导电、传热、延展、可塑等共同特性。但这个模型不能深入阐述金属晶体中金属键的本质；不能解释导体、绝缘体和半导体性质的差异等。要解决这些问题，需用由量子力学支撑的近代金属键理论——能带理论(energy band theory)。

2. 能带理论

以分子轨道理论为基础发展起来的能带理论是现代金属键理论之一，它能较好地说明金属键的本质。其基本要点是，由于金属晶体中原子的紧密堆积结构，原子靠得很近，能级相同的原子轨道会互相重叠而组成分子轨道，使体系的能量降低。根据原子轨道组合成分子轨道的原则，两个能量相同的原子轨道可组合成两个能量不同的分子轨道，其中一个是能量比原来低的成键分子轨道；另一个是能量比原来高的反键分子轨道。

以金属 Li 为例。Li 原子的价层电子是 $2s^1$，当两个 Li 原子靠近时，它们的两个 2s 原子轨道互相重叠，组合成两个分子轨道：成键分子轨道 σ_{2s} 和反键分子轨道 σ_{2s}^*。两个价电子均填入成键分子轨道 σ_{2s}，反键分子轨道 σ_{2s}^* 则为空轨道。1 mol 金属 Li 有 $N_A(6.02 \times 10^{23})$ 个 Li 原子，N_A 个 2s 原子轨道可以组合成 N_A 个扩展到整个金属的非定域分子轨道。由于 N_A 的数值很大，各分子轨道的能级间相差极小，几乎连成一片，形成了具有一定能量上、下限的分子轨道群，称为能带(band)。能带的上半部分空着，下半部分则充满了电子，见图 8.12。

图 8.13 为 Li 晶体的能带模型，就整个 Li 晶体而言，除有 2s 原子轨道相互作用形成的 2s 带，还有 1s 原子轨道相互作用形成的 1s 能带。

因为能带内所含分子轨道数与参加组合的原子轨道数相同，而每 1 个分子轨道最多只能容纳两个电子。锂的 1s 原子轨道原已充满电子，所以形成的 1s 能带(分子轨道群)也是完全充满电子的。这种完全充满电子的低能量带称为满带。

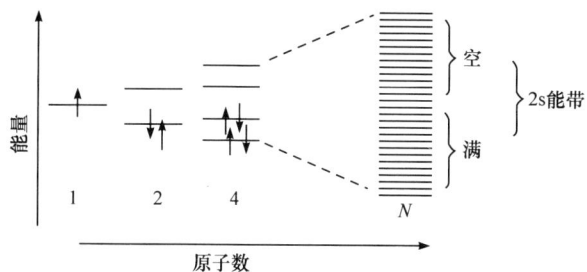

图 8.12 金属锂中 2s 能带形成示意图

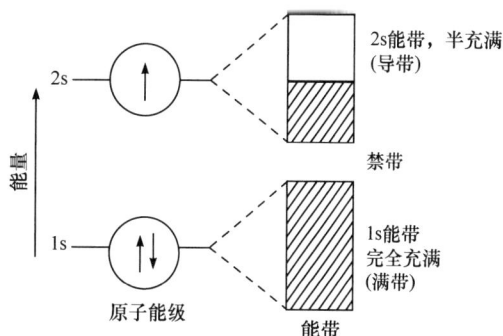

图 8.13 Li 晶体的能带模型

在 Li 的 2s 能级上，原子轨道未充满电子，由它形成的能带也是未充满电子的，还存在着一半空的分子轨道。这种部分填充电子(或全空)的能带称为空带。在这种能带上的电子，吸收微小的能量便可向带内能量稍高的空轨道上跃迁，从而起到导电、导热的作用。这种未充满电子的高能量带称为导带(conduction band)。Li 的 2s 能带就是导带。

与原子中各能级之间有能量间隔一样，相邻能带之间也有一段能量间隔。它是电子的禁区，电子不能在其中停留，故把这个能量间隔带称为禁带(forbidden band)。

由于金属晶体的紧密堆积结构，原子核间距一般都很小，能带之间的间隙也很小。尤其是当金属原子相邻的原子轨道能级相近时，有的能带可以互相重叠。例如，镁的价电子结构是 $3s^2$，晶体中 3s 能带是满带，似乎它不具有导电性，但这与事实不符。能带理论认为，3s 和 3p 能带部分重叠，不仅禁带消失，而且还形成了一个未充满电子的导带。因此，镁与其他碱土金属依然具有良好的导电性能。

固体依其导电性能可分为导体、绝缘体和半导体三大类。按能带理论，它们的能带结构中禁带的宽度和能带中电子填充情况各有不同的特征，图 8.14 为导体、绝缘体和半导体的能带结构示意图。

在导体中，由于电子未充满或能带的重叠，有具有导电能力的空带——导带。在外电场的作用下，导带上的电子向能量稍高的空轨道跃迁，在整个金属晶体中运动而形成电流。

图 8.14 导体、绝缘体和半导体的能带结构示意图

绝缘体中，电子都在满带上。虽有空带，但满带与相邻空带之间禁带的宽度很大$(\Delta E \geqslant 8.0 \times 10^{-19}$ J)。在外电场作用下，满带中的电子即使获得能量，但因满带中无空轨道可以跃迁，禁带又太宽，不能越过而进入空带。因此，满带中的电子不能在外电场作用下定向流动，所以绝缘体不能导电。

半导体的特征是禁带宽度较小$(\Delta E \leqslant 4.81 \times 10^{-19}$ J)，$\Delta E(Si) = 1.79 \times 10^{-19}$ J，$\Delta E(Ge) = 1.073 \times 10^{-19}$ J。在一般情况下，无杂质、无缺陷的完整硅、锗晶体在低温下是不能导电的，因为满带上的电子尚未越过禁带，空带也没有可导的电子。但在光照或加热后，满带上的电子很容易被激发越过禁带，跃迁到空带上去，从而使空带部分填充电子而形成导带，在满

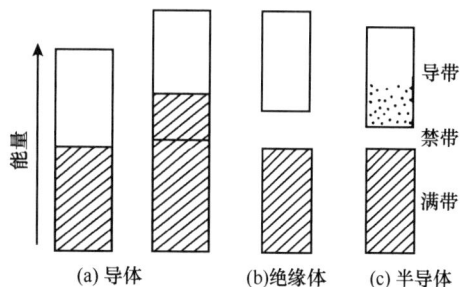

带上则留下"空穴"，它们都可以导电，所以半导体的导电性随温度的升高而增大。

能带理论不仅能对导体、绝缘体和半导体的导电性作出满意的解释，而且还可说明金属的光泽、导热性、金属键的强度等。当然，能带理论对有些事实还无圆满的解释，尚待进一步深化和完善。

8.2.5　混合键型晶体

在自然界中，常见的晶体除上述 4 种基本类型外，还有若干混合键型的晶体(mixed bond crystals)。在这些晶体中，微粒间存在着多种结合力。

1. 链状结构晶体

自然界存在的硅酸盐晶体，其基本结构单元是由 1 个硅原子和 4 个氧原子组成的硅氧四面体。根据连接方式的不同有骨架状的(三维网络)、层状、链状等多种结构的硅酸盐。

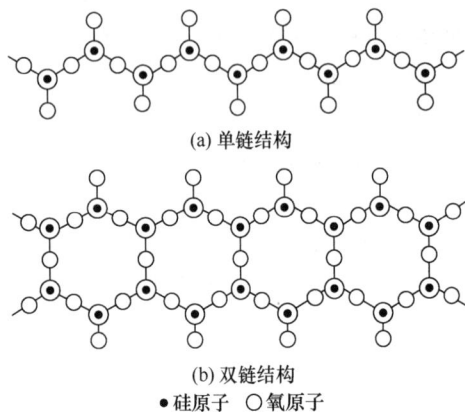

(a) 单链结构

(b) 双链结构

●硅原子　○氧原子

图 8.15　[SiO$_4$]四面体构成的链状结构

图 8.15 为硅酸盐的链状结构示意图。如果每个硅氧四面体(SiO$_4$)共用两个氧原子，在一维方向延伸出去，就形成单链结构的硅酸盐负离子$(SiO_3)_n^{2n-}$；若链与链间再通过共用氧原子联系起来，可得双链结构的硅酸盐负离子$(Si_4O_{11})_n^{6n-}$；链与链间填充着金属正离子 Ca^{2+}、Mg^{2+}、Na^+等。可见在硅酸盐晶体内，链内硅、氧原子间靠共价键结合起来，链间的金属正离子以离子键的静电引力与硅酸根负离子相结合。

在硅酸盐晶体内同时存在着共价键与离子键两种化学键。由于链状负离子与金属正离子距离较远，以致链间的结合力比链内共价键原子间结合力弱得多。如果沿平行于链的方向用力，链状晶体很容易被撕裂成柱状或纤维状。

石棉是含有 Ca^{2+}、Mg^{2+}的硅酸盐，用氧化物的形式可表示为 $CaO \cdot 3MgO \cdot 4SiO_2$。它是典型的链状晶体，其长链是由 Si—O 共价键连接的双链结构。石棉可作保温、绝缘材料。

2. 层状结构晶体

石墨是典型的层状结构晶体，如图 8.16 所示。在石墨层状晶体中，每个碳原子以 sp^2 杂化形成 3 个 sp^2 杂化轨道，分别与相邻的 3 个碳原子形成 3 个 sp^2-sp^2 重叠的 σ 键，键角为 120°，构成无限扩展的蜂巢状正六边形平面层状结构。层内 C 原子间距离为 142 pm。每个 C 原子还有 1 个垂直于杂化轨道平面的 2p 轨道，其中各有 1 个 2p 电子。这些相互平行的 p 轨道可以互相重叠形成遍及整个 C 平面的离域大 π 键。大 π 键中的 π 电子可以在整个 C 平面层上运动，具有类似金属键的性质。所以石墨是良好的导电、导热材料，可作电极或热交换设备。

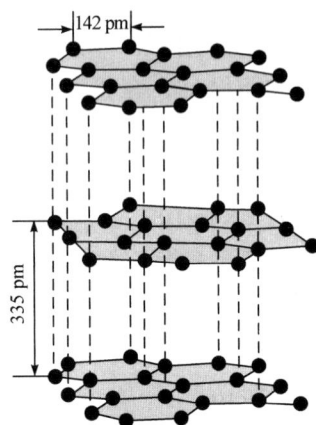

图 8.16　石墨晶体的层状结构

石墨晶体的层与层间 C 原子距离较长，为 335 pm。层与层间的作用力为相对较弱的分子间力。层与层间易于断开而滑动，所以它具有润滑性，工业上用作固体润滑剂。在石墨晶体中既有共价键又有具有金属键性质的离域大 π 键，层间则有分子间作用力，所以石墨是典型的混合型晶体。除石墨外，碘化镉、碘化镁、氯化镉、氯化镍、氮化硼等化合物的晶体也具有相似的层状结构，但层与层之内和层内粒子间的距离与石墨的不同。例如，密度小、质地软、熔点高的氮化硼(又称白色石墨)具有耐高温、耐腐蚀、耐磨、质轻、润滑、电绝缘等优良性质，见图 8.17(a)。另外，层状双氢氧化物(简称 LDHs)可表示为 $\left[M_{1-x}^{2+}M_x^{3+}(OH)_2 \right] A_{x/2}^{n-} \cdot y H_2O$ ，其中，M^{2+} 代表二价金属离子(Mg^{2+}、Ni^{2+}、Mn^{2+}等)；M^{3+} 代表三价金属离子(Al^{3+}、Fe^{3+}、Cr^{3+}等)；A 代表层间可交换的阴离子(CO_3^{2-}、NO_3^-、Cl^-等)；$x = M^{3+}/(M^{3+} + M^{2+})$。此类晶体由 $M(OH)_6$ 八面体(正八面体中心为 M^{2+}，六个顶点为 OH^-)共用棱组成单元层 V 层，层与层有序排列形成层状结构。当 M^{2+} 被半径相近的 M^{3+} 同晶取代后，M^{3+} 占据八面体中 M^{2+} 的位置，而使结构的层板带正电荷，层间可交换的阴离子(如 CO_3^{2-})与层上的正电荷平衡使整个结构呈电中性，如图 8.17(b)所示。同时，在层板间存在着结晶状的水分子，这些水分子可以在不破坏层状结构的条件下脱出。此外，在某些层状化合物的晶体结构中，层板也可以带负电荷，如硅酸钠($Na_2Si_{14}O_{29} \cdot nH_2O$)就是由带负电的 SiO_4 四面体层板组成的层状化合物。层间带正电荷的 Na^+ 与层板的负电荷平衡使晶体结构呈电中性[图 8.17(c)]。由于对水、小分子和极性有机分子的吸附，以及与层间 Na^+ 的交换作用，硅酸钠在阳离子交换剂、吸附剂和催化剂方面有着广泛的应用。

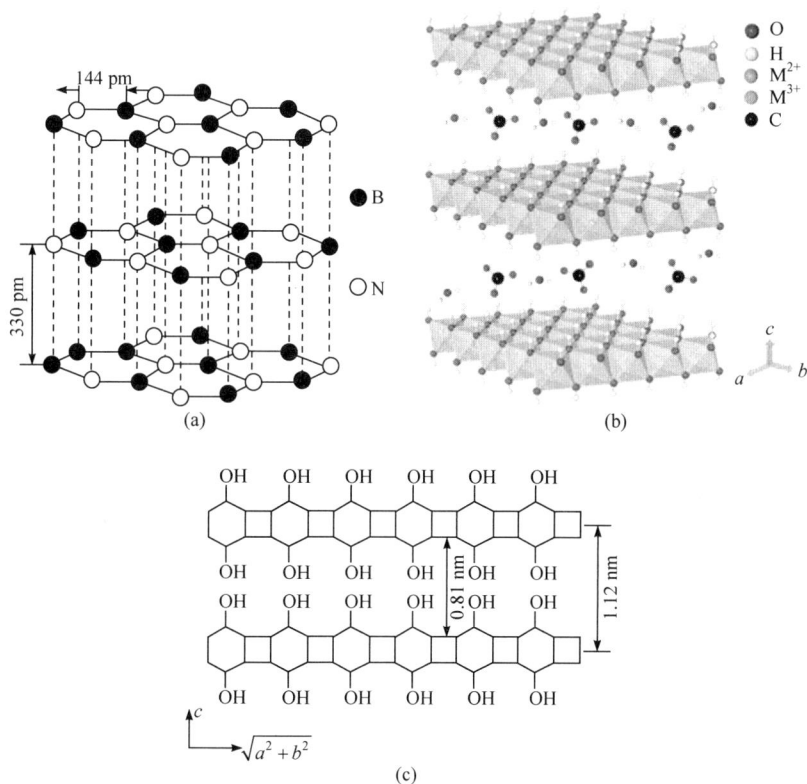

图 8.17 层状化合物的晶体结构

8.3 单质的晶体结构及其物理性质的周期性

8.3.1 单质的晶体结构

表 8.4 中列出了周期系中元素单质的晶体类型。同一周期从左到右,元素单质由典型的金属晶体经原子晶体或层状、链状混合键型晶体逐渐变化到分子晶体。s 区及长周期中部的 d 区、ds 区元素单质都是金属晶体。p 区元素单质的晶体结构在周期表中同一主族从上到下常由分子晶体或原子晶体经层状或链状键型晶体向金属晶体转变。p 区梯形对角线附近就是这种转变的过渡区,出现了层状或链状混合键型的晶体结构。

表 8.4 周期系中元素单质的晶体类型

I A	II A		III A	IV A	V A	VI A	VII A	VIII A
(H₂) 分子晶体								He 分子晶体
Li 金属晶体	Be 金属晶体		B 近于原子晶体	C 金刚石 原子晶体 石墨 层状晶体	N₂ 分子晶体	O₂ 分子晶体	F₂ 分子晶体	Ne 分子晶体
Na 金属晶体	Mg 金属晶体	IIIB~IIB	Al 金属晶体	Si 原子晶体	P 白磷 分子晶体 黑磷 层状晶体	S 菱形、针型硫 分子晶体 弹性硫 链状晶体	Cl₂ 分子晶体	Ar 分子晶体
K 金属晶体	Ca 金属晶体	过渡元素	Ga 金属晶体	Ge 原子晶体	As 黄砷 分子晶体 灰砷 层状晶体	Se 红硒 分子晶体 灰硒 层状晶体	Br₂ 分子晶体	Kr 分子晶体
Rb 金属晶体	Sr 金属晶体		In 金属晶体	Sn 灰锡 原子晶体 白锡 金属晶体	Sb 黑锑 分子晶体 灰锑 层状晶体	Te 灰碲 层状晶体	I₂ 分子晶体 (具金属性)	Xe 分子晶体
Cs 金属晶体	Ba 金属晶体	金属晶体	Tl 金属晶体	Pb 金属晶体	Bi 层状晶体 (近于金属晶体)	Po 金属晶体	At	Rn 分子晶体

在过渡区中常出现同一种元素的原子结合成不同类型晶体的同素异晶现象,如 C、P、S、As、Se、Sn、Pb 等。其中,碳是唯一具有从零维到三维同素异晶体的元素。碳单质的晶体结构与其原子的 sp^n 杂化关系密切。碳原子在 sp^n 杂化中能形成 $(n+1)$ 个 σ 键, σ 键作为骨架形成 n 维的晶体结构。当 C 采取 sp^3 杂化时,4 个呈正四面体分布的 σ 键使碳形成了三维的金刚石原子晶体, sp^2 杂化的碳形成二维平面结构的石墨晶体,而碳 sp 杂化的两个 σ 键仅能形成一维链状结构,由其构成了"卡宾"(Carbyne)的分子晶体,如图 8.18 所示。卡宾是苏联科学家

在 1960 年发现的。由于其组织呈树脂状，光波在其中形成散射，整个晶体呈白色，因此晶态卡宾又称为"白碳"。卡宾具有优异的生物相容性，是最佳的生物缝合材料和生物支撑材料。在 21 世纪，以弧子为信息载体，设计由线形碳分子构筑的"分子计算机"具有诱人的前景。而具有扭拆结构的卡宾碳内存在着弧子和极化子。所以卡宾碳在新型计算机的研究开发领域中有极大的应用潜力。

在碳的同素异晶体中，除金刚石、石墨和卡宾碳外的其他形态的碳都可归属于过渡形态碳。过渡形态碳可分为两类：一类为无序的三维固体无定形碳，其中既有 sp^2 杂化也有 sp^3 杂化的碳原子；另一类是碳原子杂化程度为 sp^n 的碳，在这里 n 不是整数而是分数 $(1<n<3)$。单环结构碳、富勒烯、洋葱碳和碳纳米管就属于这类过渡形态碳。C_{60} 是研究得最深入的一种富勒烯，据报道其杂化程度为 2.28，是由 60 个碳原子经 12 个正五边形和 20 个正六边形构成的 32 面体原子簇，见图 8.19。其中五边形彼此不相连，只与六边形相邻。C_{60} 结构优美精致，与美国建筑师巴克明斯特·富勒(Buckminster Fuller)发明的多面体弯窿建筑及足球酷似，故称之为 Fullerene 或 Buckyball，中译名为"富勒烯"或"巴克球"。1998 年有人在杂志上撰文指出用"富勒烯"译名不够妥当，易生歧义，建议汉译名为"球碳"。

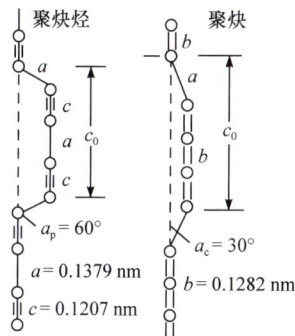

图 8.18　卡宾碳的结构模型

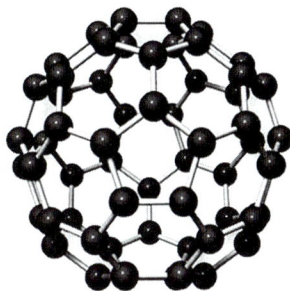

图 8.19　碳 60 的结构

C_{60} 靠范德华力形成分子晶体，属面心立方结构，C_{60} 分子间距为 260 pm，小于石墨的层间距，密度为 1.7 g·cm^{-3}。C_{60} 分子在晶格结点上作约 10^9 次·s^{-1} 的高速转动。C_{60} 分子球的直径为 0.7 nm，内腔可容直径为 0.5 nm 的原子。利用化学和物理的方法可在笼内"植入"其他原子，也可在笼外"嫁接"别的原子或原子团，形成各种衍生物。例如，将 K、Rb、Cs 植入笼中可得到超导体；将 Li 植入笼中可制得高能锂电池；化学合成的 $C_{60}F_{60}$ 是一种白色粉末状物质，可作耐高温(约 970 K)高级润滑剂。

C_{60} 球形结构原子簇的发现，开辟了碳化学研究的新领域，具有重大的理论意义和巨大的应用潜力。对 C_{60} 的发现作出贡献的美国柯尔(Curl)、斯莫利(Smalley)和英国克罗托(Kroto)三位教授荣获了 1996 年的诺贝尔化学奖。

由碳原子 12 个五元环和 20 个六元环构成的 C_{60} 再经更多的六元环形成 C_{70}、C_{76}、C_{82} 等，直到 C_{540}。12 个五元环各自呈相互离开状态时六元环增加，由于六元环不断增加，而生成碳纳米管，所以碳纳米管是巨大的线状富勒烯，如图 8.20 所示。碳纳米管分单臂纳米管、锯齿形纳米管和手性纳米管 3 种类型，如图 8.21 所示。碳纳米管因其特殊结构赋予的良好物化性能而成为化学界的一颗新星，有望作为结构增强材料、纳米器件、场发射材料、催化剂载体、电磁屏蔽材料、吸波材料、储氢材料等，并将在电子、机械、能源、信息、医药、化学、生物等领域得到广泛的应用。

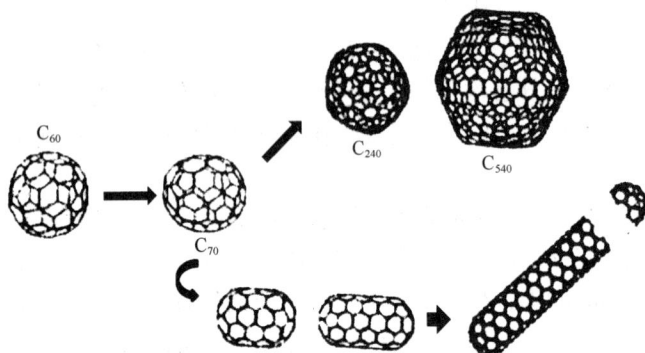

图 8.20　富勒烯系碳结构

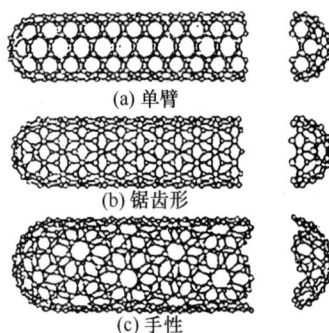

图 8.21　碳纳米管的 3 种类型

8.3.2　单质的物理性质

1. 密度

图 8.22 列出了若干单质的密度，也形象地表示出在周期系中密度的变化规律。金属元素单质密度一般较大，这是因为它们的晶体结构是金属晶体，原子间以紧密堆积的方式聚集起来，排列比较紧密。从左到右元素单质的密度按由小到大再变小的规律递变。s 区元素虽是金属，但原子半径较大、原子量较小，因而密度较小。锂的密度仅为水的一半，是密度最小的金属。Mg、Al 的密度分别是 $1.74 \ \mathrm{g \cdot cm^{-3}}$、$2.70 \ \mathrm{g \cdot cm^{-3}}$，也较小。通常把 $5 \ \mathrm{g \cdot cm^{-3}}$ 以下的金属称为轻金属。镁、铝可用于制造轻合金。密度大于 $5 \ \mathrm{g \cdot cm^{-3}}$ 的金属称为重金属。锇的密度最大，为 $22.57 \ \mathrm{g \cdot cm^{-3}}$，约 3 倍于铁。p 区的非金属元素单质由于固态是分子晶体，分子间力很小，结合松弛，密度较小。

2. 熔点和硬度

单质的熔点和硬度在周期系中总的变化趋势是从左到右按低→高→低的规律递变，这与它们的晶体结构密切相关，图 8.23 列出元素的熔点。

第二、第三周期元素，从左到右单质的晶形由金属晶体过渡到原子晶体，再转变为分子晶体。ⅣA 族的碳和硅的原子半径小，原子间以共价键结合成牢固的原子晶体，破坏晶格需要较高的能量、较大的外力，所以它们的熔点高、硬度大。金刚石的熔点达 3500℃，莫氏硬度为 10，是所有单质中最高的。

第四、第五、第六周期元素，从左到右单质的晶形由金属晶体过渡到层状或链状晶体，最后转变为分子晶体。s 区碱金属单质在同一周期中原子半径最大，晶体中粒子间结合力弱，故熔点、硬度都较低。d 区金属元素的单质熔点、硬度都较高，尤其是ⅣB～ⅦB 族的单质大部分都是高熔点、高硬度的金属。熔点最高的是钨(3414℃)，硬度最大的是铬(9.0)。通常把熔点高于铬(1907℃)的金属称为耐高温金属或高熔点金属。这些 d 区元素单质都是金属晶体，占据晶格结点的原子有效核电荷数较大，原子半径较小，而且在这些金属晶体中除最外层 s 电子外，次外层的 d 电子也可参与成键。尤其是ⅤB～ⅦB 族，它们次外层未成对的 d 电子多，由于这些未成对的 d 电子参与成键，增强了金属键的强度，所以熔点高、硬度大。Ⅷ族以后，未成对电子逐渐减少，故其熔点、硬度也逐渐降低。d 区中部的 V、Cr、Mn、W 等是重要的合金元素。

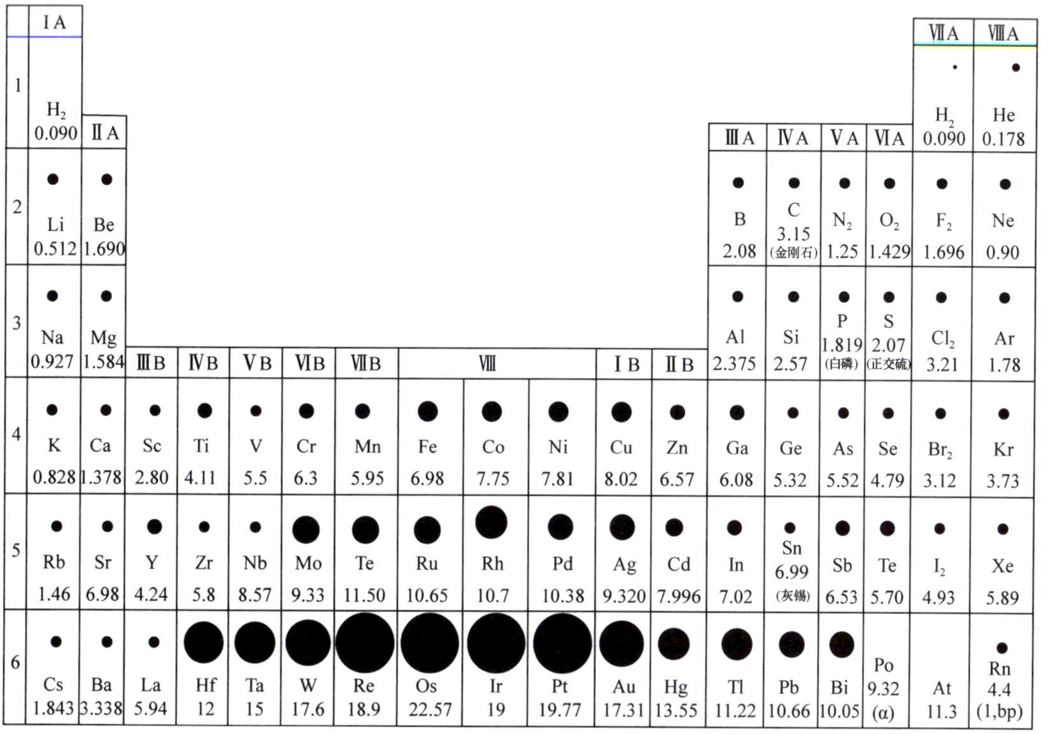

图 8.22　单质的密度 (ρ) / $(\mathrm{g \cdot cm^{-3}})$

数据引自：CRC Handbook of Chemistry and Physics. 97th ed. 2016-2017

周期表（密度 ρ / $\mathrm{g \cdot cm^{-3}}$）：

周期	I A	II A	III B	IV B	V B	VI B	VII B	VIII			I B	II B	III A	IV A	V A	VI A	VII A	VIII A
1	H₂ 0.090																H₂ 0.090	He 0.178
2	Li 0.512	Be 1.690											B 2.08	C 3.15 (金刚石)	N₂ 1.25	O₂ 1.429	F₂ 1.696	Ne 0.90
3	Na 0.927	Mg 1.584											Al 2.375	Si 2.57	P 1.819 (白磷)	S 2.07 (正交硫)	Cl₂ 3.21	Ar 1.78
4	K 0.828	Ca 1.378	Sc 2.80	Ti 4.11	V 5.5	Cr 6.3	Mn 5.95	Fe 6.98	Co 7.75	Ni 7.81	Cu 8.02	Zn 6.57	Ga 6.08	Ge 5.32	As 5.52	Se 4.79	Br₂ 3.12	Kr 3.73
5	Rb 1.46	Sr 6.98	Y 4.24	Zr 5.8	Nb 8.57	Mo 9.33	Te 11.50	Ru 10.65	Rh 10.7	Pd 10.38	Ag 9.320	Cd 7.996	In 7.02	Sn 6.99 (灰锡)	Sb 6.53	Te 5.70	I₂ 4.93	Xe 5.89
6	Cs 1.843	Ba 3.338	La 5.94	Hf 12	Ta 15	W 17.6	Re 18.9	Os 22.57	Ir 19	Pt 19.77	Au 17.31	Hg 13.55	Tl 11.22	Pb 10.66	Bi 10.05	Po 9.32 (α)	At 11.3	Rn 4.4 (1,bp)

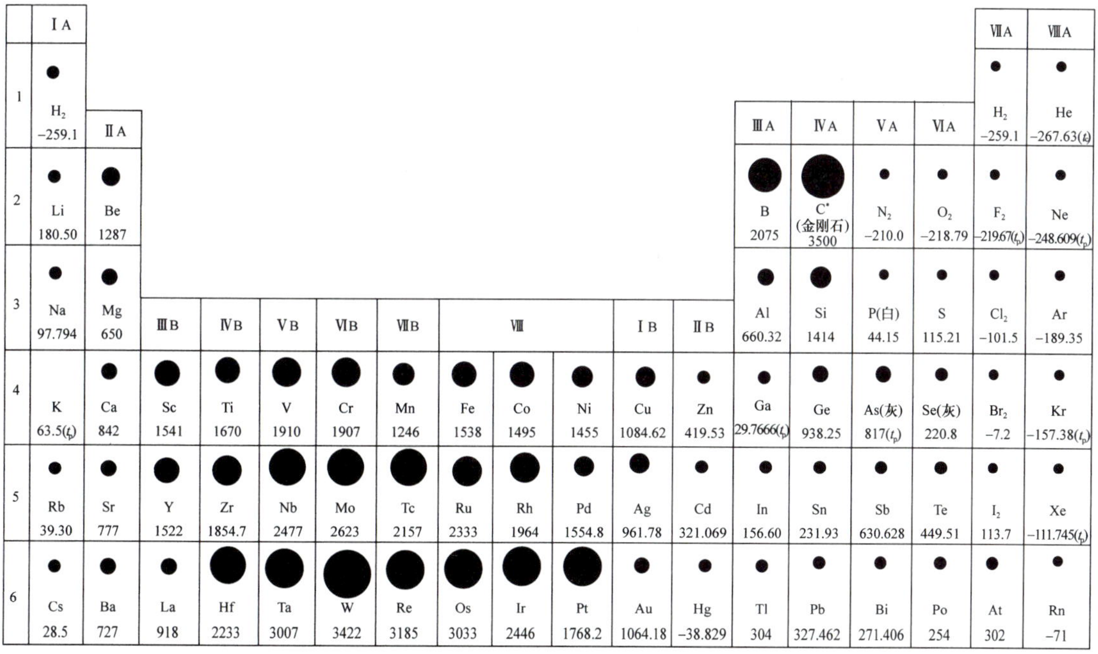

图 8.23　单质的熔点

t_p 表示固-液-气三相点温度；t_c 表示临界温度

数据引自：CRC Handbook of Chemistry and Physics. 97th ed. 2016-2017

周期表（熔点）：

周期	I A	II A	III B	IV B	V B	VI B	VII B	VIII			I B	II B	III A	IV A	V A	VI A	VII A	VIII A
1	H₂ −259.1																H₂ −259.1	He −267.63(t_c)
2	Li 180.50	Be 1287											B 2075	C* (金刚石) 3500	N₂ −210.0	O₂ −218.79	F₂ −219.67(t_p)	Ne −248.609(t_p)
3	Na 97.794	Mg 650											Al 660.32	Si 1414	P(白) 44.15	S 115.21	Cl₂ −101.5	Ar −189.35
4	K 63.5(t_p)	Ca 842	Sc 1541	Ti 1670	V 1910	Cr 1907	Mn 1246	Fe 1538	Co 1495	Ni 1455	Cu 1084.62	Zn 419.53	Ga 29.7666(t_p)	Ge 938.25	As(灰) 817(t_p)	Se(灰) 220.8	Br₂ −7.2	Kr −157.38(t_p)
5	Rb 39.30	Sr 777	Y 1522	Zr 1854.7	Nb 2477	Mo 2623	Tc 2157	Ru 2333	Rh 1964	Pd 1554.8	Ag 961.78	Cd 321.069	In 156.60	Sn 231.93	Sb 630.628	Te 449.51	I₂ 113.7	Xe −111.745(t_p)
6	Cs 28.5	Ba 727	La 918	Hf 2233	Ta 3007	W 3422	Re 3185	Os 3033	Ir 2446	Pt 1768.2	Au 1064.18	Hg −38.829	Tl 304	Pb 327.462	Bi 271.406	Po 254	At 302	Rn −71

　　ds 区和 p 区的金属单质由于原子半径较大，次外层的 d 电子填满后已不能参与成键，所以熔点低、硬度小。熔点最低的汞可作液态导体。铋、锡、铅称为低熔金属，是制造低熔合

金的主要材料。铋的某些合金熔点在 100℃以下。这类合金用于自动灭火设备、锅炉安全装置、信号仪表、电路中的保险丝、焊锡等。

3. 导电性

金属元素的单质具有金属晶体结构，都是导体。图 8.24 列出了周期表中若干单质的电阻率。以分子晶体形成的非金属单质是绝缘体；在 p 区对角线附近的元素单质多数具有半导体性质。层状晶体结构的石墨具有良好的导电性。导电性最好的是银、铜、金，其次是铝。

s 区金属的导电性较好。钾、铷、铯原子最外层只有 1 个 s 电子，原子半径大，电离能小，当受光照射时，电子就能从表面逸出，具有显著的光电效应，是光电管的材料。

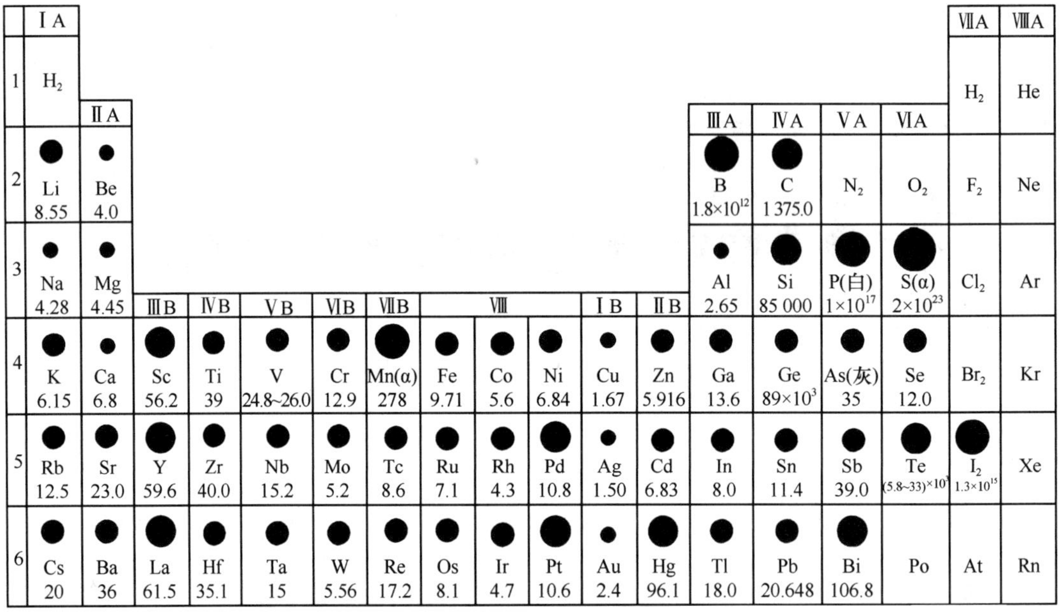

	IA	IIA	IIIB	IVB	VB	VIB	VIIB	VIII			IB	IIB	IIIA	IVA	VA	VIA	VIIA	VIIIA
1	H_2																H_2	He
2	Li 8.55	Be 4.0											B 1.8×10^{12}	C 1375.0	N_2	O_2	F_2	Ne
3	Na 4.28	Mg 4.45											Al 2.65	Si 85 000	P(白) 1×10^{17}	S(α) 2×10^{23}	Cl_2	Ar
4	K 6.15	Ca 6.8	Sc 56.2	Ti 39	V 24.8~26.0	Cr 12.9	Mn(α) 278	Fe 9.71	Co 5.6	Ni 6.84	Cu 1.67	Zn 5.916	Ga 13.6	Ge 89×10^3	As(灰) 35	Se 12.0	Br_2	Kr
5	Rb 12.5	Sr 23.0	Y 59.6	Zr 40.0	Nb 15.2	Mo 5.2	Tc 8.6	Ru 7.1	Rh 4.3	Pd 10.8	Ag 1.50	Cd 6.83	In 8.0	Sn 11.4	Sb 39.0	Te $(5.8{\sim}33)\times10^3$	I_2 1.3×10^{15}	Xe
6	Cs 20	Ba 36	La 61.5	Hf 35.1	Ta 15	W 5.56	Re 17.2	Os 8.1	Ir 4.7	Pt 10.6	Au 2.4	Hg 96.1	Tl 18.0	Pb 20.648	Bi 106.8	Po	At	Rn

图 8.24 　单质的电阻率

数据引自：CRC Handbook of Chemistry and Physics. 97th ed. 2016-2017

电阻率的单位为 $\mu\Omega\cdot cm$

p 区对角线附近的硅、锗是用得最广的半导体材料。它们的电离能、电负性都在金属与非金属之间，也称准金属。在晶体中加入少量VA族的 P、As、Bi 或ⅢA族的 Al、B、Ga 可以改变、控制半导体的性能，制造二极管、三极管、可控硅元件。半导体制造工艺的突破，集成电路的实现，为电子设备的微型化开辟了可行途径。

8.4　晶体的缺陷

理想完美的晶体只有绝对纯净的物质在 0 K 下才能得到。在实际晶体中，由于或多或少总会存在若干空位、位错或杂质原子，使实际晶体偏离了理想的周期性重复排列的点阵结构，产生了晶体的缺陷(crystal defects)。一方面晶体的缺陷可能使晶体的某些优良性能下降，如金属晶体中存在错位，将使原子间结合力减弱，机械强度降低。另一方面，晶体的缺陷常使晶体的性质发生许多变化，甚至在光学、电学、磁学、声学和热学上出现新的功能特性。许多情况下，人们有意地制造晶体的缺陷，造就各种特殊性能的晶体材料，促进了材料科学的进步。

8.4.1 晶体缺陷的种类

晶体的缺陷多种多样。按几何形式可分为点缺陷(杂质原子置换、空位、间隙原子)，线缺陷(位错)，面缺陷(层错、晶粒边界)，体缺陷(包裹杂质、空洞)等。若按缺陷的形成和结构可分为本征缺陷(intrinsic defect)——由于实际晶体粒子的排列偏离理想点阵结构而形成，并无外来杂质原子的掺入；杂质缺陷(extrinsic defect)——由于杂质原子进入基质晶体中而形成的缺陷。

1. 点缺陷

点缺陷(point defect)是由于晶体中的某些离子(或原子)从晶格结点上位移产生空位，或有外来杂质离子(或原子)取代原有的粒子或晶格间隙位置上存在间隙离子(或原子)而产生的缺陷。其中，空穴与间隙离子(或原子)同时存在而产生的缺陷称为弗仑克尔(Frenkel)缺陷，如图8.25(a)所示。由金属晶体中存在的原子空位，或者离子晶体中存在的离子空位(正、负离子空位同时存在)而引起的点缺陷称为肖特基(Schottky)缺陷，如图 8.25(b)所示。当离子晶体中有一个正离子空位，而在其他本应该填充该正离子的位置上填充了高电荷的杂质离子，从而使晶体保持电中性，这种点缺陷称为化学杂质缺陷，如图 8.25(c)所示。当晶体中负离子空位被一个电子填充进去时所形成的晶体点缺陷称为F-心缺陷，如图8.25(d)所示。

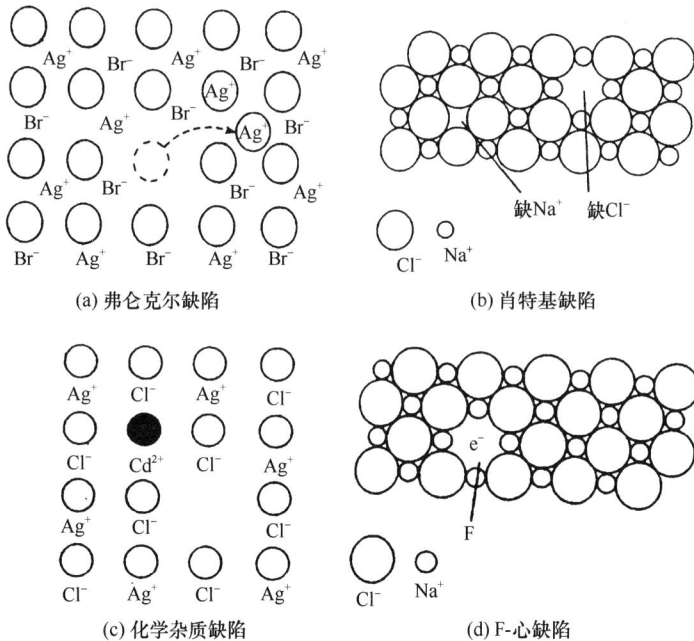

(a) 弗仑克尔缺陷　　　　　　　(b) 肖特基缺陷

(c) 化学杂质缺陷　　　　　　　(d) F-心缺陷

图 8.25　点缺陷示意图

2. 线缺陷

晶体在结晶过程中，受到温度、压力、浓度及杂质元素的影响，或当晶体受到打击、切削、研磨、挤压、扭动等机械应力的作用，使晶体内部质点排列变形，原子行列间相互滑移导致晶体的空间点阵不再符合理想晶体的有秩序排列，形成线状的缺陷，又称为位错(dislocation)。位错包括 3 种基本类型：刃型位错、螺型位错及混合位错，如图 8.26 所示。

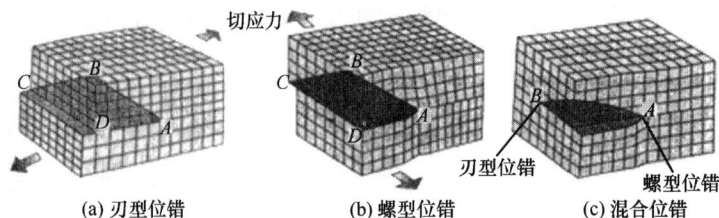

(a) 刃型位错   (b) 螺型位错   (c) 混合位错

图 8.26 线缺陷示意图

3. 面缺陷和体缺陷

面缺陷(surface defect)是晶体中原子或离子在一个交界的两侧出现不同排列的缺陷。主要包括各种界面、晶面、堆垛层错及孪晶等。由于晶体存在着空洞、沉淀或杂质包裹物等而造成的缺陷称为体缺陷。

8.4.2 杂质缺陷及其应用

1. 半导体

21 世纪,信息技术的发展日益改变着人们的生活、生产水平。信息材料是信息技术发展的物质基础。信息材料的种类繁多,主要包括电子材料和光电子材料。在众多的信息材料中,半导体材料既是组成大规模集成电路的基本元器件,又在信息发送与接收、加工、存储和显示等信息技术中起关键作用。半导体(semiconductor)是导电性能介于导体和绝缘体之间并具有负的电阻温度系数的一类物质。半导体还具有显著的热敏性、光敏性以及对杂质的敏感性等特点。目前,随着半导体性质和应用研究的迅速发展,半导体的种类已经从锗、硅发展到砷化镓(GaAs)及其他二元、三元和多元化合物半导体、有机半导体等。没有其他杂质的半导体,称为本征半导体(intrinsic semiconductor)。通常这类半导体的导电能力不强。在高纯半导体中掺入微量杂质形成杂质半导体(extrinsic semiconductor),其导电类型和导电能力将随掺入杂质的种类和数量而改变。根据导电类型的不同,杂质半导体又分 P 型半导体和 N 型半导体。

单晶硅具有金刚石晶体的结构,每个 Si 原子以 4 个 sp^3 杂化轨道与另外 4 个 Si 原子的 sp^3 杂化轨道重叠,形成 4 个 Si—Si 单键。Si 原子的配位数为 4,成键 Si 原子的最外层有 8 个电子。如果向单晶硅中掺入 Ga,由于 Ga 原子的价电子构型为 $4s^24p^1$,当它取代了 Si 原子的位置后,成键 Ga 原子最外层就只有 7 个电子,其中有一个 Ga—Si 键只有一个电子,即产生了一个空穴,如图 8.27(a)所示。相邻的硅原子价电子层上的电子可以移动到这个空穴来,从而留下一个新的空穴,这相当于空穴在移动。这种通过空穴移动导电的半导体称为 P 型半导体。如向单晶硅中掺入杂质 As,由于 As 原子的价电子 $4s^24p^3$ 轨道上共 5 个电子,当它取代了 Si 原子的位置后,成键 As 原子最外层就有 9 个电子,如图 8.27(b)所示。这多出的一个电子可以激发到导带而导电。这种由电子移动而导电的半导体称为 N 型半导体。

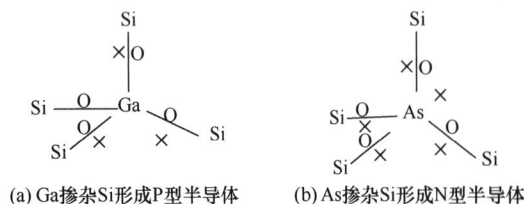

(a) Ga掺杂Si形成P型半导体   (b) As掺杂Si形成N型半导体

图 8.27 P 型和 N 型半导体示意图

单晶硅和单晶锗都可通过掺杂形成 P 型或 N 型半导体。将一个 P 型半导体和一个 N 型半导体相接触，结合处称为 P-N 结。由于两类半导体的空穴和电子数不等而产生接触电势差。在 P-N 结上电流只能沿一个方向流过，所以 P-N 结是一个整流器。它是晶体管技术发展的基础，由各种类型半导体适当组合得到的各种晶体管制成的集成电路，在电子计算机、通信、雷达、宇航、制导、电视等技术领域得到了广泛应用。利用半导体的电导率随温度升高而迅速增大的特点，可制成各种热敏电阻(常用过渡金属氧化物)，广泛用于制造测量精度高的精密温度计。利用半导体的光敏性制成光敏电阻可用于自动控制、遥感、静电复印等领域。利用半导体中载流子的密度随温度而显著改变的特性，可制成半导体制冷装置，用于电子元件、血液和疫苗的储存。半导体单晶硅可将太阳光的辐射直接转变为电能，效率与火力发电相当，但是存在着价格高的缺点。非晶态硅不仅对太阳光的吸收系数比单晶硅高 10 倍，而且制备成本低，所以对非晶态硅的研究和开发是人类缓解能源危机的一个重要途径。

2. 固体电解质

理想的离子晶体中，正、负离子均在其平衡位置振动，是电绝缘体。但有空位或间隙离子的实际晶体则具有导电性。不过常温下离子的移动极其微弱，只有在高温下因缺陷的增多，导电性较明显，所以称为固体电解质。以 AgI 为例，当温度升高到 146℃时，导电性能增大到常温下的数千倍，已接近于电解质溶液。尤其是当掺入某些+1 价离子部分取代 AgI(α晶型)中的 Ag^+，得到通式为 M_xAgI_{1+x} 的化合物时，它在室温下就有较强的导电能力。固体电解质由于能在高温下工作，可用于制造燃料电池、传感器、离子选择电极、电子元器件等，是发展高新技术的重要材料。

3. 激光器晶体材料

离子型晶体中掺入杂质阳离子形成的离子型固溶体，由于杂质缺陷，可以吸收可见光，从而使许多离子型晶体显现出五彩缤纷的绚丽色彩。例如，纯的 Al_2O_3 晶体中，由于 Al^{3+} 和 O^{2-} 间静电作用很强，禁带能隙很宽，为 1.4×10^{-18} J，不可能吸收可见光，是透明的晶体。如果在其中掺入 1%的 Cr^{3+}，即呈现出鲜亮的红色，人们称为"红宝石"，它是用于激光器的第一种晶体材料。

8.4.3 非化学计量化合物

尽管缺陷的存在是普遍现象，但大多数晶体化合物都具有固定的组成，其中各元素原子数均呈简单整数比，即大多数晶体都属于化学计量化合物(stoichiometric compound)。然而，近代晶体结构理论和实际研究结果已经证明，有些晶体化合物中各元素原子数不呈简单整数比，即非化学计量化合物(nonstoichiometric compound)，又称非整比化合物。

非化学计量化合物的形成是由于晶体中某些元素呈现多余或不足，所以结构中总是伴有缺陷。过渡金属元素常有多种氧化态，若低氧化态的金属阳离子被高氧化态的阳离子取代，为了保持化合物的电中性，就必然会在晶体结构中造成阳离子空位，因此非化学计量化合物大多数是过渡金属化合物。例如，在 FeS 晶体中，若部分 Fe^{2+} 被 Fe^{3+} 取代，为了保持电中性，3 个 Fe^{2+} 只需要 2 个 Fe^{3+} 取代，这样 Fe 与 S 的原子数比不再是 1:1，化学式应改写成 $Fe_{1-x}S$。同时，取代将使晶体结构中形成阳离子(Fe^{2+})空位，导致晶体缺陷的产生，如图 8.28 所示。

研究发现，某些没有多种氧化态的金属元素也能形成非化学计量化合物。例如，加热能使氧化锌产生 ZnO_{1-x}；在钠蒸气的作用下氯化钠会转变成 $NaCl_{1-x}$。这时晶体结构中会产生阴离子空位，空位被电子所占据，如图 8.29 所示。由于空位上的电子易被激发，因此会成为发色中心，如 ZnO_{1-x} 呈黄色，$NaCl_{1-x}$ 呈蓝色。而且，这类非化学计量化合物因空位上的电子移动而具有导电性(电子导电)。

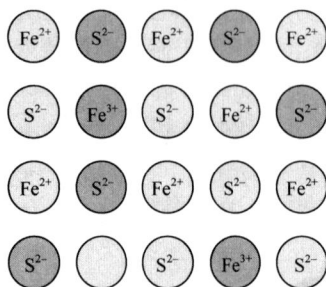

图 8.28　FeS 晶体的缺陷　　　　　　　图 8.29　NaCl 晶体的缺陷

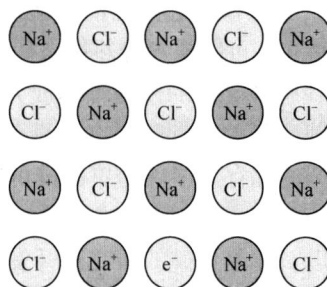

当将某些杂质离子引入晶体结构中时，为了保持电中性，晶体中原来离子的氧化态随之发生改变，也会形成非化学计量化合物。例如，在 NiO 中掺入少量的 Li_2O，晶体的组成将转变成 $Li_\delta^+ Ni_{1-\delta}^{2+} Ni_\delta^{3+}$，表明晶体中部分 Ni^{2+} 转变成了 Ni^{3+}，而 Ni^{2+} 的位置不固定，能与邻近的 Ni^{3+} 进行电子交换。所以，虽然 NiO 是绝缘体，但其非整比化合物 $Li_\delta^+ Ni_{1-\delta}^{2+} Ni_\delta^{3+}$ 却具有半导体性质。

非化学计量化合物与其化学计量化合物在组成上存在着差异，但这一般不影响化学性质，也能保持其基本结构。不过两者在导电性、磁性、光学性质、催化性质等方面均有显著的差别。这些差别使非化学计量化合物具有重要的技术性能，使其具有广泛应用的前景。1987 年美国休斯敦大学美籍华人朱经武、赵忠贤等首次成功地合成出 $YBa_2Cu_3O_{7-x}$ $(0 \leqslant x \leqslant 0.5)$，其导电临界温度 T_c 高达 90 K，用液氮冷冻就可以出现超导态，使超导材料(superconductor)进入了使用研究的阶段。

布拉格父子——1915 年诺贝尔物理学奖获得者

亨利·布拉格(Henry Bragg，1862—1942)出身于一个贫寒家庭，母亲早逝，在伯父威廉·布拉格的帮助下完成了中小学教育。由于学习勤奋、成绩优秀，他被推荐到英国剑桥大学读书。1884 年大学毕业后，在澳大利亚阿德莱德大学工作，1907 年成为英国皇家学会会员，1909 年返回英国。1912 年出版了专著《放射性研究》。之后，亨利与其子劳伦斯·布拉格(Lawrence Bragg，1890—1971)在劳厄发现晶体 X 射线衍射现象的基础上研究了晶体结构，并推导出著名的布拉格方程($n\lambda = 2d\sin\theta$)。这不仅成功地解释了劳厄的 X 衍射图谱，还证明了晶体结构几何理论的正确性，使人们对晶体的研究由宏观转向了微观。同时，他们还相继测定了碱金属卤化物 NaCl、KCl 的结构，1913 年又对金刚石的结构进行了精确测定，并发表了论文《金刚石的结构》。1915 年他们共同出版了著作《X 射线和晶体结构》。由于他们在晶体结构研究上的突出贡献，布拉格父子共同获得了 1915 年的诺贝尔物理学奖。亨利·布拉格 1920 年被封为爵士，从 1923 年开始任戴维-法拉第实验室主任，1935～1940 年任英国皇家学会会长，并先后获得国内外 16 所大学的荣誉博士。

受父亲的影响，劳伦斯·布拉格从小就对父亲所从事的研究非常感兴趣，经常到实验室看父亲做实验。由于自身的努力和父亲的引导，小布拉格在读书和研究方面的表现都很突出。24 岁就成为剑桥大学年轻的教授和剑桥研究院院士，25 岁获得了令人羡慕的诺贝尔奖，1917 年与其父亲同时获得意大利科学协会金质奖章，1915~1919 年在英国军队服役期间获得武装部队十字勋章，1941 年被封为爵士，1946 年获英国皇家学会奖章，1954~1965 年任伦敦皇家研究院院长。

扫一扫 多彩的人工晶体

习 题

1. 是非题
   (1) 离子晶体中正、负离子的堆积方式主要取决于离子键的方向性。 （ ）
   (2) 由于共价键十分牢固，因而共价化合物的熔点均较高。 （ ）
   (3) 金属材料具有优良的延展性与金属键没有方向性有关。 （ ）
   (4) 分子晶体的物理性质取决于分子中共价键的强度。 （ ）

2. 选择性(选择 1 个或 2 个正确答案)
   (1) 下列几种固体物质晶体中，由独立分子占据晶格结点的是_____。
   A. 石墨   B. 干冰   C. SiC   D. NaCl   E. SiF_4
   (2) 晶格能的大小可用来表示_____。
   A. 共价键的强弱   B. 金属键的强弱
   C. 离子键的强弱   D. 氢键的强弱
   (3) 由常温下 Mn_2O_7 是液体的事实，估计 Mn_2O_7 中 Mn 与 O 之间的化学键是_____。
   A. 离子键   B. 共价键   C. 金属键   D. 氢键
   (4) 下列 4 种离子晶体中熔点最高的是_____。
   A. CaF_2 B. $BaCl_2$ C. NaCl   D. MgO

3. 指出下列物质晶态时的晶体类型。
   (1) O_2_____   (2) SiC_____
   (3) KCl_____   (4) Ti_____

4. 根据有关性质的提示，估计下列几种物质固态时的晶体类型。

    (1) 固态物质熔点高，不溶于水，是热、电的良导体。_____

    (2) 固态时熔点 1000℃ 以上，易溶于水中。_____

    (3) 常温、常压下为气态。_____

    (4) 常温为固态，不溶于水，易溶于苯。_____

    (5) 2300℃ 以上熔化，固态和熔体均不导电。_____

5. 熔融固态的下列物质时，需克服什么力？

    (a)离子键；(b)共价键；(c)氢键；(d)取向力；(e)诱导力；(f)色散力

    (1) CCl_4 _____   (2) MgO_____

    (3) SiO_2_____   (4) H_2O_____

6. 以列表的方式比较 K、Cr、C、Cl 四种元素的外层电子构型、在周期表中的分区、单质的晶体类型、熔点、硬度。

元素	外层电子构型	周期表中的分区	单质的晶体类型	熔点 $t/℃$	莫氏硬度
K					
Cr					
C					
Cl					

7. 由书中相关表格查出：(1)密度最小的；(2)熔点最低的；(3)熔点最高的；(4)硬度最大的；(5)导电性最好的金属的元素符号及其相应数据。

8. 简要说明以下事实。

    (1) 铜的导电性随温度升高而降低；硅的导电性随温度升高而增大。

    (2) 单晶体锗中掺入少量的镓或砷会使其导电性显著增强。

9. 金属能带模型中，半导体与绝缘体的区别在于_____，而导体与绝缘体的区别在于_____。

10. 下列关于晶体点缺陷说法错误的是_____。

    A. 点缺陷主要是由于升高温度和掺入杂质引起的

    B. 置换固溶体可看作是一种缺陷

    C. 点缺陷仅限于晶体中的某一点上

    D. 点缺陷可发生在晶体中某些位置

11. 实际晶体内部结构上的点缺陷有_____、_____、_____、_____等类型。

12. 试判断下列各种物质各属何种晶体类型以及晶格节点上微粒间的作用力，写出熔点由高到低的顺序_____。

    A. KI   B. SiC   C. HI   D. BaO

13. 若已知元素的单质有两种或两种以上晶体，这种现象称为_____。

    A. 同晶现象   B. 同素异晶现象   C. 同构现象   D. 异构现象

第 3 篇

化学与工程技术 · 人类 · 社会

第9章 环境与化学

环境是指影响人类生存和发展的各种天然的和经过人工改造的自然因素的总体，包括大气、水、海洋、土地、矿藏、森林、草原、湿地、野生生物、自然遗迹、人文遗迹、自然保护区、风景名胜区、城市和乡村等。

当自然环境受到干扰而改变原有的状态，就可认为环境受到了污染。不过，若干扰的因素不很强烈，受污染的环境经过若干物理作用、化学反应或生物的吸收、降解等自然过程尚可以逐步恢复到原来的状态，这一现象称为环境的自净作用(self-purification)。通常，人类直接或间接地将大量的有害物质或能量排放到环境中，超过了环境的自净能力，使环境质量变坏的现象称为环境污染(environmental pollution)。由于工业在大量消耗矿物资源的同时排放出大量的废气、废水、废渣已经成了环境污染的重要来源。

1972 年 6 月 5 日，联合国在瑞典首都斯德哥尔摩举行第一次人类环境会议上通过《人类环境宣言》(*Declaration on the Human Environment*)，并提出将每年的 6 月 5 日定为"世界环境日"，它是人类环境保护历史上的第一个里程碑。每年的"世界环境日"根据当年的主要环境问题及环境热点确立主题，开展各项活动来宣传与强调保护和改善人类环境的重要性。1992 年 6 月在巴西里约热内卢举行的联合国环境与发展大会上通过了《21 世纪议程》(*Agenda 21*)，它是全球实行可持续发展的行动纲领，人类环境保护历史上的第二个里程碑。

《中华人民共和国环境保护法》确立了环境保护作为我国的一项基本国策。《中国环境保护21 世纪议程》强调必须实行可持续发展战略，转变以大量消耗资源的粗放经营为特征的传统发展模式，走资源节约型、科技先导型和质量效益型为特征的发展道路，努力实现经济与环境的协调发展。2020 年 9 月 22 日，中国政府在第七十五届联合国大会上提出："中国将提高国家自主贡献力度，采取更加有力的政策和措施，二氧化碳排放力争于 2030 年前达到峰值，努力争取 2060 年前实现碳中和。"

9.1 大气污染及其防治

大气是环境的重要组成部分，大气质量的优劣，对整个生态系统和人类健康至关重要。当大气中的有毒物质含量超过了一定的环境容量后，使大气质量恶化，对人体、动植物、设备财产造成危害的现象称为大气污染(atmospheric pollution)。《中华人民共和国大气污染防治法》为保护和改善生活环境、生态环境，防治大气污染，保障公众健康，推进生态文明建设，促进经济社会可持续发展提供了重要保障。

9.1.1 主要大气污染物

主要大气污染物包括含硫化合物(SO_2、硫化氢等)、含氮化合物(NO_x、氨等)、含碳化合物(CO、VOCs 等)、光化学氧化剂(O_3、H_2O_2 等)、含卤素化合物(氯化氢、氟化物等)、颗粒物(TSP、PM_{10}、$PM_{2.5}$ 等)、持久性有机污染物、放射性物质八类。将这些大气污染物按形成过程分，则可分为一次污染物和二次污染物。一次污染物是指直接从污染源排放的污染物质，如 CO、SO_2 等，二次污染物则是指由一次污染物经化学反应或光化学反应形成的污染物，如 O_3、硫酸盐、硝酸盐、有机颗粒物等。

1. 颗粒物

颗粒物(particulate matter，PM)是大气中存在的各种固态和液态颗粒状物质的总称，其产生以人为因素为主，主要是燃料燃烧过程、工业生产的排放和汽车废气。颗粒物可分为一次颗粒物和二次颗粒物。

环境空气中空气动力学当量直径(简称粒径)≤100 μm 的颗粒物称为总悬浮颗粒物(total suspended particulate，TSP)，其中，粒径＞10 μm 的称为落(降)尘，可因重力而沉降；粒径≤10 μm 的称为飘尘，能以气溶胶的形式长期飘浮存留在空气中，又称可吸入颗粒物(PM_{10})；粒径≤2.5 μm，称为细颗粒物($PM_{2.5}$)。

颗粒物对人体的危害与其大小及其组成有关，粒径 10 μm 的颗粒物通常沉积在上呼吸道，粒径 5 μm 的可进入呼吸道的深部，2 μm 以下的可全部深入细支气管和肺泡。颗粒物质能吸收紫外线，影响儿童发育，可导致软骨病发病率上升。可吸入颗粒物是造成霾(haze)天气的主要原因，还可形成冷凝核心，使云、雾和雨量增多，影响气候。

2. SO_2

SO_2 主要来自含硫化石燃料煤及石油的燃烧，其次是有色金属冶炼厂、硫酸厂的排气。

SO_2 是无色有刺激性气味的气体，被人体吸入后，在湿润的黏膜上生成具有腐蚀性的亚硫酸，一部分氧化为硫酸，使刺激作用增强，其对眼及呼吸道黏膜有强烈的刺激作用。人体大量吸入可引起肺水肿、喉水肿及声带痉挛而致窒息。SO_2 可被人体吸收进入血液，对全身产生毒性作用，破坏酶的活力，影响人体新陈代谢，对肝脏造成一定的损害。SO_2 具有促癌性。SO_2 会破坏叶绿素，使植物叶片焦枯脱落，枯树死亡，稻麦减产。SO_2 还会腐蚀金属设备和建筑材料。

3. CO

CO 主要是由含碳燃料不完全燃烧所产生，燃油汽车是城市空气中的 CO 的主要排放源，特别是空挡、怠速时排放的 CO 较多。

CO 与人类和动物血液中血红蛋白(Hb)的亲和力比氧与血红蛋白的结合力大 200～300 倍，使血红蛋白失去携氧能力，既阻止了向体内供氧的机能，又使体内的 CO_2 又排不出来。从而使人产生头晕、头痛、恶心等中毒症状，严重的可致人死亡。

$$HbO_2 + CO == HbCO + O_2$$

4. 氮氧化物 NO_x

氮氧化物 NO_x 是 NO、NO_2、N_2O、NO_3、N_2O_3、N_2O_4、N_2O_5 等的总称。造成大气污染的 NO_x 主要是 NO 和 NO_2。它们主要来自煤、重油及天然气等的高温燃烧，汽车尾气和金属冶炼厂、化工厂排放。高温燃烧时空气中的氮和氧反应可生成 NO。

$$N_2 + O_2 == 2NO$$

工业上多采用降低燃烧反应的温度、减少燃气在高温区停留时间、减少过剩空气量及改变燃烧器的形状等低氮燃烧技术，以减少 NO_x 的生成。

NO 与血红蛋白的结合力是 CO 与血红蛋白结合力近千倍。使人缺氧、窒息的危害性远远超过 CO。NO_2 不仅严重刺激呼吸系统，还会使血红素硝基化，危害性超过 NO。

NO_x 还会在太阳光作用下产生二次污染物，生成光化学烟雾。

5. 挥发性有机物

美国国家环境保护局(EPA)认为，挥发性有机物(volatile organic compounds，VOCs)是除 CO、CO_2、H_2CO_3、金属碳化物、金属碳酸盐和碳酸铵外，任何能参加大气光化学反应的碳化合物。在表征 VOCs 总体排放情况时，根据行业特征和环境管理要求，用总挥发性有机物(TVOC)及非甲烷总烃(non-methane hydrocarbon，NMHC)作为污染物控制项目。

碳氢化合物(hydrocarbon，HC)常指饱和烃、不饱和烃、芳香烃等碳与氢的化合物。石油的开采、炼制加工、运输的泄漏散失，汽车油箱的溢漏、尾气的排放，燃油的不完全燃烧等都会产生各种烃类及其衍生物，造成大气污染。据研究报道，汽车尾气中每 1 g 烟尘中含有约 70 μg 的 3, 4-苯并芘，汽车行驶 1 h 可排放 300 μg 的 3, 4-苯并芘。3, 4-苯并芘的最小致癌剂量是 0.4～2 μg。烃类易挥发逸散到空气中可形成油雾，会成为腐蚀介质，给工业设备造成危害。碳氢化合物的另一个突出危害是生成光化学烟雾。

非甲烷总烃指除甲烷以外的所有可挥发的碳氢化合物(其中主要是 $C_2 \sim C_8$)。大气中的 NMHC 超过一定浓度，除直接对人体健康有害外，在一定条件下经日光照射还能产生光化学烟雾，对环境和人类造成危害。

石油、化工、工业涂装、包装印刷及油品储运销等行业是我国 VOCs 重点排放源。在城市地区，早晚上下班高峰期，机动车尾气排放是 VOCs 的重要来源；午后由于温度升高，VOCs 主要来源是油品或溶剂的挥发泄漏；夜晚环境中的 VOCs 则主要是白天排放 VOCs 的累积。从季节变化来看，天然源植物排放和二次生成是夏季 VOCs 的重要来源，燃煤等则会在冬季的贡献率更大。从年际变化来看，随着社会经济的发展，机动车保有量、能源结构和产业布局等变化，VOCs 的排放量也会相应变化。VOCs 污染排放对大气环境影响突出。VOCs 是形成 $PM_{2.5}$、O_3 的重要前体物，进而引发灰霾、光化学烟雾等大气环境问题，对气候变化也有影响。

室内空气中 VOCs 浓度过高时很容易引起急性中毒，轻者会出现头痛、头晕、咳嗽、恶心、呕吐或呈酩酊状；重者会出现肝中毒甚至昏迷，有的还可能有生命危险。长期居住在 VOCs 污染的室内，可引起慢性中毒，损害肝脏和神经系统、引起全身无力、瞌睡、皮肤瘙痒等。有的还可能引起内分泌失调、影响性功能；苯和二甲苯还能损害系统，以至引发白血病。国外医学研究证实，生活在 VOCs 污染环境中的孕妇，造成胎儿畸形的概率远远高于常人。同时，室内空气中的 VOCs 是造成儿童神经系统、血液系统、儿童后天疾患的重要原因。

6. 环境激素

环境激素(environmental hormone)是指由于人类的生产和生活活动而释放到环境中的、使人和动物体内正常激素功能受到影响，干扰人和动物内分泌系统的物质，也称为外源性干扰内分泌的化学物质。环境激素具有类似雌激素的作用，可导致人体与动物的性激素分泌量及活性下降、生殖器官异常、生殖能力降低，后代的健康及成活率下降；还可影响生物的免疫、神经系统，导致生物基因突变、致癌等。

初步确认的环境激素类物质除 Cd、Pb、Hg 外，其余 60 多种都是有机化合物，主要有

DDT、多氯联苯、双酚 A、邻苯二甲酸酐、己二酸、聚苯乙烯、三丁基锡、三苯烯、壬酚等化学物质，以及药厂生产的避孕药、雌性激素、二噁英等。

二噁英(dioxin)是多氯二苯并对二噁和多氯二苯并呋喃的统称，共有 210 个同族体。垃圾焚烧炉废气是二噁英的主要来源。必须严格慎重治理垃圾焚烧的废气。另外，电视机不及时清理，电视机内堆积起来的灰尘中，通常也会检测出溴化二噁英。

9.1.2　综合性大气污染现象

1. 光化学烟雾(photochemical smog)

大气中的 HC 和 NO_x 等一次污染物在一定的湿度、温度及太阳光的照射下发生光化学反应，产生臭氧、过氧乙酰硝酸酯(PAN)、酮、醛类等二次污染物。由这些二次污染物与一次污染物(气体和颗粒物)所形成的稳定气溶胶称光化学烟雾。光化学烟雾对眼、鼻、咽喉、气管、肺等有强烈的刺激作用，中毒严重者，呼吸困难，视力减退，头晕目眩，手足抽搐。它还危害植物生长，腐蚀损坏金属设备、材料。美国、日本、加拿大、德国、澳大利亚、荷兰、智利等国的一些大城市和我国兰州西固区发生过光化学烟雾。

光化学烟雾的机理很复杂，一般认为光化学烟雾是由链式反应形成的，以 NO_2 光解生成原子氧的反应引发，导致臭氧的形成。

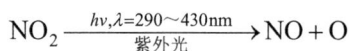

$$NO_2 \xrightarrow[\text{紫外光}]{hv,\lambda=290\sim430\text{nm}} NO + O$$

$$O + O_2 \longrightarrow O_3$$

由于烃类参与链式反应产生多种自由基，造成了 NO 向 NO_2 的转化。

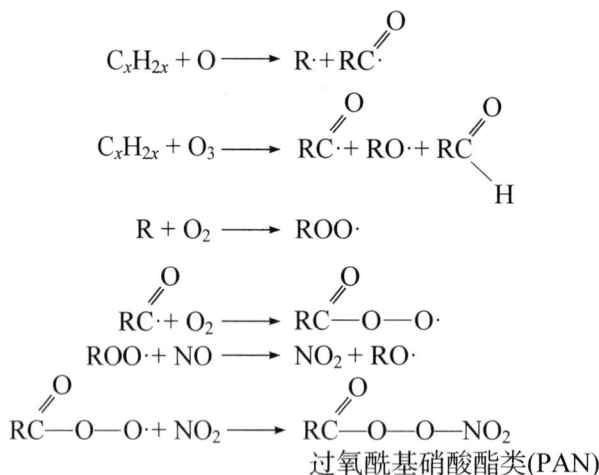

$$C_xH_{2x} + O \longrightarrow R\cdot + RC\overset{\displaystyle O}{\cdot}$$

$$C_xH_{2x} + O_3 \longrightarrow RC\overset{\displaystyle O}{\cdot} + RO\cdot + RC\overset{\displaystyle O}{\underset{\displaystyle H}{\cdot}}$$

$$R + O_2 \longrightarrow ROO\cdot$$

$$RC\overset{\displaystyle O}{\cdot} + O_2 \longrightarrow RC\overset{\displaystyle O}{}-O-O\cdot$$

$$ROO\cdot + NO \longrightarrow NO_2 + RO\cdot$$

$$RC\overset{\displaystyle O}{}-O-O\cdot + NO_2 \longrightarrow RC\overset{\displaystyle O}{}-O-O-NO_2$$

过氧酰基硝酸酯类(PAN)

有学者指出在 HC 存在时，可发生 130 多个反应，目前还有待进一步研究。

2. 酸雨(acid rain)

CO_2 溶于水中形成 H_2CO_3，空气中 CO_2 的体积分数约为 0.033%，它可使降水呈酸性，pH 达 5.6。广义上讲，pH<5.6 的降水，包括雨、雪、霜、雹、雾、露等，均称为酸雨。狭义的酸雨仅指 pH<5.6 的酸性降雨。目前，我国酸雨面积约 46.6 万平方公里，占国土面积的 4.8%，主要分布在长江以南、云贵高原以东的地区。通常，把酸雨中含硫酸或酸性的硫酸盐为主的称

硫酸型酸雨，把酸雨中含硝酸和酸性硝酸盐为主的称硝酸型酸雨。

SO_2 在波长 290～400 nm 的紫外光照射下，可被空气中的 O_2 光化学氧化生成 SO_3。当大气中的飘尘含有 Fe、Mn 等金属氧化物或盐类时，将发生催化氧化作用，大大提高 SO_2 氧化成 SO_3 的速率，大气中飘尘有巨大的表面积，在湿度较高时作为水蒸气的凝结核，将发生液相催化反应生成硫酸雾，进一步形成硫酸型酸雨。

$$2SO_2(g) + O_2(g) + 2H_2O(l) \xrightarrow{\text{催化剂}} 2H_2SO_4(aq)$$

大气中的 NO_x 氧化后生成硝酸和亚硝酸，形成硝酸型酸雨，主要出现在以石油为主要燃料的地区。

酸雨的危害很大，它使陆生、水生生态系统受到严重破坏，农业减产，土壤肥力下降，树木枯萎，湖泊酸化，鱼类难以生长。它使建筑、金属设备腐蚀加剧。酸雨使水中 Al、Cu、Cd 的溶出率上升，危害人体健康。

3. 臭氧层(ozonosphere)的耗减

(1) 臭氧在大气中的分布与作用。臭氧是大气中的一种自然微量成分，主要分布在平流层中，臭氧的浓度在 25 km 附近最高，但每毫升不超过 5×10^{12} 个分子，而整个大气层中其总质量可达 30 亿 t。臭氧是由氧分子吸收太阳及宇宙射线中的紫外光而生成的：

生成反应

$$O_2 \xrightarrow{hv,\lambda<240\ nm} 2O\cdot$$

$$O\cdot + O_2 \longrightarrow O_3$$

分解反应

$$O_3 \xrightarrow{hv,\lambda<290\ nm} O_2 + O\cdot$$

消除反应

$$O_3 + O\cdot \longrightarrow 2O_2$$

由于生成与分解、消除两组反应的平衡，平流层中 O_3 的含量能长期保持在一定的范围内。正因为 O_3 的生成和分解反应吸收了到达平流层的大部分紫外辐射，它成了屏蔽高能紫外辐射的屏障，地球上的有机体才能离开海洋到陆地繁衍，所以说大气臭氧层对于保护地球的生态系统有着重要作用。

(2) 臭氧层的耗减对环境、生态的影响。据专家测算，当臭氧的体积分数下降10%，到达地面的紫外辐射将增加20%，危害激增。过量紫外辐射会破坏人体免疫系统，增加癌症的发病率；使植物生长减慢，叶绿素含量下降，有害突变频率激增。过量的紫外辐射会使环境污染加剧，易发生光化学烟雾；会加速许多化学变化，使塑料老化、油漆变质；人工合成的聚合材料发生光解反应而受到破坏。

(3) 臭氧层耗减的原因。氯氟烃俗称氟利昂(chlorofluorocarbon，CFC)由于其沸点低、易液化，无毒、无味，不腐蚀金属，热稳定性好，不会燃烧爆炸等优异特性，大量用于电冰箱、空调中作制冷剂。溴氟烃俗称哈龙，主要用于灭火剂。人为释放的氯氟烃和溴氟烃是臭氧层耗减的主要原因。氯氟烃消耗臭氧的反应可简示为

$$R—Cl \xrightarrow{hv} R \cdot + Cl \cdot \tag{1}$$

$$Cl \cdot + O_3 \longrightarrow ClO \cdot + O_2 \tag{2}$$

$$ClO \cdot + O \cdot \longrightarrow O_2 + Cl \cdot \tag{3}$$

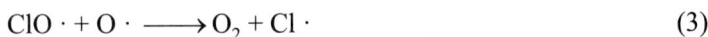

式(2)、式(3)反应活化能很小,每个 $Cl \cdot$ 自由基经(2)、(3)链增长反应,循环反复地可与约 10^5 个 O_3 发生反应,可见微量的 CFC 也会导致臭氧层的耗损。同时 C—Cl 键能较小,是不稳定键,易于在紫外线照射下产生 $Cl \cdot$ 自由基。因 C—Br 键能更小,更易释放出 $Br \cdot$ 自由基,溴氟烃对臭氧层的危害更大。

(4) 防止臭氧层耗减的对策。臭氧层的耗减已引起了全球的关注。联合国环境规划署(UNEP)先后通过了《保护臭氧层维也纳公约》及《关于消耗臭氧层物质的蒙特利尔议定书》(简称《蒙特利尔议定书》)。我国正式加入了《蒙特利尔议定书》,主要采用的措施是:①冻结和削减氟利昂及哈龙的生产与消耗量;②减少氟利昂的排放量;③寻求无氯、无溴的代用品。

4. 温室效应与全球气候变暖

近 100 年来全球地表气温变化的情况表明,全球地表气温变化虽呈现冷暖交替式波动,但总的升温趋势明显。全球平均气温较工业化前上升了 1.1℃,上升速度是过去 200 年平均增速的 7 倍。

(1) 温室气体。从结构上分析,三原子以上的分子均可吸收红外辐射,加大分子内原子间的振幅,改变分子的偶极矩,处于极不稳定的激发态。然后将吸收的光子以热或其他长波辐射的形式释放出来,本身回到基态。大气层中的 CO_2、CH_4、N_2O、HFCs、PFCs 及 SF_6 均为多原子分子,可吸收红外辐射,都是温室气体(green house gas)。

由图 9.1 可知,在 $7.5 \times 10^3 \sim 1.3 \times 10^4$ nm 波段 CO_2 和 H_2O 的吸收极少,此段长波辐射多数可释放回太空。此波段称为"大气窗口",它对于保持地球的热平衡有重要作用。但 CFC、CH_4、N_2O、O_3 等在 $7.5 \times 10^3 \sim 1.3 \times 10^4$ nm 波段却有很强的吸收能力。若人为增加大气中 CFC、CH_4 等的含量,"大气窗口"将被关闭,温室效应将进一步加强。

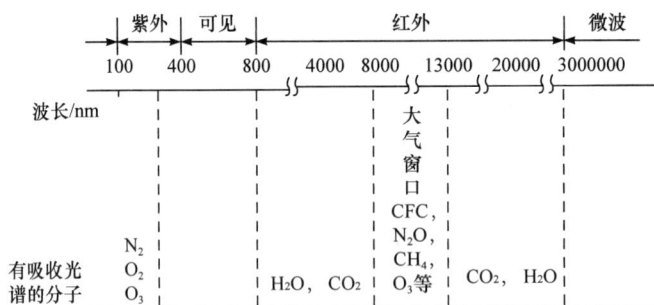

图 9.1　大气中一些多原子分子的吸收光谱

(2) 温室效应(green house effect)。温室气体可以让太阳的短波辐射透过,而具有选择吸收长波辐射的能力。地表接受太阳照射后,平均温度约为 15℃,又以长波辐射(红外波段)的方式将能量释放出来,再次被大气中的 CO_2、H_2O 等组分吸收,把热量截留在大气层内,使地表和低层大气变暖。这些气体有类似作物温室栽培时温室中玻璃的作用,故把此现象称为温室效应。

(3) 全球气候变暖对人类的影响。尽管对全球变暖问题尚无完全一致的看法,但对此问题的研究已成为很活跃的国际性研究课题。

海平面上升、气温升高将使海水热膨胀、高山冰雪融化、南极冰山崩塌、冰盖融化。据估计，若全球升温 $1.5\sim4.5℃$，海平面可能上升 $20\sim165$ cm。统计表明，近百年来随地球气温增暖 $0.6℃$，全球海平面上升了 $10\sim15$ cm。

气候变暖将使农业生产的不稳定性增加。一方面升温可延长作物的有效生长期，提高光合作用，使农业增产。另一方面，由于地表水蒸发量增大，会加重干旱、沙化、碱化及草原退化等灾害，台风频率和强度可能增加，病虫害也会加剧。

对生物多样性的影响。全球气候变化将使温度带移动，降雨、降雪发生改变，生物带、生物群落的纬度分布也会有相应的变化。可能会使部分动植物、高等真菌等物种处于濒临灭绝、变异的境地。

(4) 防止全球气候变暖。1992 年 6 月联合国环境与发展大会通过了《联合国气候变化框架公约》，确认将"温室气体的浓度稳定在防止气候系统受到危险的人为干扰的水平上"这一总体目标。温室气体 CO_2 的排放源，主要是能源消费量极大的工业发达国家，所以防止气候变暖的责任既是共同的但又有区别的责任，主要责任在发达国家。1997 年 12 月，《联合国气候变化框架公约》第 3 次缔约方大会上，149 个国家和地区代表通过了旨在限制温室气体排放量以抑制全球变暖的《京都议定书》。

2015 年 6 月，中国向联合国提交《强化应对气候变化行动——中国国家自主贡献》，二氧化碳排放 2030 年左右达到峰值并争取尽早达峰，单位国内生产总值二氧化碳排放比 2005 年下降 $60\%\sim65\%$。2020 年 9 月 22 日，中国政府在第七十五届联合国大会上提出：中国将提高国家自主贡献力度，采取更加有力的政策和措施，二氧化碳排放力争于 2030 年前达到峰值，努力争取 2060 年前实现碳中和。2021 年国务院政府工作报告中指出，扎实做好碳达峰、碳中和各项工作，制定 2030 年前碳排放达峰行动方案，优化产业结构和能源结构。如实实现碳达峰、碳中和，科技需先行。

控制温室气体的主要措施是：①调整能源战略，减少 CO_2 的排放。提高能源利用率，改善能源结构，增加清洁能源比重。从使用含碳量高的燃料(如煤)转向含碳量低的燃料(如天然气)，或转向不含碳的能源，如太阳能、风能、核能、燃料电池、地热能、水力、海洋能、生物质能等。②植树造林，利用植物吸收 CO_2 达到抑止 CO_2 增长的目的。③控制在大气窗口波段有强烈吸收能力的 CFC、CH_4 的排放量。

5. 雾霾

雾霾是雾和霾的统称，是一种灾害性天气现象。雾是一种自然现象，指在水气充足、微风、大气层稳定及低温的情况下，空气中的水汽会凝结成细微的水滴悬浮于空中，使地面水平的能见度下降的天气现象。霾又称灰霾或烟霞，主要是人为造成的，是由空气中的灰尘、硫酸、硝酸、有机碳氢化合物等粒子组成的气溶胶造成视觉障碍的天气现象。雾、霾常常相伴而生，当水汽凝结加剧、空气湿度增大时，霾就会转化为雾。雾霾天气是一种大气污染状态，$PM_{2.5}$ 被认为是造成雾霾天气的"元凶"。

(1) 雾和霾的区别。主要体现在：①相对湿度不同，大于 90% 的为雾，低于 80% 的为霾。在 $80\%\sim90\%$ 的是雾和霾的混合物，但主要成分是霾。②目标物的水平能见度范围不一样，低于 1 km 以内是雾，小于 10 km 是霾。③厚度不一样，雾的厚度一般只有几十米至 200 m，霾的厚度可达 $1\sim3$ km。④颜色不一样，雾一般为乳白色、青白色，霾一般为黄色、橙灰色。⑤边界特征不一样，雾的边界很清晰，过了"雾区"可能就是晴空万里，但是霾则与周围环境边界不明显。⑥日变化情况不一样，雾一般出现在午夜和凌晨，太阳出来后消失，日变化明显，霾持续时间较长，日变化相对不明显。

(2) 霾的危害。霾的危害主要有以下 4 个方面：①影响身体健康。大气颗粒物能直接进入并黏附在人体上、下呼吸道和肺叶中，引起鼻炎、支气管炎等病症，长期处于这种环境还会诱发肺癌。此外，灰霾天气导致近地层紫外线的霾减弱，直接导致小儿佝偻病高发，易使空气中的传染性病菌的活性增强，传染病增多。②影响心理健康。灰霾天气容易让人产生悲观情绪，如不及时调节，很容易失控。③影响交通安全。出现灰霾天气时，室外能见度低，污染持续，交通阻塞，事故频发。④影响区域气候。灰霾使区域极端气候事件频繁，气象灾害连连。更令人担忧的是，灰霾还加快了城市遭受光化学烟雾污染的提前到来。

9.1.3 大气污染的治理技术

1. 颗粒物的治理

(1) 机械除尘装置包括重力除尘装置、惯性除尘装置和离心除尘装置等类型。它们适用于处理含尘浓度高、尘粒粒径较大(20 μm 以上)的气体。这种装置结构简单，阻力不太大，但效率不够高，不能除去微小颗粒物。常作净化的前级装置。

(2) 洗涤除尘装置有储水式、加压式及文丘里洗涤器等类型。它们都是使含尘气体与水滴(膜)或雾沫接触，尘粒被俘获后随水带走。此法须对含尘污水进行再处理。

(3) 电除尘，在 30～60 kV 的特高压电场中，使气流中颗粒物带上电荷，向带正电的集尘极运动，附着在集尘极上的颗粒物用振荡装置使其沉落、收集除去。此装置对于粒径小于 0.1 μm 的颗粒物除尘效率高达 99.9%以上，可在高温下运行，维护简单，操作费用低，已在燃煤电厂的烟气除尘中广泛采用。

(4) 织物过滤除尘，又称袋式过滤器。使含尘气流通过过滤材料，把颗粒物阻留下来。它可除去 0.1～20 μm 的颗粒物，效率高达 90%～99%。适用于处理含尘浓度低、尘粒细的废气。高温气流需预冷却，滤材应耐腐蚀。它已广泛用于水泥、碳墨、陶瓷、制药等工厂废气的除尘。

(5) 电袋复合式除尘有机结合了电除尘和布袋除尘的特点，通过前级电场的预除尘和荷电作用预收 70% ～ 80%以上的烟尘量，后级袋式除尘装置拦截、收集剩余的烟尘，它充分发挥电除尘器和布袋除尘器各自的除尘优势，以及两者相结合产生新的性能优点，弥补了电除尘器和布袋除尘器的除尘缺点。该复合型除尘器具有效率高、稳定、滤袋阻力低、寿命长、占地面积小等优点，是未来控制细微颗粒粉尘、$PM_{2.5}$ 以及重金属汞等多污染物协同处理的主要技术手段。

2. SO_2 的治理

工业废气中 SO_2 的体积分数大于 3.5%的，可以用来生产硫酸，小于 3.5%的回收治理困难较大，或脱硫效率不够高，或设备庞大运行费用高，或副产品难处理，经济效益差。

从使用的处理介质上可分为干法与湿法两大类。干法常用活性炭为吸附剂，吸附烟气中的 SO_2，再用高温气体或水蒸气、水、氨水回收。湿法则根据吸收剂的不同分为氨法、钠法和钙法。

(1) 氨法用 $NH_3 \cdot H_2O$ 为吸收剂在吸收塔内与 SO_2 反应，产物$(NH_4)_2SO_4$ 是肥料、SO_2 体积分数达 95%可液化回收。此法可用于燃烧电厂烟道气、有色冶炼厂废气、H_2SO_4 厂尾气的治理，吸收率在 90%以上。主要反应是

$$SO_2 + NH_3 \cdot H_2O == NH_4HSO_3$$

$$2NH_4HSO_3 + H_2SO_4 == (NH_4)_2SO_4 + 2SO_2 \uparrow + H_2O$$

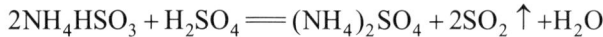

(2) 钠法用 NaOH 或 Na_2CO_3 作吸收剂。其操作简便、设备费用低、效率高达 90% 以上，但所得 Na_2SO_3 销路不好。主要反应是

$$2NaOH + SO_2 == Na_2SO_3 + H_2O$$

(3) 钙法用 CaO、$Ca(OH)_2$ 或 $CaCO_3$ 制成的浆液为吸收剂，产物 $CaSO_4$ 称脱硫石膏。因装置的投资大、运行费用高，副产品脱硫石膏虽可做建材，但产品销路尚未打开，难见经济效益。钙法的主要反应是

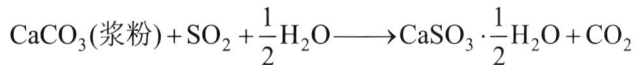

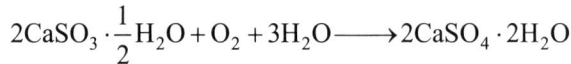

$$CaCO_3(浆粉) + SO_2 + \frac{1}{2}H_2O \longrightarrow CaSO_3 \cdot \frac{1}{2}H_2O + CO_2$$

$$2CaSO_3 \cdot \frac{1}{2}H_2O + O_2 + 3H_2O \longrightarrow 2CaSO_4 \cdot 2H_2O$$

3. NO_x 的控制

降低 NO_x 的排放措施分为一级脱氮技术和二级脱氮技术。一级脱氮技术主要是采用低 NO_x 燃烧器以及通过燃烧优化调整，有效控制 NO_x 的产生，从源头上减少 NO_x 生成量；二级脱氮技术则是利用各种措施，尽可能减少已生成 NO_x 的排放，属于烟气脱硝范畴，目前主要有两种成熟技术——选择性催化还原法(selective catalytic reduction，SCR)和选择性非催化还原法(selective non-catalytic reduction，SNCR)。SCR 是指催化剂作用下，在 300～400℃ 下，利用还原剂(如液氨、氨水或尿素)与烟气中的 NO_x 反应，生成氮气和水，其脱硝效率可达 60%～90%；SNCR 是一种不用催化剂，在 850～1050℃ 下，利用还原剂(如氨或尿素)与烟气中的 NO_x 反应，生成氮气和水，其脱硝效率为 20%～40%，不如 SCR，但是该方法不用催化剂，设备运行费用低，具有一定的优势。

4. 汽车尾气的治理

随着全国燃油机动车保有量的增加，机动车尾气污染日益突出。根据《中国移动源环境管理年报(2021 年)》，2020 年全国机动车保有量达到 3.72 亿辆，燃油机动车尾气 NO_x、PM、HC、CO 四项污染物排放总量为 1 593.0 万吨。汽车是污染物总量的主要贡献者，其排放的 CO、HC、NO_x 和 PM 超过 90%。柴油车 NO_x 排放量超过汽车排放总量的 80%，PM 超过 90%；汽油车 CO 超过汽车排放总量的 80%，HC 超过 70%。尾气排放已成为我国空气污染的主要来源，是造成灰霾、光化学烟雾污染的重要原因。同时，由于机动车大多行驶在人口密集区域，尾气排放直接威胁群众健康。

安装尾气净化装置是降低尾气中 CO、NO_x、HC 含量的有效办法。新近开发的 Pt-Pd-Rh 三效催化剂可使尾气中的 CO 和 HC 被氧化为 CO_2 和 H_2O，使 NO_x 被还原为 N_2。由于尾气温度高、气流变化大要求催化剂耐高温，适应性强、寿命长，不被油类、S、P 所干扰。非贵金属超微合金 Ni-Co-Fe 三效催化剂的研究已取得可喜的进展。CO、HC、PM 等是不完全燃烧的产物，可从改进发动机结构和改进燃料性能着手，使燃料充分燃烧。

彻底解决汽车尾气污染的办法是寻求清洁能源，开发新能源汽车。当前混合动力汽车(HEV)、纯电动汽车(BEV)、燃料电池汽车(FCEV)、氢发动机汽车以及燃气汽车、醇醚汽车等

已得到较快的发展。国务院办公厅发布《新能源汽车产业发展规划(2021~2035)》指出,到 2025 年,新能源汽车新车销售量达到汽车新车销售总量的 20%左右。到 2035 年,纯电动汽车成为新销售车辆的主流,有效促进节能减排水平和社会运行效率的提升。

9.2　水污染及其治理

水是人类社会极其宝贵的自然资源。全球储水量虽高达 $1.4 \times 10^9 \, km^3$,但较易开发利用的淡水储量约为 $4 \times 10^6 \, km^3$,仅占地球上总水量的 0.3%。然而,由于大规模的森林砍伐、开山造田,破坏了水的生态平衡。近半个世纪以来,随着工农业生产的发展,大量废水、固体废弃物排放到江河湖海中,已造成严重的水污染,使原本短缺的水资源形势更加严峻。

中国是一个水资源短缺、水灾害频繁的国家,水资源总量居世界第六位,人均占有量只有 $2100 \, m^3$,约为世界人均水量的 1/4,在世界排第 110 位,已被联合国列为 13 个贫水国家之一。全国 600 多个城市中有 2/3 供水不足,其中 1/6 的城市严重缺水。根据《2020 中国生态环境状况公报》,长江、黄河、珠江、松花江、淮河、海河、辽河七大流域和浙闽片河流、西北诸河、西南诸河等主要流域的国控断面中,Ⅰ~Ⅲ类、Ⅳ~Ⅴ类和劣Ⅴ类水质断面比例分别为 87.4%、12.4%和 0.2%。主要污染指标为化学需氧量、高锰酸盐指数和五日生化需氧量;112 个重要湖泊(水库)中,Ⅰ~Ⅲ类、Ⅳ~Ⅴ类和劣Ⅴ类水质的湖泊(水库)比例分别为 76.8%、17.8%和 5.4%。主要污染指标为总磷、化学需氧量和高锰酸盐指数。

9.2.1　评价水质的指标

天然水中所含的物质可分 3 类:第一类是溶解物质,包括钙、镁、钠、铁等的盐类或化合物,溶解的氧及其他有机物;第二类是胶体物质,如硅胶、腐殖酸胶体;第三类是悬浮物质,如黏土、泥沙、细菌等。水质的优劣取决于水中所含杂质的种类和数量,可以通过一些水质指标来评价水质的优劣,判断它是否能满足生活用水或不同工业企业对水质的要求。

1. 浑浊度

水中含有悬浮物质就会产生浑浊现象,水的浑浊程度用"浑浊度"来量度,它是用待测水样与标准比浊液比较而得。浑浊度是外观上判断水是否纯净的主要指标。

2. 电导率

它表示水导电能力的大小,间接反映出水中含盐量的多少。水中溶解的离子浓度越大,电荷越高,温度越高,则其导电能力越强,电导率较大。电导率的单位为 $S \cdot m^{-1}(\Omega^{-1} \cdot m^{-1})$。

298.15 K 纯水的电导率约为 $5.5 \times 10^{-6} \, S \cdot m^{-1}$,蒸馏水的电导率为 $10^{-3} \, S \cdot m^{-1}$ 左右,天然水的电导率为 $0.5 \sim 5 \times 10^{-2} \, S \cdot m^{-1}$,含盐量高的工业废水电导率可高达 $1 \, S \cdot m^{-1}$。

3. pH

pH 对水中许多杂质的存在形态和水质控制过程都有影响。不同的用水场合对 pH 都有特定的要求,如燃煤电站锅炉给水要求 pH 为 8.5~9.4。

4. 硬度

水中所含 Ca^{2+}、Mg^{2+} 的总量称为水的总硬度,简称硬度,它是表示水中结垢物质含量的指标。硬度分为碳酸盐硬度和非碳酸盐硬度。

碳酸盐硬度本是钙、镁的碳酸盐和重碳酸盐含量的总和,但因钙、镁碳酸盐的溶度积都很小,可认为天然水中不含碳酸盐。所以可将碳酸盐硬度看作是水中钙、镁重碳酸盐的含量。又因水煮沸后,重碳酸盐可转变为碳酸盐而沉淀除去,故常称为暂时硬度。

非碳酸盐硬度则是表征水中钙、镁的氯化物、硫酸盐等的含量,又因长时间煮沸也不能除去,故常称为永久硬度。

硬度的单位用水中所含钙、镁离子的浓度 $mol \cdot dm^{-3}$ 或 $\mu mol \cdot dm^{-3}$ 表示。我国东南沿海地区河水硬度较低,西北地区硬度大。在天然水中钙硬度约占全硬度的 70%。

5. 需氧量

在水中发生的化学或生物化学氧化还原反应需要消耗氧化剂或溶解氧的量称需氧量。由于天然水中耗氧最大的是各种有机物,所以它间接地反映了水中有机物的含量。需氧量越高,表明水被有机物污染越重。需氧量的单位用 $mg \cdot dm^{-3}$ 表示。

需氧量又常细分为两个指标:使一定水样中的有机物发生化学氧化所需要的氧的量称为化学需氧量(chemical oxygen demand, COD);而水样中的有机物被水中微生物降解所需氧的量称为生化需氧量(biochemical oxygen demand, BOD)。

6. 微生物学指标

水受人畜粪便、生活污水的污染时,水中细菌含量大增。检测水中菌落总数和大肠菌群数可判断水质受粪便污物污染的情况。

此外,作为无机有毒物质的汞、锡、铬、铅、砷、氰化物等,以及作为有机有毒物质的酚类化合物、石油类等在水中都有严格的含量限制指标。

依据地表水水域环境功能和保护目标,按功能高低依次划分为五类,对应地表水水域功能,将地表水环境质量标准基本项目标准值分为五类,水域功能类别高的标准值严于水域功能类别低的标准值。同一水域兼有多类使用功能的,执行最高功能类别对应的标准值。

9.2.2　水污染

水体因某种物质的介入,而导致其化学、物理、生物或者放射性等方面特性的改变,从而影响水的有效利用,危害人体健康或者破坏生态环境,造成水质恶化的现象,简称水污染(water pollution)。

水污染主要是人为造成的。由于人口、工农业生产和消费的迅速增长,人类社会的用水量也与日俱增,在使用后溶入和挟持着许多有毒、有害物质以废水的形式排放出来。此外,工矿废渣和生活垃圾倾倒在水中或岸边,农田施用的农药和化肥等经降雨淋洗也使大量有毒、有害物质流入天然水体中。如果流入量过大,会超出水的自净能力而造成水体污染。常见的水污染有:

1. 无机物污染(inorganic pollution)

污染水体的无机污染物主要指酸、碱、无机盐及重金属等。

污染水体的酸类物质的来源有硫化矿物因自然氧化作用产生的酸性矿山排水和各种工业废水。水体碱污染主要来自造纸、制碱、制革、炼油等工业过程中的废水。当水体 pH 小于 6.5 或大于 8.5 时,水中微生物的生长受到抑制,降低了水体的自净能力。在酸性水中,水工构筑物、水下设备及船舶受到腐蚀。碱性水长期灌田将会使土质盐碱化，农作物减产。

工业废水中常含有大量无机盐类，酸性废水和碱性废水中和后也产生无机盐类。水体中含盐量高，会增大水的渗透压，危害淡水水生动植物的生长，加速土壤盐碱化。

无机污染物中以氰化物的毒性最强。含氰废水来自电镀、焦化、冶金、金属加工、农药、化工等部门。在水中以简单盐类及金属配合物的形式存在。除铁氰配合物较稳定、毒性较小外，其他氰化物均易产生毒性极大的 CN^-。氰化物被人体吸收后，易缺氧窒息而亡。

对水体造成污染的重金属有 Hg、Cd、Cr、Pb、V、Co、Ni、Cu、Zn、Sn 等，其中以 Hg、Cd、Cr、Pb 的毒性最大。非金属 As 的毒性与重金属相似，称为类金属。As、Pb、Hg、Cr、Cd 等为 5 类重点管控的重金属。重金属污染的共同特点是：水中含有微量浓度便有毒性。微生物不能分解它，甚至可能转变成毒性更大的化合物。水生物对重金属有很高的富集能力，经过浮游生物—虾—鱼的"食物链"逐级传递富集后在高级生物体内的含量成千倍地增加。重金属在人体内能和蛋白质及各种酶发生强烈的相互作用，使它们失去活性，也可能在人体的某些器官中富集，如果超过人体所能耐受的限度，会造成人体急性中毒、亚急性中毒、慢性中毒等，对人体会造成很大的危害。例如，日本发生的水俣病(汞污染)和骨痛病(镉污染)等，都是由重金属污染引起的。有色金属矿山、冶炼厂、机械厂、电镀厂、化工厂、电器厂等都可能是重金属污染的污染源。

2. 有机污染物(organic pollution)

(1) 酚(phenol)。钢铁工业的焦化厂、城市煤气厂、化工厂、洗煤厂、炼油厂等排放的废水是酚污染的主要来源。1 t 煤在加工中将产生含挥发酚 1.6～3.2 g·dm^{-3} 的废水 0.35 t。

酚类化合物通过水体中微生物作用被氧化分解成一系列中间产物，最后得到 CO_2 和 H_2O，这是水的自净过程。各类酚的化合物中一元酚较易分解，但高浓度的含酚废水会抑制和杀害水体中的微生物，自然净化能力下降，所以对高浓度的含酚废水必须经生化处理后才能排放。

酚类化合物通过皮肤、黏膜、呼吸道及消化道侵入人体使细胞变性，进而侵犯神经中枢。高浓度可引起急性中毒以致昏迷、死亡，低浓度也会引起积累性慢性中毒。

(2) 难降解有机物(non-degradation organic compound)。在水体中很难被微生物分解的有机物称为难降解有机物。有机氯农药、有机磷农药、DDT(双对氯苯基三氯乙烷)、多氯联苯等，这些化合物在水体中很难被微生物分解，而且通过食物链逐步被浓缩并长期留在生物体内形成积累性中毒。

(3) 石油类(petroleum)。石油污染的来源有油船、各种机动船只的压舱水、含油废水、洗船水；海上石油开发泄漏的石油；炼油厂、石油化工厂排放的工业废水等。一旦海域遭到石油污染，每 1 t 石油可覆盖 12 km 的海面，阻止了大气中氧的溶解，造成了海水缺氧，海洋生物死亡。海面油膜还会降低海水的蒸发量、吸收更多的太阳辐射能，使海洋表层水温升高甚至导致世界气候异常。用含油污水灌田，也会使农产品带有石油异味，甚至因油膜的黏附使农作物枯死。

3. 水体富营养化(eutrophication)

排入水体的生活污水、食品工业废水、农业废弃物、肥料淋洗排水等常含有氮、磷等植物营养元素。若向静止或缓慢流动水域排入过多的植物营养物，将使水生生物大量繁殖、藻类生长加快，耗去水中溶解氧，影响鱼类的生存。严重时湖泊淤塞，湖容减小，甚至老化演变成沼泽、干地。局部海区出现几种高度繁殖密集在一起的藻类，使海水呈现红褐色，发生"赤潮"

现象。高原明珠昆明滇池已处于严重的富营养化状态。

　　水华是水体富营养化后的常见表象,在一定的温度、光照、风速条件下,水体中的藻类暴发性生长,聚集在水体表面,形成水华。水华会威胁饮用水源安全,同时藻类毒素通过食物链可能影响到人类健康。从 2009 年 4 月开始,环境保护部卫星环境应用中心利用环境一号 A、B 卫星数据以及其他卫星数据,对太湖、巢湖、滇池及三峡库区的蓝藻水华进行连续监测,向环境监测管理部门报送蓝藻水华监测日报、周报和年报。

4. 热污染(thermal pollution)

　　向水体排放大量温度较高的废水,使水体因温度上升而造成一系列的危害称为热污染。

　　火力发电厂、核电站及许多工厂的冷却水是水体热污染的主要来源。一般热电厂燃料中约二分之一的热量流失到冷却水中。一座 10 万 kW 的火力发电厂,每天排出升高了 6~8℃的冷却水 60 万 t,这些热水若不采取措施就直接排入水体,将使水体的水温上升,溶解氧减少,鱼类的生存受到威胁。热污染还会加速细菌繁殖,助长水草丛生,加速嗜氧微生物对有机物的分解,水中溶解氧越来越少,甚至会发生腐败现象。

　　热污染的危害近年才逐渐被人们所认识,为控制热污染,应当进一步提高热转换效率,改进冷却方式,利用余热。有的城市利用电站余热供居民冬季取暖,用于农业温室。有的工厂利用升了温的冷却水养殖非洲鱼,化害为利,收到了一定的成效。

9.2.3　工业废水、生活污水的处理方法

　　为了防止江、河、湖、海水体的污染,改善环境质量,必须对各种工业废水和生活污水进行处理。处理后的废水执行相应的排放标准。

　　处理工业废水、生活污水的方法很多,一般可根据处理的深度分为三级:

　　一级处理:物理法,用过滤、重力沉降、浮选、离心分离等方法除去水中的悬浮物质,作为进一步处理的预处理。

　　二级处理:生物处理法。该法利用微生物自身的新陈代谢作用,使水中的有机物和某些无机毒物通过生化过程分解为简单、稳定、无毒的无机物,从而使废水得到净化。它适用于 BOD 较高的污水处理。生物处理法可分为需氧处理和厌氧处理两大类。

　　好氧处理是在空气存在、充分供氧和适当温度、营养的条件下,使需氧微生物大量繁殖,将废水中的有机物氧化降解为 CO_2 和 H_2O 等物质而使水净化。常用的有活性污泥法、生物滤池法、氧化塘等。

　　厌氧处理是在缺氧情况下利用厌氧微生物分解废水中的有机物,最终产物是 CH_4、CO_2、N_2、H_2S 及 NH_3 等,其中 CH_4 占 50%~60%,可收集利用。它特别适用于处理生活粪便污水分离出的污泥及某些有机物含量很高的工业废水。

　　三级处理:对废水进行深度处理。力图做到回收废水中的溶质或将其转化为能源,回收废水中的溶剂——循环用水。化学法中常见的有中和法和氧化还原法;物理化学法有吸附法、萃取法、离子交换法;以及新兴的多学科高技术——膜分离法。择要介绍如下:

1. 化学法

1) 中和法

中和法的首要目的是调节废水的 pH。酸性废水可直接放到碱性废水中进行中和,也可在

沉降池中加入石灰、石灰石、大理石、白云石、碳酸钠、苛性钠、氧化镁等中和剂。碱性废水的中和通常是向废水中通入烟道气(利用其中的 CO_2)或者加入硫酸、盐酸等。

中和法的第二个目的是在调节 pH 的同时使其中的重金属离子生成难溶的氢氧化物沉淀而分离，故常把它称为中和沉淀法。

为了决定最佳的废水处理工艺条件，应当用给定的废水进行试验，确定最佳的 pH 范围，选定价廉高效的中和剂。

2) 氧化还原法

向废水中加入适当的氧化剂或还原剂，使有毒、有害物质被氧化或还原后转变成无毒、低毒或易于分解的新物质，从而达到净化的目的。

常用的氧化剂有空气、液氯、漂白粉。新近发展起来的臭氧氧化法在国际上已引起重视，很有发展前途，因为臭氧的氧化能力特别强，能氧化大部分无机物和很多有机物(如合成洗涤剂等)，而且处理后的废水能进一步进行生物处理。

常用的还原剂有铁屑、$FeSO_4$、Na_2SO_3 及 SO_2 等。

2. 物理化学法

1) 吸附法

用活性炭、硅藻土等吸附剂来吸附废水中的有色、有害物质而使水净化。此法对于处理低浓度废水有较高的净化效率。

2) 萃取法

利用有害物质在水中和有机溶剂中溶解度的不同，进行萃取、分离净化。

3) 离子交换法

离子交换剂是具有离子交换能力的不溶于水的物质，它能在吸收水中阳(或阴)离子的同时放出本身的带有同种电荷的阳(或阴)离子，起到离子交换的作用。

有机合成离子交换剂又称离子交换树脂(ion exchange resin)，是人工合成的球形颗粒状有机高分子聚合物，具有网状结构。它由交换剂本体(有机高聚物)和交换基团两部分组成。高聚物常见的是丙烯酸系树脂及苯乙烯系树脂，其中最常见的是苯乙烯和二乙烯苯聚合而成的苯乙烯-二乙烯苯共聚物：

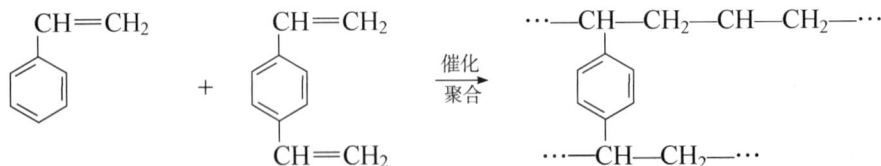

根据树脂在溶液中解离出氢离子(H^+)或氢氧根(OH^-)的不同，将树脂分为阳离子交换树脂和阴离子交换树脂两大类；树脂上含有磺酸基(—SO_3H)、羧基(—COOH)等酸性交换基团即为阳离子交换树脂；树脂上含有季铵盐[(—NR_3OH(R 为碳氢基团)]、伯胺基(—NH_2)、仲胺基(—NHR)或叔胺基(—NR_2)等碱性交换基团即为阴离子交换树脂。常把交换剂中的本体用 R 表示，并把酸性基团中的 H 表示出来，阳离子交换树脂就可表示为 H—R，它能以氢离子与溶液中的各种阳离子发生交换作用；把碱性基团中的 OH 表示出来，阴离子交换树脂就可以表示为HO—R，它能以氢氧根离子与溶液中的各种阴离子发生交换作用。

(1) 离子交换树脂转型。在实际使用过程中，常将阴阳离子树脂转变为其他离子型：强碱性阴离子树脂可转变为氯型再使用，工作时放出 Cl^-而吸附交换其他阴离子，再生只需用食盐水溶液。氯型树脂也可转变为碳酸氢型(HCO_3^-)运行；强酸性阳离子树脂与 NaCl 作用，转变为钠型树脂(NaR)再使用，即

$$H—R + Na^+ \rightleftharpoons NaR + H^+$$

转型后树脂制软水时没有放出 H^+，可避免溶液 pH 下降和由此产生的副作用(如蔗糖转化和设备腐蚀等)。这种树脂以钠型运行使用后，再生只需用食盐水溶液(不用强酸)。

(2) 软化。用离子交换树脂软化水时，首先用 NaCl 溶液将氢型阳离子交换树脂(H—R)转化为钠型离子交换树脂(NaR)，即

$$H—R + Na^+ \rightleftharpoons NaR + H^+$$

再用钠型离子交换树脂与水中的钙、镁离子发生交换反应：

$$2NaR + Ca^{2+} \rightleftharpoons CaR_2 + 2Na^+$$

$$2NaR + Mg^{2+} \rightleftharpoons MgR_2 + 2Na^+$$

交换反应是在离子交换器中进行的，如图 9.2 所示。由上部通入硬水，下部即可得到除去大量钙、镁离子的软水。离子交换树脂的交换能力有一定的限度，当大部分离子交换树脂已由钠型转变成 CaR_2(或 MgR_2)型后，将逐渐失去交换能力，出水硬度上升。这时可用食盐水使树脂再生，由于加入较浓的 NaCl 溶液[$w(NaCl)= 5\%\sim10\%$]，使交换反应逆向进行，树脂由 CaR_2(或 MgR_2)型恢复成 NaR 型，重新获得软化水的能力。

(3) 除盐。软化处理后的水即使其硬度为零，仍含有大量的 Na^+ 及各种阴离子，含盐量还是很高的，这样的水往往达不到现代工业生产及科学研究对水质的要求。例如，高温、高压锅炉、直流锅炉就要求使用含盐量很低的除盐水，又称去离子水。电子工业、光刻工艺等通常使用杂质极少、电阻率高达 $10^4\sim10^5\,\Omega\cdot m$ 的去离子水，这就要求进一步降低水中各种杂质的含量。我们把除去水中各种杂质离子的过程称为去离子或除盐。

用离子交换树脂除去水中的阳离子和阴离子杂质所得的纯水称为去离子水，俗称离子交换水。此时除使用氢型阳离子交换树脂 H—R 外还要使用羟型阴离子交换树脂 R'—OH，它们分别与水中的阳、阴离子进行离子交换。

交换过程如图 9.3 所示，首先把含有各种阳、阴离子的水通入阳离子交换器。水中除 H^+外各种阳离子(以 M^{n+}表示)与氢型离子交换树脂发生交换反应：

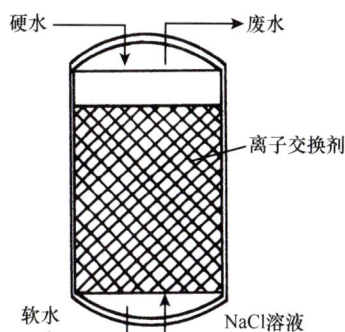

$$A^{n-}M^{n+} + nH—R \rightleftharpoons MR_n + nH^+ + A^{n-}$$

图 9.2　离子交换软化水示意图　　　　图 9.3　离子交换法制去离子水示意图

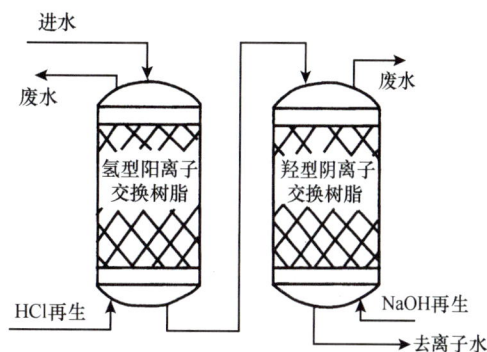

从阳离子交换器流出的水呈酸性，接着把它通入阴离子交换器。水中除 OH^-外各种阴离

子(以 A^{n-} 表示)与羟型阴离子交换树脂发生交换反应:

$$nH^+ + A^{n-} + nR' {-\!\!\!-}OH \rightleftharpoons R'_n A + nH_2O$$

阳、阴离子交换树脂分别被杂质阳、阴离子饱和失效后,可分别为 HCl 和 NaOH 溶液再生。

为提高水质,还可将上述去离子水通入混合装有氢型阳离子交换树脂和羟型阴离子交换树脂的离子交换器,即混合床的离子交换器中,在一个交换器中完成许多次阴、阳离子交换过程。

采用离子交换法制得的去离子水,不仅其硬度为零,电阻率可达 $5 \times 10^4 \ \Omega \cdot m$ 左右,含盐量在 $5 \ mg \cdot dm^{-3}$ 以下,含硅酸在 $0.02 \ mg \cdot dm^{-3}$ 以下。

离子交换法制取去离子水的质量较高,不需消耗大量的能源。但水中所含的微量有机物还不能除去,再生时需要消耗 HCl 和 NaOH,再生产生的废水还需进行处理。离子交换法在硬水软化、处理含重金属离子的废(污)水方面得到广泛的应用。

9.2.4　膜分离技术及其在水处理中的应用

膜分离(membrane separation)过程的基本原理是利用具有选择透过性能的薄膜,在外力的推动下对双组分或多组分体系进行分离、富集、提纯的一个过程。膜是分离过程成败的关键,所选用的薄膜必须具有使某一种或一些物质通过而另外一些物质不能通过的特性。推动膜分离过程的外力可以是电势差、压力差、浓度差、温度差等。膜分离技术具有能耗低、操作十分简便、分离效率高、工厂占地面积小、规模和处理能力可在很大范围内变化等特点,高质、高效、低成本的特点十分突出。

1. 电渗析(electrodialysis,ED)

电渗析是在外电场的作用下,利用阴、阳离子交换膜对溶液中阴、阳离子的选择透过性(阳膜只允许阳离子透过,阴膜只允许阴离子透过)而使溶液中溶质和溶剂分离的一种物理化学过程。可把它用于海水淡化、水的除盐及浓缩、分离、提纯、回收等化工过程。电渗析法除盐的原理和电渗析器的结构如图 9.4 所示。

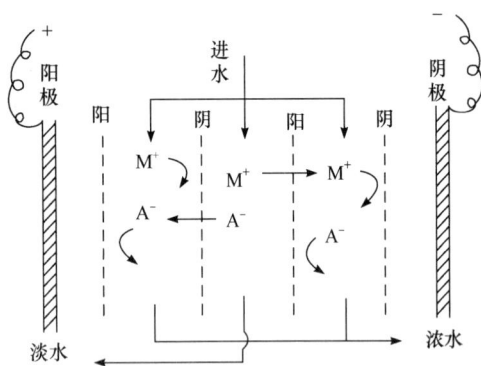

图 9.4　电渗析原理示意图

电流接通后,在电场的作用下,水中的阳、阴离子分别向阴、阳两极运动。阳离子交换膜的本体带有负电荷,水中的杂质阴离子受到排斥,不得通过;而水中的杂质阳离子被它吸引,在外电场作用下向阴极方向传递交换并透过阳离子交换膜。与此相反,阴离子交换膜的本体带有正电荷,水中的杂质阳离子受到排斥,不得通过;而水中的杂质阴离子被它吸引,在外电场作用下向阳极方向传递交换并透过阴离子交换膜。这样形成了间隔交替排列的淡水区和浓水区。在淡水区由于水中的杂质阴、阳离子分别透过阴、阳离子交换膜,含盐量大大减少,把淡水汇总引出,得到除盐水。

当原水含盐量为 $500 \ mg \cdot dm^{-3}$ 左右时,经一次电渗析除盐,可将含盐量降到 $50 \ mg \cdot dm^{-3}$ 左右。若再串联第二台电渗析器处理,可得含盐量 $5 \ mg \cdot dm^{-3}$ 左右的除盐水,电阻率可达 $10^3 \ \Omega \cdot m$,除盐率99%。

电渗析技术的特点是对分离组分的选择性高,对预处理要求低,能量消耗低,装置设备与系统应用灵活、操作维修简便、设备使用寿命长、原水回收率高,不污染环境。

我国自行设计的电渗析苦咸水淡化设备，将矿山含盐量达 $1200 \sim 1800 \, mg \cdot dm^{-3}$ 的咸水制成符合国家饮用水标准的淡水，日产淡水 $1500 \, m^3$，水回收率达 70% 以上，适宜在水资源短缺的矿区推广应用。

2. 反渗透(reverse osmosis，RO)

有一类具有选择性的半透膜，如动物的膀胱、肠衣，人造的硝化纤维素膜、非对称性醋酸纤维素膜、有机含氮芳香族聚合物膜等，它的微孔只允许溶剂(水)分子透过而阻止溶质分子通过。

如图 9.5(b)所示，当外加在溶液上的压力大于渗透压力，则反而会使浓溶液中的水分子向稀溶液一方流动，这种现象称为反渗透。利用反渗透原理制备纯水的方法称为反渗透法。此法能否成功的关键是制造强度高、既能承受高压又只让水分子透过的半透膜。

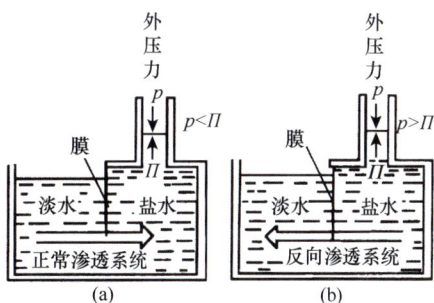

图 9.5　正常与反向渗透系统示意图

反渗透法的技术特点是无相变过程，能耗低；膜的选择性高，不仅除盐效率高，还可除去 SiO_2；装置结构紧凑，操作简便易维修；不污染环境，是很有发展前途的净化水的方法。

在实际使用过程中，常需要对自来水预处理后再使用反渗透处理。处理包括经石英砂过滤、活性炭过滤、精密过滤、反渗透等过程后得到纯水。

我国在山东省长岛、威海分别建成了日产 $1000 \, m^3$ 和 $2000 \, m^3$ 的大型反渗透海水淡化工厂，标志着反渗透海水淡化供水产业已具规模。目前，国内纯净水年产量已达数百万吨。通常是以城市自来水为水源，经预处理、反渗透和臭氧消毒，即制得电导率<10 μS、细菌总数≤ $20 \, CFU \cdot cm^{-3}$、外观晶莹剔透、口感纯正、符合国家生活饮用水标准、清洁卫生的纯净水。

3. 微滤(microfiltration，MF)

微孔(膜)过滤是一种以压力为推动力，以滤膜的截留为基础的高精密过滤技术，简称微滤，孔径范围一般为 $0.1 \sim 10 \, \mu m$。微孔过滤的截留主要是机械筛分作用，其次才是吸附作用。它可以把液体或气体中大于 $0.1 \, \mu m$ 的微粒分离出来。由于它能滤除尺寸大于 $0.1 \, \mu m$ 的细菌及其他悬浮物，微滤技术主要用于纯净水的制造、各种无菌液体的生产、油水分离、液体中杂质的清除及空气过滤等。

微滤技术的特点是膜的孔径均一、过滤精度高；过滤通量大、滤速快；滤膜薄、吸附损失小；无介质脱落、不带来污染。

微滤膜的材质有醋酸纤维素、硝酸纤维素、聚氯乙烯膜、聚四氟乙烯膜、聚丙烯膜、陶瓷膜等。

4. 超滤(ultrafiltration，UF)

超滤也是一个以压力差为推动力的筛孔膜分离过程。膜的孔径在 $2 \sim 100 \, nm$。在静压差的推动下，原料液中的溶剂和小的溶质粒子从高压的料液侧透过膜到低压侧而得到滤出液，而大尺寸的料液中的悬浮物、胶体、蛋白质、微生物等组分则被阻挡住，使它在滤剩液中的浓度增大，从而达到净化、分离、浓缩的目的。所被截留物质的分子量为 500~500000。

超滤技术具有去浊率高、出水水质稳定可靠；能有效地去除水中的病原微生物和病源病毒，超滤出水无需再消毒；水厂占地面积小，只有常规工艺的 1/5；成本低等优越性。

超滤已用于还原性染料废水、电泳涂漆废水、含乳化油废水、生活污水等废水处理。在生物制品中应用超滤法有很高的经济效益，例如，供静脉注射的 25%人胎盘血白蛋白改用超滤工艺后，平均回收率可达 97.18%，吸附损失为 1.69%，透过损失为 1.23%，截留率为 98.77%。大幅度提高了白蛋白的产量和质量，每年可节省硫酸铵 6.2 t，自来水 16 000 t。

5. 纳滤(nanofiltration，NF)

纳滤是一种介于反渗透和超滤之间的压力驱动膜分离过程。纳滤膜的孔径是在纳米级范围内，故称为纳滤膜。把使用纳滤膜的分离过程称为纳滤过程，简称纳滤。

纳滤膜的截留分子量在百量级。它对单价离子和分子量低于 200 的有机物截留较差，大部分的无机盐易于通过；而对二价或多价离子及分子量为 200～500 及以上的有机物有较高的截留能力。因此，在有机低分子的分级、水的软化、有机物的除盐净化等方面有独特的优势。纳滤的操作压力不到 1 MPa，节能效果显著。

目前在压力驱动的反渗透、微滤、超滤、纳滤 4 种膜分离技术中，以微孔膜过滤应用最广。

9.3　固体废物的利用与处置

固体废物是指在生产、生活和其他活动中产生的丧失原有利用价值或者虽未丧失利用价值但被抛弃或者放弃的固态、半固态和置于容器中的气态的物品、物质以及法律、行政法规规定纳入固体废物管理的物品、物质。固体废物主要包括工业固体废物、生活垃圾、建筑垃圾、农业固体废物和危险废物。固体废物是环境的污染源，除了直接污染外，还经常以水、大气和土壤为媒介污染环境。

固体废物污染环境防治坚持减量化、资源化和无害化的原则，即"源头减量"原则；实现综合利用，减少排放的"循环利用"原则；无害化、稳定化处理难以综合利用的固体废物的"妥善处置"原则。

9.3.1　固体废物的综合利用

固体废物的综合利用方法很多，概括起来有以下几种：

(1) 原物利用。不改变其物理化学性质，经加工整理、修配改制达到某些使用的目的，如机械厂的钢材、木材厂木料余料的套用。

(2) 再生利用。废物经化学的、物理或机械的处理后使之恢复原有性质，作为原料重新投入生产，如废橡胶、废塑料的再生。

(3) 物质转换。间接利用废物经化学处理后生产出其他有用的材料，如废车胎生产汽油、硫铁矿烧渣炼铁。

(4) 能量转换。间接利用可燃的固体废物经焚烧回收热能。

(5) 生产建材。

1. 冶金渣

冶金渣通常指高炉渣、钢渣、有色金属渣、铁合金渣等。

高炉渣是高炉冶炼生铁时排出的废渣，一般每生产 1 t 生铁，产生 0.3～0.9 t 高炉渣。高炉渣的化学成分主要有 CaO、MgO、Al_2O_3、SiO_2 和 MnO 等与普通硅酸盐水泥相似。经水淬急冷阻止了矿物结晶，具有较高活性，大量用作水泥混合材，生产矿渣水泥。还可生产矿渣砖、矿渣棉或作道路路砟、铁路道砟、混凝土骨料。

钢渣是炼钢过程中由平炉、转炉、电炉排出的废渣。一般每生产 1 t 钢，产生 0.2～0.3 t 渣。钢渣的化学成分主要有 CaO、SiO_2、Al_2O_3、Fe_2O_3、P_2O_5 和 Fe 等。首先可以从钢渣中回收 5%～10%的废钢，或富集提取 V、Nb 等稀有元素。含磷低的可作炼铁熔剂，含磷高的可粉碎磨细后作钢渣磷肥。碱度高的钢渣用于生产钢渣矿渣水泥，还可用作道路路基材料、铁路道砟等。

有色冶金渣是冶炼有色金属过程中排出的废渣，如铜渣、铅渣、锡渣、锌渣、赤泥等。有色冶金废渣中常可回收不少的有色金属和稀有金属。铜渣可生产矿渣棉、铸石，作路基材料、道砟。铝渣赤泥可用于生产硅酸盐水泥、农肥。

2. 粉煤灰

粉煤灰是燃煤电厂的烟道气通过除尘装置分离收集的细灰。我国粉煤灰的年发生量在 1 亿 t 以上。粉煤灰的化学成分以 SiO_2、Al_2O_3 为主，其次是 Fe_2O_3 和少量未燃尽的碳。由于它具有火山灰的特性，能与石灰或水泥水化析出的 $Ca(OH)_2$ 等反应生成水化硅酸钙、水化硅铝酸钙等水化产物，硬化后产生明显的强度，可作混凝土的特定胶凝组分。

根据粉煤灰所含组分的功能特性，其综合利用技术可分高、中、低 3 个层次。初级利用层次是结构回填、路堤填筑、土地覆盖、矿井回填等，是大容量利用的有效途径。中技术利用层次是在建筑工业上作水泥混合材、混凝土掺和料、墙体层面材料等，它的应用量也很大，技术较成熟，有一定的经济效益，国内外应用普遍。高技术综合治理层次是从粉煤灰中提取漂珠、微珠、选铁、选炭，并开发微珠在塑料、橡胶中作填料等利用途径，这既解决了环境污染又可获得可观的经济效益。重庆大学在粉煤灰的高、中技术综合利用的研究方面已取得了许多可喜的成果。

3. 煤矸石

煤矸石是在采煤及洗煤过程中产生的废渣。一般每开采 1 t 原煤，排矸石 1 t 以上。煤矸石是成煤过程中与煤层伴生的一种含碳量低而质地坚硬的黑色岩石，发热量一般为 4×10^3～1.2×10^4 J·kg^{-1}。

含碳量较高的煤矸石可作燃料；含碳量较低的和自燃后的煤矸石可生产砖瓦、水泥和轻骨料；含碳量少的煤矸石可用于回填或作路基材料。有的煤矸石还可用来改良土壤或作肥料。

4. 化工废渣

化工废渣包括无机化工的硫铁矿烧渣、电石渣、铬渣、磷渣、碱渣；有机化工的石油炼制废渣、塑料废渣等。综合利用途径有以下几个方面：

(1) 提取金属及化工产品，如从水银法生产烧碱的废渣中提取汞；从钛白粉生产的废渣中提取氧化钪；废塑料经粉碎、微波溶解、加热分解提取石油燃料；废轮胎干馏制造煤气和焦炭。

(2) 作二次原料资源，如生产红矾钠的铬渣代替蛇纹石作生产钙镁磷肥的原料；用硫铁矿烧渣代替铁矿石炼铁；炼油酸性渣加氨水制造化肥硫酸铵等。

(3) 生产建筑材料。许多化工废渣都可用于生产建材，如电石渣生产水泥、硅酸盐砖瓦；用铬渣生产铸石、铬渣砖；用碱渣生产碱渣粉煤灰水泥等。

(4) 用于农业、畜牧业。

5. 城市垃圾

城市垃圾是城市中固体废物的混合体，包括建筑垃圾和生活垃圾等。我国城市人口人均生活垃圾排除量每日约 1 kg，美国已达 2 kg。城市垃圾成分复杂：有无机物砂石、泥土、金属、玻璃、陶瓷……有有机物果皮、菜叶、骨头、废纸、纤维、废皮革、橡胶、塑料……有微量有害元素汞、镉、铅……还有生物病原体。垃圾在堆存中会腐烂变质、产生恶臭，招引和滋生蚊蝇，传染疾病。垃圾经日晒雨淋，进一步污染大气和水体，危害人体健康。如何把城市垃圾经适当处理后，使之成为有用的资源，不仅能减轻环境污染，也是充分利用二次资源的重要途径。

城市垃圾的利用、处理途径主要有：

(1) 分选回收。城市垃圾应逐步推广分类收集，以利分选综合利用。分选出的金属、玻璃、纤维、塑料等可分送有关部门制作再生产品。

(2) 生物转化制有机垃圾肥料。分选出金属、砖瓦、玻璃、陶瓷后将垃圾与粪便按一定比例混合，保持一定的水分和通风，在好氧微生物作用下有机物转化分解为腐殖质，有机氨转化为无机氨，成为有效的有机农肥。发酵温度在 50～80℃，可杀死垃圾中大部分的致病菌和寄生虫卵。此法又称高温堆肥法，是使垃圾、粪便无害化处理，投资少、易掌握的简易、有效方法。若在分层压实的垃圾填埋坑中利用厌氧微生物造酸菌和甲烷菌的作用，还可制得沼气。

(3) 从有机垃圾中提取有用物质。通过化学方法如热解、水解、低温氧化、加氢氢化等从有机垃圾中提取燃油、燃气、乙醇、有机酸等方法也在研究实验中。

(4) 焚烧。垃圾焚烧可彻底消灭其中的致病菌和虫卵。灰渣量小，仅占原体积的 5% 左右。焚烧产生的热量可供热或发电。但需控制焚烧对大气的污染，灰渣中的有害元素也需进行处理。截至 2020 年 6 月 1 日，我国运行的垃圾焚烧厂总计 455 座。

9.3.2　固体废物的最终处置

为保护环境，防治固废储存、处置过程中造成的污染，国家环境保护主管部门先后制定一系列相关标准。固体废物经回收、提取有用物质后其残渣仍是多种污染物存在的终态，为控制它对环境的污染，必须对它进行最终的安全处置。主要有以下方法：

(1) 化学稳定化或固化。对于少量如放射性废物等高危险性物质，可将其通过化学方法进行玻璃固化或岩石固化，然后进行孤岛处置或深地层处置。

(2) 土地填埋。许多国家已将土地填埋作为固体废物最终处置的一种主要方法。它不是单纯的堆、填、埋，而是一种综合性的土木工程技术。要求被填埋的废物应是惰性物质，或经微生物分解后成为无害的物质。填埋场应远离水源，场地底土不透水，更不能渗入地下水层。填埋后的场地以后可改建成公园、绿地。

(3) 废矿井或塌陷区回填及深井灌浆。

(4) 土地处理。把石油废渣、某些有机化工、制药的可降解废弃物当作肥料或土壤改良剂直接施用到土地上或混入土壤表层。但应控制其用量，以限制有害金属离子含量维持在无害的水平；废物中不应含有可能引起空气、地下水污染的危险组分。

(5) 海洋处置海洋倾倒是处置固体废物传统的、最便宜的方法。但其长远影响令人忧虑，国际上已颇有争议。许多有识之士发出呼吁，现阶段至少应禁止把核废料、放射性废物倾倒到海洋里。

9.4　清洁生产与绿色化学

9.4.1　清洁生产

清洁生产(cleaner production)是指不断采取改进设计、使用清洁的能源和原料、采用先进的工艺技术与设备、改善管理、综合利用等措施，从源头削减污染，提高资源利用效率，减少或者避免生产、服务和产品使用过程中污染物的产生和排放，以减轻或者消除对人类健康和环境的危害。实现清洁生产的主要途径是：

(1) 采用无污染、少污染，节约资源、能源的新工艺、设备。尽可能减少生产过程中的各种危险因素，如高温、高压、低温、低压、易燃、易爆、强噪声、强振动；进行物料再循环；采用可靠、简便的操作；完善管理等。

(2) 采用清洁的能源，包括常规能源的清洁利用；可再生能源的利用；新能源的开发；各种节能技术等。

(3) 采用无毒、低毒、无害的原料代替有毒、有害的原料，保证中间产品也无毒、无害。

(4) 更新产品结构，开发清洁产品。这些清洁产品应当是节约原料和能源，少用昂贵和稀缺原料的产品；利用二次资源作原料的产品；它在使用过程中及使用后不致危害人体健康和生态环境，易于回收、复用和再生的产品；合理包装的产品；具有合理使用功能和合理使用寿命的产品；报废后易处置、易降解的产品。

(5) 对废气、废水、固体废物开展综合利用。

(6) 末端净化后达标排放或妥善处理。

所有的生产活动都要首先考虑防止和减少产生污染。对产品的整个生产过程和消费过程的每一环节都要统筹考虑和控制，使所有环节都不产生或尽量少产生危害环境的物质，不对人体健康构成威胁。对生产过程而言，清洁生产包括节约原材料与能源，尽可能不用有毒原材料并在生产过程中减少它们的数量和毒性；对产品而言，则是从原材料获取到产品最终处置过程中，尽可能将对环境的影响减少到最低。清洁生产的特点就是持续不断地改革、创新。推行清洁生产本身就是一个不断完善的过程。随着社会发展和科学技术的进步，要适时地提出新的目标，争取达到更高的水平。

我国制定一系列的清洁生产标准，分别从生产工艺与装备要求、资源能源利用指标、污染物产生指标(末端处理前)、废物回收利用指标和环境管理要求给出了相应的指标。这些标准适用于企业的清洁生产审核和清洁生产潜力与机会的判断，以及清洁生产绩效评定和清洁生产绩效公告制度。

9.4.2　绿色化学

绿色化学(green chemistry)又称环境无害化学(environmental benign chemistry)，在此基础上发展的技术称环境友好技术(environmental friendly technology)或洁净技术(clean technology)，其核心是利用化学原理从源头上减少或消除化学工业对环境的污染。

1. 绿色化学的原则

绿色化学研究的 12 条原则是：①防止污染的产生比治理产生的污染更好；②生产过程中

采用的原料应最大限度地进入产品之中，具有"原子经济性"；③不论原料、中间产物和最终产品都应对人体健康和环境无毒、无害；④务必使产品高效、低毒；⑤尽可能避免使用溶剂、助剂，如不可避免，也应选择无毒、无害的；⑥降低能耗，最好采用常温、常压的反应条件；⑦在技术可行、经济合理的前提下，尽可能采用可再生资源；⑧尽量避免不必要的衍生化步骤；⑨合成反应中采用高选择性的催化剂；⑩化工产品在其使用功能终结后，不应残留在环境中，而应能降解为无害的物质；⑪开发分析方法，对有害物质在其生成前就进行及时的在线监测和控制；⑫精心选择化学生产过程中的物质，使爆炸、火灾、渗透等化学意外事故发生的危险性降低到最低程度。

2. 绿色化学的发展动向

(1) 努力采取"原子经济性"反应。努力开发新的反应路线，采用催化反应代替化学计量反应以提高反应的原子经济性。

(2) 反应过程中尽可能采取无毒、无害的原料、催化剂和溶剂。

(3) 用生物质作化工原料。现在人们逐渐认识到煤和石油化学工业对环境的负面影响，努力研究如何重新利用生物质代替煤和石油来生产人类必需的化学品。生物质主要有淀粉和木质素两大类，它们都含有糖类聚合物，把它们破碎成单体后就可以用于发酵。

(4) 采用超临界流体作化学合成中的溶剂。二氧化碳被压缩成超临界流体时，具有无毒、不可燃、廉价、使许多反应速率加快或选择性增加等优异性能，是一种优良的绿色化学溶剂。它可以代替含卤素的有毒的常规有机溶剂，还可代替氯氟烃作为聚苯乙烯塑料的发泡剂。

(5) 设计、生产和使用环境友好的产品。绿色化学是进入成熟期的更高层次的化学，在 21 世纪将会获得巨大的成功，为人类社会做出新的贡献。

莫利纳、罗兰、克鲁岑——1995 年诺贝尔化学奖获得者

莫利纳(Molina)是墨西哥大气化学家。1943 年生于墨西哥城，1972 年获美国加利福尼亚大学物理化学博士学位，任助教、副教授。1989 年任麻省理工学院教授，美国科学院院士，总统科技顾问委员会委员。

罗兰(Rowland)是美国大气化学家。1927 年生于美国俄亥俄州，1952 年获芝加哥大学博士学位，现为加利福尼亚州大学化学系教授，美国科学院院士，也是美国艺术和科学院院士。

克鲁岑(Crutzen)是荷兰大气化学家。1933 年生于荷兰阿姆斯特丹，1973 年获瑞典斯德哥尔摩大学气象学博士学位。现为德国麦克斯韦-普朗克大学化学教授，他还是瑞典皇家科学院、瑞典皇家工程科学院院士。

莫利纳　　　　　　　　罗兰　　　　　　　　克鲁岑

这 3 位大气化学家在开拓大气化学的研究方面成果丰硕。1970 年克鲁岑就指出，人类活动释放的少量物质能够损害全球范围的臭氧，他把对平流层大气的研究引导到正确的道路上。莫利纳和罗兰作了卓越的预测——少量的氯氟烃类能够在平流层以催化的方式损耗大量的臭氧。经过 20 多年科学家深入的研究，事实证明了他们的理论。他们的工作引起了世界各国对臭氧层的关注，促使国际社会对保护臭氧层问题及时采取了一致的行动，从而使人类和地球上的生物有可能避免因臭氧层耗损带来的巨大灾难。由于他们 3 人在大气化学研究方面的突出贡献，共同获得了 1995 年诺贝尔化学奖。

扫一扫　化学热力学和动力学综合应用于汽车尾气的处理

习　题

1. 简单解释下列概念。
   (1) 环境的自净作用与环境污染
   (2) 绿色化学
   (3) 协同效应
   (4) 温室气体
   (5) 雾霾
   (6) 土壤污染

2. 实现清洁生产的途径有哪些？

3. 我国大气污染的特点是什么？现状如何？

4. CO 和 NO 对人体的危害有什么不同？

5. pH_____的降雨称为酸雨，我国出现的酸雨属_____类型，它是以大气中的_____为原料，发生_____反应的结果。我国防治酸雨的根本措施有哪些？

6. 臭氧层耗减的主要原因是什么？根据蒙特利尔议定书，防止臭氧层耗减应采取哪些措施？

7. 简述控制大气污染的基本对策。

8. 汽车尾气的主要污染物有哪些？治理汽车尾气污染应采取哪些措施？

9. 膜分离技术用于水处理时，它的优越性突出表现在哪里？你知道有哪几种膜分离技术？

10. 试查阅化学热力学函数 $\Delta_f H_m^{\ominus}$ (298.15 K) 和 $S_m^{\ominus}$ (298.15 K) 的有关数据，计算说明根据反应 $2NO + 2CO \longrightarrow 2CO_2 + N_2$ 治理汽车尾气污染的热力学可能性。提出实现此反应的动力学措施。

11. 某水中只有暂时硬度，当用化学法软化时，所加石灰刚好把 Ca^{2+}、Mg^{2+} 转变为 $CaCO_3$ 和 $Mg(OH)_2$。则处理后水中的残留硬度还有多少？

12. 由 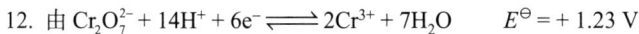 $Cr_2O_7^{2-} + 14H^+ + 6e^- \rightleftharpoons 2Cr^{3+} + 7H_2O \qquad E^{\ominus} = +1.23\ V$
    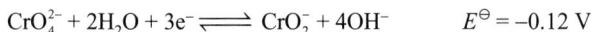 $CrO_4^{2-} + 2H_2O + 3e^- \rightleftharpoons CrO_2^- + 4OH^- \qquad E^{\ominus} = -0.12\ V$
     和 $2CrO_4^{2-} + 2H^+ \rightleftharpoons Cr_2O_7^{2-} + H_2O$

     $Cr^{3+} + 3OH^- \rightleftharpoons Cr(OH)_3 \rightleftharpoons H_2O + HCrO_2 \rightleftharpoons H_2O + H^+ + CrO_2^-$

    试说明：
    (1) 为什么在碱性条件下 Cr^{3+} 易被氧化生成六价铬？此时六价铬以什么形式存在？
    (2) 酸性条件下或微酸性的天然水中六价铬不稳定，易转化为三价铬，此时三价铬以什么形式存在？

13. 由手册查知 $H_3AsO_4 + 2H^+ + 2e^- \rightleftharpoons H_3AsO_3 + H_2O$，$E^{\ominus} = 0.56\ V$，通过计算说明在天然水中(设 pH = 7)五价砷是主要的存在形态。

14. 工业废水的排放标准规定 Cd^{2+} 降到 $0.1\,mg \cdot dm^{-3}$ 以下即可排放。若用中和沉淀法除 Cd^{2+}，按理论计算 pH 应如何控制？(已知 $K_s[Cd(OH)_2] = 2.5 \times 10^{-14}\,mol^3 \cdot dm^{-9}$)

15. (1)有人提出加入 FeS(s)到废水中，使废水中的 Cd^{2+}、Cu^{2+} 分别生成 CdS 和 CuS 沉淀除去，可否？原因为何？(2)废水中的 Mn^{2+} 可否用上法除去？

16. 当废水中 Fe^{3+}的浓度为 $0.01\,mol \cdot dm^{-3}$ 时，用中和沉淀法除铁，则 $Fe(OH)_3$ 开始沉淀和沉淀完全时的 pH 分别为多少？(已知溶度积 $K_s[Fe(OH)_3] = 2.6 \times 10^{-39}$)

17. 某电镀车间违背环保法规，将含 CN^-废水直接排入附近河道中。据环保监察人员取样化验，发现每当其排放一次废水，该河段水的 BOD 就上升 $4.0\,mg \cdot dm^{-3}$。其反应式可表示为

$$4CN^- + 5O_2(g) + 4H^+ \longrightarrow 4CO_2 + 2N_2(g) + 2H_2O$$

试求此时该河段中 CN^-的浓度(用 $mol \cdot dm^{-3}$ 表示)。

第 10 章　能源与化学

能源是人类文明进步的基础和动力, 攸关国计民生和国家安全, 关系人类生存和发展, 对于促进经济社会发展、增进人民福祉至关重要。化学作为一门中心科学, 在解决能量转换、能量储存及能量传输等问题中起着重要作用。能源科学发展与化学密切相关。

10.1　能　源　概　述

10.1.1　能源的概念及分类

能源(energy sources)是指能够转换成热能、光能、电磁能、机械能、化学能等能量的资源。把直接从自然界取得的能源称为一次能源(primary energy), 把需要经过加工、转换得到的能源称为二次能源(secondary energy)。把可供人们取之不尽的一次能源称为可再生能源(regenerative energy), 煤、石油、天然气等化石能源是不能再生的, 属于非再生能源(non-regenerative energy)。按使用成熟程度不同可分为新能源(new energy)和常规能源(conventional energy), 新能源与常规能源是一个相对的概念, 随着时代的发展, 新能源的内涵在不断地变化和更新。能源的分类如图 10.1 所示。

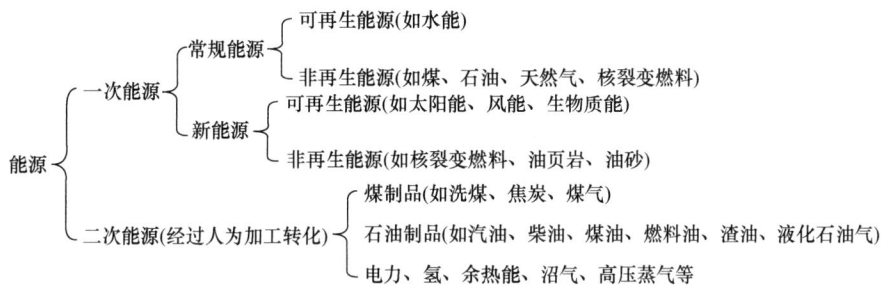

图 10.1　能源的分类

10.1.2　我国能源现状

我国能源资源总量十分丰富, 总量约 4 万亿 t 标准煤, 居世界第三位, 并且是世界第一大能源生产与消费国。我国拥有较为丰富的化石能源资源, 其中煤炭占主导地位, 储量列世界第三; 水利资源理论蕴藏量折合年发电量为 6 万亿~19 万亿 kW, 相当于世界水利资源量的 12%, 列世界首位; 新能源与可再生能源资源丰富, 可开发利用的风能资源 7 亿~12 亿 kW, 风电居世界第四, 太阳能、生物质能、海洋能等储量更是居于世界领先地位; 太阳能热水器集热面积超过 1.25 亿 m², 居世界第一。

我国基本形成了煤、油、气、电、核、新能源和可再生能源多轮驱动的能源生产体系。2019 年我国一次能源生产总量达 39.7 亿 t 标准煤, 为世界能源生产第一大国。原煤年产量保持在 34.1 亿～39.7 亿 t。原油年产量保持在 1.9 亿～2.1 亿 t。天然气产量从 2012 年的 1106 亿 m^3 增长到 2019 年的 1762 亿 m^3。电力供应能力持续增强，累计发电装机容量 20.1 亿 kW，2019 年发电量 7.5 万亿 kW·h，较 2012 年分别增长了 75%、50%。可再生能源开发利用规模快速扩大，水电、风电、光伏发电累计装机容量均居世界首位。

我国虽然是世界上最大的能源生产消费国和能源利用效率提升最快的国家，但是人均水平低于世界水平。煤炭和水利资源人均拥有量相当于世界平均水平的 50%，石油、天然气人均资源量仅为世界平均水平的 1/15 左右。

10.1.3　能源发展趋势

人类在能源利用史上主要有三次大的转换：第一次是煤炭取代木材成为人类利用的主要能源；第二次能源结构从煤炭转向石油、天然气，极大地推动了产业进步和社会变革；20 世纪 70 年代以来，世界能源结构开始经历第三次大转变，即从石油、天然气为主的能源系统开始转向以可再生能源为基础的持续发展能源系统，现今能源结构发展趋势如图 10.2 所示。未来世界能源供应和消费结构将向多元化、清洁化、高效化、全球化和市场化方向发展。

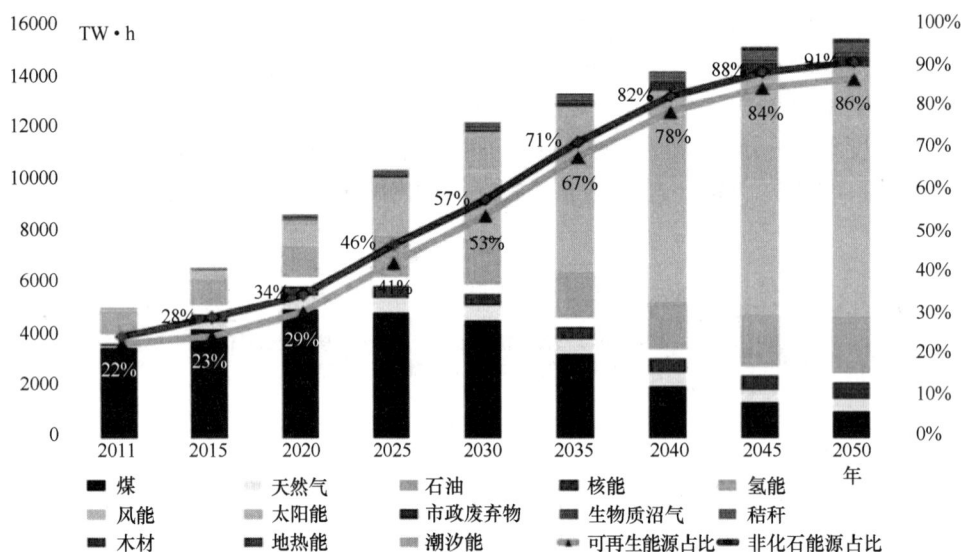

图 10.2　可再生能源取代化石能源的必然趋势图

能源对国民经济的持续、快速发展和人民生活水平的不断提高起着举足轻重的作用。我国坚持创新、协调、绿色、开放、共享的新发展理念，全面推进能源消费方式变革，构建多元清洁的能源供应体系，实施创新驱动发展战略，不断深化能源体制改革，持续推进能源领域国际合作，我国能源进入高质量发展新阶段。

为加快构建清洁低碳安全高效能源体系，我国将严格控制化石能源消费，积极发展非化石能源；实施可再生能源替代行动，大力发展风能、太阳能、生物质能、海洋能、地热能等，不断提高非化石能源消费比重；坚持集中式与分布式并举，优先推动风能、太阳能就地就近开发利用；因地制宜开发水能；积极安全有序发展核电；合理利用生物质能；加快推进抽水蓄能和新型储能规模化应用；统筹推进氢能"制储输用"全链条发展；构建以新能源为主体的新型电力系统，提高电网对高比例可再生能源的消纳和调控能力。

10.2 燃 料 能 源

燃料(fuel)指可燃烧的物质，工业上仅指燃烧过程以氧气作氧化剂的物质，主要为含碳物质、碳氢化合物、B_2H_6、SiH_4、N_2H_4 及 $C_2H_8N_2$(偏二甲肼)等。根据物质的状态可分为固体燃料(生物质、木材、煤、可燃冰、油页岩及煤加工后的产品焦炭等)、液体燃料(煤焦油、石油及其加工后的产品汽油、柴油、煤油等)及气体燃料(如煤气、天然气、沼气等)。

10.2.1 燃料的燃烧热

在标准状态下，298.15 K 时，1 mol 物质完全燃烧时的焓变称为该物质的标准燃烧热(燃烧焓)，用 $\Delta_c H_m^\ominus$ 表示，相当于标准摩尔焓变 $\Delta_r H_m^\ominus$。所谓完全燃烧，是指碳、硅、氮等燃烧为高价氧化物，氢燃烧为液态水。表 10.1 中列出了若干有机化合物的标准燃烧焓。

表 10.1 若干有机化合物的标准燃烧焓

物质	$\Delta_c H_m^\ominus /$ $(kJ \cdot mol^{-1})$	物质	$\Delta_c H_m^\ominus /$ $(kJ \cdot mol^{-1})$	物质	$\Delta_c H_m^\ominus /$ $(kJ \cdot mol^{-1})$
$CH_4(g)$	−890.31	$CH_3OH(l)$	−726.5	甲酸	−254.6
$C_2H_4(g)$	−1411.0	$C_2H_5OH(l)$	−1366.8	乙酸	−874.5
$C_2H_2(g)$	−1299.6	正丙醇(l)	−2019.8	苯酚	−3053.5
$C_2H_6(g)$	−1559.8	乙醚(l)	−2751.1	甲酸甲酯	−979.5
$C_3H_8(g)$	−2219.9	HCHO(g)	−570.78	蔗糖	−5640.9
$C_3H_6(g)$	−2085.5	乙醛	−1166.4	甲胺	−1060.6
$C_6H_6(l)$	−3267.5	丙酮	−1790.4	尿素	−631.66

有时也把单位质量或单位体积燃料完全燃烧所能释放的能量称为热值。燃料的热值取决于燃料中可燃物质的含量多少，一般通过实验方法测定，根据燃料形态的不同，也可采取不同的近似公式进行计算，如液体燃料的发热量，可采用如下公式进行计算：

$$Q_{gr,V,ar} = 339C_{ar} + 1256H_{ar} - 109(O_{ar} - S_{ar})$$

$$Q_{net,V,ar} = 339C_{ar} + 1030H_{ar} - 109(O_{ar} - S_{ar}) - 25.1M_{ar}$$

式中，$Q_{gr,V,ar}$、$Q_{net,V,ar}$ 分别为液体燃料的高、低发热量，$kJ \cdot kg^{-1}$；C_{ar}、H_{ar}、O_{ar}、S_{ar}、M_{ar} 分别为 C、H、O、S 及水的质量分数。

表 10.2 为部分常见固体、液体及气体燃料的热值

表 10.2 常见固体、液体及气体燃料的热值

固体燃料	平均低位发热量	液体燃料	平均低位发热量	气体燃料	平均低位发热发热量
原煤	20908 kJ · kg⁻¹	原油	41816 kJ · kg⁻¹	高炉煤气	3763 kJ · m³
洗精煤	26344 kJ · kg⁻¹	汽油	43070 kJ · kg⁻¹	焦炉煤气	16762~17981 kJ · m³
洗中煤	8363 kJ · kg⁻¹	柴油	42652 kJ · kg⁻¹	气田天然气	35544 kJ · m³
焦炭	28435 kJ · kg⁻¹	煤焦油	33453 kJ · kg⁻¹	油田天然气	38931 kJ · m³

10.2.2 燃料的化学评价

若将同为气体的燃料作比较,则 $\Delta_c H_m^\ominus$ 负值越大,则该气体燃料单位燃烧时产生的热量越多。若从单位质量的燃料所能产生的热量作比较,则应除以摩尔质量,分子量小的单位质量燃料所产热量较高。

乙炔的燃烧反应:

$$2C_2H_2(g)+5O_2(g)\Longrightarrow 4CO_2(g)+2H_2O(l)$$

由表 10.1 可知,乙炔完全燃烧的 $\Delta_c H_m^\ominus = -1299.6\ kJ\cdot mol^{-1}$。

乙炔的摩尔质量 $M = 26.016\ g\cdot mol^{-1}$,则每克乙炔燃烧发热量为

$$\frac{-1299.6\ kJ\cdot mol^{-1}}{26.016\ g\cdot mol^{-1}} = -49.954\ kJ\cdot g^{-1}。$$

可见每克乙炔燃烧发热量是很大的。乙炔与氧混合燃烧火焰温度可达 3000~3100℃,在金属的气焊、气割加工中得到广泛的应用。

许多可燃气体在与空气或氧气混合时,在一定的体积分数范围内,由于燃烧反应速率极快、释放的热量难以及时传走,将使周围的空气迅速升温,反应剧烈,发生爆炸。此外,可燃粉尘在受限空间内与空气混合形成的粉尘云,在点火源作用下,形成的粉尘空气混合物快速燃烧,并引起温度压力急骤升高也可能发生爆炸。

10.2.3 燃料能源的利用

燃料燃烧过程热能可用于加热相关介质,如通过锅炉加热水产生蒸气及热水,通过工业炉窑加热导热油及相关需要熔化的物质,也可为化学反应提供反应所需的温度等,主要用生物质、木材、煤、天然气、焦炭等燃料。燃料燃烧过程热能通过转化为相关设备提供动力,如飞机、轮船及燃油汽车运行,主要用汽油、柴油及天然气等燃烧;飞船的发射需要高能燃料燃烧提供足够动力助推,主要用 B_2H_6、SiH_4、N_2H_4、$C_2H_8N_2$ 及氢等燃料。

10.3 核 能

核能具有煤炭、石油等能源不可比的优势,不会排放二氧化碳等温室气体。

10.3.1 原子核及结合能

原子核是由质子(proton)和中子(neutron)组成的,统称为核子,常用 $_Z^A X$ 来表示,其中 X 为元素符号,Z 代表该原子核的质子数,A 代表质量数,为质子数与中子数之和。

当若干个核子结合成原子核时所释放出的能量称为原子核的结合能(nuclear binding energy)。由于核引力很强,所以原子核的结合能很大。

原子核的质量总是小于构成原子核的中子、质子的质量之和,两者之差称为质量亏损(mass defect),每个原子核都有正的质量亏损。根据质能关系:

$$\Delta E = \Delta mc^2$$

式中,ΔE 为原子核释放的能量(结合能);Δm 为质量亏损,可根据表 10.3 计算出;c 为光的速度,其值等于 $3\times10^8\ m\cdot s^{-1}$。

表 10.3　部分原子核的核质量(以 C-12 为基准)

原子核	原子序数 Z	质量数 A	摩尔质量 /(g·mol^{-1})	原子核	原子序数 Z	质量数 A	摩尔质量 /(g·mol^{-1})
n	0	1	1.008 67	Ce	58	144	143.881 6
	0	1	1.007 28		58	146	145.886 5
H	1	2	2.013 55	Rn	86	222	221.970 3
	1	3	3.015 50	Ra	88	226	225.977 1
He	2	3	3.014 93	U	92	233	232.9890
	2	4	4.001 50		92	235	234.9934
Sr	38	90	89.886 4				

注：电子的摩尔质量为 0.000549 g·mol^{-1}。

【**例 10.1**】　试计算 1 mol 质子和 1 mol 中子结合成 1 mol $_1^2$H 原子核,可释放出多少能量?

解　1 mol 质子(p)的质量为 1.00728 g;1 mol 中子(n)的质量为 1.00867 g;1 mol $_1^2$H 原子核的质量为 2.01355 g。故该过程的质量亏损为

$$\Delta m = (1.00728 \times 10^{-3} \text{ kg·mol}^{-1} + 1.00867 \times 10^{-3} \text{ kg·mol}^{-1}) - 2.01355 \times 10^{-3} \text{ kg·mol}^{-1}$$
$$= 2.4 \times 10^{-6} \text{ kg·mol}^{-1}$$

释放出的能量为

$$\Delta E = 9.00 \times 10^{16} \text{ m}^2 \cdot \text{s}^{-2} \times 2.4 \times 10^{-6} \text{ kg·mol}^{-1} = 2.16 \times 10^8 \text{ kJ·mol}^{-1}$$

这个能量也是 $_1^2$H 原子核的结合能。各种原子核的结合能见表 10.4。

表 10.4　一些核的结合能

核素	$\Delta m/(\text{g·mol}^{-1})$	$10^{-8}\Delta E/(\text{kJ·mol}^{-1})$	$10^8 \Delta E/(\text{kJ·g}^{-1})$
$_1^2$H	0.00240	2.16	1.07
$_2^3$He	0.00830	7.47	2.48
$_3^7$Li	0.04216	37.9	5.41
$_5^{10}$B	0.06956	62.6	6.26
$_6^{12}$C	0.09899	89.1	7.43
$_{13}^{27}$Al	0.24163	217	8.06
$_{27}^{59}$Co	0.55563	500	8.49
$_{30}^{64}$Zn	0.60050	540	8.46
$_{42}^{99}$Mo	0.9150	824	8.33
$_{63}^{157}$Eu	1.3822	1244	7.93
$_{80}^{196}$Hg	1.6662	1500	7.65
$_{92}^{233}$U	1.9353	1742	7.32

　　让原子核释放出核能有两种办法：一是让核子数大的原子核发生分裂，生成核子数处于中等状态的新原子核；二是让核子数很小的原子核发生聚合，生成核子数大一些的新原子核。这种使原子核转变成为新原子核的过程就称为核反应(nuclear reaction)。由一种重核分裂成两种较轻原子核的核反应，称为核裂变反应(nuclear fission)。由两种轻原子核聚合成一个较重原子核的反应，称为核聚变反应(nuclear fusion)。无论核裂变反应还是聚变反应都能释放出巨大的核能。

10.3.2　核裂变与核聚变

1. 核裂变

　　具有核裂变的核燃料主要有 U-235、U-233、Pu-239。当用中子($_0^1$n)轰击 U-235 时，分裂为两个质量相差不多的碎片(一个是较重的碎核，另一个是较轻的碎核)和若干个中子，同时释放出大量的能量。裂变产物的组成很复杂，已发现的裂变产物有 36 种元素(从 $_{30}$Zn 到 $_{65}$Tb)，放射性核素有 200 种以上。下面是 U-235 裂变中的几种方式：

$$_{92}^{235}\text{U} + _0^1\text{n} \rightarrow \begin{cases} _{56}^{144}\text{Ba} + _{56}^{89}\text{Kr} + 3_0^1\text{n} \\ _{54}^{140}\text{Xe} + _{38}^{94}\text{Sr} + 2_0^1\text{n} \\ _{37}^{90}\text{Rb} + _{55}^{144}\text{Cs} + 2_0^1\text{n} \end{cases}$$

　　U-235 裂变过程中，每消耗 1 个中子，能产生几个中子，产生的中子数多于消耗的中子数，它又能使 U-235 发生裂变，同时再产生 n 个中子，这样就形成了链反应。

　　1 g U-235 裂变所产生的能量相当于 2.7×10^6 g 煤燃烧时所放出的能量。连续核裂变能释放出巨大的核能，若人工控制使链式反应在一定程度上连续进行，产生的能量加热水蒸气，推动发电机，这就是建立核电站的基本原理；若核裂变释放的能量不断积聚，最后则可以在瞬间造成巨大的爆炸，原子弹即利用此原理。

　　由于在天然铀中，U-235 仅占 0.714%，而占 99.26%的是 U-238。U-238 不能直接用作核裂变燃料。如果仅仅用 U-235 作核燃料，则核燃料的资源就很少。现代技术已经可以使 U-238 在核反应中俘获中子后，再经过两次 β 蜕变生成 Pu-239，其核反应过程如下：

$$_{92}^{238}\text{U} + _0^1\text{n} \longrightarrow _{92}^{239}\text{U} \xrightarrow[23\ \text{min}]{\beta^-} _{93}^{239}\text{Np} \xrightarrow[23\ \text{d}]{\beta^-} _{94}^{239}\text{Pu}$$

Pu-239 可以直接作为核裂变燃料，其核裂变反应为

$$_{94}^{239}\text{Pu} + _0^1\text{n} \longrightarrow _{38}^{90}\text{Sr} + _{56}^{147}\text{Ba} + 3_0^1\text{n}$$

　　另外，地球上还有一种比铀藏量更丰富的钍，钍在核反应中俘获中子后，可以转变成为核燃料 U-233，其核反应过程如下：

$$_{90}^{232}\text{Th} + _0^1\text{n} \longrightarrow _{90}^{233}\text{Th} \xrightarrow[23\ \text{min}]{\beta^-} _{91}^{233}\text{Pa} \xrightarrow[37.4\ \text{d}]{\beta^-} _{92}^{233}\text{U}$$

　　这样就大大增加了核燃料的资源。这种把非裂变核燃料转变成核裂变燃料的反应称为增殖反应。而增殖反应要在增殖反应堆中进行，增殖反应堆不仅解决了核燃料的高度利用，也为近期开辟新能源找到了有效途径，所以目前工业发达国家都在竞相建立一些试验性增殖堆，以解决核燃料的增殖问题。

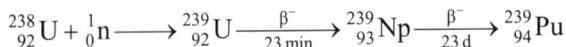

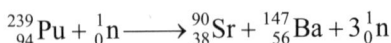

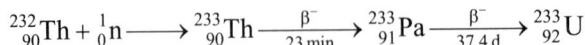

核裂变产物大多具有放射性，裂变产物如 Sr-90(半衰期 29 年)是极其危险的污染物。这些放射性裂变产物的储存和最后处理必须有极其严格的安全措施。

2. 核聚变

核聚变是使很轻的原子核在极高的温度下合并成较重原子核的反应，这种反应进行时放出更大的能量。

轻核的聚变反应有很多，但从地球资源来看，最具有实际意义的是氕($_1^2$H)核的聚变反应。如氘核($_1^2$H)与氚核($_1^3$H)的聚变反应为

$$_1^2H + {_1^3}H \longrightarrow {_2^4}He + {_0^1}n$$

1 g 氘核聚变时所释放的能量为 3.4×10^8 kJ，大于 1 g U-235 裂变时所释放的能量(8.2×10^7 kJ)。从能源的角度考虑，核聚变在以下几个方面比核裂变优越：核聚变产物是稳定的氦核，没有放射性污染物产生，没有难于处理的废料；聚变原料氘的资源十分丰富。它可以直接从海水中提取，1 kg 海水中就含有 0.03 g $_1^2$H。地球上的海水有 10^{21} kg，故 $_1^2$H 的含量约有 3×10^{19} kg。

要实现核聚变能量的利用，必须解决两个关键问题：一是使反应系统有足够高的温度(10^9℃)；二是能人为地控制核聚变反应进行的速率(否则会像氢弹那样爆炸)，使能量逐步释放出来，从而利用核聚变能来发电，这就是受控核聚变反应。目前怎样取得这样高的温度、用什么材料制造反应器、怎样控制聚变过程等各种问题正在研究之中。相信在不久的将来，人类有可能实现可控的人工核聚变。

10.3.3　核能的和平利用

核能的和平利用在未来多元化能源结构中核能的地位将会逐渐提高，核能在满足未来世界长期能源需求方面起着重要作用。核能发电是目前世界上和平利用核能的重要途径。核电的发展将从目前的热中子裂变反应堆发电过渡到快中子增殖堆发电和核聚变发电。因此，核聚变能可视为人类取之不尽的理想能源。

世界上有丰富的核资源，核燃料有 U-235、U-233、Th-239、Th-232 和氘、锂、硼等。世界上已探明的铀储量约 490 万 t，钍储量约 275 万 t。聚变燃料主要是氘和锂，海水中氘的储量约 42×10^{13} t。如果地球上的核燃料资源能够得到充分开发，它所提供的能量将是矿石燃料的 10 多万倍。

核电与水电、煤电一起构成了世界能源供应的三大支柱，在世界能源结构中有着重要的地位。目前世界上已有 30 多个国家和地区建有核电站。我国在运核电装机容量 6593 万千瓦，居世界第二，在建核电装机容量世界第一。

10.4　新型清洁能源

10.4.1　太阳能

太阳能的本质是核聚变能：太阳上存在的元素地球上都有，其中氢占元素总量的一半以上，氦约占 40%。太阳上存在的核聚变反应有许多种，其中最主要的可能是由 4 个 $_1^1$H 原子核

聚变成一个 $_2^4$He 原子核的反应，其反应为

$$4_1^1H \longrightarrow {}_2^4He + 2_{-1}^0e^-$$

由 4 mol $_1^1$H 核生成 1 mol $_2^4$He 核，质量亏损约为 0.02652 g，释放出的核能约为 2.39×10^9 kJ·mol^{-1}。由于太阳内每秒有 6 亿 t 氢参加聚变反应而生成氦核，故释放出来的核能足以使太阳保持很高的温度。太阳表面温度约为 6000 K，总辐射功率每秒至少在 3.8×10^{26} W 以上，这相当于标准煤 1.3×10^{18} t 燃烧时所放出的全部热量。地球表面每年从太阳获得的辐射能，相当于全世界年能耗量总和的 1 万倍以上。我国获得的太阳能，相当于标准煤 12000 亿 t 燃烧时发出的总能量。

太阳能利用技术指太阳能的直接转换和利用的技术。目前太阳能转换利用方式主要有 3 种：光-热转换、光-电转换、光-化学转换。把太阳辐射能转换成热能并加以利用属于太阳能热利用技术，利用半导体器件的光伏效应原理把太阳辐射能转换成电能称为太阳能光伏技术，光化学转换目前尚处于研究开发阶段。

(1) 太阳能热利用技术。太阳能的热利用主要是通过集热器进行光-热转化的。按运行温度、结构和用途可分为高温、中温、低温 3 种类型。高温系统采用旋转抛物面反射镜跟踪太阳，用来发电。中温系统采用槽形抛物镜，将阳光集中在管状吸收器上，用来生产工业用蒸气，也可用于发电。低温系统采用平板集热器或真空管集热器即太阳能热水器，主要用于供热水和采暖。

(2) 太阳能光伏技术。光伏发电是通过太阳能电池实现光-电直接转换的过程，是太阳能开发利用的重要途径之一，在世界范围内受到高度重视。太阳能电池虽然称为电池，但与传统电池概念不同，它本身不提供能量储备，只是将太阳能转换为电能，以供使用。太阳能电池是利用光电材料吸收光能后发生的光电子转移反应而进行工作的，如图 10.3 所示。

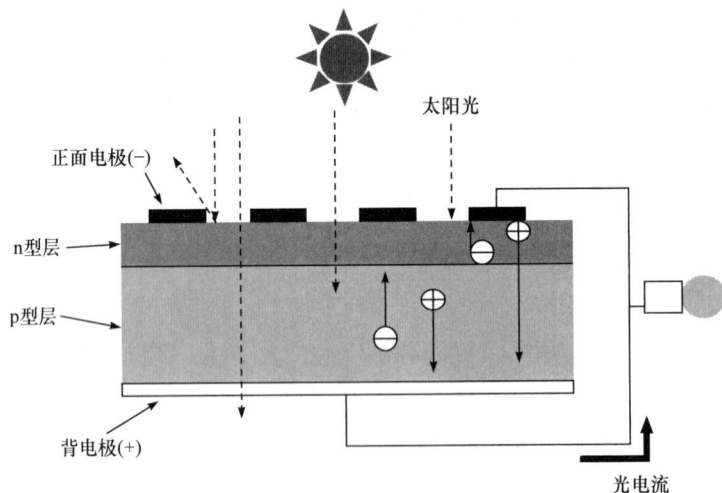

图 10.3　太阳能电池工作原理图

10.4.2　地热能

地热能是指蕴藏于地球内部的热能。它通过地下热水、水蒸气，甚至火山爆发，把地热不断地输送到地面上来。据估计，仅在地壳 10 km 内含有的地热能，足够人类使用 40 万年，可见，地热能是非常大的。

地热能从何而来？大多数科学家认为是地球内部放射性元素发生放射性衰变而释放出来的原子能。研究证明：凡是原子序数在 84 以上的重原子核，都容易发生放射性衰变。放射性衰变释放出来的核能比起核裂变、核聚变反应放出的能量要小得多，但是比化学反应要大几十万倍。例如，1 g 镭发生放射性衰变，所释放出来的核能就达 2.1×10^6 kJ 以上，这相当于 1 g 镭与氯化合生成氯化镭时放出的化学能的 50 万倍。由于地球内部各种放射性元素不断地进行放射性衰变，因此地球内部保持很高的温度。

10.4.3　氢能

1. 氢的特性和用途

氢的质量轻，比任何液态、固态燃料都轻，氢的高发热值为 12116.3 kJ·m^{-3}，用于航空航天等运输工具的高能燃料，可大大提高载荷能力。液态氢的冷却性能好，为一般喷气发动机燃料冷却性能的 30 倍，因而特别适合作火箭和远航飞机的燃料。

氢的点火能量低、燃烧速度快，用空气助燃时，火焰传播速度为 2.83 m·s^{-1}，只要氧化剂和氢的配比适当，燃烧就很完全。制氢的原料丰富，最广泛的原料是水，水在地球上储量极大，而且氢在燃烧时又生成水，因此制氢的原料是取之不尽，用之不竭的，氢本身无毒，燃烧产物是 H_2O，对环境无污染。可见，作为能源氢具有许多优越性。但要氢能成为广泛使用的能源，关键要解决廉价的制氢技术及安全、方便的储存和运输等问题。

2. 氢的制取

(1) 用煤和天然气制氢。工业上制氢常用煤和天然气为原料，使水蒸气通过炽热的煤层，或在催化剂存在下，让水蒸气和天然气在高温和一定压力下进行反应，然后将生成的 CO_2、CO 和随空气混入的 N_2 气加以分离除去，可得氢气。

(2) 电解水制氢。电解水制氢的总反应为

$$2H_2O(l) \longrightarrow O_2(g) + 2H_2(g) \qquad \Delta_r H_m^{\ominus}(298.15\ K) = 571.7\ kJ \cdot mol^{-1}$$

电解水所需要的能量由电能供给。电解法制氢效率低、投资和运行费用高，生产 1 kg 氢需 57 kW·h 电，比用天然气制氢的成本要高 2～3 倍。为了提高电解法制氢的效率，除了在水中加入 10%～15% 的 KOH 或 NaOH 外，一般都在较高的温度和压力下进行。

(3) 热化学分解水制氢。如果用水直接热分解，需要在 2820～3270 K 高温才能发生。目前要实现直接分解水无论在技术上还是在能量消耗上都有一系列问题需要解决。热化学分解水是用 Br_2、Hg、C、Ca、Fe、Li 等元素的化合物作中间体，在较低温度下进行多级反应，温度一般在 473～1273 K。例如，以钙、嗅、汞为中间体的四级反应：

第一级反应为水的裂解反应

$$CaBr_2 + 2H_2O \xrightarrow{1000\ K} Ca(OH)_2 + 2HBr$$

第二级反应释放出氢

$$Hg + 2HBr \xrightarrow{520\ K} HgBr_2 + H_2$$

第三级反应为氧的转移反应

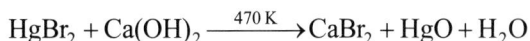

$$HgBr_2 + Ca(OH)_2 \xrightarrow{470\ K} CaBr_2 + HgO + H_2O$$

第四级反应为释放出氧的反应

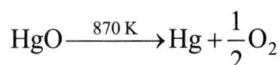

$$HgO \xrightarrow{\text{870 K}} Hg + \frac{1}{2}O_2$$

总反应方程式为

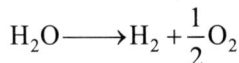

$$H_2O \longrightarrow H_2 + \frac{1}{2}O_2$$

这一方法的总效率在 50% 左右。反应过程中的钙、汞、溴化合物可以回收循环使用。

上述方法制氢要消耗大量的能量，且离不开矿物燃料，因此人们将视线更多地转移到利用太阳能制氢。

(4) 太阳能制氢。目前认为最有前途的是光分解法制氢，它是基于太阳光在一定条件下被水分子吸收，当水分子吸引的能量达到 285.9 kJ · mol^{-1} 时，就分解释放出氢，这一过程称为光分解制氢。太阳光中并非所有的光都能使水分子分解，只有太阳辐射光谱中波长为 0.4 μm 以下的紫外光才能使水分子实现光分解。由于紫外光未到地面之前，大部分被大气中的水蒸气分子吸收，因此地面上要实现光分解水分子必须借助于光催化剂(如一些无机复合盐、复合半导体、合成染料等)，这些光催化剂吸收太阳辐射之后，将能量传给水分子从而使水分子释放出氢。其光分解反应过程可表示如下：

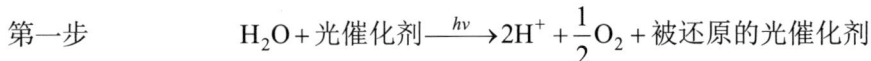

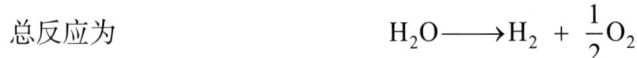

第一步　　　　　$H_2O + 光催化剂 \xrightarrow{hv} 2H^+ + \frac{1}{2}O_2 + 被还原的光催化剂$

第二步　　　　$2H^+ + 被还原的光催化剂 \longrightarrow H_2 + 光催化剂$

总反应为　　　　　　　　　　$H_2O \longrightarrow H_2 + \frac{1}{2}O_2$

3. 氢的储存

由于氢的密度小，对于储存极为不利，一个 0.04 m^3 的钢瓶，在 1.50 × 10^7 Pa 下，只能储氢 0.5 kg。若要将氢压缩成液态或者固态，则需要消耗巨大的能量。近年来人们发现，在光、热、电的作用下，氢被活化为原子氢后，可以渗入金属(或合金)的晶格中，形成金属氢化物。

在生成金属氢化物时，一般是放出热量，当加热金属氢化物时，又释放出氢来，金属(或合金)可以反复使用，整个过程可视为一种吸氢和放氢的可逆过程。因此，利用金属氢化物储氢比较理想。Li、Ca、Pd、Pt、Ti、Zr、Hf 等纯金属，在一定条件下，均能与氢直接生成含氢量很高的金属氢化物。例如，1 m^3 钛可吸收 1600 m^3 氢气，这相当于 2 m^3 液态氢的质量。其反应为

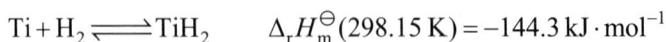

$$Ti + H_2 \rightleftharpoons TiH_2 \qquad \Delta_r H_m^{\ominus}(298.15\,K) = -144.3\,kJ \cdot mol^{-1}$$

Zr、Hf 的金属氢化物，已有工业生产，但价格昂贵。

近年来发现过渡金属合金具有较高的吸氢和释放氢的能力，吸收和脱氢的速率都比较快，而且价格比较便宜。以镧镍合金为例，它的吸氢反应为

$$LaNi_5 + 3H_2 \longrightarrow LaNi_5H_6$$

每立方米 LaNi$_5$H$_6$ 含有 88 kg 氢，已超过同体积液态氢的质量。

一些金属(或合金)氢化物含氢量见表 10.5。

表 10.5　一些金属(或合金)氢化物含氢量

含氢的物质	存在状态	ρ /(g·cm^{-3})	含氢质/ (kg·m^{-3})
氢气	气态	8.9×10^{-5}	0.089
液氢	液态	0.0706	70.6
氢化锂(LiH)	固态	0.772	96.5
氢化钙(CaH$_2$)	固态	1.902	90.6
氢化铝锂(LiAlH$_4$)	固态	0.917	96.5
镧镍氢(LaNi$_5$H$_6$)	固态	6.430	88
钛铁氢(TiFeH$_{1.95}$)	固态	5.47	101.2

10.4.4　生物质能

生物质能是绿色植物经过光合作用，将太阳能转化为化学能储藏在生物体内的能量。在能源的转换过程中，生物质是一种理想的燃料。生物质能的优点是燃烧容易、污染小、灰分较低、具有很强的再生能力；缺点是热值及热效率低、体积大而不易运输。据估计世界上陆地上生物质年产量为 1200 亿 t 干物质，其热量总值相当于全球人类目前年总能耗量的 5 倍多。我国生物质能资源十分丰富，秸秆等农业废弃物的资源量每年有 3.1 亿 t 标准煤，薪柴资源量为 1.3 亿 t 标准煤，加上城市有机垃圾等，资源总量可达 6.5 亿 t 标准煤以上，生物质能农村总能源的近 70%，占全国总能耗的近 1/4。但目前大多数处于低效利用状态，大部分直接燃烧，其利用率仅为 10%～30%，既浪费了资源又污染了环境。

生物质能利用技术可分为固体、液体和气体 3 种。

(1) 生物质固体燃料。大部分生物质原始状态密度小，热值低。如果对生物质进行一些处理，就可以有效弥补生物质能的不足。目前，国际上使用最广泛的生物质能利用技术是固体成型技术。就是通过机械装置，对生物质原材料进行加工，制成生物质压块和颗粒燃料。经过压缩成型的生物质固体燃料，密度和热值大幅提高，便于运输和储存，可代替煤炭在锅炉中直接燃烧进行发电或供热，也可用于解决农村地区的基本生活能源问题，用于家庭取暖、区域供热，也可以与煤混合进行发电。未经过加工的生物质(主要是农业、林业废弃物)也可以直接用于发电和供热。

(2) 生物质液体燃料。生物质液体燃料主要有两种技术。一种是通过种植能源作物生产乙醇和柴油，如利用甘蔗、木薯、甜高粱等生产乙醇，利用油菜籽或食用油等生产柴油。另一种是利用农作物秸秆或林木质生产柴油或乙醇，目前这种技术还处于工业化试验阶段。总体来看，生物质液体燃料是一种优质的工业燃料，不含硫及灰分，既可以直接代替汽油、柴油等石油燃料，也可作为民用燃烧或内燃机燃料，展现了极好的发展前途。

(3) 生物质气体燃料。生物质气体燃料主要有两种技术。一种是利用动物粪便、工业有机废水和城市生活垃圾通过厌氧消化技术生产沼气，用作居民生活燃料或工业发电燃料。沼气是各种有机物质，在一定温度、湿度、酸碱度和隔绝空气的条件下，经微生物分解与发酵作用，产生的一种可燃性气体，主要成分是 CH$_4$，占所生产成气体的 60%～80%，作为燃料不仅热值高且干净。发酵的残余物还可综合利用，作为肥料、饲料等。另一种是通过高温热解技术将秸秆或林木质转化为以一氧化碳为主的可燃气体，用于居民生活燃料或发电燃料，由于生物质热解气体的焦油问题还难以处理，致使目前生物质热解气化技术的应用还不够广泛。

放射性研究先驱——居里夫人

玛丽·居里(Marie Curie，1867—1934)，波兰裔法国籍女物理学家、放射化学家。她是放射性现象的研究先驱，巴黎大学第一位女教授，也是历史上第一位获得诺贝尔奖的女性，还是获得两次诺贝尔奖的第一人。1867 年 11 月 7 日生于华沙，她自小勤奋好学，16 岁时以金奖毕业于中学，由于俄国沙皇统治和家庭经济困难，玛丽只好在华沙西北的乡村做家庭教师。1892 年，在父亲和姐姐的帮助下，她渴望到巴黎求学的愿望才终于实现。她在巴黎大学极其艰难的生活条件下，以第一名的成绩毕业于物理系，第二年又以第二名的成绩毕业于该校数学系，取得学位并从事科学研究。1903 年她和丈夫皮埃尔·居里及亨利·贝克勒共同获得了诺贝尔物理学奖，1911 年又因放射化学方面的成就获得诺贝尔化学奖。

玛丽·居里的成就包括开创了放射性理论，发明了分离放射性同位素的技术，以及发现两种新元素钋(Po)和镭(Ra)，并奠定了现代放射化学的基础，为人类做出了伟大的贡献。她一生执着于对镭和其他多种放射性元素进行研究，并取得丰硕成果，推动了原子核科学的发展。在她的指导下，人们第一次将放射性同位素用于治疗癌症。玛丽·居里是一位积极忠诚祖国的爱国者，虽然身在异国，但从未忘记她的波兰出身。她以祖国波兰的名字命名她所发现的第一种元素钋，并在 1932 年在她的家乡华沙建立了镭研究所，即现在的华沙居里研究所。

习　　题

1. 能源在国民经济建设中的作用是什么？我国的能源方针是什么？我国能源消费结构与国际相比有何特点？

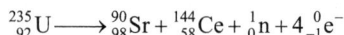

2. 铀-235 的裂变反应为

$$_{92}^{235}U \longrightarrow _{98}^{90}Sr + _{58}^{144}Ce + _{0}^{1}n + 4_{-1}^{0}e$$

已知：1 mol $_{38}^{90}Sr$ 的质量为 89.8864 g；1 mol $_{58}^{144}Ce$ 的质量为 143.8816 g；1 mol $_{0}^{1}n$ 的质量为 1.00867 g；1 mol $_{-1}^{0}e^-$ 的质量为 0.000549 g；1 mol $_{92}^{235}U$ 的质量为 234.9934 g。求 1 mol U-235 裂变时释放出的能量。

3. 核素与同位素的概念有什么联系和区别？

4. 1 kg 标准煤燃烧可释放出能量 29288 kJ；1 kg U-235 裂变可释放出能量 8.216×10^{10} kJ。

试计算：(1) 燃烧多少千克的标准煤才相当于 1 kg U-235 裂变时释放出来的能量？(2) 一座每年发电量为 1.00 GW 的大型火电站，每年要耗标准煤 350 万 t，则同样规模的核电站，需核燃料 U-235 多少千克？

5. 镭的放射性衰变反应为

$$_{88}^{226}Ra \longrightarrow _{86}^{222}Rn + _{2}^{4}He$$

已知：1 mol $_{2}^{4}He$ 的质量为 4.0015 g；1 mol $_{86}^{222}Rn$ 的质量为 221.9703 g；1 mol $_{88}^{222}Ra$ 的质量为 225.9773 g。试计算 1 mol 和 1 g 镭在放射性衰变时释放出来的能量。

6. 太阳上发生的主要聚变反应是

$$4_{1}^{1}H \longrightarrow _{2}^{4}He + 2_{-1}^{0}e$$

已知：1 mol $_1^1H$ 的质量为 1.00728 g，1 mol $_{-1}^0e^-$ 的质量为 0.000549 g，1 mol $_2^4He$ 的质量为 4.0015 g。试计算生成 1 mol $_2^4He$ 时，所释放出来的能量。

7. 氢的发热值为 124441 kJ · kg^{-1}，汽油的发热值为 46520 kJ · kg^{-1}，若用太阳能制氢，试计算 1 t 水中所含氢的总发热量可折合成汽油多少千克。

第11章　材料与化学

材料是人类生产活动和生活必需的物质基础，与人类文明和技术进步密切相关。随着科学技术的发展，材料的种类日新月异，各种新型材料层出不穷，在高新技术领域中占有重要的地位。材料科学是研究材料的成分、结构、加工、材料性能及应用之间相互关系的科学。材料科学的内容，一是从化学的角度出发，研究材料的化学组成、结构与性能的关系；二是从物理学的角度出发阐述材料的组成原子及其运动状态与各种物性之间的关系，在此基础上为材料的合成和应用提供科学依据。许多新型材料的发展，很大程度上是建立在化学结构理论和化学变化规律提供的理论基础之上。化学是材料科学的重要基础。

11.1　重要金属及纳米材料

11.1.1　稀土金属及应用

ⅢB族的钪、钇和镧系共17种元素通称为稀土元素(rare earth elements)。根据原子结构、物理和化学性质及在矿石中存在的相似程度，通常将稀土元素分为两组：铈组和钇组。铈组属轻稀土，包括镧、铈、镨、钕、钷、钐和铕。钇组属重稀土，包括钆、铽、镝、钬、铒、铥、镱、镥、钪和钇。其中钷是人造放射性元素，几乎不存在于地壳中，钪的数量也极少。稀土元素的化学性质十分相似，在自然界中它们常共生在一起，很难一一分离。在工业上一般应用的不是个别的稀土元素，而是包含多种稀土元素的混合金属，称为混合稀土。

1. 稀土元素性质

稀土元素的基本性质列于表 11.1。稀土元素原子的外层电子构型为 $4f^{0\sim14}5d^{0\sim1}6s^2$，除ⅢB族的钪、钇、镧外，最后增加的电子填充在 f 亚层中。因此，通常情况下，稀土元素一般呈+3价。稀土元素原子半径较大，大约为普通金属元素原子半径的 1.5 倍。稀土元素的电负性很低，极易成为正离子，很容易与氧、硫、卤素元素等形成稳定的化合物。稀土元素不仅电子层结构相似，价电子数基本相同，而且其原子半径和离子半径也很相近，因此性质非常相似。

表 11.1　稀土元素的性质

元素	钪 Sc	钇 Y	镧 La	铈 Ce	镨 Pr	钕 Nd	钷 Sm	钐 Pm
原子量	44.96	88.91	138.9	140.1	140.9	144.2	(145)	150.4
外层电子构型	$3d^14s^2$	$4d^15s^2$	$5d^16s^2$	$4f^15d^16s^2$	$4f^36s^2$	$4f^46s^2$	$4f^56s^2$	$4f^66s^2$
主要氧化数	+3	+3	+3	+3，+4	+3，+4	+3	+3	+2，+3
原子半径/pm	161	178	187	183	182	181	181	180
M^{3+}离子半径/pm	74.5	90	103.2	118	99	98.3	97	95.8

续表

元素	钪 Sc	钇 Y	镧 La	铈 Ce	镨 Pr	钕 Nd	钷 Sm	钐 Pm	
电离能/(kJ·mol⁻¹) M(g) ⟶ M³⁺			3471.0	3537.9	3642.9	3711.0	3752.8	3884.9	
$E^{\ominus}(M^{3+}/M)$/V	−2.08	−2.37	−2.37	−2.34	−2.35	−2.38	−2.29	−2.30	

元素	铕 Eu	钆 Gd	铽 Tb	镝 Dy	钬 Ho	铒 Er	铥 Tm	镱 Yb	镥 Lu
原子量	152.0	157.3	158.9	162.5	164.9	167.3	168.9	173.0	175
外层电子构型	$4f^76s^2$	$4f^75d^16s^2$	$4f^96s^2$	$4f^{10}6s^2$	$4f^{11}6s^2$	$4f^{12}6s^2$	$4f^{13}6s^2$	$4f^{14}6s^2$	$4f^{14}5d^16s^2$
主要氧化数	+2, +3	+3	+3, +4	+3, +4	+3	+3	+2, +3	+2, +3	+3
原子半径/pm	199	179	176	175	174	173	173	194	172
M³⁺离子半径/pm	94.7	93.8	92.3	91.2	90.1	89.0	88.0	86.8	86.1
电离能/(kJ·mol⁻¹) M(g) ⟶ M³⁺	4049.6	3764.5	3804.6	3912.5	3937.6	3984.4	4057.9	4206.8	3925.0
$E^{\ominus}(M^{3+}/M)$/V	−1.99	−2.29	−2.30	−2.29	−2.33	−2.31	−2.31	−2.21	−2.30

所有稀土元素都是金属，其金属光泽介于铁和银之间，通常呈银白色或灰色。纯稀土金属的导电性好，在超低温下(−268.78℃)具有超导性。稀土金属及其化合物在一般温度下具有强吸磁性。稀土元素非常活泼，在室温下便可与空气反应生成稳定的氧化物。但是氧化膜不致密，没有保护作用，因此需要用煤油或蜡封保存稀土金属。稀土元素能与许多元素反应生成稳定的氧化物、卤化物和硫化物等。在较低温度下也能和氢、碳、氮、磷及其他许多元素作用。稀土元素的活泼程度按钪、钇、镧递增，其中镧、铈、铕最活泼，然后按镨、钕、钐至镥递减。除钐、钇、钆外，其余稀土金属均可溶于任何浓度的硫酸、盐酸和硝酸中。但稀土金属对碱稳定。

2. 稀土金属的应用

稀土金属广泛用于冶金工业，在冶炼过程中用作还原剂、脱氧剂、脱硫剂等。稀土元素和钢中的氧反应极快，在炼钢温度下很快达到平衡。

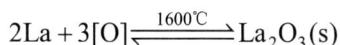

$$2La + 3[O] \xrightleftharpoons{1600℃} La_2O_3(s)$$

只要钢中含 $2 \times 10^{-4}\%$ 的镧，就可以使钢中氧的质量分数降低到 $1 \times 10^{-4}\%$，因此脱氧效率很高。

氢气在稀土元素中的溶解度比在铁中的溶解度大。例如，800℃时氢在铈中的溶解度为在铁中的 5700 倍，所以可用稀土元素吸收钢水中的氢。不含稀土元素的钢水在温度下降时，氢气在铁中的溶解度减小，氢气析出而影响钢的机械性能，这种现象称为氢脆。但氢气在稀土元素中的溶解度随温度下降而增加，若钢中含有一定量的稀土元素时，就可避免氢脆现象。在普通碳素钢中加入少量混合稀土元素，能增加钢的硬度、抗拉强度、延伸性和冲击韧性。在轴承钢中加入稀土元素可提高韧性和耐磨性。在不锈钢中加入镧铈合金，可改善钢的锻造加工性和韧性。

　　稀土金属用于以镁、铝、钛、镍、钒、铌和铬为基料的有色金属合金中，起到合金化、脱气、净化作用，同时还可用作金属热反应的强还原剂。稀土金属对有色金属合金有良好的影响，能改善合金的变形性、物理和机械性能。向有色金属中加入适量的稀土金属能够得到质量轻且强度高的合金。在石油和化学工业中广泛应用稀土金属作多种催化剂。玻璃和陶瓷工业中稀土金属主要用于抛光、脱色、着色及制造特种光学玻璃。

　　电子工业、无线电工业及电光源技术是稀土金属应用技术发展最快的领域。由于稀土元素含有未充满的 4f 电子，一些稀土原子(或离子)在可见光区有类线性的吸收光谱和发射光谱及复杂的谱线，因而可用于制备发光材料、电光源材料和激光材料等。稀土卤化物是制备新型电光源的重要材料，如镝钬灯、钠钪灯等。它们具有体积小、轻且亮度高的特点。钕和钇等稀土化合物则是固体激光器的重要组成物质。目前应用最多是的 Cr^{3+} 和 Nd^{3+}。基质材料有晶体和玻璃，每一种激活离子都有其对应的一种或几种基质材料。例如，Cr^{3+} 掺入氧化铝晶体中有很好的发生激光的性能，但掺入其他晶体或玻璃中发光性能就很差，甚至不会产生激光。目前已研制出的固体激光工作物质有上百种，但有实际使用价值的主要有红宝石(Al_2O_3：Cr^{3+})、掺钕钇铝石榴石($Y_3Al_5O_{12}$：Nd^{3+})、掺钕铝酸钇(YAlO$_3$：Nd^{3+})和钕玻璃四种。

　　稀土永磁材料：利用稀土金属的磁性，可以和过渡金属的合金用作磁性材料。钕-铁-硼永磁材料是目前为止磁性最强的永磁材料，它应用范围广，可以用于计算机的磁盘驱动器、核磁共振成像设备、各种微型电机、磁分离设备、音圈电机、电声器件、打印机、磁悬浮列车、磁力机械、人造卫星和宇宙飞船等行业。钐钴合金作为一类优良的稀土永磁材料具有居里温度高、温度稳定性好、抗氧化性好以及耐腐蚀性强等优点，已经应用于微波通信技术、电机工程、音像技术、计算技术、仪表技术、交通运输等行业。

11.1.2　钛及钛合金

　　世界上的钛(titanium)资源相当丰富，在金属元素中仅次于铝、铁、钙、钠、钾和镁，居第七位。含钛的矿物有 70 多种，目前工业上用来提取钛的矿石主要有钛铁矿($FeTiO_3$)和金红石(TiO_2)。生产钛的成熟工业方法有钠热法、碘化法及镁热法。其中以镁热法应用最广，即用镁还原四氯化钛，并经真空蒸馏而得到金属钛。这样还原出来的金属钛呈疏松多孔的海绵状，故称为海绵钛，纯度为 99.5%，又称为工业纯钛，即目前工业上大量应用的纯钛。

　　金属钛具有银白色光泽，熔点高(1600℃)、密度小(4.5 $g \cdot cm^{-3}$)、比钢轻(钢的密度为7.9 $g \cdot cm^{-3}$)，但机械强度可与钢媲美，而且不会生锈，钛比铝重不到 2 倍，强度比铝大 3 倍，且耐热性能远优于铝。钛的表面容易形成一层致密的氧化物保护膜，使钛具有优异的抗腐蚀性。特别是对海水的抗腐蚀性很强，超过其他的金属材料。钛在室温下不与无机酸反应，在碱溶液和大多数有机酸中抗蚀性也很高，但能溶于热盐酸和热硝酸中，且能溶解于任何浓度的氢氟酸和含有氟离子的酸中。二氧化钛又称钛白，是钛的重要化合物。TiO_2 在自然界中有 3 种晶型：金红石、锐钛矿和板钛矿。其中最重要的为金红石型。纯的 TiO_2 为白色，受热变黄，冷却又变白。可用于制造高级白色涂料。TiO_2 也可用作纸张中的填充剂。在陶瓷中加入 TiO_2，可提高陶瓷的耐酸性。

　　钛合金(titanium alloy)的性能比金属钛更优异，其突出的特点表现在：

　　(1) 比强度高。钛合金的比强度是不锈钢的 3.5 倍，铝合金的 1.3 倍，镁合金的 1.6 倍，是目前所有工业金属材料中最高的。因此，钛合金首先在航空、航天等迫切要求减轻结构质量的技术领域得以应用。新研制的用钛合金为基体的纤维增强复合材料，其比强度显著提高，更适用于宇宙飞行器。

(2) 耐腐蚀性强。某些钛合金在氧化性介质、中性介质及海水中的耐腐蚀性超过不锈钢。经研究发现，钛合金在 120℃的热海水中都不会出现孔蚀或缝隙腐蚀，即使在流速为 $13\ m \cdot s^{-1}$ 的海水作用下也无明显腐蚀痕迹。添加钯、钽的钛合金可应用于还原性介质或苛刻的腐蚀介质中。例如，Ti-0.15 Pd 合金可耐盐酸和硫酸的腐蚀。

(3) 高、低温的力学性能好。飞机、导弹、火箭等高速飞行时，发动机和机体表面温度升高。当航速大于 2.3 马赫时，表面温度升至 220℃以上，这时铝合金将丧失原有的机械性能，不能应用。航速大于 3 马赫时，表面温度升至 230℃以上，这时不锈钢原有的机械性能也受到影响，而钛合金可以在 500～600℃下长期使用而不丧失原有的机械性能。

近年来随着新技术的发展，对能在低温和超低温条件下工作的结构件的需求日益增多，如火箭、航天飞机中的液氢储箱，工作温度为–253℃，液氧储箱为–196℃。在这样低的温度下，一般金属材料不能保持其良好的机械性能和物理性能。而钛和钛合金却具有优良的低温性能，可用作低温和超低温工作的结构材料。一般金属材料在低温下之所以不能使用，是因为材料变脆。为了使材料在低温下不变脆，即具有高的韧性，就必须尽量减少材料内部的畸变和内应力。过渡金属元素如钒、铌、钼、钽、锆、锡、铪等，与钛具有类似的原子结构和未充满的 d 电子层，其金属的物理化学性质接近于钛，这些元素与钛组成的合金，组织均匀，晶格畸变和内应力很小，具有极高的低温稳定性，在低温下能保持高塑性、韧性。例如，低温钛合金 Ti-5Al-2.5Sn(低氧)使用温度可达–252.7℃，Ti-6Al-4V(低氧)使用温度低至–196℃，可用于制作低温高压容器。

钛及钛合金优异的性能使其成为制造现代超音速飞机、火箭、导弹和航天飞机不可缺少的材料，因此有人将其称为"空间金属"。除航空、航天工业外，钛合金作为耐热和耐腐蚀材料，在许多情况下可以代替铝合金和镁合金，广泛用于化工、石油、发电等部门。此外，某些钛合金还具有记忆、超导、储氢等特殊功能，因此钛及钛合金既是重要的结构材料，又是新兴的功能材料。钛及钛合金的化学成分和用途见表 11.2。

表 11.2　钛及其合金化学成分和用途

合金系和类型	代号	主要成分	用途举例
工业纯钛 (α) 型	TA₁ TA₂ TA₃		350℃以下工作的受力小的零件及冲压件，飞机骨架蒙皮、发动机部件；船舶用耐海水腐蚀的管道、阀门、泵、水翼；化工热交换器、泵体、蒸馏塔；海水淡化系统；柴油发动机活塞、连杆、叶簧；造纸混合器；化工用冷却器、搅拌器、三通、离子泵、压缩机气阀等
钛铝合金 (α) 型	TA₆	Ti-5Al	飞机蒙皮、骨架零件、压气机壳体、叶片和焊接、400℃以下工作的各种零件
钛铝锡合金 (α) 型	TA₇	Ti-5Al-2.5Sn	500℃以下长期工作的结构件和各种模锻件
钛铝锰合金 (α+β) 型	TC₁	Ti-2Al-1.5Mn	400℃以下工作的板、冲压和焊接零件
	TC₂	Ti-3Al-1.5Mn	500℃以下工作的焊接件，模锻件和弯曲加工的各种零件
钛铝钒合金 (α+β) 型	TC₄	Ti-6Al-4V	400℃以下长期工作的零件；结构用的锻件，各种容器、泵、低温部件；舰艇耐压壳体、坦克履带等
	TC₁₀	Ti-6Al-6V-2Sn-0.5Cu-0.5Fe	450℃以下长期工作的零件，如飞机结构零件起落支架、蜂窝联结件、导弹发动机外壳、武器结构件等
钛铝铬合金 (α+β) 型	TC₅	Ti-5Al-2.5Cr	350℃以下工作的零件

11.1.3　纳米材料

纳米科学技术是 20 世纪 80 年代末诞生并正在蓬勃发展的一种高新科技。它的内容是在纳米尺寸范围内认识和改造自然,通过直接操纵和安排原子、分子而创造新物质。它的出现标志着人类改造自然的能力已延伸到原子、分子水平,科学技术已进入一个新的时代——纳米科技时代。纳米材料(nano materials)是纳米科技发展的重要基础。通常将尺寸在 1~100 nm 的粒子称为纳米粒子,由纳米粒子形成的材料称为纳米材料。纳米材料的主要类型有纳米颗粒与粉体、纳米碳管和一维纳米材料、纳米薄膜、纳米块材。纳米材料在结构上与常规的晶态和非晶态材料有很大的差别。由于纳米材料的粒子是超细微的,粒子数多,表面积大,而且处于粒子界面上的原子比例极大,一般可占总原子数的 50%左右。这就使纳米材料具有特殊的表面效应、界面效应、小尺寸效应、量子效应等,因而呈现出一系列独特的物理、化学性质,在电子、冶金、化学、生物和医学等领域展示了广阔的应用前景。

1. 纳米材料的特性

(1) 小尺寸效应。纳米粒子介于原子、分子和宏观物体之间,是由有限分子、原子结合而形成的集合体。当纳米粒子的尺寸与光波波长、德布罗意波长等物理特征尺寸相当甚至更小时,晶体的周期性边界条件将被破坏,导致声、光、电、磁、热、力学等特性发生质变的现象称为小尺寸效应。例如,纳米金属的光吸收性显著增强。纳米金属粉呈现黑色,粒度越小,光反射率越低,颜色越黑。利用这个特性可以作为高效率的光热、光电转换材料,应用于红外敏感元件、红外隐身技术等。又如,纳米二氧化钛陶瓷一改传统陶瓷呈脆性的缺点,可在室温下弯曲,塑性形变高达 100%;金的熔点是 1064℃,而纳米金的熔点只有 330℃,降低了近 700℃;纳米银粉的熔点由金属银的 962℃降低为 100℃。纳米金属熔点的降低不仅使低温烧结制备合金成为现实,还将为不互熔金属冶炼成合金创造条件。

(2) 表面效应。表面效应是指纳米粒子的表面原子数与总原子数之比随粒径的变小而急剧增大后所引起的性质上的变化。随着粒径变小,比表面积将会显著增大,表面原子所占的百分数显著增加,当粒径降到 1 nm 时,表面原子数比例达到 90%以上,原子几乎全部集中到纳米粒子表面。由于纳米粒子表面原子数增多、表面原子配位数不足和高的表面能,使这些表面原子具有很高的活性,极不稳定。如纳米金属微粒在空气中会燃烧,无机物纳米粒子暴露在空气中会吸附气体,并与气体进行反应。

(3) 量子尺寸效应。能带理论成功地解释了大块金属、半导体、绝缘体之间的联系与区别。随着颗粒的尺寸进入纳米级,大块材料中连续的能带将分裂为分立的能级;能级间的间距随颗粒尺寸减小而增大。当纳米材料能级间距大于热能、电场能或磁场能的平均能级间距时,就会呈现一系列与宏观物体截然不同的反常特性,称为量子尺寸效应。这时纳米微粒的磁、光、声、热、电等性能发生显著改变,如导电的金属在超微颗粒时可以变成绝缘体。

(4) 宏观量子隧道效应。隧道效应是指微观粒子具有贯穿势垒的能力,电子既具有粒子性又具有波动性,因此存在隧道效应。对于金属内的自由电子来说,它们可以自由移动,但由于金属表面存在一定高度的势垒,自由电子所具备的能量不足以使自己越过势垒而逸出金属表面。假如有一条隧道,它们就有机会通过隧道而逸出金属表面。近年来,人们发现一些宏观物理量,如微颗粒的磁化强度、量子相干器件中的磁通量等也显示出隧道效应,称为宏观的量子隧道效应。

宏观量子隧道效应和量子尺寸效应共同确定了微电子器件进一步微型化的极限和采用磁带、磁盘进行信息储存的最短时间，当微电子器件进一步微型化时必须要考虑上述的量子效应。例如，在制造半导体集成电路时，当电路的尺寸接近电子波长时，电子就通过隧道效应而溢出器件，使器件无法正常工作。

2. 纳米材料的应用

由于纳米材料表现出特异的光、电、磁、热、力学、机械等性能，纳米技术迅速渗透到材料的各个领域，成为当前世界科学研究的热点，在催化、光吸收、生物、医药、磁介质及新材料等方面有广阔的应用前景。由于纳米材料的表面积大，表面活性高，可制造各种高性能催化剂。例如，Ni 或 Cu-Zn 化合物的纳米颗粒对某些有机化合物的氢化反应是极好的催化剂，可替代昂贵的铂或钯催化剂；纳米铂黑催化剂可使乙烯氢化反应的温度从 600℃ 降至室温；利用纳米镍粉作火箭固体燃料反应触媒，燃烧效率可提高 100 倍。此外其催化的反应选择性还表现出特异性，如用硅载体镍催化剂对丙醛的氧化反应表明，镍粒直径在 5 nm 以下时，反应选择性发生急剧变化，醛分解反应得到有效控制，生成乙醇的转化率急剧增大。纳米微粒作为催化剂应用较多的是半导体光催化剂，在水质处理、有机物降解等方面有重要的应用。常用的光催化半导体纳米粒子有 TiO_2、Fe_2O_3、CdS、ZnS、PbS、PbSe 等。将这类材料做成空心小球，浮在含有有机物的废水表面上，利用太阳光可进行有机物的降解。美国、日本利用这种方法对海上石油泄漏造成的污染进行处理。 陶瓷材料由于性脆、烧结温度高等缺点，限制了其应用范围。而纳米陶瓷则具有很好的韧性和延展性能。研究表明，TiO_2 和 CaF_2 纳米陶瓷材料在 80～180℃ 范围可产生约 100% 的塑性变形，韧性极好，而且烧结温度降低，能在比大晶粒样品低 600℃ 的温度下达到类似于普通陶瓷的硬度。这些特性使纳米陶瓷材料在常温或次高温下进行冷加工成为可能。如果在次高温下将纳米陶瓷颗粒加工成型，然后做表面退火处理，就可以得到一种表面保持常规陶瓷硬度，而内部仍具有纳米材料延展性的高性能陶瓷。纳米材料还可以广泛地应用于生物医药领域，如进行细胞分离、细胞染色等。由于纳米粒子比红细胞(6～9μm)小得多，可以在血液中自由运动，因此注入各种对机体无害的纳米粒子到人体的各部位，可检查病变和进行治疗。美国已成功研究了以纳米磁性材料为药物载体的靶向药物，称为"生物导弹"。研究纳米生物学可以在纳米尺度上了解生物大分子的精细结构及其与功能的关系，获取生命信息，特别是细胞内的各种信息，利用纳米传感器可获取各种生化反应的生化信息和电化学信息。当前的研究热点和技术前沿包括以碳纳米管为代表的纳米组装材料；纳米陶瓷和纳米复合材料等高性能纳米结构材料；纳米涂层材料的设计与合成；单电子晶体管、纳米激光器和纳米开关等纳米电子器件的研制、C_{60} 超高密度信息存储材料等。人们将在纳米尺度上重新认识和改造客观世界。

11.2　有机高分子材料

11.2.1　高分子化合物概述

高分子(macromolecule)分为无机高分子和有机高分子两类，为叙述方便，将本节中所讨论的有机高分子简称为高分子。

1. 高分子的基本概念

高分子是分子量特别大的有机化合物的总称。有时也称聚合物(polymer)或高聚物。例如，塑料、橡胶和纤维制品的基本成分，都是高分子化合物。从化学组成来看，这类物质的分子都是由成千上万的原子以共价键相互连接而成的。分子尺寸很大，其长度一般为 $10^2 \sim 10^4$ nm，分子量一般为 $10^2 \sim 10^6$。例如，聚苯乙烯的分子量为 1 万～3 万，聚氯乙烯的分子量为 2 万～16 万，聚丙烯腈的分子量为 6 万～50 万。

高分子化合物的分子量很大，结构复杂多变，但其化学组成却往往是比较简单的，一般都是由相同的结构单元多次重复而成，如聚氯乙烯的结构式如下：

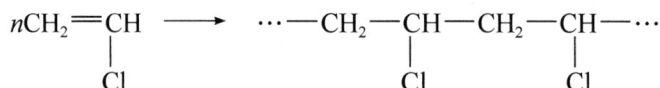

$$n\text{CH}_2\!\!=\!\!\underset{\underset{\text{Cl}}{|}}{\text{CH}} \longrightarrow \cdots-\text{CH}_2-\underset{\underset{\text{Cl}}{|}}{\text{CH}}-\text{CH}_2-\underset{\underset{\text{Cl}}{|}}{\text{CH}}-\cdots$$

可写作 $-\!\!\left[\!\text{CH}_2-\underset{\underset{\text{Cl}}{|}}{\text{CH}}\right]_n$，它是由许多结构单元 $-\text{CH}_2-\underset{\underset{\text{Cl}}{|}}{\text{CH}}-$ 重复连接的。这种重复的结构单元称为链节(chain unit)，重复的次数称为聚合度(degree of polymerization)。一般聚合物的聚合度为几百到几千，分子量由几万到几十万。通常把合成高分子化合物所用的低分子原料称为单体(monomer)，而相应的高分子化合物则称为聚合物或高聚物。表 11.3 列出了某些聚合物的分子式和它们的单体。

表 11.3　某些聚合物的分子式和相应单体

聚合物	分子式	单体
聚乙烯	$-\!\!\left[\text{CH}_2-\text{CH}_2\right]_n$	乙烯 $\text{CH}_2\!\!=\!\!\text{CH}_2$
聚丙烯	$-\!\!\left[\text{CH}_2-\underset{\underset{\text{CH}_3}{\|}}{\text{CH}}\right]_n$	丙烯 $\text{CH}_2\!\!=\!\!\underset{\underset{\text{CH}_3}{\|}}{\text{CH}}$
聚氯乙烯	$-\!\!\left[\text{CH}_2-\underset{\underset{\text{Cl}}{\|}}{\text{CH}}\right]_n$	氯乙烯 $\text{CH}_2\!\!=\!\!\underset{\underset{\text{Cl}}{\|}}{\text{CH}}$
聚乙酸乙烯酯	$-\!\!\left[\text{CH}_2-\underset{\underset{\text{OCOCH}_3}{\|}}{\text{CH}}\right]_n$	乙酸乙烯酯 $\text{CH}_2\!\!=\!\!\underset{\underset{\text{OCOCH}_3}{\|}}{\text{CH}}$
聚己酰胺	$-\!\!\left[\text{NH}-(\text{CH}_2)_5\text{CO}\right]_n$	己内酰胺 $\text{NH}-\!\!\left[\text{CH}_2\right]_5\!\text{CO}$
聚己二酰己二胺	$-\!\!\big[\text{NH}-(\text{CH}_2)_6-\text{NH}-$ $\text{CO}(\text{CH}_2)_4\text{CO}\big]_n$	己二酸+己二胺 $\text{HOOC}(\text{CH}_2)_4\text{COOH}+\text{H}_2\text{N}(\text{CH}_2)_6\text{NH}_2$
聚对苯二甲酸乙二酯	$-\!\!\left[\text{OCH}_2\text{CH}_2\text{OCO}-\!\!\bigcirc\!\!-\text{CO}\right]_n$	对苯二甲酸乙二酯 $\text{HOCH}_2\text{CH}_2\text{OOC}-\!\!\bigcirc\!\!-\text{COOCH}_2\text{CH}_2\text{OH}$

聚合度与高分子的分子量有如下关系：

$$M_\text{r} = n \times m$$

式中，M_r 为高分子的分子量；n 为聚合度；m 为链节的分子量。例如，聚氯乙烯，当 $n=2500$，链节的分子量 $m=62$，则聚氯乙烯高分子的分子量为

$$M_r = n \times m = 2500 \times 62 = 155000$$

高分子化合物在形成过程中，由于反应条件不同，所形成的高分子化合物分子的分子量并不是完全相同的。由于高分子化合物是链节结构相同、聚合度不同的同系物的混合物，因此高分子化合物的分子量是平均的分子量。

2. 高分子化合物的分类与命名

1) 分类

由于高分子化合物种类繁多，结构复杂，因此从不同的角度(表 11.4)。现介绍其中两种分类方法。

表 11.4 聚合物常见的分类方法

分类的原则	类别	举例与特性
按聚合物的来源	天然聚合物	如天然橡胶、纤维素、蛋白质等
	人造聚合物	经人工改性的天然聚合物，如硝酸纤维、醋酸纤维(人造丝)
	合成聚合物	完全由低分子物质合成的，如聚氯乙烯，聚酰胺等
按生成聚合物的化学反应	加聚物	由加成聚合反应得到的，如聚烯烃
	缩聚物	由缩合聚合反应得到的，如酚醛树脂
按聚合物的性质	塑料	有固定形状、热稳定性与机械强度，如工程塑料
	橡胶	具有高弹性，可做弹性材料与密封材料
	纤维	单丝强度高，可做纺织材料
按聚合物的热行为	热塑性聚合物	线型结构加热后仍不变
	热固性聚合物	线型结构加热后变体型
按聚合物分子的结构	碳(均)链聚合物	一般为加聚物
	杂链聚合物	一般为缩聚物
	元素有机聚合物	一般为缩聚物

(1) 按高分子化合物的热行为分类。这种分类方法，就是在热的作用下，高分子化合物能否由软化状态变为坚硬且不熔化的物质。据此可把高分子化合物分为两类：

(i) 热塑性聚合物(thermoplastic polymer)。这类聚合物也称受热可熔聚合物。在通常温度下，它是一块硬的固体，把它加热就会变软，冷却变硬，再加热又会变软，如聚烯烃。此特性对加工成型很重要。

(ii) 热固性聚合物(thermosetting polymer)。这是受热不可熔的聚合物。在加热时，此类聚合物的化学结构发生了化学变化。加热时间越长，变化程度越深，最后变成一块很硬的东西，再加热只会焦化而不会变软。应用此特性可制造耐热结构材料，如碱催化的酚醛树脂、不饱和聚酯等。

(2) 按高分子化合物的结构分类。按高分子主链中元素种类不同，把聚合物分为 3 种类型：

(i) 碳链聚合物。高分子主链上只有碳一种元素，如聚乙烯、聚丙烯、聚丙烯腈等。

(ii) 杂链聚合物。高分子主链上除含有碳外，还含有氧、硫、氮、磷等元素，如聚酯、聚酰胺、聚醚等。

(iii) 元素有机聚合物。高分子主链上含有钛、硅、铝、硼、锡等天然有机物中不常见的元素，如有机硅橡胶、有机硅树脂等。

2) 命名

聚合物有系统命名法和通俗命名法。系统命名法很少采用，这里仅简单介绍通俗命名法。

天然高分子化合物，一般按来源或性质有专有名称，如纤维素、蛋白质、虫胶等。对合成高分子化合物，通俗命名法是在单体名称前面冠以"聚"字。如由氯乙烯制得的聚合物称为"聚氯乙烯"；由丙烯腈制得的聚合物称为"聚丙烯腈"；由己二酸、己二胺制得的聚合物称为"聚己二酰己二胺"等。

由两种单体缩聚而成的聚合物，如果结构比较复杂或不太明确，则往往在单体名称后面加上"树脂"二字来命名。例如，由苯酚和甲醛合成的聚合物称"酚醛树脂"；由尿素和甲醛合成的聚合物称"脲醛树脂"；由环氧氯丙烷和双酚-A合成的聚合物称"环氧树脂"等。现在，"树脂"这个名词应用范围扩大了，未加工成型的聚合物往往都称"树脂"，如聚氯乙烯树脂、聚丙烯树脂等。

此外，聚合物还经常使用习惯名称或商品名称及简写代号。现将常见聚合物之通俗名称、商品名称及简写代号列入表 11.5 中。

表 11.5　一些聚合物的通俗名称、商品名称及简写代号

通俗名称	商品名称	简写代码
聚氯乙烯	氯纶[①]	PVC
聚丙烯	丙纶[①]	PP
聚丙烯腈	腈纶[①]	PAN
聚己酰胺	锦纶 6[①]	PA6
聚己二酰己二胺	锦纶 66[①]	PA66
聚对苯甲酸乙二酯	涤纶(的确良)[①]	PET
聚苯乙烯	聚苯乙烯树脂	PS
聚甲基丙烯酸甲酯	有机玻璃	PMMA
聚丙烯腈-丁二烯-苯乙烯	ABS 树脂	ABS
聚苯乙烯-丁二烯-苯乙烯	SBS 树脂	SBS

① 均指由相应的聚合物为原料纺制成的纤维名称。

11.2.2　高分子化合物的合成

有机高分子化合物是由低分子有机物(单体)相互连接在一起而形成的，这个形成的过程就称为聚合反应。聚合反应类型很多，根据聚合反应的方式，主要可分为加成聚合(简称加聚)和缩合聚合(简称缩聚)两种基本类型。

1. 加聚反应

具有不饱和键(含有双、三键)的单体经加成反应形成有机高分子化合物，这类反应称为加

聚反应，其产物称为加聚物。例如，聚氯乙烯是由一种单体氯乙烯聚合而成，属均聚物；丁苯橡胶是由丁二烯、苯乙烯两种单体聚合而成，属共聚物。

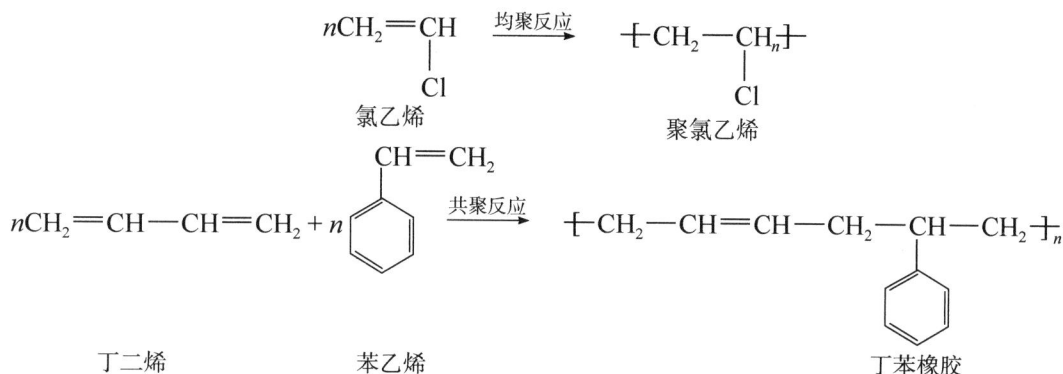

$$nCH_2\!\!=\!\!CH \quad \xrightarrow{\text{均聚反应}} \quad +\!\!CH_2\!-\!CH\!\!+_n$$
$$\qquad\quad | \qquad\qquad\qquad\qquad\qquad |$$
$$\qquad\quad Cl \qquad\qquad\qquad\qquad\qquad Cl$$
$$\text{氯乙烯} \qquad\qquad\qquad\qquad \text{聚氯乙烯}$$

$$nCH_2\!\!=\!\!CH\!-\!CH\!\!=\!\!CH_2 + n\;\text{（苯乙烯）} \quad \xrightarrow{\text{共聚反应}} \quad +\!\!CH_2\!-\!CH\!\!=\!\!CH\!-\!CH_2\!-\!CH\!-\!CH_2\!\!+_n$$

丁二烯 苯乙烯 丁苯橡胶

由聚氯乙烯可以制成聚氯乙烯纤维——氯纶。氯纶的特点是保暖性强，比棉花高 50%，耐腐蚀，不怕任何酸碱；弹性较强，大于棉纤维但略逊于羊毛；不起皱；电绝缘性和吸湿性好；易干等。因此，它特别适于做化工及化学实验室的防护服装。

氯纶的致命缺点是耐热性太差，65℃即发生收缩，75℃软化粘连。因此，不能用高于 50℃的热水洗；穿着时不能靠近火炉或暖气片等高温热源；染色性也差，且不耐光。

2. 缩聚反应

缩聚反应是指单体在聚合过程中，同时缩减掉一部分低分子化合物的反应。由缩聚反应得到的聚合物称为缩聚物。在缩聚反应中，由于有一部分低分子缩减，因而缩聚物的链节与单体有所不同。例如，当己二酸与己二胺进行缩聚反应时，己二酸分子上的羧基与己二胺分子上的氨基相互在各自分子两端发生缩合，生成聚酰胺-66(尼龙-66)。

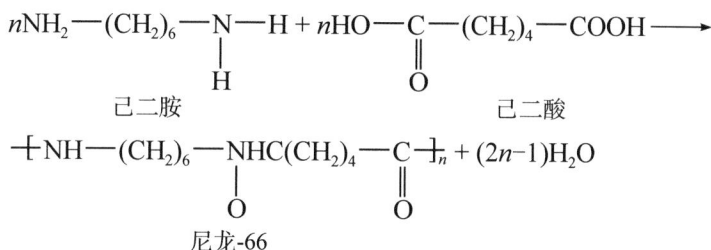

$$n\,NH_2\!-\!(CH_2)_6\!-\!N\!-\!H + n\,HO\!-\!C\!-\!(CH_2)_4\!-\!COOH \longrightarrow$$
$$\qquad\qquad\qquad\qquad | \qquad\qquad\qquad \|$$
$$\qquad\qquad\qquad\qquad H \qquad\qquad\qquad O$$
$$\qquad\qquad\qquad \text{己二胺} \qquad\qquad\qquad \text{己二酸}$$

$$+\!\!NH\!-\!(CH_2)_6\!-\!NHC(CH_2)_4\!-\!C\!\!+_n + (2n-1)H_2O$$
$$\qquad\qquad\qquad\qquad\quad \| \qquad\qquad \|$$
$$\qquad\qquad\qquad\qquad\quad O \qquad\qquad O$$
$$\qquad\qquad\qquad\text{尼龙-66}$$

聚酰胺-66 的每个链节都是由己二酸与己二胺分子间脱水缩合而成的。

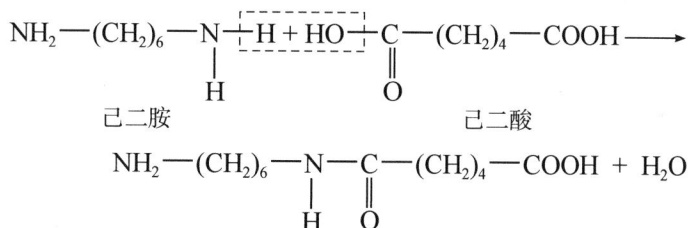

$$NH_2\!-\!(CH_2)_6\!-\!N\lceil\!-\!H + HO\!-\!\rceil C\!-\!(CH_2)_4\!-\!COOH \longrightarrow$$
$$\qquad\qquad\qquad\quad | \qquad\qquad\qquad\quad \|$$
$$\qquad\qquad\qquad\quad H \qquad\qquad\qquad\quad O$$
$$\qquad\qquad\qquad \text{己二胺} \qquad\qquad\qquad \text{己二酸}$$

$$NH_2\!-\!(CH_2)_6\!-\!N\!-\!C\!-\!(CH_2)_4\!-\!COOH + H_2O$$
$$\qquad\qquad\qquad\qquad | \quad \|$$
$$\qquad\qquad\qquad\qquad H \quad O$$

很明显，参加缩聚反应的低分子化合物至少应该有两个能参加反应的官能团，才可能形成高聚物。当用包含 3 个能反应的官能团的低分子化合物时，如丙三醇与邻苯二甲酸酐作用，便能得到体型结构的高聚物，称聚邻苯二甲酸甘油酯。反应式为

$$nCH_2-CH-CH_2 \quad + \quad m O=C \underset{O}{\overset{}{\diagdown}} C=O \quad \longrightarrow$$

（化学反应结构式）

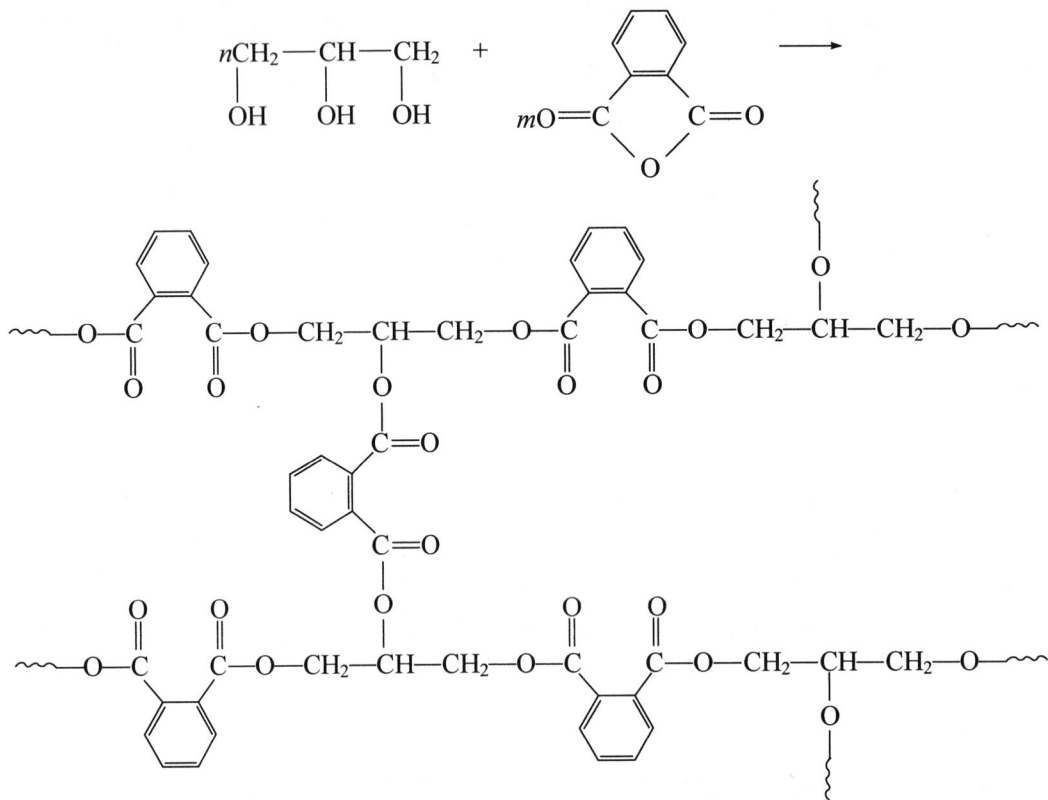

11.2.3　高分子化合物的结构和性能

1. 高分子链的结构

高分子具有链状结构，根据高分子中链节在空间连接位置的不同，高分子化合物分子链的几何形状有线型(包括直链型和支链型)和体型两种，如图 11.1 所示。

线型高分子(linear polymer)在拉伸或低温下可呈直线形状，在较高温度下或稀溶液中，则易呈卷曲形状[图 11.1(a)]。线型高分子的特点是具有弹性和可塑性，可以溶解在一定的溶剂中，加热时可以熔化，冷却后又定型，可反复加工成型，通常热塑性聚合物是线型高分子，如聚乙烯、聚氯乙烯、尼龙、未硫化的天然橡胶等。

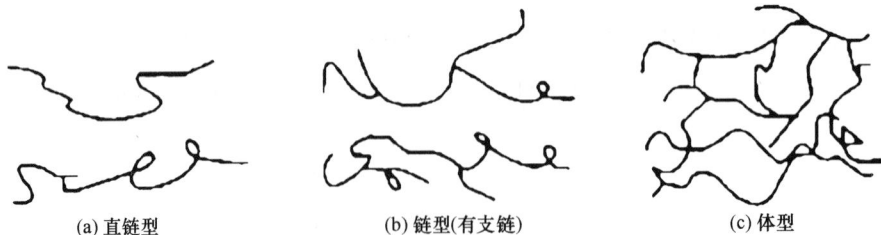

(a) 直链型　　　　　　(b) 链型(有支链)　　　　　　(c) 体型

图 11.1　高分子链的几何形状

支链型高分子就好像一根"节上生枝"的树干一样[图 11.1(b)]，支链的数量、长短可以不同，有时支链上还有支链，它的性质与线型高分子基本相同。

体型高分子(bodily polymer)是线型或支链型高分子的分子间以化学键交联而形成的，具有空间网状结构[图 11.1(c)]。这种高分子弹性、可塑性较小，而硬度和脆性则较大，一次加工成型后不再熔化，在一般溶剂作用下也不溶解，通常热固性聚合物是体型高分子，如硫化橡胶、离子交换树脂等。

2. 高分子链的柔顺性及其影响因素

在有机化合物中，任何一种单键(共价键)，都有一定的键角和键长。而且这种单键可以在保持键角、键长不变的情况下转动，称为内旋转(internal rotation)。内旋转是指每一个单键可围绕它附近的单键按一定的角度进行转动。高分子链中含有很多的单键，这些单键均可内旋转(图 11.2)，从而使高分子链很容易卷曲成各种不同的形状。高分子的这种能力称为高分子链的柔顺性(flexibility)。图 11.3 中是以纯碳碳单键为例的内旋转示意图。纯碳碳单键是指碳不带有任何原子或基团，此时内旋转是完全自由的。实际上，碳碳单键不是纯的，碳原子总是带有不同大小和极性的原子或基团，因而单键的内旋转就会有阻力，需要较大的外加能量才能较自由地内旋转。

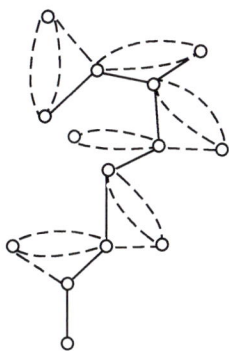

图 11.2 聚合物分子中各个链节转动(单键内旋转)示意图　　图 11.3 单键内旋转示意图

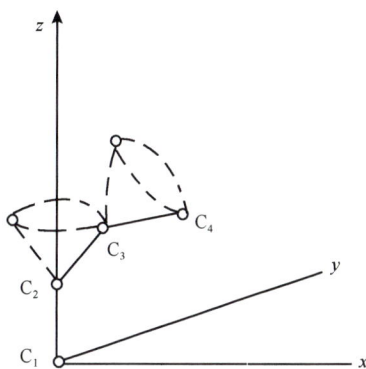

高分子链中单键的内旋转，除了受碳原子上的取代基的影响外，还受键的邻近部分的牵扯与约束，故分子中的内旋转具有更大的阻力。阻力小容易卷曲的称为柔性链，阻力大不易卷曲的称为刚性链。

高分子链的热运动必须通过一定长度的链段运动来实现。所谓链段(segment)是指具有独立运动能力的链的最小部分。链段一般包括十几个到几十个链节。这样，高分子链又可以看作由若干能独立运动的链段所构成。链段的长短主要取决于高分子内旋转的难易即柔顺性的大小。柔顺性大者，链段短；柔顺性小者，链段长。大分子链的柔顺性还取决于分子间的作用力、化学结构等。下面主要从化学结构的角度讨论高分子链的柔顺性。

(1) 主链结构。当主链全部由单键组成时，由于其中每个单键均可以内旋转，因此柔顺性较好，属于柔顺链。这类大分子键有 C—C、C—O、Si—O 等。其中以—Si—O—Si—O—链柔顺性最大，—C—O—C—O—链次之，—C—C—C—C—链又次之。

当主链中含有孤立双键时(两个相邻双键间至少被两个单键所隔开)，分子链的柔顺性比不含双键时更好，如聚异戊二烯橡胶等橡胶类的分子链：

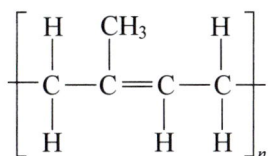

$$\left[\begin{array}{cccc} H & CH_3 & & H \\ | & | & & | \\ C\!-\!\!\!& C\!=\!\!\!\!& C\!-\!\!\!\!& C \\ | & & | & | \\ H & & H & H \end{array}\right]_n$$

由于连接双键的两个碳原子都减少了一个原子(或一个侧基)，因而邻近双键(本身不能旋转)的两个单键旋转时受到的阻力小，所以分子链柔顺性就大。

当主链中含有一定数量的芳杂环时，由于芳杂环不能内旋转，分子链的柔顺性就很差。

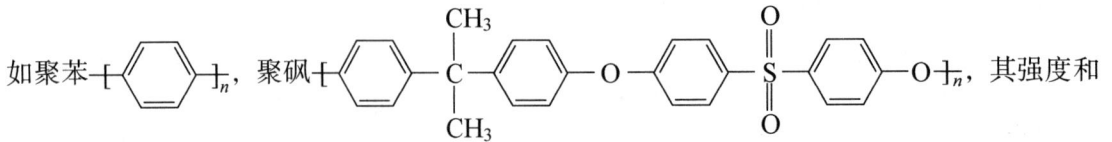

如聚苯 $\left[\!\!\left<\!\!\bigcirc\!\!\right>\!\!\right]_n$ ，聚砜 $\left[\!\!\left<\!\!\bigcirc\!\!\right>\!\!\overset{\overset{\displaystyle CH_3}{|}}{\underset{\underset{\displaystyle CH_3}{|}}{C}}\!\!\left<\!\!\bigcirc\!\!\right>\!\!-O-\!\!\left<\!\!\bigcirc\!\!\right>\!\!\overset{\overset{\displaystyle O}{\|}}{\underset{\underset{\displaystyle O}{\|}}{S}}\!\!\left<\!\!\bigcirc\!\!\right>\!\!-O\right]_n$ ，其强度和

耐热性都较高。

含有共轭双键(两个双键被一个单键隔开的这类双键)的大分子链，如聚苯乙炔则由于共轭双键 $\left[CH\!=\!C\!-\!CH\!=\!C\!-\!CH\!=\!C\right]_n$ 使长链不能内旋转，所以呈现出极大的刚性。

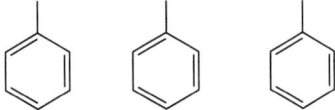

(2) 侧基性质。当侧基具有极性时，使分子链间作用力增大，内旋转受阻，柔顺性下降。例如，聚乙烯、聚氯乙烯、聚丙烯腈等侧基极性依次递增，它们的柔顺性则依次递减。侧基大小也影响大分子链的柔顺。当侧基过于庞大时，则单键内旋转就要受到阻力，如聚苯乙烯具有较大苯基，内旋转困难，链的柔顺性就差，因而聚苯乙烯性能硬而脆。侧基的对称性也有影响，如聚异丁烯的两个甲基在同一个碳原子上对称取代 $\left[\overset{\overset{\displaystyle H}{|}}{\underset{\underset{\displaystyle H}{|}}{C}}-\overset{\overset{\displaystyle CH_3}{|}}{\underset{\underset{\displaystyle CH_3}{|}}{C}}\right]_n$ ，其单键的内旋转反而容易，故柔顺性比聚丙烯好。

此外，温度对柔顺性也有影响。对同一大分子链而言，温度越高，分子中单键内旋转越容易，因而柔顺性越好。

3. 高分子的结晶形态

高分子化合物按其结构形态可分为晶态和非晶态(无定形)两种。晶态的分子是按一定的方向排列的，而非晶态分子的排列是无规则的。同一种高分子化合物可以兼有晶态和非晶态两种结构。根据"晶区"结构模型，认为在结晶高分子中存在着若干所谓"晶区"，在此"晶区"中间还存在着所谓"非晶区"。因为"晶区"和"非晶区"比整个高分子链要小得多，故每一个聚合物分子都可以同时穿过几个"晶区"和"非晶区"。在"晶区"里，分子链是规则而紧密排列的；而在"非晶区"中，分子链则是卷曲和排列无序的(图11.4)。因此，结晶高分子中每个分子既包含着规则排列部分(晶区)，又包含着不规则排列部分(非晶区)。

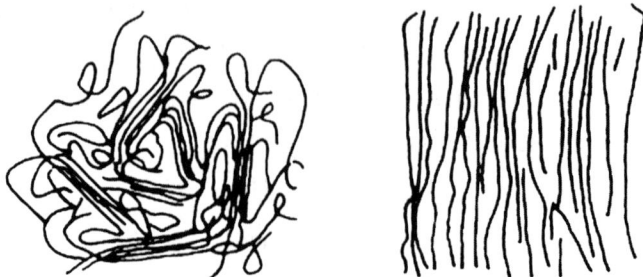

(a)结晶聚合物的"晶区"结构　　(b)拉伸（取向）结晶聚合物的"晶区"结构

图 11.4　结晶聚合物的"晶区"结构示意图

高分子中晶区部分所占的质量分数(或体积分数)，称为结晶度(crystallinity)。典型的结晶高分子化合物通常结晶度只有 50%～80%，所以实际上是部分结晶物。例如，低压聚乙烯的结晶度为 87%，高压聚乙烯略带支链，结晶度只有 65%。

4. 高分子化合物的物理形态

随着温度的变化，聚合物可以呈现不同的物理形态。由于温度与聚合物形态的关系能比较全面地反映高分子运动状态，因此通过温度-形态曲线和各种特征温度的讨论，可了解热性质与结构的关系。

在线型(或轻度网型)非结晶聚合物中，由于链段热运动程度不同，可出现 3 种不同的物理形态：玻璃态(glassy state)、高弹态(high elastic state)和黏流态(viscous flow state)。在一定外力作用下，不断升高温度，以形态对温度作图，可以得到温度-形变曲线(图 11.5)。

在玻璃态，整个大分子链和链段都被冻结，在聚合物受力时，仅能发生主链上键长和键角微小的改变，宏观上表现为形变量很小，形变与受力大小成正比。当外力除去后，形变能立即恢复，这种形变称为普弹形变。

图 11.5 非晶态聚合物的温度-形变曲线

随着温度的升高，分子热运动能量增加，当温度升高到玻璃化温度以上时，虽然整个大分子链仍不能移动，但链段却可随外力作用的方向而运动，由此产生很大的形变，外力解除后，形变能恢复原状，将这种受力后产生很大形变、外力解除后又可回复的形变称为高弹形变，所处的状态称为高弹态。由玻璃态转变到高弹态的温度称为玻璃化温度，用 T_g 表示。温度再升高，则不仅是链段，而且整个大分子链都能发生相对滑动，它同小分子液体类似，这种流动形变是不可逆的，外力除去后，流动形态不能回复，这种形变称为黏流形变，所处的状态称为黏流态。由高弹态转变到黏流态的温度称为黏流化温度，用 T_f 表示。

结晶聚合物，若其分子量不太大，则加热到熔点 T_m(结晶熔化的温度)后就直接产生流动而进入黏流态；若物质的分子量较大，则还要经过一个小的高弹性区，最后才进入黏流态。

塑料在室温下大都处于玻璃态，T_g 是其使用的上限温度；橡胶处于高弹态，T_g 是其使用的下限温度；大多数合成纤维是结晶聚合物，熔点 T_m 是其使用的上限温度。

聚合物的玻璃化温度 T_g 越高，它的使用温度也就越高，通常所说某聚合物的耐热性高，其玻璃化温度高是一个主要条件。玻璃化温度和聚合物的结构有关。当主链属于柔顺链时，T_g 较低。例如

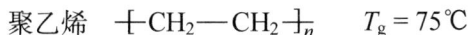

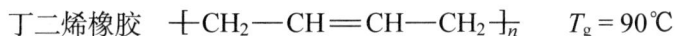

聚乙烯　$\text{-CH}_2\text{—CH}_2\text{-}_n$　　$T_g = 75℃$

丁二烯橡胶　$\text{-CH}_2\text{—CH}=\text{CH—CH}_2\text{-}_n$　　$T_g = 90℃$

当主链属于刚性链时，T_g 较高，如

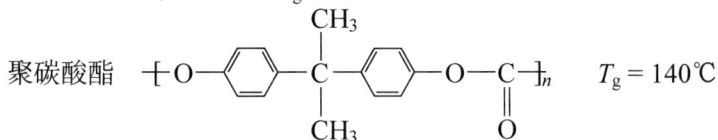

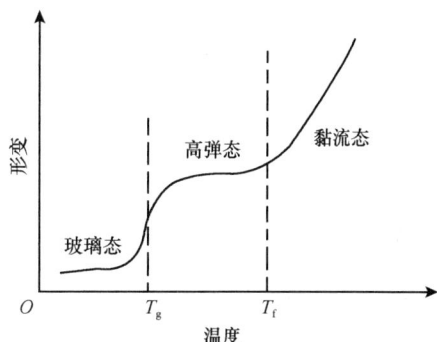

聚碳酸酯　$\text{-O-}\bigcirc\text{-}\overset{\overset{\text{CH}_3}{|}}{\underset{\underset{\text{CH}_3}{|}}{\text{C}}}\text{-}\bigcirc\text{-O-}\overset{}{\underset{\underset{\text{O}}{\|}}{\text{C}}}\text{-}_n$　　$T_g = 140℃$

当侧基的极性增大，则分子间力增大，T_g 升高；当侧基的体积大或两侧基在结构上对称时，则分子间力减小，T_g 降低。

聚合物的黏流化温度 T_f 也是其大分子链开始滑动时的温度，T_f 的高低决定着聚合物加工成型的难易。$T_g \sim T_f$ 的范围是弹性材料(如橡胶)的使用温度范围。一种理想的弹性材料应拥有较宽的 $T_g \sim T_f$ 范围。T_f 主要和聚合物的分子量有关，分子量越大，T_f 越高。

若聚合物在常温下处于玻璃态，则可用它来做塑料；若在常温下处于高弹态，则可用它来做橡胶，若 T_g 与 T_f 差值越大，橡胶的耐寒耐热性能越好。例如，聚氯乙烯 T_g 为 75℃，天然橡胶 T_g 为-73℃。

某些线型非晶态高聚物的 T_g 和 T_f 见表 11.6。

表 11.6　某些线型非晶态高聚物的 T_g 和 T_f

高聚物名称	T_g/℃	T_f/℃	高聚物名称	T_g/℃	T_f/℃
聚氯乙烯	87	175	聚碳酸酯	148	225
聚甲基丙烯酸甲酯	90	170	天然橡胶	-73	122
聚苯乙烯	90	135	硅橡胶	-109	250
聚砜	189	300			

5. 机械性能和电学性能

高分子化合物的聚合度、结晶度及分子间力(包括氢键)是影响其机械性能的主要因素。

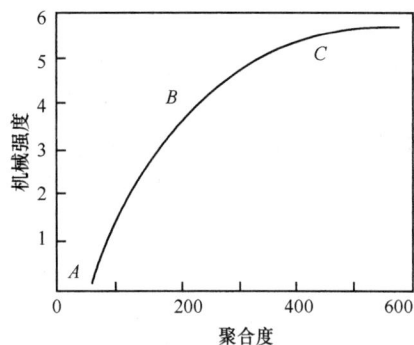

图 11.6　聚合物机械强度-分子量关系

高分子化合物的聚合度高，平均分子量越大，分子链越长，使分子链间相互纠缠的内聚作用增加，分子链间的作用力增强，这种作用力使高分子化合物能承受相当强的外力而分子间不发生相对滑移，表现出足够的强度。高分子化合物的许多机械性能(如抗拉、抗压、抗弯、抗冲击等)都随分子量的增加而增强，但分子量不是越高越好。从聚合物机械强度随分子量变化关系图(图 11.6)中可看出，随聚合度的增大，机械强度增大，到 C 点后，强度不再明显增加。且分子量过大，聚合物黏度增大，弹性、塑性减小，造成加工困难。因此，合成高分子时，保持一定的聚合度是很重要的。

高分子化合物的结晶程度增大，链段排列紧密，分子间力随之增加，其机械性能也越好。例如，丁苯橡胶的分子量(40000~50000)比天然橡胶的分子量(约 200000)低，且结晶度低，因此其抗拉强度比天然橡胶差。

高分子化合物的极性基团(如—OH，—CN，—CO)，能增加分子间的作用力。例如，在聚酰胺的长链分子中存在着酰胺基(—C—N—)，酰胺基之间可以通过氢键的作用互相吸引，使
　　　　　　　　　　　　　　‖　 |
　　　　　　　　　　　　　　O　 H
分子间作用力大大加强，从而显著提高聚合物的机械性能。

高分子的结构是决定聚合物导电性能的重要因素。聚合物按其结构对称性的不同，分为非极性和极性两类。非极性聚合物是指高分子链中链节结构对称的聚合物，如聚乙烯、聚四氟乙烯等。极性聚合物是指高分子链中链节结构不对称的聚合物，如聚苯乙烯、聚氯乙烯、聚酰胺等。

由于高分子内部没有自由电子和离子，因此它不具有电子性和离子性的导电能力，在直流电场下大多数具有良好的电绝缘性能。但在交流电场中，由于极性聚合物中的极性基团或极性链节会随电场方向发生周期性取向，因而具有一定的导电性。

含有共轭双键的聚合物具有一定的导电性，如聚乙炔 $\text{+CH}=\text{CH}-\text{CH}=\text{CH}-\text{CH}=\text{CH}\text{+}_n$，由于共轭双键中的 π 电子能在整个分子中运动，相当于分子内的自由电子，故可以增加导电性。

11.2.4　高分子化合物的老化与防老化

高分子化合物在长期使用过程中，由于受到氧、热、紫外光、机械力、水蒸气、酸、碱及微生物等因素的作用，逐渐失去弹性，出现裂纹，变硬、变脆或变软、发黏、变色等，从而使它的物理机械性能越来越坏的现象，称为高分子化合物的老化。例如，聚氯乙烯薄膜在日光照射下，1～2 年将完全丧失柔顺性，变得硬而易碎。

高分子的老化过程是一个复杂的化学变化过程，主要包括交联与裂解这两种反应。

1. 交联反应

交联反应(crosslinking reaction)是指大分子与大分子相连，在分子链间形成化学键，使大分子从线型结构变为体型结构的过程。通常不同的对象又有不同的具体名称。例如，橡胶的交联反应称为硫化，树脂、胶黏剂的交联反应称为固化或硬化等。交联反应将导致高分子化合物进一步变硬、变脆、失去弹性。若线型高分子在使用过程中发生交联反应，则会因其原有性能被破坏(如脆性增加)，而不能继续使用。

2. 裂解反应

裂解反应(cleavage reaction)又称为降解反应，是指大分子链发生断裂，从而使聚合物分子量明显降低的过程。

例如，橡胶氧化降解：

得到的过氧化物极不稳定，易发生 C—C 键的断裂：

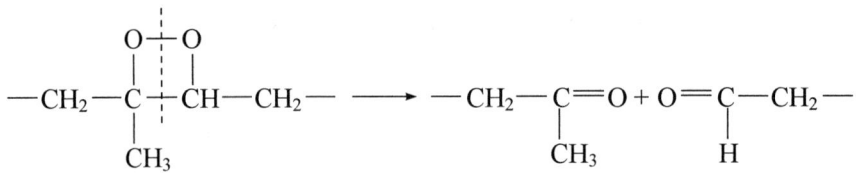

$$
\begin{array}{c}
\overset{\displaystyle O\ \vdots\ O}{\underset{\displaystyle CH_3}{-CH_2-\overset{|}{\underset{|}{C}}\ \vdots\ CH-CH_2-}}
\end{array}
\longrightarrow
-CH_2-\underset{CH_3}{\overset{}{C}}{=}O + O{=}\underset{H}{\overset{}{C}}-CH_2-
$$

由于氧化降解，橡胶的大分子链断裂，因此橡胶变软、变黏并丧失机械强度。

要提高某种高分子材料的使用价值，一个是设法改进它的性能，另一个是如何防止老化，延长其使用寿命。目前采用的防老化措施主要有 3 种：

(1) 改变聚合物的结构。例如，聚氯乙烯的热稳定性较差，为改善此性能，在聚氯乙烯的悬浮液中通入氯气并用紫外光照射，可制得热稳定性较高的氯化聚氯乙烯。

(2) 物理防老。根据需要可在聚合物的表面上镀一层金属或涂一层耐老化涂料作为防护层，这样就可以使聚合物与氧、光隔绝，以达到防老目的。

(3) 化学防老。化学防老的本质是抑制最初自由基的生成或抑制最初自由基引起的链式反应。通常是加入各种防老剂(又称做稳定剂)，较重要的有以下几种：

紫外线吸收剂：它的作用是制止由光能或部分热能作用而直接生成的自由基。例如，作紫外线吸收剂的水杨酸酯与二苯甲酮类有机化合物能吸收紫外光的能量，使它很难断裂共价键，生成自由基。

抑制剂：此类物质生成的自由基比较稳定，它可以捕获能引起大分子裂解或交联的自由基，而自身变成活性较低的自由基，于是终断了链式反应。这种防老剂常用的有烷基酚、芳香胺等。

高分子材料的老化与防老是一个复杂的综合性问题，也是尚需继续解决的一个重要课题。

11.2.5　重要的高分子材料

高分子材料也称为聚合物材料，它以高分子化合物为基体，再配有其他添加剂(助剂)所构成。按性能和用途可分为塑料、橡胶、纤维、胶黏剂、涂料、功能高分子材料以及聚合物基复合材料等。近年来随着 3D 打印技术的迅速发展，3D 打印材料成为影响 3D 打印技术发展与应用的关键因素。目前高分子材料是 3D 打印领域最为成熟的打印材料，而工程塑料则是应用范围较广的 3D 打印材料。下面重点介绍几种重要高分子材料。

1) ABS

ABS 树脂是丙烯腈(A)、丁二烯(B)和苯乙烯(S)的共聚物，其结构式为

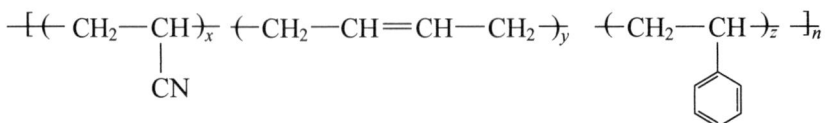

$$
{\Large[}\ {\large(}\ CH_2-\underset{CN}{\overset{|}{\underset{|}{CH}}}\ {\large)}_x\ {\large(}CH_2-CH{=}CH-CH_2{\large)}_y\ {\large(}CH_2-\underset{\bigcirc}{\overset{|}{CH}}{\large)}_z\ {\Large]}_n
$$

ABS 是一种热塑性塑料，它是在聚苯乙烯改性基础上发展起来的。聚苯乙烯有坚硬、透明、良好的电性能和加工成型性等优点，但它的缺点是性脆、不耐有机溶剂、不耐高温。与丙烯腈共聚可提高强度、耐热、耐有机溶剂等性能。这是因为丙烯腈是极性分子，分子间力大。而与丁二烯共聚可提高弹性，改善脆性，提高冲击强度等，这是由于丁二烯分子中有双键，柔性好。由于三者共聚，而且聚合时三种单体的含量可根据对产品的不同要求而增减，所以 ABS 获得良好的综合性能，具有坚韧、质硬、刚性的特征，而且无味、无毒。

ABS 在汽车、拖拉机、纺织、仪表、机电、3D 打印等行业中应用广泛，如可制成齿轮、泵叶轮、轴承、管道、电视机外壳、家具等。在 3D 打印中，ABS 的优良性能使它成为 FDM 型(熔融沉积快速成型技术)3D 打印机中的主要材料。

ABS 的缺点是耐热性不太高、不透明、耐候性不好，特别是耐紫外线性能差。这主要是由于丁二烯的成分中含有双键，易断键降解。

2) 导电高分子材料

导电高分子材料作为目前最重要的新型高分子材料之一，已经成为新一代基础有机电子材料，尤其在信息、能源、航空航天、医药卫生以及建筑、交通等各个领域都有着广阔的开发与应用前景。2000 年，美国科学家黑格(Heeger)、马克迪尔米德(MacDiarmid)以及日本科学家白川英树(Shirakawa)因在导电聚合物领域做出了开创性贡献，荣获了该年度的诺贝尔化学奖。诺贝尔评奖委员会的公告中这样写道：塑料本来是不导电的绝缘体，它们合成了具有共轭链的聚乙炔，用掺杂方式使塑料出现与金属一样的导电性。导电高分子已成为化学和物理学研究的重要领域。不仅将导电聚合物用于聚合物电池的设想正在逐步实用化，而且发光二极管、移动电话显示屏以及将来的分子电路也有可能用导电高分子作关键材料。

自 1977 年第一个导电高分子聚乙炔(PAC)发现以来，在导电聚合物的合成、结构、导电机理、性能、应用等方面已取得很大进展。从导电机理的角度看，导电高分子大致可分为两大类：第一类是复合型导电高分子材料，它是指在普通的聚合物中加入各种导电性填料而制成的，这些导电性填料可以是银、镍、铝等金属的微细粉末，导电性炭黑、石墨及各种导电金属盐等。此类导电高分子材料在国内外已得到广泛的应用，如抗静电、电磁波屏蔽、微波吸收、电子元件中的电极等。第二类是结构型导电高分子材料，这类高分子本身或经过掺杂之后具有导电功能，一般为共轭型高分子，在高分子链中具有大量共轭双键结构，电子在共轭体系内自由运动，因而提供了导电载流子。虽然共轭结构具有较强的导电倾向，但电导率并不高，在实际应用中，通常经过掺杂提高电导率。例如，在聚乙炔中添加碘，电导率可增至 $104\ \mathrm{S\cdot cm^{-1}}$，达到金属导电的水平。目前研究较多的导电高分子有聚乙炔(PAC)、聚苯胺(PAN)、聚吡咯(PPY)、聚噻吩(PTP)、聚对苯撑(PPP)、聚苯基乙炔(PPV)等。其中聚苯胺以其原料易得、合成简便、较高的电导率、较好的环境稳定性，已在二次电池、电致显色、抗静电、微波吸收、防腐等领域显示出广泛的应用。

3) 聚甲醛(POM)

根据聚合方法不同，聚甲醛可分为均聚甲醛和共聚甲醛两类。目前，工业生产中以共聚甲醛为主。共聚甲醛是用三聚甲醛与少量二氧五环，在催化剂存在下反应制得的，其分子结构式为

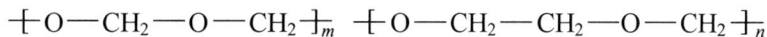

$$+O\!-\!CH_2\!-\!O\!-\!CH_2\!+_m\ +O\!-\!CH_2\!-\!CH_2\!-\!O\!-\!CH_2\!+_n$$

聚甲醛的分子链是一种没有侧链、高密度、高结晶性的线型高分子，属热塑性塑料。它的力学性能、机械性能与铜、锌极其相似。可以在-48～100℃长期使用，有优良的抗摩擦、磨损性能，自润滑性好，吸水性、蠕变性小，尺寸稳定性好，且具有良好的电绝缘性。但不耐酸、强碱，不耐日光和紫外线辐射，高温下不够稳定，易分解出甲醛。

聚甲醛用途很广，可以代替许多有色金属与合金。在机电和汽车工业方面应用较多，特别适合于制作轴承、齿轮，广泛用于某些难以使用润滑油的机械设备。用聚甲醛作汽车的轴承，使用寿命比金属长一倍。

4) 聚四氟乙烯

由单体四氟乙烯可制取聚四氟乙烯:

$$n\text{CF}_2=\text{CF}_2 \longrightarrow -(\text{CF}_2-\text{CF}_2)_n$$

聚四氟乙烯是一种没有支链的线型高分子,分子高度对称,结晶度高(93%～97%)。由于 C—F 以共价键结合,键能为 490 kJ·mol^{-1},不易破坏,而 C—C 主链外围被氟原子所包围,使 C—C 链不易断裂,因此聚四氟乙烯具有许多优异的性能。化学稳定性和热稳定性极高,它可耐强酸、强碱、强氧化剂,即使在高温下,王水对它也不起作用,故有"塑料王"之称。可以在–250～260℃应用。聚四氟乙烯的电绝缘性很好,且不随温度和频率而变化,因此广泛应用于电器、冷气机工业及化学工业、航空工业等领域。

5) 聚乳酸

聚乳酸(PLA)的结构为

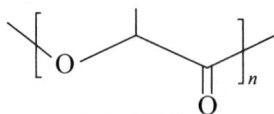

聚乳酸结构式

聚乳酸的分子式为$(\text{C}_3\text{H}_4\text{O}_2)_n$,它是以乳酸$(\text{C}_3\text{H}_4\text{O}_3)$为基础合成的聚合物。乳酸有两种光学活性立体异构体:右旋(D-)和左旋(L-)。自然发酵一般会产生两者的混合物,其比例约为 99.5%(L)和 0.5%(D)形成乳酸。两种异构体具有相同的物理性质,但 L-形的极化是顺时针旋转,而 D-形则是逆时针旋转。

聚乳酸是一种半结晶的热塑性材料,具有相对较好的力学性能及良好的透明性、生物相容性、生物可降解性(表 11.7)。作为一种从植物中提取的可熔融加工的纤维,聚乳酸具有许多与其他合成纤维相似的特性。聚乳酸的玻璃化转变温度(T_g)相对低,为 55～65℃。聚乳酸能够根据聚合度和结晶度来调节其力学性能,聚合度增大或者结晶度增高都可以增强其力学性能。

表 11.7　聚乳酸理化性质

性能参数	数值范围	性能参数	数值范围
分子量	10～30(×10^4)	结晶度/%	10～40
玻璃化转变温度/(℃)	50～61	熔点/℃	130～215
无缺口冲击强度/(J·m^{-1})	16～26	维卡软化点/℃	52～165
弯曲强度/(MPa)	88～106	热变形温度/℃	50～55
杨氏模量/(MPa)	3750～3900	拉伸强度/(MPa)	44～59
断裂伸长率/%	4～10	熔体流动指数(10 min)/(g·min^{-1})	0.2～2.0

聚乳酸是一种半结晶的热塑性材料,具有相对较好的力学性能及良好的透明性、生物相容性、生物可降解性。PLA 作为新型的可降解材料,其应用十分广泛,在生物医药、工业和农业、服装、食品包装材料等领域都有涉及。

聚乳酸在医学上已广泛用于可吸收手术缝合线、眼科植入材料以及其他纤维编织物或膜材料做成的人体组织修补材料,也可用于甲壳晶须增强的硬组织修复材料,牙科修复材料,骨膜生长隔离膜,与β磷酸三钙、羟基磷灰石纤维或碳纤维复合制成接骨板,人造皮肤,注射或定位置入药物的缓释载体,生物降解纤维,有优良抑菌及抗霉特性的生物可降解塑料等。

6) 聚氨酯

聚氨酯全称聚氨基甲酸酯,由小分子多元醇与异氰酸酯通过逐步聚合反应而得,其主链结构中含有大量重复的氨基甲酸酯单元,是一种软硬段交替排列的典型多元嵌段共聚物。由于聚氨酯含有强极性氨基甲酸酯基团,调节配方中 NCO/OH 的比例,可以制得热固性聚氨酯和热塑性聚氨酯的不同产物。按其分子结构可分为线型和体型两种。体型结构中由于交联密度不同,可呈现硬质、软质或介于两者之间的性能,具有高强度、高耐磨和耐溶剂等特点。

聚氨酯按分散介质类型可分为溶剂型聚氨酯与水性聚氨酯两大类。溶剂型聚氨酯以有机溶剂为分散相,常用的有苯类(如甲苯)、酮类(如丙酮)、环醚(如四氢呋喃)等,有机溶剂价格昂贵且大部分易燃易爆,其在生产过程中的使用不仅存在大量挥发性有机化合物(VOCs)排放,对环境造成污染,而且增加了产品成本及生产安全隐患。水性聚氨酯以水为分散介质,生产过程相对溶剂型更绿色环保,安全易控。

水性聚氨酯按其结构中亲水基团的不同,可被划分为阳离子型、阴离子型与非离子型三类。水性聚氨酯有以下应用:

(1) 用作胶黏剂。水性聚氨酯胶黏剂的黏接作用主要来源于其分子结构中的极性基团与黏结材料表面的作用力,一般来说,聚酯型的水性聚氨酯比聚醚型黏接强度高,水性聚氨酯分子量越大,分子链结构越规整,胶黏剂的内聚则越强。

(2) 用作涂料。水性聚氨酯涂料有单组分和双组分两种。单组分水性聚氨酯可以直接刷涂,双组分则需水性多元醇分散体与聚异氰酸酯在使用前混合,施工后涂膜完成交联固化。

(3) 用作玻璃纤维浸润剂。玻璃纤维是由玻璃经高温熔融拉丝制成的微米材料,其强度高,耐腐蚀,不易导电导热,常用作复合增强材料。水性聚氨酯应用于玻璃纤维浸润剂优点突出,其结构中的氨酯键与玻璃纤维原丝表面有良好的结合性,对玻璃纤维的黏结集束性好,能为玻璃纤维提供良好的耐磨性和弹性。

7) 3D 打印材料

FDM 型打印技术在成型材料方面主要采用了工业级热塑材料,属于一种积层制造方法。该技术简单,应用也十分普遍。最大的优点是几乎所有的普通塑料都可以用于 3D 打印(图 11.7)制造产品。主要有聚丙烯、丙烯酸-丁二烯-苯乙烯三元共聚物(ABS)、聚乳酸(PLA)、聚碳酸酯(PC)、耐高温树脂等热塑性高分子材料。在这里选取几种特殊材料做介绍。

耐高温树脂是指能在 250℃下连续使用仍能保持其主要物理性能的工程树脂,也称为特种工程树脂,是在 20 世纪 70 年代初继普通树脂及工程树脂后研发出的第三代高分子材料。耐高温树脂以其无腐蚀性、耐老化、耐酸碱、固化收缩率小、抗震性能良好、耐机械冲击及冷热冲击能力强的特点,广泛应用于军事、建筑、火箭、交通运输等领域。

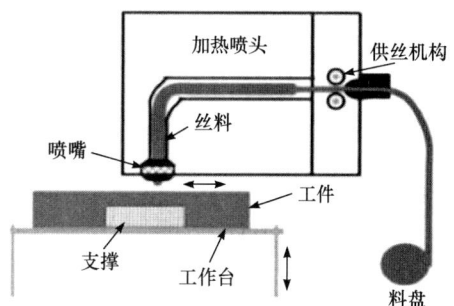

图 11.7　3D 打印机示意图

聚醚醚酮(poly-ether-ether-ketone,PEEK)作为一种代表性的耐高温树脂材料,其主要特性如下:

(1) 耐热性。PEEK 的玻璃化转变温度为 143℃,熔点为 334℃,可在 260℃高温下连续工作,热分解温度约 500℃。

(2) 机械强度高。PEEK 的力学性能优异,兼具刚性和韧性,交变应力下的抗疲劳性能十分突出。PEEK 为基体材料与碳纤维、玻璃纤维等增强相制备的复合材料在力学性能上可进一步提升。

(3) 耐磨性。PEEK 滑动特性优异，可用于要求摩擦系数低和耐磨耗场合。

(4) 耐腐蚀性。PEEK 化学稳定性高，不溶于除浓硫酸外的其他强酸碱溶剂。

(5) 良好的生物相容性。由于 PEEK 没有毒性，且拥有和人体骨骼相似的刚度和弹性模量，在临床上已经被证明可以作为骨科植入物。

11.3　建筑用凝胶材料

建筑材料是建筑工程不可缺少的原材料，是建筑事业的物质基础，对建筑形式、施工方法及造价，乃至建筑的性能、用途和寿命都起着重要的作用。

建筑材料的品种繁多，组分各异。凡是能在物理、化学作用下，从浆体逐渐变成坚固的石状体，并能胶结其他物料，形成具有一定机械强度的物质，统称为凝胶材料(gelatinous material)。按照硬化条件，凝胶材料可分为水硬性凝胶材料和气硬性胶凝材料两类。水硬性凝胶材料能在水中(也能在空气中)硬化，保持并继续提高其强度。水泥是典型的水硬性凝胶材料。气硬性凝胶材料只能在空气中硬化，也只能在空气中保持或继续提高其强度。主要的气硬性凝胶材料有石灰、石膏、镁质凝胶材料和水玻璃等。

11.3.1　石膏

1. 建筑石膏的生产

生产建筑石膏的原料主要是天然石膏($CaSO_4 \cdot 2H_2O$，又称二水石膏)。二水石膏首先要通过加热，使之部分或全部脱水，制得各种不同脱水形态的石膏(gypsum)，才可作为胶凝材料用于建筑工程中。因此建筑石膏的主要生产过程是将二水石膏脱水。将天然石膏加热至 60～70℃时，开始脱去部分结晶水，但脱水速率很慢。当温度升高到107～170℃时，脱水激烈，水分迅速蒸发，二水石膏转变成 β 型半水石膏。将半水石膏磨成细粉即为建筑石膏$\left(\beta\text{-}CaSO_4 \cdot \frac{1}{2}H_2O\right)$。

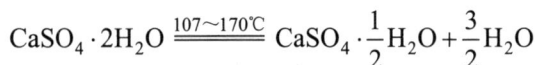

$$CaSO_4 \cdot 2H_2O \xrightarrow{107\sim170℃} CaSO_4 \cdot \frac{1}{2}H_2O + \frac{3}{2}H_2O$$

如果不是将二水石膏放在炉内烘烤脱水，而是投入高压锅内，当温度升至125℃时，相应的蒸气压力约为 1.3×10^5 Pa，则是得到 α 型半水石膏$\left(\alpha\text{-}CaSO_4 \cdot \frac{1}{2}H_2O\right)$。这种石膏的强度较高，称为高强石膏。

焙烧石膏，温度达到 170～200℃时，半水石膏继续脱水，生成可溶性硬石膏，当温度高于400℃时，生成不熔性石膏，俗称僵烧石膏。当温度高于800℃时，部分硫酸钙分解成氧化钙，变成高温煅烧石膏。在各种形态的石膏中，半水石膏是用得最多的一种。

2. 建筑石膏的凝结和硬化

建筑石膏与适量的水混合，最初形成可塑浆体，随着浆体中水分的水化消耗、蒸发及被水化产物吸附，浆体逐渐变稠而失去塑性，这一过程称为凝结。在失去塑性的同时，二水石膏胶体微粒逐渐变为晶体，强度迅速增大，形成坚硬固体，这一过程称为硬化。

石膏的凝结硬化是一个连续溶解、水化、胶化、结晶的过程。建筑石膏加水拌和后，首先部分溶解并达到饱和，接着与水结合变成二水石膏。

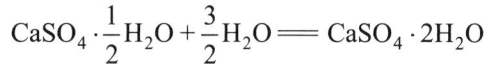

$$CaSO_4 \cdot \frac{1}{2}H_2O + \frac{3}{2}H_2O \Longrightarrow CaSO_4 \cdot 2H_2O$$

由于二水石膏的溶解度比半水石膏的溶解度小，二水石膏会从溶液中析出形成胶粒，从而破坏原有的溶解平衡，固态半水石膏继续溶解。随着胶体凝聚并逐步转变成晶体，石膏浆失去塑性，开始凝结。以后水分蒸发，晶体继续增长，彼此交错紧密结合，使凝结后的石膏渐渐硬化，达到一定强度。由此可见，二水石膏既是半水石膏的原料，又是半水石膏实际应用时再水化的最终产物。

3. 建筑石膏的性能

(1) 凝结硬化快。建筑石膏加水拌和后，浆体几分钟后便开始失去塑性，30 min 内完全失去可塑性而产生强度。在使用过程中，常掺入一些缓凝剂，如硼砂、0.1%～0.2%的动物胶或硫酸-乙醇废液等，以便适当延长凝结时间。

(2) 硬化时体积微膨胀。建筑石膏在硬化时体积微膨胀，膨胀率为 0.5%～1%。这一性质使石膏制品尺寸准确，形体饱满，再加上石膏本身颜色洁白，质地细腻，因而特别适合制作建筑装饰制品。

(3) 孔隙率大。石膏理论需水量为 18.6%。为使石膏浆有必要的可塑性，建筑石膏在加水拌和时往往加入大量的水(占建筑石膏质量的 60%～80%)。硬化后，由于多余水分的蒸发在内部形成大量孔隙。

(4) 耐水性、抗冻性差。因建筑石膏吸水性强、孔隙率大，且二水石膏可微溶于水，遇水后强度显著降低。若吸水后受冻，会因孔隙中水分结冰膨胀而破坏。因此，石膏制品不宜用在潮湿寒冷的环境中。

(5) 防火性好，耐火性较差。建筑石膏硬化后主要成分为 $CaSO_4 \cdot 2H_2O$，遇火时由于石膏中结晶水蒸发，表面生成的无水物为良好绝热材料，起到了防火作用。但二水石膏脱水后，强度下降，因此耐火性较差。

4. 建筑石膏的应用

建筑石膏比石灰更洁白、细腻，广泛用于室内装修、抹灰、粉刷。由于石膏的吸湿性，可适当调节室内的湿度。利用石膏在硬化时体积略有膨胀的特性，可制成各种石膏雕塑、装饰面板。建筑石膏中掺入一定量的外加材料(如轻质填充料、纤维增强材料、水泥等)，经过搅拌、浇注成型、脱模、烘干等工序，可制得各种类型的石膏板。石膏板具有质轻、绝热、防火、吸音、美观、尺寸稳定等优越性能，且原料来源丰富，生产周期短，加工方便，价格便宜，是一种有发展前途的新型内墙材料。

11.3.2　水玻璃

水玻璃是一种能溶于水的硅酸盐材料。在硅酸盐中，仅碱金属的硅酸盐能溶于水。因此，在建筑工程中常使用钠水玻璃($Na_2O \cdot mSiO_2$)，简称水玻璃或硅酸钠(sodium silicate)。

水玻璃的主要原料是石英砂(SiO_2)和纯碱(Na_2CO_3)或烧碱($NaOH$)。将原料磨细，按一定比例配制，置于熔炉内加热至 1570～1670 K。强熔融物冷却，即得玻璃状的硅酸钠(固态水玻璃)。

$$Na_2CO_3 + mSiO_2 \xrightarrow{\text{高温熔融}} Na_2O \cdot mSiO_2 + CO_2$$

固态水玻璃在 0.3～0.8 MPa 压力的蒸气锅内溶于水，可得黏稠状液体，即液态水玻璃，俗称泡花碱。在水玻璃的组成中，SiO_2 与 Na_2O 的量之比 m，称为水玻璃的模数，其值为 1～3.6。模数越大，水玻璃的黏度越大，越易硬化，但黏结后强度较低。建筑上常用的液态水玻璃的模数为 2.6～2.8。

由于硅酸是一种弱酸，故水玻璃在水中强烈水解而使溶液呈碱性，同时析出胶状的硅酸。

$$Na_2O \cdot mSiO_2 + (n+1)H_2O == 2NaOH + mSiO_2 \cdot nH_2O$$

水玻璃属于气硬性胶凝材料。空气中的 CO_2 与水玻璃的水解产物发生中和反应，促使胶状硅酸大量析出，逐渐变成稠厚、黏结力强的硅酸凝胶，并逐渐干燥而硬化。

$$Na_2O \cdot mSiO_2 + CO_2 + nH_2O == Na_2CO_3 + mSiO_2 \cdot nH_2O$$

为加速硬化，可加入适量的促凝剂，如 NH_4Cl、$CaCl_2$、Na_2SiF_6 等。

在建筑工程中，水玻璃有着广泛的用途。将水玻璃溶液作为涂料，喷涂在建筑材料的表面，能提高材料的密实度、耐水性和抗风化能力。用水玻璃作胶凝材料，掺入一定比例的耐酸、耐热骨料(如石英砂、花岗石碎块)，可制成耐酸、耐热的砂浆及混凝土，用于铺设耐酸地面。将水玻璃溶液与氯化钙溶液交替灌入土壤中，两者在土壤中发生化学反应，析出的硅酸胶体将土壤颗粒包裹，并填充在孔隙中，可用于加固建筑物的地基，以提高地基的承载能力及地基土的抗渗性。

11.3.3 水泥

水泥(cement)是一种粉状矿物质的胶凝材料，与水拌和后能在空气中或水中逐渐硬化。常用于拌制砂浆及混凝土，也常用作灌浆材料。水泥与木材、钢材一起称为三大重要建筑材料。按原料及生产方法不同，水泥有许多品种，其中硅酸盐水泥最为重要，应用最多。

1. 硅酸盐水泥的成分

硅酸盐水泥由石灰石和黏土等原料按一定比例配料，磨细后煅烧制得块状硅酸盐水泥熟料，将水泥熟料与二水石膏等一起磨成粉状，即可制成硅酸盐水泥。在煅烧过程中，石灰石分解为氧化钙和二氧化碳，与黏土中所含二氧化硅、氧化铁和氧化铝等在高温下发生化学发应，主要反应有

$$CaCO_3 \xrightarrow{750\sim1000℃} CaO + CO_2(g)$$

$$2CaO + SiO_2 \xrightarrow{1000\sim1300℃} 2CaO \cdot SiO_2(\text{硅酸二钙，简写成} C_2S)$$

$$3CaO + Al_2O_3 \xrightarrow{1000\sim1300℃} 3CaO \cdot Al_2O_3(\text{铝酸三钙，简写成} C_3A)$$

$$3CaO + Al_2O_3 + Fe_2O_3 \xrightarrow{1000\sim1300℃} 4CaO \cdot Al_2O_3 \cdot Fe_2O_3(\text{铁铝酸四钙，简写成} C_4AF)$$

$$2CaO \cdot SiO_2 + CaO \xrightarrow{1300\sim1400℃} 3CaO \cdot SiO_2(\text{硅酸三钙，简写成} C_3S)$$

其中硅酸三钙和硅酸二钙是主要矿物成分，约占 70%以上。一般硅酸盐水泥熟料的化学成分和矿物组成的大致范围见表 11.8。

表 11.8　硅酸盐水泥熟料的化学成分和矿物组成

化学成分	SiO_2	Al_2O_3	Fe_2O_3	CaO	MgO
$w/\%$	21～23	5～7	3～5	64～68	<5
矿物组分	C_3S	C_2S	C_3A	C_4AF	
$w/\%$	44～62	18～30	5～12	10～18	

2. 硅酸盐水泥的硬化

水泥中各种矿物成分均为无水化合物,当有水存在时这些物质不稳定,因此水泥必须隔水保存。当水泥与适量水调和时,先形成一种可塑性的浆状物,具有可加工性。随着时间的推移,逐渐失去可塑性,硬度和强度逐渐增加,最后变成坚硬的固体,这一过程称为水泥的硬化。水泥的硬化是一个复杂的物理化学过程,其中硅酸三钙在硬化时起着主要作用。硬化过程大致分以下 3 步进行。

(1) 水泥颗粒表面层和水发生水化反应,生成水化硅酸二钙和氢氧化钙。

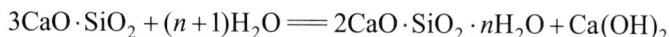

$$3CaO \cdot SiO_2 + (n+1)H_2O == 2CaO \cdot SiO_2 \cdot nH_2O + Ca(OH)_2$$

(2) 固态的氢氧化钙从水泥浆状物和 $Ca(OH)_2$ 的饱和溶液中以非晶态物质析出,把水泥颗粒包围起来,并结合成块状——水泥凝结。

(3) 氢氧化钙粒子相互结合而增大,变成针状结晶,伸入水化硅酸钙的非晶体内,连成一体,增加了水泥的机械强度。

水泥的水化反应是放热反应。在水化过程中放出的热称为水泥的水化热。水化热的大小和放热的速率不仅与水泥的矿物组成有关,而且也和水泥的细度等因素有关。铝酸三钙水化时放热量最大,放热速率也快。硅酸三钙放热量稍低。硅酸二钙放热量最低,放热速率也慢。水泥颗粒越细小,水化反应速率越快。在建造大型基础、水坝、桥墩等大体积水泥混凝土建筑时,由于水化热积聚在内部不易散发,内外温度不同引起的内应力,可使水泥混凝土产生裂缝,造成严重的后果。因此,在这种情况下应选用合适的原料配比,适当提高熟料中 C_2S 及 C_4AF 的含量,或在水泥熟料中掺入较多的高炉矿渣,制成水化热较低的硅酸盐水泥,以保证工程质量。

温度对水泥凝结硬化影响很大。温度高时水泥水化速度快,凝结硬化也快。采取蒸气养护是加速凝结硬化的方法之一。温度低时,凝结硬化变慢。温度低于 0℃,硬化完全停止,低于–3℃时,水泥中的水因结冰而体积膨胀,会使水泥建筑构件冻裂破坏,所以冬季建筑施工时需采取保暖防冻措施。

将水泥、砂、碎石按一定配比混合就得到混凝土。以钢筋为骨架的混凝土结构称为钢筋混凝土结构。混凝土具有较高的抗压强度及耐久性,容易浇筑成各种形状尺寸的结构或构件,且原料价格低廉,因此广泛地用于建筑工程中。

11.4　信息材料

11.4.1　信息存储材料

信息存储材料是指用于各种存储器的一些能够用来记录和存储信息的材料。这类材料在一定强度的外场(如光、电、磁或热等)作用下会发生从某种状态到另一种状态的突变,并能使变化后的状态保持比较长的时间,而且材料的某些物理性质在状态变化前后有很大差别。因此,通过测量存储材料状态变化前后的这些物理性质,数字存储系统就能区别材料的这两种状态并用"0"和"1"来表示它们,从而实现存储。如果存储材料在一定强度的外场作用下,能快速从变化后的状态返回原先的状态,那么这种存储就是可逆的。

信息存储材料的种类很多,主要包括磁存储材料、半导体存储器材料、光盘存储材料、铁存储材料等。由于存储原理不同,存储性能也有很大差别,因此用于不同的应用场合。在这里重点介绍新型信息存储材料。

随着信息存储技术的不断发展,各种新型的信息存储技术,如直接重写光存储材料、有机光色存储材料、铁电存储材料、电子俘获光存储材料、光子选通光谱烧孔存储材料、近场扫描光学显微存储材料、全息存储材料等纷纷涌现,使信息存储技术不断朝高速、大容量等方向发展。

有机光色存储材料利用一些有机化合物的光化学反应,如闭环开环反应(螺吡喃类)、反式顺式反应(偶氮苯类)、光异构化反应(N-水杨醛缩苯胺)、光诱质子转移反应(钌配合物)等来产生光致变色效应(图 11.8),从而用作可擦重写光色材料。其优势在于可以提高存储密度,不过目前这类材料对光、热稳定性较差,有待进一步改进。

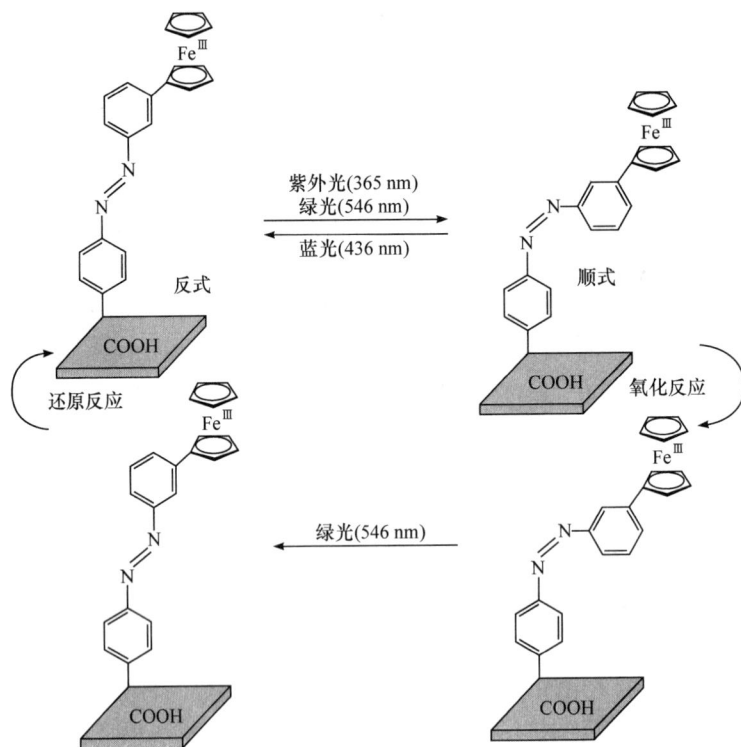

图 11.8 偶氮类分子存储材料光反应变化示意图

铁电存储材料为用于铁电随机存储器(ferroelectric RAM,简称 FRAM)和高容量动态随机存取存储器(dynamic random access memory,简称 DRAM)的一些铁电薄膜材料,FRAM 是利用铁电存储材料固有的双稳态极化特性——电滞回线制备的永久性存取存储器件。电滞回线是指铁电体在电场作用下极化强度随电场变化关系的滞后回线,与铁磁体在磁场作用下的磁滞回线形状相似。这类存储器具有永久存储的能力,即使断电时也能保持存储的信息。此外还具有读写速度快、开关性能好、抗辐射能力强等优点，可用于计算机的高速、高密度永久性存储。DRAM 是半导体技术中的一个重要器件，半导体技术的高密度化要求进一步提高 DRAM 的密度，由于铁电薄膜的介电常数大大高于目前 DRAM 采用的氧化硅/氧化氮/氧化硅(ONO)材料，故采用铁电薄膜可使 DRAM 的密度大幅度地提高。例如，采用(Ba,Sr)TiO：(BST)铁电薄膜取代 ONO 材料，可使 DRAM 的密度提高大约 50 倍。

11.4.2　信息传输材料

信息传输材料是指用于各种通信器件的一些能够用来传递信息的材料，如通信电缆材料、光纤通信材料、微波通信材料和 GSM 蜂窝移动通信材料等，利用这些材料构建的通信网络，已成为国家信息基础设施的支柱。这里重点介绍光纤通信材料。

光纤(Fiber，光导纤维)是一种由玻璃或塑料制成的纤维，也是利用光在这些纤维中以全内反射原理传输的光传导工具。

光纤从材料角度分类可以分为石英光纤、塑料光纤、硫硒碲化合物光纤等。石英光纤主要由 SiO_2 构成，一般采用 $SiCl_4$ 或者硅烷等挥发性化合物进行氧化或者水解，再通过气相沉积获得低损耗石英光纤预制品，最后进行拉丝工艺。光纤的折射率可以通过掺杂氧化物来调节。在这里重点介绍一下塑料光纤材料。

1. 聚甲基丙烯酸甲酯(PMMA)类

PMMA 是目前最常用的高性能塑料光纤材料，另外还有氘代 PMMA、卤代 PMMA、卤氘代 PMMA 等。其优势特性有：高透光率，达到 90%～92%；机械强度高、韧性好，拉伸强度为 60～75 MPa；优良的耐紫外线老化性；玻璃化温度为 80～100℃，分解温度大于 200℃；电绝缘性能好。

氘代 PMMA 即分子中的氢被氘部分取代或者全部取代的甲基丙烯酸甲酯聚合物。其特性在于降低光损耗，最低达到 $20\ dB\cdot km^{-1}$，而普通的 PMMA 光纤损耗值大于 $100\ dB\cdot km^{-1}$。

2. 聚苯乙烯(PS)类

聚苯乙烯的折射率较高，透光性能好，是仅次于 PMMA 的第二大类塑料光纤材料，包括聚苯乙烯均聚物、聚苯乙烯共聚物、卤代聚苯乙烯、氘代聚苯乙烯等。聚苯乙烯为无色透明颗粒，无臭、无味、无毒；具有良好的刚性和耐化学性；折射率为 1.59～1.60。

高分子化学奠基人——施陶丁格

施陶丁格(Hermann Staudinger，1881—1965)，德国化学家。1881 年 3 月 23 日生于德国沃尔姆斯，先在慕尼黑大学学习，后转入哈雷大学学习化学，1903 年在哈雷大学获得博士学位。施陶丁格一生主要从事高分子化学研究，是高分子化学的创始人和奠基人。19 世纪末 20 世纪初，人们已用苯酚和甲醛合成了酚醛树脂。在 20 世纪 20 年代以前，由于胶体化学已为人熟知，绝大多数化学家都不承认高分子的客观存在，错误地认为它们是由小分子聚集在一起形成的胶束。

施陶丁格于 1912～1926 年仔细研究了异戊二烯，发现在异戊二烯中有树脂状物质，它们的碳氢组成与异戊二烯一样。这种树脂状物质溶于溶剂生成胶体溶液，但这种胶体微粒"是真正的分子，再也无法使它变成低分子的溶液"。因此，他提出大分子是真正的分子。1922 年，施陶丁格在《德国化学会会志》上发表了一篇划时代的论文《论聚合》，公开提出"聚合反应是大量小分子依靠化学键结合形成大分子的过程"的假说，同时提出聚苯乙烯、天然橡胶、聚甲醛等大分子的线型长链结构式，并指出它们在溶液中的胶体特性正是由它们的高分子量所致。其后，施陶丁格设计并实现了天然橡胶和纤维素的各种化学转化，如橡胶的氧化、纤维素的硝化和醋酸纤维素进行皂化以后再还原成纤维素等，并采用端基法、黏度法、渗透压法等测定了反应前后纤维素的分子量。所有实验结果都无法用"胶束论"加以解释，而用"大分子论"则可以圆满解释，高分子概念终于为大家所接受。1932 年，施陶丁格总结了自己的大分子理论，出版了划时代的巨著《高分子有机化合物》，标志着高分子化学的诞生。他确立的高分子分子量与黏度关系的著名的施陶丁格黏度公式，迄今仍为测定高分子化合物分子量的基本方法。由于他在高分子领域中的卓越贡献，荣获了 1953 年诺贝尔化学奖。此时，他已是 72 岁高龄了。

扫一扫　环氧树脂纳米复合材料

习　题

1. 为什么钛被人们称为"空间金属"？钛及钛合金具有哪些重要性质？
2. 简述稀土元素的基本性质，工业上为什么常用混合稀土？稀土金属应怎样保存？列举稀土金属的用途 2～3 种。
3. 解释下列名词。
   (1) 超导电性　　　　　　 (2) 光导纤维
   (3) 纳米材料　　　　　　 (4) 聚合度
4. 常见的稀土永磁材料有哪些？
5. 采用化学气相沉积法在钢铁表面涂覆碳化钛的反应可简单表示如下：

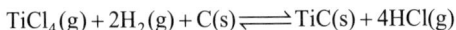

$$TiCl_4(g) + 2H_2(g) + C(s) \rightleftharpoons TiC(s) + 4HCl(g)$$

已知该反应的 $\Delta_r H_m^{\ominus}(298.15\,K) < 0$，试问单从热力学角度考虑，欲沉积 TiC 时的温度采用高温还是低温有利？为什么？

6. 从化学结构分析，影响高分子链柔顺性的因素是哪些？
7. 排出下列两组高聚物刚性依次增大的顺序，并简要说明其理由。

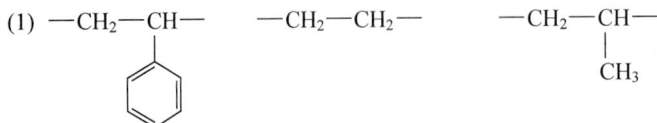

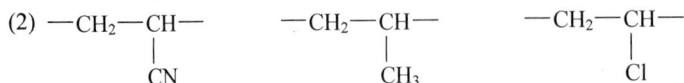

(1) 　—CH₂—CH—　　　　—CH₂—CH₂—　　　　—CH₂—CH—
　　　　　　|　　　　　　　　　　　　　　　　　　　　|
　　　　 (苯环)　　　　　　　　　　　　　　　　　　　 CH₃

(2) 　—CH₂—CH—　　　　—CH₂—CH—　　　　—CH₂—CH—
　　　　　　|　　　　　　　　　　|　　　　　　　　　　 |
　　　　　 CN　　　　　　　　　 CH₃　　　　　　　　　 Cl

8. 作为塑料，其使用的上限温度以什么作为衡量标准？作为橡胶，其使用的下限温度又以什么为衡量的标准？作为合成纤维，其使用的上限温度是多少？

9. 写出下列物质电绝缘性的大小次序，并扼要说明其理由。

    聚四氟乙烯　　　聚氯乙烯　　　聚乙炔

10. 试计算下列高聚物的平均聚合度 n。

    (1) $+NH-(CH_2)_5-CO+_n$ 的平均分子量为 10^5；

    (2) $+OCH_2-CH_2O-CO-\bigcirc-CO+_n$ 的平均分子量为 10^5。

11. 排出下列高聚物的 T_g 大小依序，并扼要说明其理由。

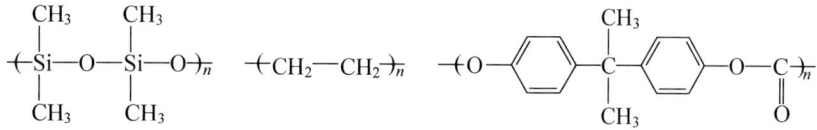

12. 简述建筑石膏的凝结和硬化过程。

13. 水泥的硬化过程与哪些因素有关？

第12章 生命与化学

生命由化学物质构成，从元素层面看，生命由 100 多种(人类 80 多种)元素构成的，它们以各种化合物的形式存在于生命体中，扮演着不同的角色，生命就是这些化学物质按照自然规律演化、进化而来。生命的生长、发育、繁殖、遗传和变异都是化学物质在生命体内发生化学变化的结果与体现。从分子水平上研究生命现象，把各个层次的生命活动有机地联系起来，从本质上去探讨生命活动规律，在新的高度上揭示生命的奥秘，解决生命学科中的任何一个难题，都离不开化学学科的支撑，化学科学的不断发展推动生命科学的发展，1973 年，重组 DNA 获得成功，开创了基因工程。以此为基础，生物技术作为前途远大的高新技术产业在世界范围兴起，生物工程逐渐发展成为现代化的大工业，在解决粮食、能源、健康等人类社会的主要问题中起着日益重要的作用。始于 1990 年的国际人类基因组计划(human genome project，HGP)在 2003 年提前完成，这对于完全揭开生命之谜和威胁生命的疾病，提高人类健康水平、延长人类生命等方面都起到了关键的作用。

12.1 组成生命的基本物质

生命世界的多样性和生命本质的一致性是辩证统一的。虽然生命现象在数以百万计的不同种属中的表现形式是多种多样、千姿百态的，即使孪生兄弟也不完全相同，但是生命世界中最本质的东西，在所有不同生物体中却是高度一致的。从微观角度看，人体主要是由水、蛋白质、脂类、糖类、核酸和无机盐等构成。这些物质在人体中的相对含量因人、因时、因地而不同，一般情况下，水占人体质量的 55%～90%；蛋白质占 15%～18%；脂类占 10%～20%；糖类占 1%～2%；无机盐占 3%～4%。但这些物质在人体中的功能不会因人、因时、因地而不同，下面简单介绍蛋白质和核酸。

12.1.1 蛋白质

蛋白质(protein)是生命活动的主要承担者，一切生命活动都与蛋白质有关。生物体每时每刻都在进行新陈代谢，它是生命活动的主要特征，而构成新陈代谢的所有化学变化都是在酶的催化下完成的。除最近发现的极少数具有催化功能的核糖核酸外，所有的酶都是蛋白质。蛋白质还是诸如运载和储存、协调运动、机械支持、免疫保护、兴奋作用，以及生长和分化的控制等一系列生命活动的承担者。

1. 氨基酸

据估计，有机界蛋白质种类数在 10^{10}～10^{12} 数量级。尽管如此，从细菌到人类的所有物种的蛋白质主要由 20 种常见氨基酸(amino acids)组成。它们同时含有氨基(—NH_2)和羧基(—COOH)。除脯氨酸外，这些氨基酸在结构上的共同特点是氨基均连在与羧基相邻的 α 碳原子上，因而称为 α-氨基酸。19 种氨基酸的结构通式如下：

$$R—\overset{\displaystyle H}{\underset{\displaystyle NH_2}{C}}—COOH$$

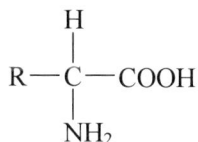

氨基酸的结构通式中，R 是每种氨基酸的特征基团。最简单的氨基酸是甘氨酸，其中的 R 是一个 H 原子。除甘氨酸外，其余 19 种氨基酸与 α 碳原子相连的 4 个基团都不相同，因此每种氨基酸各有两种异构体，分别称为 L-异构体和 D-异构体，图 12.1 中虚线表示化学键朝向纸面下，契形线则表示朝向纸面上，实线表示化学键就在纸面上。只有 L-氨基酸参与蛋白质的组成。为什么生物体在进化过程中选择了 L-氨基酸而不是 D-氨基酸，是自然界留给人类的难解之谜。

图 12.1　氨基酸的 D，L-异构体

人体能够合成蛋白质结构所需要的某些氨基酸，但苏氨酸、缬氨酸、亮氨酸、异亮氨酸、蛋氨酸、苯丙氨酸、色氨酸、赖氨酸是人体需要但自身不能制造的氨基酸(儿童除了这 8 种氨基酸还必须有精氨酸、组氨酸)，它们必须从食物中摄取。因此，人们为了良好的营养，需要在日常饮食中摄取全部的必需氨基酸。

2. 肽键和蛋白质的一级结构

蛋白质的种类繁多，功能迥异，各种特殊功能是由蛋白质里氨基酸的顺序决定的。蛋白质分子中氨基酸连接的基本方式是肽键。一分子氨基酸的羧基和另一分子氨基酸的氨基，通过脱水(缩合反应)，形成一个酰胺键—$\overset{\displaystyle O}{C}$—NH—，新生成的化合物称为肽。肽分子中的酰胺键也称肽键。

最简单的肽由两个氨基酸组成，称为二肽。例如，两个甘氨酸分子缩合成二肽，甘氨酰甘氨酸(符号为 Gly-Gly)。

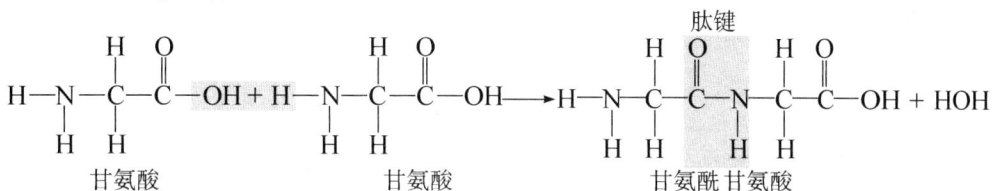

肽链中的氨基酸由于参与肽键的形成已经不是原来完整的分子，因此称为氨基酸残基。由 3 个氨基酸连成的肽称为三肽，以此类推，由多个氨基酸连成的肽称为多肽，所形成的链称为肽链。肽的命名就是根据参与其组成的氨基酸残基来确定的，通常从肽键的 NH_2 末端氨基酸残基开始，称为某氨基酰某氨基酰…某氨基酸。具有下列化学结构的五肽名为丝氨酰甘氨酰酪氨酰丙氨酰亮氨酸，可用符号 Ser-Gly-Tyr-Ala-Leu 表示。

所有的蛋白质都是由 20 种氨基酸组成的。一个仅含有 100 个氨基酸残基的蛋白质几乎是最小的蛋白质，但是这样一个小蛋白质中，20 种氨基酸的排列有 10^{130} 种不同方式，可以构成 10^{130} 多种不同的分子，这是一个天文数字。即使每种分子仅有一个，其总质量也将为 100^{100} t 左右，等于地球总质量的 10^{78} 倍。这个数字不但已经远远超过地球有史以来生存过的生物体的总质量，并且在生命世界继续进化发展几十亿年后所生成的蛋白质也不会达到这个数字。在自然界中，虽然由一组氨基酸可能形成许多不同的蛋白质，但只有某些氨基酸并按某几种顺序组合而形成的蛋白质才与生命或生理活性有关。

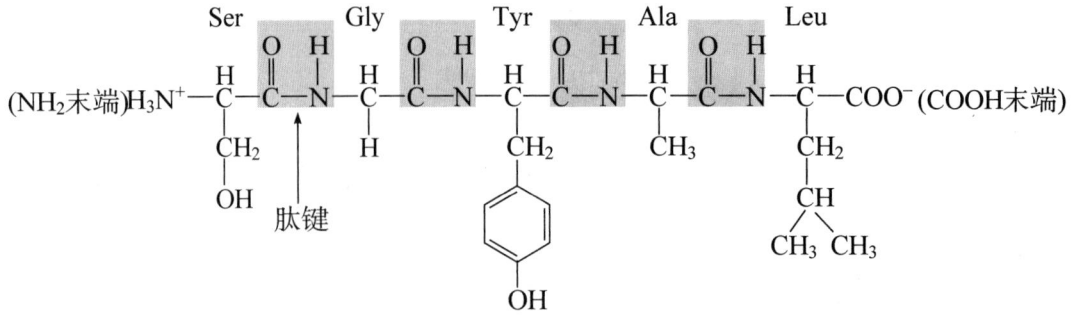

蛋白质分子是由一条或多条多肽链构成的生物大分子。蛋白质的种类很多，按功能来分，有活性蛋白和非活性蛋白；按分子形状来分有球蛋白和纤维蛋白。球蛋白溶于水、易破裂，具有活性功能，而纤维蛋白不溶于水、坚韧、具有结构或保护方面的功能，头发和指甲里的角蛋白就属于纤维蛋白。按化学组成来分有简单蛋白和复杂蛋白，简单蛋白只由多肽链组成，复杂蛋白由多肽链和辅基组成，辅基包括核苷酸、糖、脂、色素(动植物组织中的有色物质)和金属配离子等。

蛋白质多肽链中氨基酸的连接顺序就称为蛋白质的一级结构。蛋白质分子中肽链并不是一条直链，而是卷曲、堆积成一定的三维结构。每一个蛋白质分子除有它一定的氨基酸顺序(一级结构)外，还有一定的空间结构，通常分为二级、三级和四级结构。

3. 蛋白质的空间结构

蛋白质的二级结构是指蛋白质分子中多肽链本身的折叠方式。其中最重要的有 α-螺旋(图 12.2)和 β-折叠片(图 12.3)。例如，角蛋白中的多肽链，排列成卷曲形，称为 α-螺旋。在这种结构里，氨基酸形成螺旋圈，肽链中与氮原子相连的氢与附在沿链更远处的肽链中和碳原子相连的氧以氢键相结合。丝纤维蛋白中各多肽链边靠边地排列，而由链间氢键将它们保持在一起，各相邻多肽链平行或反平行方向排列，这种结构的整体表现为折叠片形式，称为 β-折叠片。

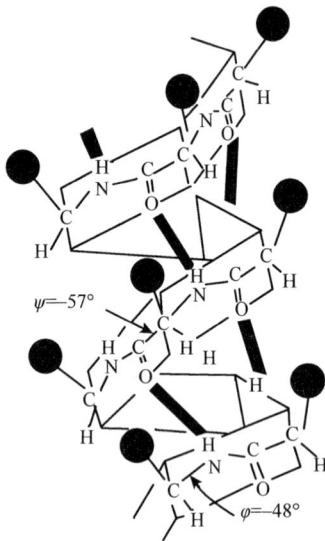

图 12.2　α-螺旋结构示意图

■■■氢键；●R 基团

蛋白质的三级结构是指一条螺旋肽链(已折叠的肽链)在分子中的空间构型。它是主要由 X 射线衍射研究成果决定的。一般来讲，球蛋白是一个折叠得非常紧密的球形，如图 12.4 所示。

蛋白质还有四级结构，它是由两条以上多肽链聚合起来形成的蛋白质分子空间构型。这种蛋白质分子含有两条以上多肽链，每一条都有其三级结构，称为蛋白质的亚基。实际上只有具有三级以上结构的蛋白质才有生物活性。目前，科学家人工合成的一些蛋白质虽然具有与天然蛋白质分子相同的一级结构，但没有形成高级结构，因而无生物活性，这是一个非常有趣的重要研究课题。

4. 生物催化剂——酶

1) 生物酶

酶(enzyme)是一类由细胞产生的、以蛋白质为主要成分的、具有催化活性的生物催化剂。

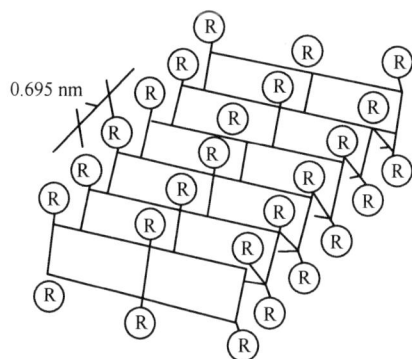

图 12.3　β-折叠片结构示意图

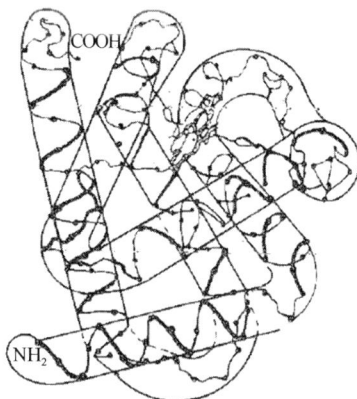

图 12.4　鲸肌红蛋白的三级结构示意图

从酿酒、制酱、造醋到消化食物无不得益于酶的生物催化功能。人类对酶的科学认识始于 19 世纪对乙醇发酵的研究。进入 20 世纪，不仅发现了很多酶，而且对酶的提取、分离、提纯等技术有了很大的发展，并注意到不少酶在作用中需要低分子量的物质(辅酶)参与，对酶的本质进行了深入的研究。1926 年科学家第一次从刀豆中提出了脲酶并制成结晶，这是蛋白质化学研究上的一个重要突破。后来，相继获得了胃蛋白酶、胰蛋白酶和糜蛋白酶晶体。至今，已鉴定出 2000 种以上的酶，其中有 200 多种得到了晶体。

与普通催化剂相比，酶的催化作用有以下特点：

(1) 酶具有高效率的催化活性，比一般催化剂高 $10^7 \sim 10^{13}$ 倍。例如，每分子过氧化氢酶在 1 min 热力学能使 500 万个 H_2O_2 分解成 H_2O 和 O_2，比铁粉的催化效率高 10^9 倍。

(2) 酶催化所需条件温和。例如，在人体中的各种酶促反应，一般是在体温(37℃)和血液 pH 约为 7 的情况下进行的。又如，某些植物的固氮酶能在常温常压下固定空气中的 N_2，并将其转化为 NH_3，而以铁为催化剂的工业合成氨需要高温高压。

(3) 酶是由生物细胞产生的，其主要成分是蛋白质，因而对周围环境的变化比较敏感，若遇到高温、强酸、强碱、重金属离子、配位体或紫外光照射等因素的影响时，易失去它的催化活性。

(4) 酶的催化作用具有高度的专一性，它是只能催化某一化合物或某一类化合物的特定的生化反应。即一种酶只能作用于一定类型的底物(与酶作用的分子称为酶的底物)，通过反应生成产物。例如，尿素酶只能催化尿素 $(NH_3)_2CO$ 水解生成 NH_3 和 CO_2，但不能催化尿素的取代物水解。

从酶的化学组成来看，可以分成单纯酶和结合酶两大类。单纯酶的分子组成全为蛋白质，不含非蛋白质的小分子物质，如脲酶、蛋白酶、淀粉酶、脂肪酶、核糖核酸酶等都属单纯酶。结合酶的分子组成除蛋白质外还含有对热稳定的非蛋白质的小分子物质，这种非蛋白质部分称为辅助因子。酶蛋白与辅助因子结合形成的复合物或配合物称为全酶。辅助因子是这类酶起催化作用的必要条件，缺少了它们，酶的催化作用即行消失，酶蛋白与辅助因子各自单独存在时都有催化作用。酶的辅助因子可以是 Co(Ⅱ)、Fe(Ⅱ)、Mg(Ⅱ)、Zn(Ⅱ)等金属离子的配合物(如血红素、叶绿素等)，也可以是复杂的有机化合物，如 B_{12} 辅酶。

2) 人工酶与仿生合成

由于酶催化的诸多优点，化学模拟生物酶成为催化研究的一个活跃领域。例如，化学模拟生物固氮的研究就被许多国家列为重要课题，固氮研究的基本思路是从固氮微生物中找出固氮酶，分离、提纯固氮酶，得到它的纯净晶体，研究固氮酶的化学结构及实现固氮催化作用的机理，人工合成固氮酶，实现一般条件下固氮。

现在，研究工作已取得一些进展。科学家发现固氮酶由两种蛋白质组成，一种蛋白质(二氮酶)的分子量约 220000，含有 2 个钼原子，铁和酸溶性硫各 32 个原子。另一种蛋白质(二氮还原酶)是由 2 个分子量为 29000 的相同亚基构成，每个亚基含 4 个铁和酸溶性硫原子。进行固氮作用，是用一种强还原剂使二氮还原酶还原，它再使二氮酶还原。然后，还原的二氮酶的氮转变为氨。这个还原反应中，各过程的顺序及酶的结构已用光谱法和纯化技术进行部分分析，但许多关键问题，如金属在催化过程中的作用还不明了。

12.1.2 核酸

1. 核酸的组成

核酸(nucleic acids)是遗传信息的携带者，核酸分子是由许许多多核苷酸通过磷酸酯键相连接的长链，就像蛋白质是由氨基酸通过肽键连接而成的一样。而每一个核苷酸又是由核苷和磷酸组成，核苷再进一步分解为碱基(base)和戊糖。

根据戊糖的结构不同，核酸被分成两大类：含核糖的核糖核酸(RNA)和含脱氧核糖的脱氧核糖核酸(DNA)。虽然碱基种类较多，但 DNA 和 RNA 都分别各含有 4 种碱基。在 DNA 分子中的碱基是腺嘌呤(A)、鸟嘌呤(G)、胸腺嘧啶(T)和胞嘧啶(C)。RNA 分子中的碱基除以尿嘧啶代替胸腺嘧啶外，其余 3 种与 DNA 分子中的完全相同(表 12.1)。DNA 主要存在于细胞核中，是组成染色体的主要成分，而 RNA 主要存在于核外细胞质中。

表 12.1　两类核酸的基本化学组成

核酸	DNA				RNA			
核苷酸(基本单元)	腺嘌呤脱氧核苷酸	鸟嘌呤脱氧核苷酸	胞嘧啶脱氧核苷酸	胸腺嘧啶脱氧核苷酸	腺嘌呤核苷酸	鸟嘌呤核苷酸	胞嘧啶核苷酸	尿嘧啶核苷酸
碱基	腺嘌呤(A)	鸟嘌呤(G)	胞嘧啶(C)	胸腺嘧啶(T)	腺嘌呤(A)	鸟嘌呤(G)	胞嘧啶(C)	尿嘧啶(U)
戊糖	D-核糖				D-2-脱氧核糖			
酸	磷酸				磷酸			

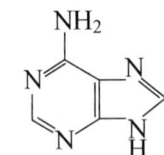

腺嘌呤(adenine)　　鸟嘌呤(guanine)

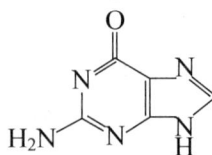

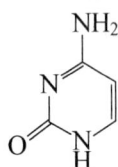

胞嘧啶(cytosine)　　胸腺嘧啶(thymine)　　尿嘧啶(uralil)

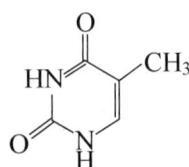

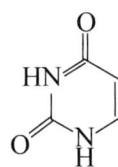

核苷酸是 DNA 和 RNA 的重复单元，它们分为两大类：核糖核苷酸和脱氧核糖核苷酸，其中的磷酸基可以在 3′-位或 5′-位。例如，5′-腺嘌呤核苷酸(AMP)和 3′-胞嘧啶脱氧核苷酸

(3′-dCMP)，其结构式可表示为

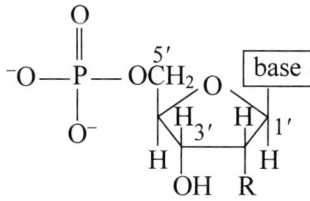

5′-核糖核酸：R为OH

5′-脱氧核糖核酸：R为H

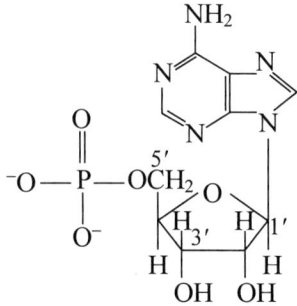

AMP

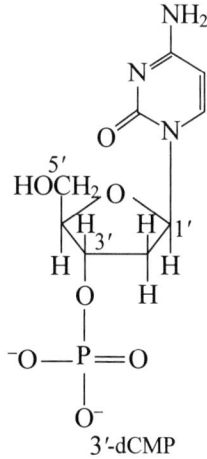

3′-dCMP

核酸的一级结构是指组成核酸的诸核苷酸之间连键的性质，及核苷酸的排列顺序。DNA的一级结构是由数量庞大的 4 种脱氧核糖核苷酸，即脱氧嘌呤核苷酸、脱氧鸟嘌呤核苷酸、脱氧胸腺嘧啶核苷酸和脱氧胞嘧啶核苷酸通过 3′，5′-磷酸二酯键彼此连接起来的直线形或环形分子，如图 12.5 所示。图中右侧为 DNA 的缩写表示法，A，G，T，C 为碱基，P 代表磷酸残基。RNA的一级结构与 DNA 相似。这 4 种核苷酸的排列顺序(序列)正是分子生物学多年来要解决的问题。因为生物的遗传信息储存于 DNA 的核苷酸序列中，生物界物种的多样性即寓于 DNA 分子 4 种核苷酸的千变万化的不同排列之中。

核酸的二级结构(DNA 双螺旋，图 12.6)是沃森(Watson)和克里克(Crick)在 1953 年提出了具有划时代意义的 DNA 分子的双螺旋模型，为从分子水平上揭示生命现象的本质奠定了基础。根据此模型，DNA 以双股核苷酸链存在，在双链之间存在着根据其碱基性质严格的两两配对的关系，即一条链上的碱基 A 与另一条链上的碱基 T 之间通过两个氢键配对，同时 G 与 C 之间通过 3 个氢键配对(图 12.7)。这种碱基之间相互匹配的关系称为碱基互补。DNA的两条链为反方向的(图 12.8)，都呈右手螺旋。链之间的螺旋形成槽，一条较深，一条较浅。

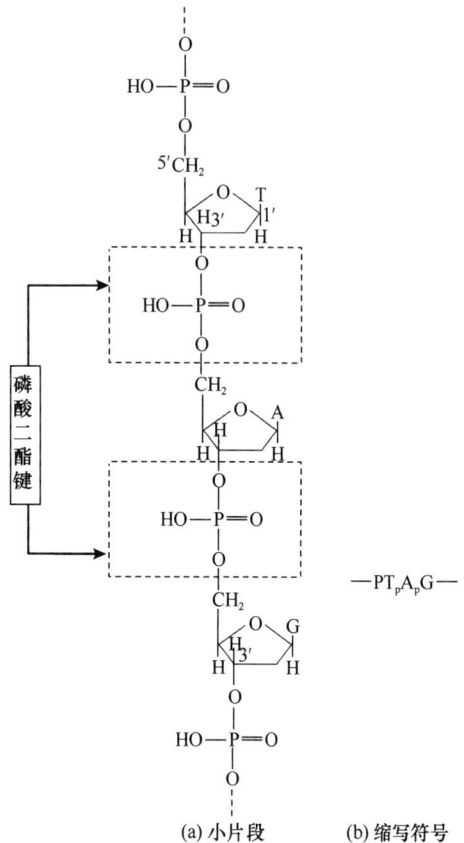

(a) 小片段　　(b) 缩写符号

图 12.5　DNA 分子中的多核苷酸链

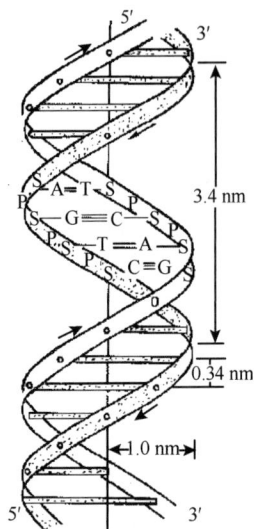

图 12.6　DNA 分子的双螺旋结构模型

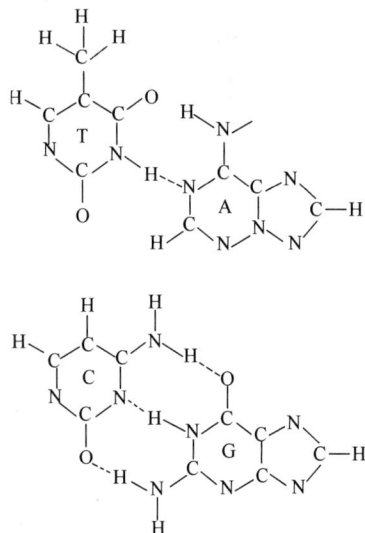

图 12.7　DNA 分子中的碱基 A—T，G—C 配对图

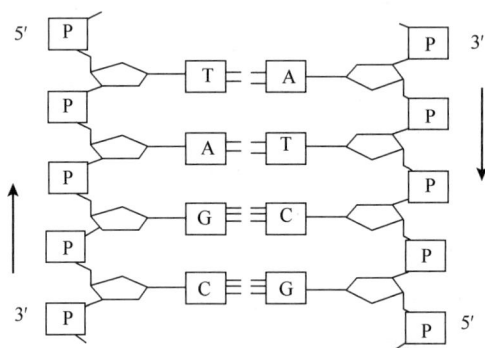

图 12.8　DNA 分子中多核苷酸链的方向

　　碱基之间的堆集距离为 0.34 nm。磷酸基与脱氧核糖在双螺旋的外侧，构成双螺旋的骨架。双螺旋的直径为 2 nm，沿中心轴每旋转一周有 10 个核苷酸，距离(螺距)为 3.4 nm。

2. 核酸的分解

　　在人体内，核酸在核酸酶的催化下分解为核苷酸，核苷酸在核苷酸酶的催化下分解为磷酸和核苷，核苷最后分解为戊糖和碱基。核酸的分解代谢过程简要表示如下：

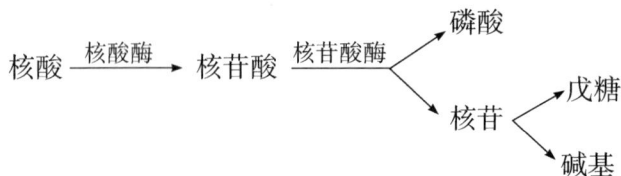

　　核酸完全氧化分解后变成了磷酸、戊糖和碱基，碱基包括嘌呤和嘧啶，目前还没有发现嘧啶对人体有何害处，但嘌呤无疑是导致人体高尿酸血症和痛风的主要原因。嘌呤在肝中进一步氧化成为 2，6，8-三氧嘌呤，即尿酸，尿酸盐沉积到关节腔等组织中引起痛风。因此，核酸不是越多越好。同时，这也说明了为什么中老年易患痛风，因为到了中老年，人体大量

细胞死亡，而细胞内有大量的核酸，生成嘌呤，最终代谢为尿酸，从而导致痛风发作。

12.2　化学元素与人体健康

12.2.1　人体的元素组成

大自然中一切物质都是由化学元素组成的，人体也不例外。在自然界的 100 多种元素中，人体含 80 多种，构成人的健康和生命活动不可缺少的部分。其中钠、钾、钙、镁、碳、氮、氢、氧、硫、磷、氯 11 种属必需的宏量元素，质量比占 99.95%，集中在元素周期表中前 20 个元素内；人们所知的必需微量元素，即铁、锌、锰、铜、钴、钒、铬、硒等 12 种，质量比仅占 0.05%，多属于第一长周期的元素。

12.2.2　化学元素的生理功能

化学元素与人类健康关系极大，可以说人的生、老、病、死无不与化学元素有关。已有许多资料证明，对人类健康危害最大的各种心脑血管病和癌症均与人体内元素(尤其是微量元素)平衡失调有关，如各种心脏病与 Co、Zn、Cr、Mn 等元素不平衡有关，脑血管病与 Ca、Mg、Se、Zn 等不足有关，肝癌与 Mn、Fe、Ba 低而 Cu 高等有关。我国四大地方病也是由于元素不平衡造成的，如克山病(产生心肌病变等)和大骨节病与硒等缺乏有关；地方性甲状腺肿大和克汀病则是由于严重缺碘引起的。

化学元素有以下 5 个方面的生理功能：

1. 结构材料

C、H、O、N、S 等元素构成人体中的有机大分子，如多糖、蛋白质、核酸等，进而构成肌肉、皮肤、骨骼、血液、软组织等的结构材料。而 Ca、Si、P、F 和少量 Mg 则以难溶无机化合物形态存在，如 SiO_2、$CaCO_3$、$Ca_{10}(PO_4)_6(OH)_2$ 等，构成人体硬组织。

2. 运载作用

铁是人体所需要的重要微量元素之一。它的主要功能是以血红蛋白的形式参加氧的转运、交换和组织呼吸过程。如果铁的摄入不足或吸收利用不良，将使机体出现缺铁性或营养性贫血。

3. 组成金属酶或作为酶的激活剂

人体内约有 1/4 的酶的活性与金属离子有关。有的金属离子参与酶的固定组成，称为金属酶。有一些酶必须有金属离子存在时才能被激活以发挥它的催化功能，这些酶称为金属激活酶。

4. 调节体液的作用

人体体液由水和 Na^+、K^+、Cl^-、Mg^{2+}、Ca^{2+} 等电解质组成，为了生命活动的正常运行，必须保证体液的水平衡、电解质平衡和酸碱平衡。

5. "信使"作用

核酸是遗传信息的携带者，它含有多种微量元素，如 Zn、Co、Cr、Fe、Mn、Cu 和 Ni 等。它们对于稳定核酸的构型和性质及 DNA 的正常复制有重要作用，对于遗传信息也有一定的作用。

　　化学元素对人体的作用十分复杂，它们的特异生理功能与元素本身的性质、摄入方式，特别是浓度紧密相关。同时，化学元素之间也存在协同作用和拮抗作用。

12.2.3　微量元素

　　在人体组织中含量极少，少于体重的万分之五的元素称为微量元素，或者痕量元素。根据微量元素在人体中的重要性和作用，可将微量元素分为必需元素、非必需元素和有害元素 3 大类(表 12.2)。人体中还有 20 多种微量元素，他们的生理功能和作用尚未被认识，需要科学技术的进一步发展才能被揭示清楚。人体需要的微量元素在人体生化反应和生理活动中起着重要作用，它数量小、作用大，在人体中的主要生理功能包括：①将生命元素运送到机体全身；②对酶系统产生激活作用；③参与激素的生理作用；④维持核酸的正常代谢。微量元素对人体的作用十分复杂，它们的特异生理功能与元素本身的性质、摄入方式，特别是浓度紧密相关。人体必需微量元素只有在一定浓度范围才能起有益的作用，过多或缺少都会给机体造成不良后果(表 12.3)。

表 12.2　人体中微量元素的分类

类别	元素
必需微量元素	Fe, Zn, Cu, I, Mn, Se, Co, Mo, Cr, Si, Ni, V, Sn, F
可能必需微量元素	Ge, B, Li
非必需微量元素	B, Al, Sr
有害微量元素	Pb, Hg, Cd, Ti, As

表 12.3　与微量元素有关的病症

元素	缺乏时的疾病	积累过量时的疾病
Fe	贫血症	血色素沉着症
Cu	贫血症、卷毛综合征	Willson 病(血铜蓝蛋白缺乏病)
Co	贫血	血红细胞增多症、冠状衰竭
Zn	侏儒症、阻碍生长发育	金属烟雾发烧症，胃癌
Cr	糖尿病、动脉硬化	致癌
Mn	骨骼畸形	机能失调
Ni	血红蛋白和红细胞减少	致肺癌
Se	肝坏死、白肌症	神经官能症
Na	Addison 病(肾上腺变质激素分泌异常使血浆 Na 降低、升高的病)	
Ca	骨骼畸形，痉挛	胆结石，粥样硬化
Mg	惊厥	麻木症

12.3　人体中的主要化学反应

　　人体活动所需能量主要来自于一日三餐食物中的糖、脂肪和蛋白质，然后通过系列化学反应，最终生成二氧化碳和水，同时释放出能量，满足人体活动需要。在反应过程中，大量生物酶作为催化剂，加速体内化学反应的进行。同时，人体内不同器官或组织，因反应介质和成分的不同，致使体内出现个性化、特异性反应，也促进不同酶发挥不同催化作用。概括起来主要有以下几种反应类型。

12.3.1 氧化还原反应

氧化还原反应(redox reaction)是一切生命过程的基础，氧化还原酶是氧化还原反应的有效催化剂，处于酶中的金属离子利用它在两种氧化态之间的往复转变，催化底物发生氧化还原反应。酶的催化作用具有高度专一性，即一种酶只能作用于某种特定的物质；酶的催化效率也极高，比非催化反应的速率高 $10^8 \sim 10^{20}$ 倍；另外，酶促反应一般在温和条件下进行。正由于酶促反应具有高效率、专一性和在温和条件下进行的特点，所以酶在人体的新陈代谢中发挥着特殊作用。

12.3.2 水解反应

水解反应(hydrolysis reaction)是生命体内发生的另一类重要反应，当食物进入人体消化道后，可受到消化道中多种水解酶的作用，如胰淀粉酶可催化淀粉完全水解变成葡萄糖；胰蛋白酶可催化蛋白质水解成小肽和氨基酸；胰脂肪酶则能催化脂肪水解为甘油和脂肪酸等。

12.3.3 电化学反应

人体细胞中的肌肉细胞和神经细胞具有接受信息和传递信息的功能，这是细胞膜的原浆膜产生瞬间电化学反应的结果。细胞如同一个微型燃料电池，细胞膜内液葡萄糖作为负极燃料，膜外富含氧的物质作正极，以大分子蛋白质作为两极的通路，从而形成微型燃料电池。这保证了人体细胞普遍存在电子转移反应，把各个细胞串联起来，形成一个复杂且运行有序的电化学反应(electrochemical reaction)体系。

当然，这些复杂的化学反应需要人体提供一个开放而稳定的化学平衡体系，主要有酸碱平衡、浓度平衡、沉淀溶解平衡和电荷平衡等。只有维持这些平衡体系的稳定，才能保证化学反应的顺利进行，进而维持人体健康，提升生命质量。

分子生物学的奠基人——沃森和克里克

美国科学家詹姆斯·杜威·沃森(Watson，1928—)和英国科学家弗朗西斯·克里克(Crick，1916—2004)提出的 DNA 双螺旋结构，被普遍看作分子生物学时代的开端。

1951 年秋，23 岁的沃森和 35 岁的克里克在剑桥大学卡文迪许实验室相遇，共同的志向，使他们投入了对 DNA 分子结构的研究。

当时，这两位年轻人并不是资深的生物学专家，在 DNA 分子结构探索方面他们还有两个强有力的竞争小组：一是伦敦大学的威尔金斯(Wilkins，1916—2004)和他的助手富兰克林(Franklin，1920—1958)；另一个是美国加州理工学院的化学家鲍林(Pauling，1901—1994)。威尔金斯与富兰克林根据 X 射线衍射研究，已经知道了 DNA 分子由许多亚单位堆积而成，而且 DNA 分子是长链的多聚体，其直径保持恒定不变。鲍林通过对蛋白质α-螺旋的研究，认为大多数已知蛋白质中的多肽链会自动卷曲成螺旋状。而沃森和克里克采用了构建模型的方法来分析 DNA 分子的结构，即先根据理论上的考虑建立模型，再用 X 射线衍射结构来检验模型；

克里克   沃森

同时最大限度地汲取了威尔金斯与富兰克林、鲍林的研究结果。特别是当他们意外地看到富兰克林所拍摄的一张高清晰度的 DNA 晶体的 X 射线衍射照片时，很快就领悟到了 DNA 的结构是两条以磷酸核糖为骨架的链相互缠绕形成了双螺旋结构，氢键把它们连接在一起，从而否定了脱氧核糖核酸的单螺旋与三螺旋模型，提出了正确的双螺旋模型。

　　1953 年 4 月，克里克和沃森合作在英国《自然》杂志上发表了一篇名为《核酸的分子结构——脱氧核糖核酸的一个结构模型》的短文，报告了这一改变世界的发现。这篇论文在科学史上矗立了一座永久的里程碑。1962 年，沃森、克里克和威尔金斯 3 人因在 DNA 结构方面研究的突出贡献共享了诺贝尔医学与生理学奖。

　　那篇著名的千字短文发表之后，克里克回到蛋白质研究工作上，并成为卡文迪许实验室的永久成员。此外，他还研究遗传密码，并提出了遗传的中心法则；1977 年，克里克到加州的一个研究所，专注于生命现象中的另一个谜题——意识的性质和起源。2004 年 4 月 28 日克里克在美国圣迭戈逝世，享年 88 岁。

　　沃森后来成为哈佛大学生物实验室的一员，1961 年成为教授，任职至 1976 年。从 1968 年起，沃森担任纽约长岛冷泉港实验室(CSHL)主任。沃森也是美国科学院院士及英国皇家学会会员。沃森作为杰出科学家的另一重大贡献是与其他人一起发起了由全球合作、令人震撼的"人类基因组计划"。1989 年，沃森被任命为美国国立卫生院人类基因组研究中心主任。

扫一扫　擦肩而过的诺贝尔奖——人工胰岛素的合成

习　题

1. 4 种不同的氨基酸可组成＿＿＿＿＿＿种四肽。

　　A. 4　　　　　　　　B. 6　　　　　　　C. 16　　　　　　D. 24

2. 生物体内的蛋白质千差万别，其原因不可能是＿＿＿＿＿＿。

　　A. 组成肽键的化学元素不同

　　B. 组成蛋白质的氨基酸种类和数量不同

　　C. 氨基酸的排列顺序不同

　　D. 蛋白质的空间结构不同

3. 蛋白质水解的主要产物是＿＿＿＿＿＿。

  A. 葡萄糖　　　　　　B. 氨基酸　　　C. DNA　　　　　D. 核酸

4. 维持蛋白质二级结构的主要化学键是_____。

  A. 盐键　　　　　　　B. 疏水键　　　C. 肽键　　　　D. 氢键　　　　E. 二硫键

5. 关于蛋白质分子三级结构的描述，其中错误的是_____。

  A. 天然蛋白质分子均有的这种结构

  B. 具有三级结构的多肽链都具有生物学活性

  C. 三级结构的稳定性主要是由次级键维系

  D. 亲水基团聚集在三级结构的表面

  E. 决定盘曲折叠的因素是氨基酸

6. 有关蛋白质的下列叙述中不正确的是_____。

  A. 绝大多数的酶是蛋白质

  B. 某些蛋白质具有运输和免疫的作用

  C. 蛋白质占细胞干重的 50%以上

  D. 细胞内的主要能源物质

7. 蛋白质的一级结构是指_____在蛋白质多肽链中的_____。

8. 在蛋白质分子中，一个氨基酸的 α 碳原子上的_____与另一个氨基酸 α 碳原子上的_____脱去一分子水形成的键称_____，它是蛋白质分子中的基本结构键。

9. 下列关于核酸的叙述中正确的是_____。

  A. 核酸均由 C，H，O，N 四种元素组成

  B. 核酸是一切生物的遗传物质

  C. 核酸的基本结构单位是脱氧核苷酸

  D. 除病毒外，一切生物都有核酸

10. 组成遗传物质的核酸、核苷酸、核糖和碱基的种类分别有_____种。

  A. 2，8，2，5　　　　　　　　　　B. 2，5，2，8

  C. 2，8，1，5　　　　　　　　　　D. 5，5，2，8

11. 下列_____碱基只存在于 RNA 而不存在于 DNA。

  A. 尿嘧啶　　B. 腺嘌呤　　C. 胞嘧啶　　D. 鸟嘌呤　　E. 胸腺嘧啶

12. 组成人体自身的元素有_____多种。人体中含量较多的化学元素是_____11种，它们约占人体质量的_____。

13. 人体中含量在 0.01%以下的元素是_____。

  A. 钙、磷、钾、镁　　　　　　　　B. 铁、锌、硒、碘

  C. 碳、氢、氧、氮　　　　　　　　D. 钙、镁、氯、硫

14. 在 Fe, Al, Cu, I, Mn, Sr, Cd, Pd, Co 等元素中，_____为人体必需微量元素，_____为非必需微量元素，_____为有害微量元素。

15. 人体如果缺少碘，往往会引起_____。

  A. 贫血　　　　　　　　　　　　　B. 食欲缺乏、生长迟缓、发育不良

  C. 表皮角质化和癌病　　　　　　　D. 甲状腺肿大

16. 下列有关组成生物体元素的叙述，错误的是_____。

  A. 在不同的生物体内，组成它们的化学元素大体相同

  B. 在同一种生物体内，各种化学元素的含量相同

　　C. 组成生物体内的化学元素根据其含量不同分为宏量元素和微量元素两大类

　　D. 在组成生物体内的宏量元素中，碳是最基本的元素

17. 人体中主要的化学反应类型有哪些?

18. 试从氧化还原反应角度阐述人体中的铁的吸收与转化。

参 考 文 献

安德鲁·L迪克斯, 戴维·AJ兰德. 2021. 燃料电池系统解析(原书第3版). 张新丰, 张智明, 译. 北京: 机械工业出版社.

北京师范大学, 华中师范大学, 南京师范大学. 2020. 无机化学. 5版. 北京: 高等教育出版社.

曹凤歧. 2009. 大学化学基础. 北京: 高等教育出版社.

陈义旺, 吕小兰, 胡昱. 2020. 化学创造美好生活. 北京: 化学工业出版社.

陈宗淇, 王光信, 徐桂英. 2001. 胶体与界面化学. 北京: 高等教育出版社.

程新群. 2019. 化学电源. 2版. 北京: 化学工业出版社.

段春艳, 班群, 皮琳琳. 2016. 新能源利用与开发. 北京: 化学工业出版社.

高鹏, 朱永明, 于元春. 2019. 电化学基础教程. 2版. 北京: 化学工业出版社.

龚孟濂, 乔正平. 2018. 大学化学. 北京: 科学出版社.

广田襄. 2018. 现代化学史. 丁明玉, 译. 北京: 化学工业出版社.

胡常伟. 2015. 大学化学. 3版. 北京: 化学工业出版社.

华彤文, 王颖霞, 卞江, 等. 2013. 普通化学原理. 4版. 北京: 北京大学出版社.

黄可龙, 王兆翔, 刘素琴. 2020. 锂离子电池原理与关键技术. 北京: 化学工业出版社.

黄晓兰. 2021. 绿色可降解生物高分子聚乳酸改性及应用研究进展. 工程塑料应用, 49(7) : 162-166.

晋佩文. 2021. 水性聚氨酯的制备及其性能研究. 重庆: 重庆工商大学.

景崤壁, 吴林韬. 2020. 化学与社会生活. 北京: 化学工业出版社.

凯瑟琳·米德尔坎普, 等. 2018. 化学与社会(原著第8版). 段连运, 等译. 北京: 化学工业出版社.

雷智. 2009. 现代信息材料导论. 北京: 国防工业出版社.

李保山. 2009. 基础化学. 2版. 北京: 科学出版社.

李荻, 李松梅. 2021. 电化学原理. 4版. 北京: 北京航空航天大学出版社.

李瑞祥, 曾红梅, 周向葛. 2013. 无机化学. 北京: 化学工业出版社.

李世祥. 2016. 能源安全与煤炭清洁化利用. 北京: 科学出版社.

林予以. 2012. 与中国擦肩而过的诺贝尔奖. 今日科苑, (20): 70-72.

钱旭红. 2014. 有机化学. 3版. 北京: 化学工业出版社.

曲保中, 朱炳林, 周伟红. 2012. 新大学化学. 3版. 北京: 科学出版社.

任鑫, 胡文全. 2012. 高分子材料分析技术. 北京: 北京大学出版社.

邵景景, 赵艳红, 秦华. 2008. 大学化学. 北京: 化学工业出版社.

申泮文. 2009. 近代化学导论. 2版. 北京: 高等教育出版社.

宋天佑, 程鹏, 徐家宁, 等. 2019. 无机化学. 4版. 北京: 高等教育出版社.

孙俊清, 张彤, 徐惠丽, 等. 2003. 关于钢筋混凝土腐蚀的防护措施. 山东建材, 24 (6): 48-49.

天津大学无机化学教研室, 杨秋华. 2014. 大学化学. 北京: 高等教育出版社.

王晓春, 张希艳. 2010. 材料现代分析与测试技术. 北京: 国防工业出版社.

王新久. 2006. 液晶化学和液晶显示. 北京: 科学出版社.

王彦广, 吕萍. 2016. 化学与人类文明. 3版. 杭州: 浙江大学出版社.

武汉大学《无机及分析化学》编写组. 2008. 无机及分析化学. 3版. 武汉: 武汉大学出版社.

肖波, 魏泉源, 李建芬, 等. 2016. 生态能源技术. 北京: 化学工业出版社.

徐艳辉, 耿海龙. 2015. 电极过程动力学: 基础、技术与应用. 北京: 化学工业出版社.

杨辉, 卢文庆. 2001. 应用电化学. 北京: 科学出版社.

杨文, 邱丽华. 2020. 化学与生活. 北京: 化学工业出版社.

杨智慧. 2021. 复合亲水单元修饰的水性聚氨酯结构设计制备和性能研究. 长春: 长春工业大学.

姚子鹏, 金若水. 2001. 百年诺贝尔奖(化学卷). 上海: 上海科学技术出版社.

叶铁林, 钱庆元. 2001. 20 世纪世界杰出化学家: 20 世纪诺贝尔化学奖得主集. 北京: 中国石化出版社.

于文广, 李海荣. 2013. 化学与生命. 北京: 高等教育出版社.

张玉清, 彭淑鸽, 等. 2008. 插层复合材料. 北京: 科学出版社.

张祖德. 2014. 无机化学. 合肥: 中国科学技术大学出版社.

浙江大学普通化学教研组. 2011. 普通化学. 6 版. 北京: 高等教育出版社.

钟福新, 余彩莉, 刘峥. 2012. 大学化学. 北京: 清华大学出版社.

周公度, 段连运. 2014. 结构化学基础. 4 版. 北京: 北京大学出版社.

周公度. 2011. 结构和物性: 化学原理的应用. 3 版. 北京: 高等教育出版社.

周公度. 2019. 化学是什么. 2 版. 北京: 北京大学出版社.

周祖新. 2016. 无机化学. 2 版. 北京: 化学工业出版社.

朱志昂, 阮文娟. 2016. 物理化学. 5 版. 北京: 科学出版社.

Cataldo F, Milani P. 2010. Carbon Materials: Chemistry and Physics. Springer.

Hamann C H, Hamnett A, Vielstich W. 2020. 电化学(原著第 2 版). 陈艳霞, 夏兴华, 蔡俊, 译. 北京: 化学工业出版社.

Haynes W M. 2017. CRC Handbook of Chemistry and Physics. 97th ed. CRC Press/Taylor & Francis.

Jeffrey G A .1997. An Introduction to Hydrogen Bonding. Oxford University Press.

Miessler G L, Tarr D A. 2012. 无机化学(英文版 · 原书第 4 版). 北京: 机械工业出版社.

Silberberg M S. 2012. Chemistry: The Molecular Nature of Matter and Change. 6th ed. McGraw-Hill Inc.

Speight J G. 2016. Lange's Handbook of Chemistry. 17th ed. McGraw-Hill Inc.

Wieser M E, Coplen T B. 2011. Atomic weights of the elements 2009 (IUPAC Technical Report). Pure and Applied Chemistry, 83(2): 359-396.

Zhang J, Chen P C, Yuan B K, et al. 2013. Real-space identification of intermolecular bonding with atomic force microscopy. Science, 342(6158): 611-614.

附　　录

附表 1　本书常用的符号[①]

符号	意义	符号	意义
g	气体和蒸气	$\Delta_f H_m^{\ominus}(\Delta_f H^{\ominus})$	物质的标准摩尔生成焓
l	液体	$\Delta_r H_m^{\ominus}$	反应的标准摩尔焓变
s	固体	$\Delta_f G_m^{\ominus}(\Delta_f G^{\ominus})$	物质的标准摩尔生成吉布斯自由能(标准生成吉布斯函数)
aq	水溶液	$\Delta_r G_m^{\ominus}$	反应的标准摩尔吉布斯自由能变
r	一般化学反应	$E^{\ominus}$	标准电极电势
$S_m^{\ominus}$	物质的标准摩尔熵	$E^{\ominus} = -\Delta_r G_m^{\ominus}/zF$	标准电动势，电化学电池反应的标准电极电势
$\Delta_r S_m^{\ominus}$	反应的标准摩尔熵变	$= (RT/zF)\ln K^{\ominus}$	

① 国际纯粹与应用化学联合会(IUPAC)推荐。

附表 2　国际单位制的基本单位

量的名称	单位名称	单位符号
长度	米	m
质量	千克	kg
时间	秒	s
电流	安[培]	A
热力学温度	开[尔文]	K
物质的量	摩[尔]	mol
发光强度	坎[德拉]	cd

附表 3　国际单位制中具有专门名称的导出单位

量的名称	单位名称	单位符号	其他表示示例
频率	赫[兹]	Hz	s^{-1}
力；重力	牛[顿]	N	$kg \cdot m \cdot s^{-2}$
压力；压强；应力	帕[斯卡]	Pa	$N \cdot m^{-2}$
能量；功；热	焦[耳]	J	$N \cdot m$
功率；辐射通量	瓦[特]	W	$J \cdot s^{-1}$
电荷量	库[仑]	C	$A \cdot s$
电位；电压；电动势	伏[特]	V	$W \cdot A^{-1}$
电容	法[拉]	F	$C \cdot V^{-1}$

量的名称	单位名称	单位符号	其他表示示例
电阻	欧[姆]	Ω	$V \cdot A^{-1}$
电导	西[门子]	S	$A \cdot V^{-1}$
磁通量	韦[伯]	Wb	$V \cdot s$
磁通量密度；磁感应强度	特[斯拉]	T	$Wb \cdot m^{-2}$
电感	亨[利]	H	$Wb \cdot A^{-1}$
摄氏温度	摄氏度	℃	
光通量	流[明]	lm	$cd \cdot sr$
光照度	勒[克斯]	lx	$lm \cdot m^{-2}$
放射性活度	贝可[勒尔]	Bq	s^{-1}
吸收剂量	戈[瑞]	Gy	$J \cdot kg^{-1}$
剂量当量	希[沃特]	Sv	$J \cdot kg^{-1}$

附表 4　用于构成十进倍数和分数单位的词头

所表示的因素	词头名称	词头符号
10^{18}	艾[可萨]	E
10^{15}	拍[它]	P
10^{12}	太[拉]	T
10^{9}	吉[咖]	G
10^{6}	兆	M
10^{3}	千	k
10^{2}	百	h
10^{1}	十	da
10^{-1}	分	d
10^{-2}	厘	c
10^{-3}	毫	m
10^{-6}	微	μ
10^{-9}	纳[诺]	n
10^{-12}	皮[可]	p
10^{-15}	飞[母托]	f
10^{-18}	阿[托]	a

附表 5　一些基本物理常数

物理量	符号	值
真空中的光速	c_0	299792458 m $\cdot$ s^{-1}(准确值)
元电荷	e	$1.60217733(49) \times 10^{-19}$ C
原子质量(统一的原子质量单位)	$m_u = 1$ u	$1.6605402(10) \times 10^{-27}$ kg
质子静止质量	m_p	$1.6726231(10) \times 10^{-27}$ kg

物理量	符号	值
中子静止质量	m_n	$1.6749286(10) \times 10^{-27}$ kg
电子静止质量	m_e	$9.1093897(54) \times 10^{-31}$ kg
玻尔半径	a_0	$5.29177249(24) \times 10^{-11}$ m
理想气体的摩尔体积($p=100$ kPa，$t=0$℃)		$22.71108(19)$ L·mol^{-1}
摩尔体积[1]	V_m	在 273.15 K 和 101.325 kPa 时，理想气体的摩尔体积为 $(0.02241410 \pm 0.000000191)$ m^3·mol^{-1}
摩尔气体常量	R	$8.314510(70)$ J·mol^{-1}·K^{-1}
摄氏温标的零点		273.15 K(准确值)
标准大气压	atm	101325 Pa(准确值)
阿伏伽德罗常量	L, N_A	$6.0221367(36) \times 10^{23}$ mol^{-1}
法拉第常量	F	$9.6485309(29) \times 10^4$ C·mol^{-1}
玻尔兹曼常量	k	$1.380658(12) \times 10^{-23}$ J·K^{-1}
普朗克常量	h	$6.6260755(40) \times 10^{-34}$ J·s
里德伯常量	R_∞	$1.0973731534(13) \times 10^7$ m^{-1}
真空电容率	ε_0	$8.854187817 \times 10^{-12}$ F·m^{-1}
玻尔磁子	μ_B	$9.2740154(31) \times 10^{-24}$ J·T^{-1}

[1] 引自 GB 3102.8—1993《物理化学和分子物理学的量和单位》。

数据引自：国际纯粹与应用化学联合会(IUPAC)，《物理化学中的量单位和符号》。

附表6　常用单位换算

1 Å = 10^{-10} m	1 mL = 1 cm^3 = 10^{-3} dm^3 = 10^{-6} m^3
1 atm = 1.01325×10^5 Pa	1 L·atm = 101.325 J
760 mmHg = 1.01325×10^5 Pa(0℃)	1 mol·L^{-1} = 10^3 mol·m^{-3}
1 cal = 4.184 J	0.08206 atm·L·mol^{-1}·K^{-1} = 8.314 J·mol^{-1}·K^{-1}
0℃ = 273.15 K	1 eV = 1.60218×10^{-19} J

附表7　若干物质的标准摩尔生成焓、标准摩尔生成吉布斯自由能、标准熵
(标准状态压力 $p^\ominus = 100$ kPa，25℃)

物质	$\Delta_f H_m^\ominus$/(kJ·mol^{-1})	$\Delta_f G_m^\ominus$/(kJ·mol^{-1})	$S_m^\ominus$/(J·mol^{-1}·K^{-1})
Ag(s)	0	0	42.6
AgCl(s)	−127.0	−109.8	96.3
Ag$_2$O(s)	−31.1	−11.2	121.3
Al(s)	0	0	28.3
Al$_2$O$_3$(s)(α, 刚玉)	−1675.7	−1582.3	50.9
Br$_2$(l)	0	0	152.2
Br$_2$(g)	30.9	3.1	245.5
HBr(g)	−36.3	−53.4	198.7
Ca(s)	0	0	41.6

物质	$\Delta_f H_m^{\ominus} / (kJ \cdot mol^{-1})$	$\Delta_f G_m^{\ominus} / (kJ \cdot mol^{-1})$	$S_m^{\ominus} / (J \cdot mol^{-1} \cdot K^{-1})$
$CaC_2(s)$	−59.8	−64.9	70.0
$CaCO_3$(方解石)	−1207.6	−1129.1	91.7
$CaO(s)$	−634.9	−603.3	38.1
$Ca(OH)_2(s)$	−985.2	−897.5	83.4
C(石墨)	0	0	5.7
C(金刚石)	1.9	2.9	2.4
$CO(g)$	−110.5	−137.2	197.7
$CO_2(g)$	−393.5	−394.4	213.8
$CS_2(l)$	89.0	64.6	151.3
$CS_2(g)$	116.7	67.1	237.8
$CCl_4(l)$	−128.2	−65.21	216.40
$CCl_4(g)$	−95.7	−60.59	309.85
$HCN(l)$	108.9	125.0	112.8
$HCN(g)$	135.1	124.7	201.8
$Cl_2(g)$	0	0	223.1
$Cl(g)$	121.3	105.3	165.2
$HCl(g)$	−92.3	−95.3	186.9
$Cu(s)$	0	0	33.2
$CuO(s)$	−157.3	−129.7	42.6
$Cu_2O(s)$	−168.6	−146.0	93.1
$F_2(g)$	0	0	202.8
$HF(g)$	−273.3	−275.4	173.8
$Fe(s)$	0	0	27.3
$FeCl_2(s)$	−341.8	−302.3	118.0
$FeCl_3(s)$	−399.5	−334.0	142.3
$Fe_2O_3(s)$(赤铁矿)	−824.2	−742.2	87.4
$Fe_3O_4(s)$(磁铁矿)	−1118.4	−1015.4	146.4
$FeSO_4(s)$	−928.4	−820.8	107.5
$H_2(g)$	0	0	130.7
$H(g)$	218.0	203.3	114.7
$H_2O(l)$	−285.8	−237.1	70.0
$H_2O(g)$	−241.8	−228.6	188.8
$I_2(s)$	0	0	116.1
$I_2(g)$	62.4	19.3	260.7
$I(g)$	106.8	70.2	180.8
$HI(g)$	26.5	1.7	206.6
$Mg(s)$	0	0	32.7
$MgCl_2(s)$	−641.3	−591.8	89.6
$MgO(s)$	−601.6	−569.3	27.0

物质	$\Delta_f H_m^{\ominus} / (kJ \cdot mol^{-1})$	$\Delta_f G_m^{\ominus} / (kJ \cdot mol^{-1})$	$S_m^{\ominus} / (J \cdot mol^{-1} \cdot K^{-1})$
$Mg(OH)_2(s)$	-924.5	-833.5	63.2
$Na(s)$	0	0	51.3
$Na_2CO_3(s)$	-1130.7	-1044.4	135.0
$NaHCO_3(s)$	-950.8	-851.0	101.7
$NaCl(s)$	-411.2	-384.1	72.1
$NaNO_3(s)$	-467.9	-367.0	116.5
$NaOH(s)$	-425.8	-379.7	64.4
$Na_2SO_4(s)$	-1387.1	-1270.2	149.6
$N_2(g)$	0	0	191.6
$NH_3(g)$	-45.9	-16.4	192.8
$N_2H_4(g)$	95.4	159.4	238.5
$N_2H_4(l)$	50.6	149.3	121.2
$NO(g)$	91.3	87.6	210.8
$NO_2(g)$	33.2	51.3	240.1
$N_2O(g)$	81.6	103.7	220.0
$N_2O_3(g)$	86.6	142.4	314.7
$N_2O_4(g)$	11.1	99.8	304.4
$N_2O_5(g)$	13.3	117.1	355.7
$HNO_3(l)$	-174.1	-80.7	155.6
$HNO_3(g)$	-133.9	-73.5	266.9
$NH_4NO_3(s)$	-365.6	-183.9	151.1
$O_2(g)$	0	0	205.2
$O(g)$	249.2	231.7	161.1
$O_3(g)$	142.7	163.2	238.9
$P(\alpha-白磷)$	0	0	41.1
$P(红磷，三斜晶系)$	-17.6	-12.1	22.8
$P_4(g)$	58.9	24.4	280.0
$PCl_3(g)$	-287.0	-267.8	311.8
$PCl_5(g)$	-374.9	-305.0	364.6
$H_3PO_4(s)$	-1284.4	-1124.3	110.5
$S(正交晶系)$	0	0	32.1
$S(g)$	277.2	236.7	167.8
$S_8(g)$	102.30	49.63	430.98
$H_2S(g)$	-20.6	-33.4	205.8
$SO_2(g)$	-296.8	-300.1	248.2
$SO_3(g)$	-395.7	-371.1	256.8
$H_2SO_4(l)$	-814.0	-690.0	156.9
$Si(s)$	0	0	18.8
$SiCl_4(l)$	-687.0	-619.8	239.7

续表

物质	$\Delta_f H_m^{\ominus} / (kJ \cdot mol^{-1})$	$\Delta_f G_m^{\ominus} / (kJ \cdot mol^{-1})$	$S_m^{\ominus} / (J \cdot mol^{-1} \cdot K^{-1})$
SiCl$_4$(g)	−657.0	−617.0	330.7
SiH$_4$(g)	34.3	56.9	204.6
SiO$_2$(α-石英)	−910.7	−856.3	41.5
SiO$_2$(s，无定形)	−903.49	−856.70	46.9
Zn(s)	0	0	41.6
ZnCO$_3$(s)	−812.8	−731.5	82.4
ZnCl$_2$(s)	−415.1	−369.4	111.5
ZnO(s)	−350.5	−320.5	43.7
CH$_4$(g)	−74.6	−50.5	186.3
C$_2$H$_6$(g)	−84.0	−32.0	229.2
C$_2$H$_4$(g)	52.4	68.4	219.3
C$_2$H$_2$(g)	227.4	209.9	200.9
CH$_3$OH(l)	−239.2	−166.6	126.8
CH$_3$OH(g)	−201.0	−162.3	239.9
C$_2$H$_5$OH(l)	−277.6	−174.8	160.7
C$_2$H$_5$OH(g)	−234.8	−167.9	281.6
(CH$_2$OH)$_2$(l)	−460.0	−323.08	163.2
(CH$_3$)$_2$O(g)	−184.1	−112.6	266.4
HCHO(g)	−108.57	−102.53	218.77
CH$_3$CHO(g)	−166.19	−128.86	250.3
HCOOH(l)	−425.0	−36.1.4	129.0
CH$_3$COOH(l)	−484.3	−389.9	159.8
CH$_3$COOH(g)	−432.2	−374.2	283.5
(CH$_2$)$_2$O(l)	−78.0	−11.8	153.9
(CH$_2$)$_2$O(g)	−52.6	−13.0	2424.5
CHCl$_3$(l)	−134.1	−73.7	201.7
CHCl$_3$(g)	−102.7	6.0	295.7
C$_2$H$_5$Cl(l)	−136.8	−59.3	190.8
C$_2$H$_5$Cl(g)	−112.1	−60.4	276.0
C$_2$H$_5$Br(l)	−90.5	−25.8	198.7
C$_2$H$_5$Br(g)	−61.9	−23.9	286.7
CH$_2$CHCl(g)	37.2	53.6	264.0
CH$_3$COCl(l)	−272.9	−208.0	200.8
CH$_3$COCl(g)	−242.8	−205.8	295.1
CH$_3$NH$_2$(g)	−22.5	32.7	242.9
(NH$_2$)$_2$CO(s)	−333.51	−197.33	104.60
C$_3$H$_8$(g)	−103.8	−23.4	270.3
C$_3$H$_6$(g)	20	62.79	267.05
(CH$_3$)$_2$CO(l)	−248.4	−133.28	199.8

续表

物质	$\Delta_f H_m^\ominus / (kJ \cdot mol^{-1})$	$\Delta_f G_m^\ominus / (kJ \cdot mol^{-1})$	$S_m^\ominus / (J \cdot mol^{-1} \cdot K^{-1})$
$(CH_3)_2CO(g)$	−217.1	−152.7	295.3
$C_4H_{10}(g)$	−125.7	−17.02	310.23
$C_4H_8(g)$	0.1	71.40	305.71
$C_6H_6(l)$	49.1	124.5	173.4
$C_6H_6(g)$	82.9	129.7	269.2
$C_6H_5CH_3(g)$	50.5	122.11	320.77

数据引自：CRC Handbook of Chemistry and Physics. 97th ed. 2016-2017.

附表8　常见弱电解质在水溶液中的解离常数(25℃)

电解质	解离平衡	K_a或K_b	pK_a或pK_b
乙酸	$HAc \rightleftharpoons H^+ + Ac^-$	1.8×10^{-5}	4.74
硼酸	$H_3BO_3 + H_2O \rightleftharpoons B(OH)_4^- + H^+$	5.8×10^{-10}	9.24
碳酸	$H_2CO_3 \rightleftharpoons H^+ + HCO_3^-$	4.169×10^{-7}	6.38
	$HCO_3^- \rightleftharpoons H^+ + CO_3^{2-}$	4.7863×10^{-11}	10.32
氢氰酸	$HCN \rightleftharpoons H^+ + CN^-$	3.98×10^{-10}	9.40
氢硫酸	$H_2S \rightleftharpoons H^+ + HS^-$	8.91×10^{-8}	7.05
	$HS^- \rightleftharpoons H^+ + S^{2-}$	1.2×10^{-13}	12.92
草酸	$H_2C_2O_4 \rightleftharpoons H^+ + HC_2O_4^-$	5.4×10^{-2}	1.27
	$HC_2O_4^- \rightleftharpoons H^+ + C_2O_4^{2-}$	5.4×10^{-5}	4.27
甲酸	$HCOOH \rightleftharpoons H^+ + HCOO^-$	1.8×10^{-4}	3.75
磷酸	$H_3PO_4 \rightleftharpoons H^+ + H_2PO_4^-$	7.1×10^{-3}	2.15
	$H_2PO_4^- \rightleftharpoons H^+ + HPO_4^{2-}$	6.17×10^{-8}	7.21
	$HPO_4^{2-} \rightleftharpoons H^+ + PO_4^{3-}$	4.365×10^{-13}	12.36
亚硫酸	$H_2SO_3 \rightleftharpoons H^+ + HSO_3^-$	1.2×10^{-2}	1.92
	$HSO_3^- \rightleftharpoons H^+ + SO_3^{2-}$	6.17×10^{-8}	7.21
亚硝酸	$HNO_2 \rightleftharpoons H^+ + NO_2^-$	4.57×10^{-4}	3.34
氢氟酸	$HF \rightleftharpoons H^+ + F^-$	5.6×10^{-4}	3.25
硅酸	$H_2SiO_3 \rightleftharpoons H^+ + HSiO_3^-$	1.26×10^{-8}	7.9
	$HSiO_3^- \rightleftharpoons H^+ + SiO_3^{2-}$	1.2589×10^{-12}	11.9
氨水	$NH_3 + H_2O \rightleftharpoons NH_4^+ + OH^-$	1.8×10^{-5}	4.74

数据引自：Lange's Handbook of Chemistry. 17th ed. 2016.

附表 9 常见难溶物质的溶度积 $K_s^{①}$ (18~25℃)

难溶物质	分子式	K_s
氯化银	AgCl	1.77×10^{-10}
溴化银	AgBr	5.35×10^{-13}
碘化银	AgI	8.52×10^{-17}
氢氧化银	AgOH	2.0×10^{-8}
铬酸银	Ag_2CrO_4	1.12×10^{-12}
硫化银	Ag_2S	6.3×10^{-50}
硫酸钡	$BaSO_4$	1.08×10^{-10}
碳酸钡	$BaCO_3$	2.58×10^{-9}
铬酸钡	$BaCrO_4$	1.17×10^{-10}
碳酸钙(方解石)	$CaCO_3$	3.36×10^{-9}
碳酸钙	$CaCO_3$	2.8×10^{-9}
硫酸钙	$CaSO_4$	4.93×10^{-5}
磷酸钙	$Ca_3(PO_4)_2$	2.07×10^{-29}
氢氧化镉	$Cd(OH)_2$	7.2×10^{-15}
氢氧化铬	$Cr(OH)_3$	6.3×10^{-31}
氢氧化铜	$Cu(OH)_2$	2.2×10^{-20}
硫化铜	CuS	6.3×10^{-36}
氢氧化铁	$Fe(OH)_3$	2.79×10^{-39}
氢氧化亚铁	$Fe(OH)_2$	4.87×10^{-17}
硫化亚铁	FeS	6.3×10^{-18}
碳酸镁	$MgCO_3$	6.82×10^{-6}
氢氧化镁	$Mg(OH)_2$	5.61×10^{-12}
氢氧化锰	$Mn(OH)_2$	1.9×10^{-13}
硫化锰	MnS	2.5×10^{-10}(无定形)
		2.5×10^{-13}(结晶)
硫酸铅	$PbSO_4$	2.53×10^{-8}
硫化铅	PbS	8.0×10^{-28}
碘化铅	PbI_2	9.8×10^{-9}
氯化铅	$PbCl_2$	1.7×10^{-5}
碳酸铅	$PbCO_3$	7.4×10^{-14}
铬酸铅	$PbCrO_4$	2.8×10^{-13}
碳酸锌	$ZnCO_3$	1.46×10^{-10}
硫化锌	ZnS	1.6×10^{-24}(α 型)
		2.5×10^{-22}(β 型)

续表

难溶物质	分子式	K_s
硫化镉	CdS	8.0×10^{-27}
硫化钴	CoS	$4.0 \times 10^{-21}(\alpha$ 型$)$
		$2.0 \times 10^{-25}(\beta$ 型$)$
硫化汞	HgS(红)	4.0×10^{-53}
	HgS(黑)	1.6×10^{-52}

数据引自：Lange's Handbook of Chemistry. 17th ed. 2016.

附表 10　常见配离子的稳定常数(20~25℃)

配离子	$K_稳$	配离子	$K_稳$
$[Au(CN)_2]^-$	2×10^{38}	$[Co(NH_3)_6]^{2+}$	7.7×10^4
$[Ag(CN)_2]^-$	1.0×10^{21}	$[Co(NH_3)_6]^{3+}$	4.5×10^{33}
$[Ag(NH_3)_2]^+$	1.7×10^7	$[Co(SCN)_4]^{2-}$	1.0×10^3
$[Ag(SCN)_2]^-$	3.7×10^7	$[Cu(CN)_2]^-$	1.0×10^{24}
$[Ag(SCN)_4]^{3-}$	1.2×10^{10}	$[Cu(OH)_4]^{2-}$	3×10^{18}
$[Ag(S_2O_3)_2]^{3-}$	1.0×10^{13}	$[Cu(CN)_4]^{3-}$	2.0×10^{27}
$[Al(C_2O_4)_3]^{3-}$	2.0×10^{16}	$[Cu(NH_3)_2]^+$	1×10^{11}
$[AlF_6]^{3-}$	6×10^{19}	$[Cu(NH_3)_4]^{2+}$	1.4×10^{13}
$[Al(OH)_4]^-$	1.1×10^{33}	$[Cu(S_2O_3)_3]^{5-}$	6.9×10^{13}
$[Cd(CN)_4]^{2-}$	7.1×10^{16}	$[FeCl_3]$	98
$[CdCl_4]^{2-}$	6.3×10^2	$[Fe(CN)_6]^{4-}$	1.0×10^{24}
$[Cd(NH_3)_4]^{2+}$	4.0×10^6	$[Fe(CN)_6]^{3-}$	1.0×10^{31}
$[Cd(SCN)_4]^{2-}$	4.0×10^3	$[Fe(C_2O_4)_3]^{3-}$	2×10^{20}
$[Fe(C_2O_4)_3]^{4-}$	1.7×10^5	$[Ni(NH_3)_4]^{2+}$	9.1×10^7
$[Fe(SCN)]^{2+}$	1.4×10^2	$[Pb(CH_3COO)_4]^{2-}$	3×10^8
$[FeF_3]$	1.13×10^{12}	$[Pb(CN)_4]^{2-}$	1.0×10^{11}
$[HgCl_4]^{2-}$	1.7×10^{16}	$[Pb(OH)_3]^-$	3.8×10^{14}
$[Hg(CN)_4]^{2-}$	2.5×10^{41}	$[Zn(CN)_4]^{2-}$	5×10^{16}
$[HgI_4]^{2-}$	2.0×10^{30}	$[Zn(C_2O_4)_2]^{2-}$	4.0×10^7
$[Hg(NH_3)_4]^{2+}$	1.9×10^{19}	$[Zn(OH)_4]^{2-}$	4.6×10^{17}
$[Ni(CN)_4]^{2-}$	2.0×10^{31}	$[Zn(NH_3)_4]^{2+}$	2.9×10^9

数据引自：Lange's Handbook of Chemistry. 17th ed. 2016.

附表 11　25℃时水溶液中一些电对的标准电极电势

电对(氧化态/还原态)	电极反应(氧化态 + ze^- ⇌ 还原态)	$E^{\ominus}$/V
Li^+/Li	$Li^+ + e^- \rightleftharpoons Li$	−3.045
K^+/K	$K^+ + e^- \rightleftharpoons K$	−2.925
Ba^{2+}/Ba	$Ba^{2+} + 2e^- \rightleftharpoons Ba$	−2.92
Ca^{2+}/Ca	$Ca^{2+} + 2e^- \rightleftharpoons Ca$	−2.84
Na^+/Na	$Na^+ + e^- \rightleftharpoons Na$	−2.714
Mg^{2+}/Mg	$Mg^{2+} + 2e^- \rightleftharpoons Mg$	−2.356
$H_2O/H_2(g)$	$2H_2O + 2e^- \rightleftharpoons H_2(g) + 2OH^-$	−0.828
Zn^{2+}/Zn	$Zn^{2+} + 2e^- \rightleftharpoons Zn$	−0.763
Cr^{3+}/Cr	$Cr^{3+} + 3e^- \rightleftharpoons Cr$	−0.74
Fe^{2+}/Fe	$Fe^{2+} + 2e^- \rightleftharpoons Fe$	−0.44
Cd^{2+}/Cd	$Cd^{2+} + 2e^- \rightleftharpoons Cd$	−0.403
Co^{2+}/Co	$Co^{2+} + 2e^- \rightleftharpoons Co$	−0.277
Ni^{2+}/Ni	$Ni^{2+} + 2e^- \rightleftharpoons Ni$	−0.257
Sn^{2+}/Sn	$Sn^{2+} + 2e^- \rightleftharpoons Sn$	−0.136
Pb^{2+}/Pb	$Pb^{2+} + 2e^- \rightleftharpoons Pb$	−0.125
$H^+/H_2(g)$	$H^+ + e^- \rightleftharpoons 1/2 H_2(g)$	0.0000
$S_4O_6^{2-}/S_2O_3^{2-}$	$S_4O_6^{2-} + 2e^- \rightleftharpoons 2S_2O_3^{2-}$	+0.080
Sn^{4+}/Sn^{2+}	$Sn^{4+} + 2e^- \rightleftharpoons Sn^{2+}$	+0.15
Cu^{2+}/Cu^+	$Cu^{2+} + e^- \rightleftharpoons Cu^+$	+0.159
$S/H_2S(g)$	$S + 2H^+ + 2e^- \rightleftharpoons H_2S(g)$	+0.144
SO_4^{2-}/H_2SO_3	$SO_4^{2-} + 4H^+ + 2e^- \rightleftharpoons H_2SO_3 + H_2O$	+0.158
$AgCl/Ag$	$AgCl(s) + e^- \rightleftharpoons Ag + Cl^-$	+0.222
Cu^{2+}/Cu	$Cu^{2+} + 2e^- \rightleftharpoons Cu$	+0.340
O_2/OH^-	$O_2 + 2H_2O + 4e^- \rightleftharpoons 4OH^-$	+0.401
H_2SO_3/S	$H_2SO_3 + 4H^+ + 4e^- \rightleftharpoons S + 3H_2O$	+0.500
Cu^+/Cu	$Cu^+ + e^- \rightleftharpoons Cu$	+0.520
$I_2(s)/I^-$	$I_2(s) + 2e^- \rightleftharpoons 2I^-$	+0.5355
H_3AsO_4/H_3AsO_3	$H_3AsO_4 + 2H^+ + 2e^- \rightleftharpoons H_3AsO_3 + 2H_2O$	+0.560
$MnO_4^{2-}/MnO_2(s)$	$MnO_4^{2-} + 2H_2O + 2e^- \rightleftharpoons MnO_2(s) + 4OH^-$	+0.620

电对(氧化态/还原态)	电极反应(氧化态 + ze^- $\rightleftharpoons$ 还原态)	$E^{\ominus}$/V
$O_2(g)/H_2O_2$	$O_2(g)+2H^++2e^- \rightleftharpoons H_2O_2$	+0.695
Fe^{3+}/Fe^{2+}	$Fe^{3+}+e^- \rightleftharpoons Fe^{2+}$	+0.771
Hg_2^{2+}/Hg	$Hg_2^{2+}+2e^- \rightleftharpoons 2Hg$	+0.796
Ag^+/Ag	$Ag^++e^- \rightleftharpoons Ag$	+0.799
Hg^{2+}/Hg	$Hg^{2+}+2e^- \rightleftharpoons Hg$	+0.911
$NO_3^-/NO(g)$	$NO_3^-+H^++3e^- \rightleftharpoons NO(g)+2H_2O$	+0.957
$HNO_2/NO(g)$	$HNO_2+H^++e^- \rightleftharpoons NO(g)+H_2O$	+0.996
$Br_2(l)/Br^-$	$Br_2(l)+2e^- \rightleftharpoons 2Br^-$	+1.065
$MnO_2(\beta型,s)/Mn^{2+}$	$MnO_2(s)+4H^++2e^- \rightleftharpoons Mn^{2+}+2H_2O$	+1.23
$O_2(g)/H_2O$	$O_2(g)+4H^++4e^- \rightleftharpoons 2H_2O$	+1.229
$Cr_2O_7^{2-}/Cr^{3+}$	$1/2Cr_2O_7^{2-}+7H^++3e^- \rightleftharpoons Cr^{3+}+7/2H_2O$	+1.36
$Cl_2(g)/Cl^-$	$Cl_2(g)+2e^- \rightleftharpoons 2Cl^-$	+1.358
$PbO_2(s)/Pb^{2+}$	$PbO_2(s)+4H^++2e^- \rightleftharpoons Pb^{2+}+2H_2O$	+1.468
$ClO_3^-/Cl_2(g)$	$ClO_3^-+6H^++5e^- \rightleftharpoons 1/2Cl_2(g)+3H_2O$	+1.468
MnO_4^-/Mn^{2+}	$MnO_4^-+8H^++5e^- \rightleftharpoons Mn^{2+}+4H_2O$	+1.51
$HClO/Cl_2(g)$	$2HClO+2H^++2e^- \rightleftharpoons Cl_2(g)+2H_2O$	+1.630
Au^{3+}/Au	$Au^{3+}+3e^- \rightleftharpoons Au$	+1.52
Au^+/Au	$Au^++e^- \rightleftharpoons Au$	+1.83
H_2O_2/H_2O	$H_2O_2+2H^++2e^- \rightleftharpoons 2H_2O$	+1.763
Co^{3+}/Co^{2+}	$Co^{3+}+e^- \rightleftharpoons Co^{2+}$	+1.92
$S_2O_8^{2-}/SO_4^{2-}$	$S_2O_8^{2-}+2e^- \rightleftharpoons 2SO_4^{2-}$	+1.96
$F_2(g)/F^-$	$F_2(g)+2e^- \rightleftharpoons 2F^-$	+2.87
F_2/HF	$F_2+2H^++2e^- \rightleftharpoons 2HF$	+3.053

数据引自：Lange's Handbook of Chemistry. 17th ed. 2016.